20 24

Prefácio
Daniel Neves Forte

Luciana
DADALTO

Úrsula
GUIRRO

COORDENADORAS

BIOÉTICA E CUIDADOS PALIATIVOS

Alexandra Mendes Barreto Arantes
Alexandre Ernesto Silva
Arthur Fernandes da Silva
Bárbara Nardino Giannastásio
Bruno Oliveira
Carla Carvalho
Carla Corradi Perini
Carolina Sarmento Duarte
Cecília Rezende
Cláudia Inhaia
Cristiana Guimarães Paes Savoi
Daniel Dei Santi
Debora Genezini
Déborah David Pereira
Érika Aguiar Lara Pereira
Erika Pallottino
Fernanda Gomes Lopes
Franciane Campos
Glaziela Arruda Coelho
Henrique Gonçalves Ribeiro
Jociane Casellas
Juliene Cristina Ferreira
Letícia Andrade
Lívia Pereira de Assis Machado
Luciana Dadalto
Madalena de Faria Sampaio
Marcia Caetano da Costa
Maria Julia Kovács
Matheus Rodrigues Martins
Maurício de Almeida Pereira da Silva
Mônica Martins Trovo Araújo
Patrícia Barbosa Freire
Paula Barrioso
Priscila Demari Baruffi
Sabrina Ribeiro
Silvana Aquino
Simone Lehwess Mozzilli
Taíssa Barreira
Tatiana Mattos do Amaral
Thalissa Santana Salsa Gomes
Thiago Fernando da Silva
Úrsula Bueno do Prado Guirro
Vanessa Besenski Karam
Vinícius Fabian Basso
Vivianne Nouh Chaia
Yung Gonzaga

EDITORA FOCO

Dados Internacionais de Catalogação na Publicação (CIP) de acordo com ISBD

B615

    Bioética e cuidados paliativos / coordenado por Luciana Dadalto, Úrsula Guirro. - Indaiatuba : Editora Foco, 2023.

    304 p. ; 16cm x 23cm.

      Inclui bibliografia e índice.

      ISBN: 978-65-5515-941-7

      1. Bioética. 2. Cuidados paliativos. I. Dadalto, Luciana. II. Guirro, Úrsula. III. Título.

2023-2813   CDD 344.04197   CDU 34:57

Elaborado por Odilio Hilario Moreira Junior - CRB-8/9949

Índices para Catálogo Sistemático:

1. Bioética 344.04197

2. Bioética 34:57

Alexandra Mendes Barreto Arantes
Alexandre Ernesto Silva
Arthur Fernandes da Silva
Bárbara Nardino Giannastásio
Bruno Oliveira
Carla Carvalho
Carla Corradi Perini
Carolina Sarmento Duarte
Cecília Rezende
Cláudia Inhaia
Cristiana Guimarães Paes Savoi
Daniel Dei Santi
Debora Genezini
Déborah David Pereira
Érika Aguiar Lara Pereira
Erika Pallottino
Fernanda Gomes Lopes
Franciane Campos
Glaziela Arruda Coelho
Henrique Gonçalves Ribeiro
Jociane Casellas
Juliene Cristina Ferreira
Letícia Andrade
Lívia Pereira de Assis Machado
Luciana Dadalto
Madalena de Faria Sampaio
Marcia Caetano da Costa
Maria Julia Kovács
Matheus Rodrigues Martins
Maurício de Almeida Pereira da Silva
Mônica Martins Trovo Araújo
Patrícia Barbosa Freire
Paula Barrioso
Priscila Demari Baruffi
Sabrina Ribeiro
Silvana Aquino
Simone Lehwess Mozzilli
Taíssa Barreira
Tatiana Mattos do Amaral
Thalissa Santana Salsa Gomes
Thiago Fernando da Silva
Úrsula Bueno do Prado Guirro
Vanessa Besenski Karam
Vinícius Fabian Basso
Vivianne Nouh Chaia
Yung Gonzaga

Prefácio
Daniel Neves Forte

Luciana
DADALTO

Úrsula
GUIRRO

COORDENADORAS

BIOÉTICA E CUIDADOS PALIATIVOS

2024 © Editora Foco

Coordenadoras:: Luciana Dadalto e Úrsula Guirro

Autores: Alexandra Mendes Barreto Arantes, Alexandre Ernesto Silva, Arthur Fernandes da Silva, Bárbara Nardino Giannastásio, Bruno Oliveira, Carla Carvalho, Carla Corradi Perini, Carolina Sarmento Duarte, Cecília Rezende, Cláudia Inhaia, Cristiana Guimarães Paes Savoi, Daniel Dei Santi, Debora Genezini, Déborah David Pereira, Érika Aguiar Lara Pereira, Erika Pallottino, Fernanda Gomes Lopes, Franciane Campos, Glaziela Arruda Coelho, Henrique Gonçalves Ribeiro, Jociane Casellas, Juliene Cristina Ferreira, Letícia Andrade, Lívia Pereira de Assis Machado, Luciana Dadalto, Madalena de Faria Sampaio, Marcia Caetano da Costa, Maria Julia Kovács, Matheus Rodrigues Martins, Maurício de Almeida Pereira da Silva, Mônica Martins Trovo Araújo, Patrícia Barbosa Freire, Paula Barrioso, Priscila Demari Baruffi, Sabrina Ribeiro, Silvana Aquino, Simone Lehwess Mozzilli, Taíssa Barreira, Tatiana Mattos do Amaral, Thalissa Santana Salsa Gomes, Thiago Fernando da Silva, Úrsula Bueno do Prado Guirro, Vanessa Besenski Karam, Vinícius Fabian Basso, Vivianne Nouh Chaia e Yung Gonzaga

Diretor Acadêmico: Leonardo Pereira

Editor: Roberta Densa

Assistente Editorial: Paula Morishita

Revisora Sênior: Georgia Renata Dias

Capa Criação: Leonardo Hermano

Diagramação: Ladislau Lima e Aparecida Lima

Impressão miolo e capa: DOCUPRINT

DIREITOS AUTORAIS: É proibida a reprodução parcial ou total desta publicação, por qualquer forma ou meio, sem a prévia autorização da Editora FOCO, com exceção do teor das questões de concursos públicos que, por serem atos oficiais, não são protegidas como Direitos Autorais, na forma do Artigo 8º, IV, da Lei 9.610/1998. Referida vedação se estende às características gráficas da obra e sua editoração. A punição para a violação dos Direitos Autorais é crime previsto no Artigo 184 do Código Penal e as sanções civis às violações dos Direitos Autorais estão previstas nos Artigos 101 a 110 da Lei 9.610/1998. Os comentários das questões são de responsabilidade dos autores.

NOTAS DA EDITORA:

Atualizações e erratas: A presente obra é vendida como está, atualizada até a data do seu fechamento, informação que consta na página II do livro. Havendo a publicação de legislação de suma relevância, a editora, de forma discricionária, se empenhará em disponibilizar atualização futura.

Erratas: A Editora se compromete a disponibilizar no site www.editorafoco.com.br, na seção Atualizações, eventuais erratas por razões de erros técnicos ou de conteúdo. Solicitamos, outrossim, que o leitor faça a gentileza de colaborar com a perfeição da obra, comunicando eventual erro encontrado por meio de mensagem para contato@editorafoco.com.br. O acesso será disponibilizado durante a vigência da edição da obra.

Impresso no Brasil (10.2023) – Data de Fechamento (10.2023)

2024

Todos os direitos reservados à
Editora Foco Jurídico Ltda.
Avenida Itororó, 348 – Sala 05 – Cidade Nova
CEP 13334-050 – Indaiatuba – SP

E-mail: contato@editorafoco.com.br
www.editorafoco.com.br

PREFÁCIO

Bioética não é confortável. Confortável são os costumes e os hábitos. A bioética aponta incoerências e questiona costumes, alguns nos quais antes sequer havíamos percebido que havia um por quê de fazer daquele jeito. Desde os primeiros relatos de Ética de que temos notícias, desde a época de Sócrates (o filósofo, não o jogador, que por sinal, também questionava), estas perguntas têm feito seu papel de trazer novas reflexões, novos debates, novos diálogos, novos consensos e entre trancos e barrancos, a despeito das injustiças e das tragédias, ao longo dos séculos seguimos com uma melhoria discreta e contínua na nossa história como sociedades. Nem sempre com momentos felizes. Vide a história do próprio Sócrates. Mas penso que é assim mesmo, nossa história não é só feita de momentos felizes. E às vezes, são justamente os momentos de desconforto, de tristeza, de injustiça, que nos mostram quem realmente somos. Pelo quê vale a pena lutar, questionar, enfrentar. Quem são as pessoas que queremos ao nosso lado. Isto tem tudo a ver com o momento em que vivemos. Onde questionamentos podem ser mal-vistos e não tolerados. Onde injustiças são comuns, e forçadamente esquecidas ou apagadas. Onde tristezas são abafadas. Por isso precisamos mais do que nunca da Bioética. Por isso precisamos desse livro. Por isso precisamos destas autoras, que com coragem, com integridade, com conhecimento, questionam. Chamam mais vozes para o debate. Propõem. Constroem novos diálogos e buscam novos consensos. Você não precisa concordar com tudo. Mas talvez seja esta busca por coerência, por conhecimento, por justiça que seja a maior potência deste livro. Não é o fim do caminho. É mais um grande passo. Obrigado Luciana e Ursula e todos os autores e autoras. E você, leitora e leitor, seja bem-vinda a esta caminhada. Espero, do fundo do coração, que seja pelo menos um pouco desconfortável. E que seja também inspirador e que estes novos diálogos nos tornem um pouco melhores como um grupo de *sapiens* habitando este planeta pequenino vagando num cosmos imenso e desconhecido.

29 de setembro de 2023

Daniel Neves Forte

Médico com área de atuação em Medicina Paliativa. Especialista em Clínica Médica e em Medicina Intensiva. Doutor em Ciências da Saúde pela Faculdade de Medicina da USP. Livre-Docente em Bioética pela Faculdade de Medicina da USP

APRESENTAÇÃO

"A Bioética nasce da crise, se desenvolve na crise e se expande face às crises. Apesar de toda crise ser uma ruptura, é também reconstrutiva."

Estas foram as palavras proferidas pela Dra. Maria do Céu Patrão Neves – Presidente do Conselho Nacional de Ética para as Ciências da Vida – na abertura do XV Congresso Brasileiro de Bioética, ocorridos entre os dias 27.09 e 29.09.2023 em Vitória-ES.

Os Cuidados Paliativos, assim como a Bioética, nasceram da crise causada por uma Medicina baseada na cura. Se desenvolveram na crise gerada pela desumanização da Medicina. Se expandem face às crises originadas pela falta de dignidade dos cuidados de pessoas gravemente doentes, pela comunicação sem empatia, pela futilidade terapêutica e pela negação da morte.

O livro que ora apresentamos nasce, também, de uma crise. Uma crise de propósito, compartilhada entre duas bioeticistas com profissões diferentes: uma, graduada em Direito e forjada em um mundo binário; outra, graduada em Medicina, e forjada em um mundo de falta. Entre a falta e os polos, o encontro se deu na Bioética e é por isso que esta obra é, também, reconstrutiva.

Mas Bioética não se faz sozinha, não se faz em dupla, não se faz apenas entre profissionais da Medicina e do Direito. A Bioética pressupõe pluralidade; de saberes, de ideias, de pontos de partida, de caminhos. A Bioética pressupõe diferentes olhares sob o mesmo dilema com um objetivo comum: descobrir caminhos para sair daquela crise.

Ao longo deste livro você, leitor, encontrará dezenove artigos escritos em co-autoria por pessoas que têm diferentes profissões e que se encontraram na Bioética. Por pessoas corajosas, que aceitaram nosso convite e, com bravura, se debruçaram sob crises e reconstruíram, pela escrita, possibilidades de diálogos e de tomada de decisão.

As crises, aqui, são histórias fictícias de pessoas que poderiam ser qualquer um de nós – ou de nossos afetos. As crises, aqui, são os casos que servem de ponto de partida para as discussões teóricas. As crises, aqui, são experiências vivenciadas pelos autores e transformada, por eles, em situações factíveis de acontecer em quaisquer hospitais, casas, unidades básicas de saúde, consultórios de cada profissional da saúde deste país.

Sim, leitor. A obra que hora apresentamos está carregada de simbolismos e esperamos que, ao ler, reler e discutir cada um dos capítulos, você os encontre e os use na busca de caminhos. A obra que hora apresentamos é uma resposta aos tempos de crise e uma ode à reconstrução dos Cuidados Paliativos.

Brasil, primavera de 2023.

Luciana Dadalto
Úrsula Guirro

SUMÁRIO

PREFÁCIO

Daniel Neves Forte V

APRESENTAÇÃO

Luciana Dadalto e Úrsula Guirro VII

DESAFIOS DA INDICAÇÃO E PROGNÓSTICO DE CUIDADOS PALIATIVOS

Madalena de Faria Sampaio, Franciane Campos e Jociane Casellas.............. 1

ORTOTANÁSIA E EUTANÁSIA PASSIVA: DESCORTINANDO TABUS

Fernanda Gomes Lopes, Bárbara Nardino Giannastásio e Úrsula Bueno do Prado Guirro 19

VULNERABILIDADE ECONÔMICA E SOCIAL

Carla Corradi Perini, Marcia Caetano da Costa e Maurício de Almeida Pereira da Silva... 41

AUTONOMIA DO PACIENTE E DIRETIVAS ANTECIPADAS DE VONTADE

Sabrina Ribeiro e Taíssa Barreira.. 59

CAPACIDADE DECISÓRIA DA PESSOA IDOSA COM DISFUNÇÃO COGNITIVA

Alexandra Mendes Barreto Arantes, Patrícia Barbosa Freire e Priscila Demari Baruffi.. 73

AUTONOMIA DECISÓRIA DO ADOLESCENTE EM CUIDADO PALIATIVO: A QUEM E COMO RESPONDER?

Déborah David Pereira, Lívia Pereira de Assis Machado e Tatiana Mattos do Amaral... 89

TOMADA DE DECISÃO EM CUIDADOS PALIATIVOS PSIQUIÁTRICOS

Henrique Gonçalves Ribeiro e Thiago Fernando da Silva 107

CUIDADOS PALIATIVOS NAS FAVELAS

Alexandre Ernesto Silva, Matheus Rodrigues Martins, Glaziela Arruda Coelho e Thalissa Santana Salsa Gomes 117

CONFLITOS DE COMUNICAÇÃO COM O PACIENTE

Alexandre Ernesto Silva e Cristiana Guimarães Paes Savoi 129

CONFLITOS DA COMUNICAÇÃO COM A FAMÍLIA

Debora Genezini, Letícia Andrade, Mônica Martins Trovo Araújo e Vanessa Besenski Karam 139

CONFLITOS DA COMUNICAÇÃO ENTRE EQUIPE DE SAÚDE E A FAMÍLIA

Érika Aguiar Lara Pereira e Arthur Fernandes da Silva 159

A DESATIVAÇÃO DE MARCAPASSO E CARDIOVERSOR-DESFIBRI-LADOR IMPLANTÁVEL

Carla Carvalho e Daniel Dei Santi 169

OBSTINAÇÃO TERAPÊUTICA

Cláudia Inhaia e Paula Barrioso 189

SUSPENSÃO DE SUPORTE VENTILATÓRIO EM VENTILAÇÃO MECÂNICA

Carolina Sarmento Duarte e Juliene Cristina Ferreira 209

PEDIDO DE MORTE MEDICAMENTE ASSISTIDA

Luciana Dadalto e Maria Julia Kovács 225

REFLEXÕES BIOÉTICAS ACERCA DA PARADA VOLUNTÁRIA DE COMER E BEBER (*VOLUNTARY STOPPING EATING AND DRINKING*)

Luciana Dadalto e Úrsula Bueno do Prado Guirro 243

SAÚDE, FÉ E ESPERANÇA

Silvana Aquino e Bruno Oliveira.. 255

LUTO(S) E FINAL DE VIDA: POSSIBILIDADES E IMPOSSIBILIDADES DO CUIDADO

Erika Pallottino, Cecília Rezende, Vivianne Nouh Chaia e Yung Gonzaga... 265

COMO COMUNICAR CUIDADOS PALIATIVOS COM A SOCIEDADE

Simone Lehwess Mozzilli e Vinícius Fabian Basso 285

DESAFIOS DA INDICAÇÃO E PROGNÓSTICO DE CUIDADOS PALIATIVOS

Madalena de Faria Sampaio

Mestre em Bioética pela Pontifícia Universidade Católica do Paraná. Pós-graduada em Cuidados Paliativos pelo Instituto Pallium Latinoamérica. Especialista em Medicina de Família e Comunidade com área de atuação em Medicina Paliativa pela AMB. Docente da PUC Paraná, campus Londrina, disciplina de Cuidados Paliativos. Médica pela PUC São Paulo, campus Sorocaba.

Franciane Campos

Mestre em Bioética pela Pontifícia Universidade Católica do Paraná. Especialista em Direito da Medicina pelo Centro de Direito Biomédico da Universidade de Coimbra. Vice-Coordenadora da Comissão de Bioética e Biodireito da OAB Subseção Londrina – Paraná. Advogada.

Jociane Casellas

Mestre em Bioética pela PUC-PR. Pós-graduada em Psicologia Clínica pela UTP. Pós-graduada em Psicologia Hospitalar pelo HC-UFPR. Pós-Graduada em Psicologia Transpessoal pela FIEP. Pós-Graduada em Cuidados Paliativos e Terapia da Dor pela PUC-MINAS. Especialista em Cancerologia pelo programa de residência multiprofissional do HEG. Cursou Psicologia pela Universidade Tuiuti do Paraná.

Sumário: 1. A história de Ana Maria – 2. Indicação de cuidados paliativos no momento da admissão de pacientes – 3. Indicação de cuidados paliativos no decorrer de uma internação hospitalar – 4. A importância da comunicação na indicação de cuidados paliativos – 5. Aspectos jurídicos das indicações de cuidados paliativos – 6. Autonomia do paciente nas escolhas relacionadas ao cuidado que recebe – 7. Considerações finais – Referências.

1. A HISTÓRIA DE ANA MARIA

A senhora Ana Maria é uma paciente do sexo feminino, 75 anos, doméstica aposentada, casada, duas filhas, Mariana e Lúcia, casadas e com netos, católica. Reside em casa própria com esposo, na mesma cidade das filhas.

Previamente à internação era hígida, sem comorbidades, bastante ativa. Exercia os trabalhos domésticos da casa sem dificuldades, sendo a responsável por todos os cuidados de limpeza e organização de sua casa e ajudava na casa de uma das filhas, que morava próximo a paciente, ajudando, também, nos cuidados com os netos.

Familiares contam que duas semanas antes da internação a paciente começou com quadro de fraqueza e mal-estar, já não dando conta de suas atividades de rotina e com perda de funcionalidade, precisando ficar deitada e/ou sentada por longos períodos. No mesmo período perceberam o início de tosse seca e leve desconforto respiratório aos maiores esforços.

Paciente evoluiu com piora respiratória, com dificuldade inclusive ao repouso, sendo levada por familiares ao serviço de emergência de um hospital terciário da cidade. Avaliada no pronto-socorro por médico plantonista, os exames sugeriram pneumonia bacteriana (radiografia tórax, hemograma e bioquímica) com quadro sugestivo de sepse (febre, hipotensão e taquicardia). Realizado também nesse primeiro momento a avaliação global da paciente para definição de benefício ou não em instituir medidas invasivas [vaga em Unidade de Terapia Intensiva (UTI), com indicação de intubação orotraqueal (IOT), ventilação mecânica (VM), drogas vasoativas (DVA) e outras medidas invasivas], não foi possível a abordagem da paciente em relação às suas vontades e/ou seus desejos de cuidado em caso de complicações graves, assim, não lhe foi perguntado sobre suas diretivas de vontade.

Na avaliação inicial, Ana Maria apresentou *Supportive and Palliative Care Indicators Tool – Brazilian version* (SPICT-BR)[1] negativo, pois ela não apresentava nenhum indicador geral de piora de saúde ou indicadores específicos relacionados a comorbidades prévias. A *Palliative Care Screening Tool* (PCST) recebeu pontuação zero quando se avaliou características prévias ao adoecimento agudo. Além das escalas específicas de necessidades paliativas, citadas acima, também foi avaliada a funcionalidade prévia, antes do adoecimento, com escala de performance paliativa (PPS) de 100%, pois paciente era hígida, funcional e independente, capaz de cuidar dela e da casa sem auxílio, sem nenhuma manifestação de adoecimento.

Ana recebeu indicação de vaga de UTI, iniciado antibioticoterapia empírica para pneumonia bacteriana comunitária e introduzida DVA devido hipotensão refratária à reposição volêmica. Por piora clínica apresentada nas primeiras 48h, e baseado na avaliação da entrada que apontava benefício em instituir medidas invasivas, a paciente foi submetida a IOT e colocado em VM, foi passada sonda nasoenteral (SNE) para alimentação e escalonado antibiótico (ATB) para um de maior espectro, além da manutenção da DVA.

Paciente permanecia na UTI, mas sem resposta clínica após um novo escalonamento de ATB, evoluindo sem possibilidade de desmame de DVA, por hipotensão persistente. O escore de Sequential Sepsis-related Organ Failure Assessment (SOFA), realizado diariamente durante toda a internação na UTI, nesse momento apresentou pontuação de 16, aumento importante do seu valor, e esse fato somado a falha na resposta às terapêuticas instituídas (piora do leucograma -30 mil com desvio até mielócitos, proteína C reativa – PCR de 29, piora da função renal – creatinina de 2,5), determinou o chamado da equipe de Cuidados Paliativos (CP).

---

1. SPICT-BR. Disponível em: https://www.spict.org.uk/the-spict/spict-br/. Acesso em: 22 maio 2023.

A abordagem da equipe iniciou-se com uma reunião familiar com filhas, esposo e equipe multiprofissional (enfermagem e psicologia), para entender a percepção por parte da família do quadro atual, da evolução da doença e o prognóstico ruim devido às diversas tentativas de tratamento direcionados ao problema atual, sem resposta clínica. Constatado que a família estava ciente da gravidade e risco de morte, de que as tentativas de cura, quando possível, foram feitas, e que entendiam o momento atual do cuidado à paciente, onde não havia medidas que pudessem melhorar seu quadro clínico.

Apesar do sofrimento intenso, a família compreendia todo caminho percorrido, com tentativas de tratamentos curativos que, infelizmente, não foram efetivos. Acordado assim, em reunião familiar, a não adoção de novas medidas invasivas e a retirada de algumas medidas que, nesse momento, só prolongavam tempo de sofrimento e processo de morte da paciente, sem benefícios para sua qualidade de vida ou sua dignidade. Nesse momento foram suspensos os ATBs, pois já não mostravam efetividade; suspensa a dieta enteral em razão da distensão abdominal; diminuição da DVA de forma lenta e conforme a tolerabilidade da paciente; mantido suporte ventilatório e acordado não escalonamento dos parâmetros do respirador. Mantidos os medicamentos com foco no conforto da paciente, como sedação, analgesia e sintomáticos. Paciente faleceu cinco dias após, sem sinais de desconforto ou sofrimento, com familiares sempre presentes em visitas estendidas em UTI, recebendo acolhimento e suporte da equipe interdisciplinar de CP.

2. INDICAÇÃO DE CUIDADOS PALIATIVOS NO MOMENTO DA ADMISSÃO DE PACIENTES

O envelhecimento populacional é um fenômeno percebido mundialmente, a maioria dos idosos com alguma doença crônica e com perdas de funcionalidade associadas ao envelhecimento e ao adoecimento, como consequência apresentam uma maior busca aos serviços de saúde. Por isso, é cada vez mais comum o atendimento de pacientes idosos em salas de emergências dos hospitais, sendo o grupo de pacientes com mais de 65 anos o maior responsável pelos atendimentos desse setor.[2] Uma minoria destes pacientes, idosos portadores ou não de doenças crônicas, chegam aos serviços com um plano de cuidado bem estabelecido previamente, com a escolha por CP por meio de diretivas antecipadas de vontade. Na maior parte das vezes, são os médicos presentes na sala de emergência que devem identificar critérios prévios à internação, avaliar a gravidade do quadro agudo e das doenças e condições de saúde prévia e definir um plano de cuidado.[3]

---

2. VERAS, Renato. Envelhecimento populacional contemporâneo: demandas, desafios e inovações. *Revista Saúde Pública*, 2009, 43(3): 548-554.

3. TURAÇA, Karina; RIBEIRO, Sabrina Correa da Costa. Este paciente necessita de cuidado paliativo? In: VELASCO, Irineu Tadeu; RIBEIRO, Sabrina Correa da Costa (Ed.). *Cuidados paliativos na emergência*. Barueri: Manole, 2021. p. 3-9.

CP são uma abordagem, realizada de forma multiprofissional, que devem ser ofertados a todos pacientes que possuem doenças graves, principalmente as que ameaçam a vida desses pacientes, com o objetivo de minimizar o sofrimento e melhorar a qualidade de vida dos pacientes e seus familiares.[4] Poucas pessoas, mesmo profissionais da saúde, compreendem bem o que significa ofertar e receber cuidados paliativos em situações de doenças ameaçadoras da vida, seja num contexto de diagnóstico ou na fase avançada da doença, isto é, onde não há mais a indicação de terapêuticas modificadoras da doença.

A indicação de cuidados com foco no conforto por meio da não adoção de medidas invasivas em pacientes portadores de doenças crônicas progressivas, com diagnóstico bem definido, assim como seu prognóstico, tende a ser menos complicada. Ainda assim, quando o assunto dos cuidados paliativos e as diretivas de vontade dos pacientes não foram abordadas e estabelecidas previamente, podem surgir algumas dificuldades em elaborar esse plano terapêutico nas salas de emergência e pronto atendimentos.

Os serviços de pronto-socorro podem desempenhar um papel fundamental na abordagem destes pacientes, por representar importante porta de entrada dos sistemas de saúde. As ações ali iniciadas podem contribuir de modo significativo para a trajetória destes pacientes e, muitas vezes, será neste cenário onde as discussões sobre os objetivos dos cuidados com o paciente serão introduzidas junto aos familiares e cuidadores. Diante disso, não apenas pacientes e seus familiares sentem-se angustiados e confusos, mas também os profissionais de saúde muitas vezes sofrem e percebem-se despreparados para o manejo adequado destas situações, sendo comum a realização de procedimentos invasivos não desejados pelo paciente, ou mesmo pela equipe médica, que também se encontra desconfortável, não raramente com dúvidas sobre a assertividade em relação às condutas realizadas no que diz respeito à introdução ou não de determinados tratamentos, surgindo assim, questionamentos de ordem ética e moral.[5]

Existem algumas ferramentas que podem ser utilizadas para auxiliar os profissionais de saúde no reconhecimento dos pacientes com risco grande de deterioração e morte e, assim, auxiliar nas tomadas de decisão. Apesar de já disponíveis, ainda são pouco utilizadas nos serviços de saúde, podendo essas ferramentas serem utilizadas em hospitais, serviços de emergência, atenção primária, consultórios e ambulatórios.

Entre as ferramentas para identificação de necessidades paliativas temos a SPICT-BR, uma ferramenta completa e fácil de ser usada e que é indicada para adultos acima dos 18 anos. Ela é formada por um conjunto de indicadores, di-

---

4. Ibidem.
5. VIDAL, Edson et al. *Cuidados paliativos em um serviço de urgência e emergência.* Botucatu: Faculdade de Medicina de Botucatu/UNESP, 2015.

vididos em três partes, onde a primeira parte procura por indicadores gerais de piora de saúde, a segunda identifica indicadores de doenças específicas e a terceira propõe revisão dos planos de cuidados, atuais e futuros.[6]

Figura 1 – SPICT-BR[7]

---

6. CASALE, Giuseppe et al. Supportive and palliative care indicators tool (SPICT™): content validity, feasibility and pre-test of the Italian version. *BMC Palliative Care*, 2020, 19(79):1-5.
7. Op. cit., p. 9.

A Palliative Care Screening Tool (PCST) é outra ferramenta utilizada com o mesmo fim, identificar pacientes com necessidades paliativas e que se beneficiariam com medidas com foco no conforto. Esse instrumento foi elaborado pelo Center to Advance Palliative Care e avalia quatro critérios: doença de base, doenças associadas ou comorbidades, funcionalidade do paciente e condições pessoais.[8]

Quadro 1: Palliative Care Screening Tool (PCST)[9]

Critério número 1: Doenças de base – Dois pontos para cada subitem:
Câncer – metástase ou recidivas;
Doença pulmonar obstrutiva crônica (DPOC) avançada – repetidas exacerbações;
Sequela de acidente vascular cerebral (AVC) – decréscimo de função motora ≥ 50%;
Insuficiência renal grave – clearance de creatinina < 10 ml/min;
Doença cardíaca grave – insuficiência cardíaca congestiva (ICC) com fração de ejeção (FE) do ventrículo esquerdo FE < 25%, miocardiopatia e insuficiência coronariana significativa;
Outras doenças limitantes à vida do paciente.

Critério número 2: Doenças associadas – um ponto para cada subitem:
Doença hepática;
Doença renal moderada – clearance de creatinina < 60 ml/min;
DPOC moderada – quadro clínico estável;
ICC moderada – quadro clínico estável;
Outras doenças associadas – o conjunto delas vale um ponto.

Critério número 3: Condição funcional do paciente:
Esse critério avalia o grau de dependência do paciente, levando em consideração a capacidade de realizar atividades habituais do cotidiano, atos de cuidados pessoais e número de horas diárias confinado ao leito ou à cadeira de rodas.
Pontua-se de 0 (paciente totalmente independente, ativo, que não possui restrições) até 4 (completamente dependente, necessita de ajuda em período integral, confinado à cama ou ao cadeirante).

Critério número 4: Condições pessoais do paciente – um ponto para cada subitem:
Necessidade de ajuda para decisões complexas de tratamento e questões psicológicas ou espirituais não definidas;
Histórico de internações recentes em serviços de emergência;
Hospitalizações frequentes por descompensação da doença de base;
Internações prolongadas em Unidades de Terapia Intensiva (UTI) ou paciente já internado em UTI com mau prognóstico.

Interpretação:
A soma dos subitens justificará a indicação ou não de cuidados paliativos:
Até dois pontos – sem indicação de cuidados;
Até três pontos – observação clínica;
Maior ou igual a quatro pontos – considerar cuidados paliativos.

3. INDICAÇÃO DE CUIDADOS PALIATIVOS NO DECORRER DE UMA INTERNAÇÃO HOSPITALAR

Segundo Gutierrez e Barros,[10] os CP ainda são pouco compreendidos por grande parte dos profissionais da saúde no Brasil devido à falta de incentivo à educação paliativa, o que influencia a formação técnica e a prática profissional. Ainda mais difícil essa compreensão quando a pessoa não apresenta uma doença

---

8. LUCCHETTI, Giancarlo et al. Uso de uma escala de triagem para cuidados paliativos nos idosos de uma instituição de longa permanência. *Geriatria & Gerontologia*, 2009, 3(3): 104-108.

9. Op. cit., 11.

10. GUTIERREZ, Beatriz Aparecida Ozello; BARROS, Thabata Cruz de. O despertar das competências profissionais de acompanhantes de idosos em cuidados paliativos. *Revista Kairós Gerontologia*, 2012, 15(4): 239-258.

grave ou crônica, procura por atendimento médico-hospitalar e o quadro evolui com piora clínica com alteração do prognóstico, como ocorre no caso apresentado. A referida paciente deu entrada no serviço de emergência, com indicação de receber tratamentos e procedimentos invasivos, pois não apresentou positividade em nenhum dos instrumentos utilizados para identificar necessidades paliativas. No entanto, durante seu acompanhamento no ambiente hospitalar a paciente não responde aos tratamentos propostos, o que agrava sua situação clínica, fato esse demonstrado pelo escore de SOFA, exames clínicos e laboratoriais.

Assim como outros instrumentos utilizados em unidades de pacientes críticos, o SOFA avalia a gravidade do comprometimento orgânico, registrando as variações das disfunções orgânicas ao longo do tempo e quantificando, então, o grau desta disfunção em cada órgão analisado. Inicialmente proposto para avaliar falências orgânicas nos casos de sepse por meio da avaliação de seis sistemas orgânicos, atualmente é amplamente utilizado em pacientes críticos. Estudos mostram que altos valores do SOFA estão associados a maior mortalidade, sendo um importante indicador de prognóstico e auxiliando nas tomadas de decisão em relação às intervenções terapêuticas.[11]

Tabela 1 – Escala Sepsis.related Organ Failure Assessment (SOFA)[12]

SOFA	0	1	2	3	4
Relação PiO2/ Fio2	> 400	< = 400	< =300	<=200 em VM	< = 100 em VM
Plaquetas	> 150 mil	< = 150 mil	<= 100 mil	<= 50 mil	<= 20 mil
Bilirrubina	< 1,2	1,2- 1,9	2- 5,9	6- 11,9	>12
Hemodinâmica	PAM >= 70	PAM < 70	DP<=5 OU	DP 5-10	DP>15
			DB (QD)	EP ou NE<= 0,1	EP ou NE> 0,1
Glasgow	15	13-14	10/dez	06/set	< 6
Creatinina ou Diurese em 24h	< 1,2	1,2- 1,9	2- 3,4	3,5- 4,9 ou	> 5 ou
				< 500ml/24h	< 200 ml/24h

DP dopamina; DB dobutamina. EP epinefrina; NE norepinefrina. Doses em µg/kg x min.

Fonte: Adaptado de Vincent, 1996.

Existem outras escalas de prognostico que podem ser utilizadas nos CP com a finalidade de estimar tempo de sobrevida, auxiliando paciente, família e

---

11. SAMPAIO, Fernanda Barbosa de Almeida et al. Utilização do Sofa Escore na avaliação da incidência de disfunção orgânica em pacientes portadores de patologia cardiovascular. *Revista da SOCERJ*, 2005, 18(2): 113-116.
12. VINCENT, J.-L. et al. The SOFA (Sepsis.related Organ Failure Assessment) score to describe organ dysfunction/failure. *Intensive Care Medicine*, 1996, 22(7): 707-710.

profissionais de saúde a priorizar tomadas de decisão em relação aos cuidados de fim de vida. A Palliative Prognostic Index (PPI), uma das escalas mais utilizadas por não necessitar de medições invasivas ou estimativas subjetivas do médico assistente, considera a funcionalidade, a ingesta oral, presença ou ausência de dispneia, delirium e edema. Conforme pontuação se estima a sobrevida do paciente em mais de seis semanas, de quatro a seis semanas ou menos de três semanas de vida.[13]

4. A IMPORTÂNCIA DA COMUNICAÇÃO NA INDICAÇÃO DE CUIDADOS PALIATIVOS

Indispensável ressaltar a importância da comunicação efetiva em situações difíceis. Igualmente se mostra essencial que o paciente e seus familiares se sintam acolhidos, ou seja, que o profissional seja percebido como alguém que se coloca ao seu lado, a seu favor. Sempre que, frente a situações complexas, o profissional for percebido como um "inimigo", é prudente dar alguns passos atrás e rever o processo de comunicação ou mesmo substituir o profissional por outro, com a finalidade de minimizar não apenas conflitos, mas de reduzir o sofrimento de pacientes e familiares.[14]

Conscientizar o paciente e/ou familiares sobre o agravamento do quadro não deve simbolizar um sinal de desinvestimento, mas sim uma oportunidade para se refletir e discutir situações inacabadas e rever prioridades de vida, atribuindo a ela um novo sentido. Na transição dos cuidados curativos para os cuidados paliativos, a comunicação precisa ser pautada na delicadeza, compaixão, cuidado e empatia, assegurando à pessoa doente e aos seus familiares que ela não será abandonada, apenas o foco de intervenção será modificado.[15] Conforme verificou-se no caso apresentado neste capítulo, onde a transição do foco do cuidado não foi difícil ou penosa, pois os familiares foram abordados durante toda evolução do quadro, sentindo-se seguros e confiantes na equipe responsável.

A habilidade para estabelecer uma boa comunicação é parte essencial em todas as áreas dos cuidados de saúde, não exclusivamente em CP.[16] A comunicação envolve muito mais que o processo de simplesmente dar uma informação, é

---

13. SILVA, Sofia Maciel Macedo. *Acuidade prognóstica do Palliative Prognostic Index em doentes oncológicos admitidos numa unidade de cuidados paliativos*. 2020. 55 f. Dissertação (Mestrado em Cuidados Paliativos) – Faculdade de Medicina, Universidade do Porto, Porto, 2020.

14. VIDAL et al., op. cit.

15. BORGES, Maira Morena; SANTOS JUNIOR, Randolfo. A comunicação na transição para os cuidados paliativos: artigo de revisão. *Revista Brasileira de Educação Médica*, 2014, 38(2): 275-282.

16. COUNCIL OF EUROPE. *Recommendation Rec 24 of the Committee of Ministers to member states on the organization of palliative care*. Strasbourg: Council of Europe, 2003.

um processo que envolve pessoas e os objetivos incluem a troca de informação, a compreensão mútua, o apoio e o enfrentamento de questões difíceis.[17]

Comunicação em saúde refere-se ao estudo e utilização de estratégias de comunicação para informar e para influenciar as decisões dos indivíduos e das comunidades, no sentido de promoverem a sua saúde, e constitui, de fato, um dos componentes centrais da área da saúde, sendo essencial para um desempenho com qualidade.[18]

5. ASPECTOS JURÍDICOS DAS INDICAÇÕES DE CUIDADOS PALIATIVOS

Além das dificuldades citadas quanto a identificação pelo profissional de saúde de pacientes que se beneficiariam com a abordagem paliativa, por vezes menos invasiva, e da dificuldade em comunicar e abordar os familiares com relação ao tema, relevante tecer algumas linhas sobre a insegurança jurídica que permeia o imaginário dos profissionais da área da saúde, especialmente dos médicos, que não raras vezes os leva à adoção de terapêuticas fúteis e obstinadas. O medo de incorrer em tipos penais, como na temida omissão de socorro, disposta no Código Penal Brasileiro (CPB) – Decreto-Lei 2.848, de 7 de dezembro de 1940, os impulsiona a adotar a medicina defensiva, em detrimento dos melhores interesses do paciente, com o fim único de provar sua exculpação. Assim estabelece o art. 135 desse dispositivo legal:

> Art. 135 – Deixar de prestar assistência, quando possível fazê-lo sem risco pessoal, à criança abandonada ou extraviada, ou à pessoa inválida ou ferida, ao desamparo ou em grave e iminente perigo; ou não pedir, nesses casos, o socorro da autoridade pública. Pena – detenção, de um a seis meses, ou multa.[19]

A prática da medicina defensiva está na utilização de medidas sabidamente desnecessárias e inúteis para o caso, mas que têm como finalidade demonstrar a boa prática médica. É importante que os profissionais da saúde se aprimorem na arte médica, ética e, igualmente, no campo do direito,[20] haja vista que persiste por parte dos médicos a compreensão equivocada acerca do crime de omissão de socorro.

---

17. SILVA, Maria Julia Paes da. Comunicação com paciente fora de possibilidades terapêuticas: reflexões. In: PESSINI, L.; BERTACHINI, L. (Org.). *Humanização e cuidados paliativos*. São Paulo: Centro Universitário São Camilo / Loyola, 2004. p. 263-272.
18. BORGES, Diana Raquel de Oliveira. *A comunicação com a família em contexto de cuidados intensivos.* 2015. 150 f. Dissertação (Mestrado em Enfermagem Médico-Cirúrgica) – Instituto Politécnico de Viana do Castelo, Viana do Castelo, 2015.
19. BRASIL. Decreto-Lei 2.848, de 7 de setembro de 1940. Código Penal. *Diário Oficial da União*, Rio de Janeiro, DF, 31 dez. 1940. Disponível em: http://www.planalto.gov.br/ccivil_03/decreto-lei/del2848. htm. Acesso em: 9 fev. 2022.
20. TORRES, José. Ortotanásia não é homicídio nem eutanásia. In: MORITZ, Raquel Duarte (Org.). *Conflitos bioéticos do viver e do morrer*. Brasília: CFM, 2011. p. 157-185.

O prolongamento da vida biológica de pacientes sem qualquer perspectiva de cura é prática adotada por muitos profissionais da saúde como se fosse uma espécie de salvo-conduto. A ideia, desacertada, de que a morte é resultado do fracasso da prática médica pode legitimar abusos por parte dos que insistem no prolongamento desmedido do processo do morrer, impingindo sofrimento à pessoa doente.[21]

Nessa pauta de análise, insta esclarecer que, para a configuração do crime de omissão de socorro, o omitente deve ter a possibilidade material de evitar o resultado.[22] Dessa forma, a omissão de assistência inútil se mostra irrelevante para o direito penal. Assim, diante de um quadro de irreversibilidade, "deixar morrer não é matar";[23] afinal, o ato de matar nesse caso demandaria a possibilidade de curabilidade ou reversibilidade do quadro do enfermo.

A Resolução 1.805/2006 do Conselho Federal de Medicina não configura infração ético-profissional a limitação ou suspensão de procedimentos que prolonguem o processo de morrer do paciente que vive a terminalidade.[24] Na mesma direção, porém de maneira mais contundente, a Resolução 355/2022 do Conselho Regional de Medicina do Estado de São Paulo (Cremesp) preconiza que, mesmo a pedido da família, tratamentos fúteis não devem ser empregados em respeito ao princípio da não maleficência e justiça.[25] Já no âmbito do Poder Judiciário, imprescindível citar o Enunciado 89 do Conselho Nacional de Justiça (CNJ), na III Jornada de Direito da Saúde:

> Deve-se evitar a obstinação terapêutica com tratamentos sem evidências médicas e benefícios, sem custo-utilidade, caracterizados como a relação entre a intervenção e seu respectivo efeito – e que não tragam benefícios e qualidade de vida ao paciente, especialmente nos casos de doenças raras e irreversíveis, recomendando-se a consulta ao gestor de saúde sobre a possibilidade de oferecimento de cuidados paliativos de acordo com a política pública.[26]

---

21. Ibidem.
22. TORRES, José. A omissão terapêutica a pacientes terminais sob o ponto de vista jurídico: deixar morrer é matar? *Revista Ser Médico*, São Paulo, n. 43, *on-line*, abr./jun. 2008. Disponível em: https://www.cremesp.org.br/?siteAcao=Revista&id=361. Acesso em: 11 abr. 2022.
23. Ibidem.
24. CFM. Conselho Federal de Medicina. Resolução 1.805, de 9 de novembro de 2006. *Diário Oficial da União*, Brasília, DF, 28 nov. 2006. Disponível em: https://sistemas.cfm.org.br/normas/visualizar/resolucoes/BR/2006/1805. Acesso em: 16 mar. 2023.
25. CREMESP. Conselho Regional de Medicina do Estado de São Paulo. Resolução 355, de 23 de agosto de 2022. *Diário Oficial da União*, Brasília, DF, 4 nov. 2022. Disponível em: https://www.cremesp.org.br/?siteAcao=PesquisaLegislacao&dif=s&ficha=1&id=20041&tipo=RESOLU%C7%C3O&orgao=%20Conselho%20Regional%20de%20Medicina%20do%20Estado%20de%20S%E3o%20Paulo&numero=355&situacao=VIGENTE&data=23-08-2022&vide=sim. Acesso em: 16 mar. 2023.
26. BRASIL. Conselho Nacional de Justiça. *Enunciados da I, II e III Jornadas de Direito da Saúde do Nacional da Saúde*. Brasília: CNJ, 2019. Disponível em: https://www.cnj.jus.br/wp-content/uploads/2019/03/e8661c101b2d80ec95593d03dc1f1d3e.pdf. Acesso em: 2 mar. 2023.

Indene de dúvidas que o profissional da saúde não deve obstinar a terapêutica. Contudo, a ele não compete a responsabilidade pela cura do enfermo, mas sim, em dispensar todo cuidado ao paciente, respeitando seus desejos, preferências e objetivando os melhores interesses do paciente, inclusive na indicação.

Quanto à indicação, dentre os inúmeros desafios, há a relação afetiva estabelecida entre médico e paciente, a complexidade acerca das expectativas ilusórias sobre a cura, a recusa de transferência pelo paciente e familiares e a associação de cuidados paliativos à morte.[27] Tal associação se mostra comum, criando um estigma sobre a assistência em CP que traz como resultado a recusa por parte dos familiares.[28]

As deficiências em relação à compreensão da finitude vão muito além do universo dos profissionais da saúde e atingem toda a sociedade como uma espécie de negação patológica inerente à própria existência humana. Para aqueles que se inclinam às teorias da conspiração, a sociedade americana parece ser adepta da morte lenta: "a conclusão é que a medicina científica prolongou e melhorou a vida, porém, ao mesmo tempo, piorou a morte".[29] Não há estratégia perfeita, que só ofereça benefícios ao paciente, e disso ele deve estar ciente, evitando ilusões sobre ser salvo da morte.[30]

6. AUTONOMIA DO PACIENTE NAS ESCOLHAS RELACIONADAS AO CUIDADO QUE RECEBE

É importante que os profissionais da saúde tenham condições de compreender os limites da medicina.[31] A boa medicina se inicia com os cuidados centrados na pessoa, portanto o objeto dela é o ser humano, com toda sua complexidade biopsicossocial e espiritual.[32] Do conceito apresentado, percebe-se que esses profissionais atuam sobre um ser que necessita de cuidados; dessa forma, nota--se que, ao pensarem em tratar de pessoas que circunstancialmente padecem de uma enfermidade, alguns buscam de forma desarrazoada curá-los de doenças incuráveis. O cuidado é parte essencial do tratamento de qualquer enfermidade. É importante lembrar que nem sempre pode-se curar uma doença, mas isso não

---

27. FREITAS, Renata de et al. Barreiras para o encaminhamento para o cuidado paliativo exclusivo: a percepção do oncologista. *Saúde em Debate*, Rio de Janeiro, 2022, 46(133) 338.
28. DADALTO, Luciana. Recusa de cuidados paliativos por familiares: entre o costume e a legalidade. In: DADALTO, Luciana (Coord.). *Cuidados paliativos*: aspectos jurídicos. Indaiatuba: Foco, 2021. p. 265-280.
29. LOWN, Bernard. *A arte perdida do curar*. São Paulo: Peirópolis, 2008. p. 289.
30. BOBBIO, Marco. *O doente imaginado*. São Paulo: Bamboo Editorial, 2014.
31. Ibidem.
32. PESSINI, Léo. *Distanásia*: até quando prolongar a vida? 2. ed. São Paulo: Centro Universitário São Camilo / Loyola, 2007.

significa que não seja possível fornecer conforto e suporte à pessoa enferma. O cuidado deve ser aplicado em todas as circunstâncias, independentemente da gravidade da doença ou da possibilidade de cura.

O plano de cuidados centrado na pessoa entende-se por ser um conceito que procura compreender a doença e as suas repercussões na pessoa que vive o adoecimento, capacitando-a e motivando-a e aos seus cuidadores a gerir a doença, tornando assim a pessoa um elemento ativo no seu processo de saúde.[33]

Para o desempenho de um plano de cuidados centrado na pessoa é importante entendê-la, não apenas como uma pessoa com uma doença, mas como alguém que tem um papel na sociedade, que tem experiência de vida, crenças, expectativas e necessidades próprias, que influenciam a sua resposta face ao adoecimento. Este modelo de plano de cuidado, centrado na pessoa, requer que os profissionais de saúde respeitem valores e preferências individuais, promovendo a autonomia através da participação nas tomadas de decisão, isso feito através de informação clara e com linguagem adequada que possibilite a realização de escolhas bem-informadas, dando-lhes, assim, o direito de decisão real sobre seu tratamento, atendendo às necessidades de conforto e suporte emocional.[34]

A importância da prática centrada na pessoa é reconhecida atualmente por decisores políticos e gestores de organizações de saúde no mundo ocidental. O reconhecimento feito pelo Instituto de Medicina dos Estados Unidos, em 2001, da prática centrada na pessoa como uma intervenção essencial na adaptação dos sistemas de saúde às necessidades das sociedades atuais e futuras foi o impulsionador do movimento internacional para uma cultura de prestação de cuidados centrados na pessoa.[35]

A Organização Mundial da Saúde (OMS) reforçou, em 2015, a importância da mudança do paradigma de prestação de cuidados para modelos centrados na pessoa, que integram as perspectivas dos indivíduos, famílias e comunidades. Esses agentes deverão ser vistos tanto como participantes no codesenvolvimento dos serviços quanto utilizadores, conforme as suas expectativas, preferências e necessidades, de forma humana e holística.[36]

---

33. BARBOSA, Vera Lúcia Candeias. *Cuidados centrados na pessoa com doença de Alzheimer no hospital.* 2014. 126 f. Dissertação (Mestrado em Enfermagem) – Escola Superior de Enfermagem de Lisboa. Lisboa, 2014. Disponível em: https://comum.rcaap.pt/handle/10400.26/16304. Acesso em: 22 maio 2023.

34. PEREIRA, Maria Carolina; D'OLIVEIRA, Sofia Espanhol; NUNES, Lucília. Benefícios do plano de cuidados centrado na pessoa com doença crónica, em equipa multidisciplinar: revisão sistemática. *Revista Percursos*, 2018, 41:53-64.

35. IOM. Institute of Medicine. *Crossing the quality chasm: a new health system for the 21st century.* Washington DC: The National Academies Press, 2001.

36. WHO. World Health Organization. *WHO global strategy on integrated people-centred health services.* 2016-2026. Disponível em: . Acesso em: 22 maio 2023.

No âmbito do cuidado centrado na pessoa, a parceria envolve o encontro de pelo menos duas partes: o usuário, perito na sua experiência de saúde/doença; e o profissional de saúde, perito no conhecimento clínico do tratamento e do cuidar. As necessidades que o profissional de saúde identifica terão, assim, tanta importância como as identificadas pela pessoa.[37]

A prática centrada na pessoa tem na sua gênese aquilo que torna cada pessoa um ser único, exigindo, portanto, abertura para escutar e aprender com o outro e sobre o outro, pois é por meio da narrativa que se tem acesso à essência de quem é aquela pessoa de fato. Essa parceria implica a partilha recíproca de saberes entre os dois lados, bem como a dependência mútua, não devendo ser entendida de forma negativa, de perda de autonomia.[38]

No caso apresentado, vale apontar a ausência de documentos de diretivas antecipadas de vontade e a falta de abordagem à paciente acerca de seus desejos e preferências de cuidados; podendo dificultar a tomada de decisões quando o paciente não mais gozar da capacidade de se expressar autonomamente. No entanto, se observa como positivo que a equipe multidisciplinar tenha desenvolvido um processo de comunicação efetivo com os familiares, permitindo que compreendessem que a retirada de algumas medidas e a não introdução de novas proporcionariam qualidade de vida e dignidade à paciente. A equipe multidisciplinar deve sempre buscar o diálogo e o esclarecimento das questões com a família e outros envolvidos para que as decisões tomadas sejam as mais prudentes e respeitem os valores e preferências da pessoa.

Não se deve perder de vista que a insuficiência desse processo dialógico pode acarretar desfechos prejudiciais ao paciente e à sua família, bem como trazer como consequência a judicialização e possível condenação com base na falha do dever de informar. Salvo exceções, como no caso de situação de urgência ou emergência, grave perigo para a saúde pública, renúncia do paciente de ser informado e do privilégio terapêutico,[39] informação é direito do paciente e poderá ser estendida aos familiares se assim este desejar. Para melhor elucidar, o Poder Judiciário brasileiro reconhece que o paciente é devidamente informado quando o médico elucida sobre riscos, benefícios, técnicas que serão empregadas, prognóstico e quadro clínico.[40]

---

37. VENTURA, Filipa et al. A prática centrada na pessoa: da idiossincrasia do cuidar à inovação em saúde. *Cadernos de Saúde Pública*, 2022, 38(10):e00278121.
38. Ibidem.
39. BRANDÃO, Luciano. *A responsabilidade civil do médico pela falha no dever de informação*. Rio de Janeiro: GZ, 2021.
40. KFOURI NETO, Miguel. *Responsabilidade civil do médico*. 10. ed. São Paulo: Ed. RT, 2019.

A relação entre profissionais de saúde e pacientes pode ser extremamente complexa por envolver conflitos morais em diferentes níveis.[41] Por exemplo, um paciente pode se recusar a seguir um tratamento por razões religiosas ou culturais, ao passo que um profissional de saúde pode acreditar que o tratamento é necessário à saúde dele. Do mesmo modo, um paciente pode solicitar um procedimento médico que o profissional de saúde considera fútil ou inadequado.

O ponto crucial do debate parece repousar no que verdadeiramente representam os melhores interesses da paciente, sua percepção de dignidade, respeito às suas vontades e a afluência com a decisão meramente técnica. Esses são fatores determinantes para a tomada de decisão, que, com base nos fatos, valores e deveres, se torna a mais prudente, segundo a proposta para a deliberação em bioética clínica de Diego Gracia.[42]

O processo de deliberação moral é uma abordagem que procura considerar os valores e deveres envolvidos em situações concretas, com o objetivo de gerenciar conflitos morais de forma a se alcançar a decisão mais prudente possível.[43] Nessa busca, os melhores interesses do paciente devem ser o cerne da relação.

7. CONSIDERAÇÕES FINAIS

Indicar Cuidados Paliativos na admissão de um paciente em um serviço de saúde, principalmente nas salas de emergência e pronto atendimentos, é tarefa complexa e desafiadora que exige dos profissionais de saúde postura ativa, realizada através de comunicação empática e efetiva, entendendo aspectos prévios da vida dos pacientes, bem como seus valores e desejos em relação aos seus cuidados. A utilização de ferramentas e instrumentos auxilia nas decisões e na elaboração do melhor plano terapêutico para cada indivíduo, mas não substitui a comunicação e a deliberação entre as partes, a fim de ofertar o melhor cuidado possível para cada paciente, contemplando as necessidades individuais apresentadas em casa situação.

O caso em questão nos alerta sobre o fato de muitas vezes a indicação de Cuidados Paliativos não ocorrer logo da admissão do paciente ao serviço de saúde, mas no decorrer da evolução clínica, durante a internação e o acompanhamento do paciente. Por vezes, pacientes hígidos que apresentam intercorrências agudas que no primeiro momento seriam passíveis de reversão, passam a não responder

---

41. ROCHA, Mário de Seixas; ROCHA, Simone Azevedo. Resolução de conflitos bioéticos no cenário hospitalar brasileiro: uma revisão sistemática da literatura. *Revista Brasileira de Bioética*, 2019, 15:1-12.
42. ZOBOLI, Elma. Tomada de decisão em bioética clínica: casuística e deliberação moral. *Revista Bioética*, Brasília, 2013, 21(3): 389-396.
43. MOTTA, Luís Cláudio de Souza et al. Tomada de decisão em (bio)ética clínica: abordagens contemporâneas. *Revista Bioética*, Brasília, 2016, 24(2): 304-314.

ao tratamento proposto, alterando a situação clínica de potencialmente reversível, para irreversível. Essas situações são onde indicar CP tende a ser mais difícil, exigindo um olhar sensível dos profissionais de saúde, além de boa comunicação e bom vínculo entre equipe e família, para que a transição de cuidado ocorra de forma tranquila para todos, visando o bem maior que é o conforto e dignidade do paciente.

REFERÊNCIAS

BARBOSA, Vera Lúcia Candeias. *Cuidados centrados na pessoa com doença de Alzheimer no hospital.* 2014. 126 f. Dissertação (Mestrado em Enfermagem) – Escola Superior de Enfermagem de Lisboa, Lisboa, 2014. Disponível em: https://comum.rcaap.pt/handle/10400.26/16304. Acesso em: 22 maio 2023.

BOBBIO, Marco. *O doente imaginado.* São Paulo: Bamboo Editorial, 2014.

BORGES, Diana Raquel de Oliveira. *A comunicação com a família em contexto de cuidados intensivos.* 2015. 150 f. Dissertação (Mestrado em Enfermagem Médico-Cirúrgica) – Instituto Politécnico de Viana do Castelo, Viana do Castelo, 2015.

BORGES, Maira Morena; SANTOS JUNIOR, Randolfo. A comunicação na transição para os cuidados paliativos: artigo de revisão. *Revista Brasileira de Educação Médica*, 2014, 38, (2):275-282.

BRANDÃO, Luciano. *A responsabilidade civil do médico pela falha no dever de informação.* Rio de Janeiro: GZ, 2021.

BRASIL. Conselho Nacional de Justiça. *Enunciados da I, II e III Jornadas de Direito da Saúde do Nacional da Saúde.* Brasília: CNJ, 2019. Disponível em: https://www.cnj.jus.br/wp-content/uploads/2019/03/e8661c101b2d80ec95593d03dc1f1d3e.pdf. Acesso em: 2 mar. 2023.

BRASIL. Decreto-Lei 2.848, de 7 de setembro de 1940. Código Penal. *Diário Oficial da União*, Rio de Janeiro, DF, 31 dez. 1940. Disponível em: http://www.planalto.gov.br/ccivil_03/decreto-lei/del2848.htm. Acesso em: 9 fev. 2022.

BRITTEN, Nicky et al. Learning from Gothenburg model of person centred healthcare. *BMJ*, 2020, 1(370): m2738. Disponível em: https://doi.org/10.1136/bmj.m2738

CASALE, Giuseppe et al. *Supportive and palliative care indicators tool (SPICT™):* content validity, feasibility and pre-test of the Italian version. *BMC Palliative Care*, 2020, 19(79): 1-5. Disponível em: https://doi.org/10.1186/s12904-020-00584-3.

CFM. Conselho Federal de Medicina. Resolução 1.805, de 9 de novembro de 2006. *Diário Oficial da União*, Brasília, DF, 28 nov. 2006. Disponível em: https://sistemas.cfm.org.br/normas/visualizar/resolucoes/BR/2006/1805. Acesso em: 16 mar. 2023.

COUNCIL OF EUROPE. *Recommendation Rec 24 of the Committee of Ministers to member states on the organization of palliative care.* Strasbourg: Council of Europe, 2003.

CREMESP. Conselho Regional de Medicina do Estado de São Paulo. Resolução 355, de 23 de agosto de 2022. *Diário Oficial da União*, Brasília, DF, 4 nov. 2022. Disponível em: https://www.cremesp.org.br/?siteAcao=PesquisaLegislacao&dif=s&ficha=1&id=20041&tipo=RESOLU%C7%-C3O&orgao=%20Conselho%20Regional%20de%20Medicina%20do%20Estado%20de%20S%E3o%20Paulo&numero=355&situacao=VIGENTE&data=23-08-2022&vide=sim. Acesso em: 16 mar. 2023.

DADALTO, Luciana. Recusa de cuidados paliativos por familiares: entre o costume e a legalidade. In: DADALTO, Luciana (Coord.). *Cuidados paliativos*: aspectos jurídicos. Indaiatuba: Foco, 2021.

FREITAS, Renata de et al. Barreiras para o encaminhamento para o cuidado paliativo exclusivo: a percepção do oncologista. *Saúde em Debate*, 2022, 46(133): 331-345. Disponível em: https:// www.saudeemdebate.org.br/sed/article/view/6458. Acesso em: 20 mar. 2023.

GUTIERREZ, Beatriz Aparecida Ozello; BARROS, Thabata Cruz de. O despertar das competências profissionais de acompanhantes de idosos em cuidados paliativos. *Revista Kairós Gerontologia*, 2012, 15(4): 239-258.

IOM. Institute of Medicine. *Crossing the quality chasm: a new health system for the 21st century.* Washington DC: The National Academies Press, 2001.

KFOURI NETO, Miguel. *Responsabilidade civil do médico.* 10. ed. São Paulo: Ed. RT, 2019.

LOWN, Bernard. *A arte perdida do curar.* São Paulo: Peirópolis, 2008.

LUCCHETTI, Giancarlo et al. Uso de uma escala de triagem para cuidados paliativos nos idosos de uma instituição de longa permanência. *Geriatria & Gerontologia*, v. 3, n. 3, p. 104-108, 2009.

MOTTA, Luís Cláudio de Souza et al. Tomada de decisão em (bio)ética clínica: abordagens contemporâneas. *Revista Bioética*, Brasília, v. 24, n. 2, p. 304-314, ago. 2016.

PEREIRA, Maria Carolina; D'OLIVEIRA, Sofia Espanhol; NUNES, Lucília. Benefícios do plano de cuidados centrado na pessoa com doença crónica, em equipa multidisciplinar: revisão sistemática. *Revista Percursos*, n. 41, p. 53-64, 2018.

PESSINI, Léo. *Distanásia*: até quando prolongar a vida? 2. ed. São Paulo: Centro Universitário São Camilo / Loyola, 2007.

ROCHA, Mário de Seixas; ROCHA, Simone Azevedo. Resolução de conflitos bioéticos no cenário hospitalar brasileiro: uma revisão sistemática da literatura. *Revista Brasileira de Bioética*, Brasília, v. 15, p. 1-12, ago. 2019.

SAMPAIO, Fernanda Barbosa de Almeida et al. Utilização do Sofa Escore na avaliação da incidência de disfunção orgânica em pacientes portadores de patologia cardiovascular. *Revista da SOCERJ*, v. 18, n. 2, p. 113-116, mar./abr. 2005.

SILVA, Maria Julia Paes da. Comunicação com paciente fora de possibilidades terapêuticas: reflexões. In: PESSINI, L.; BERTACHINI, L. (Org.). *Humanização e cuidados paliativos.* São Paulo: Centro Universitário São Camilo / Loyola, 2004.

SILVA, Sofia Maciel Macedo. *Acuidade prognóstica do Palliative Prognostic Index em doentes oncológicos admitidos numa unidade de cuidados paliativos.* 2020. 55 f. Dissertação (Mestrado em Cuidados Paliativos) – Faculdade de Medicina, Universidade do Porto, Porto, 2020.

SPICT- BR. Disponível em: https://www.spict.org.uk/the-spict/spict-br/. Acesso em: 2 mar. 2023.

TORRES, José. A omissão terapêutica a pacientes terminais sob o ponto de vista jurídico: deixar morrer é matar? *Revista Ser Médico*, São Paulo, n. 43, *on-line*, abr./jun. 2008. Disponível em: https://www.cremesp.org.br/?siteAcao=Revista&id=361. Acesso em: 11 abr. 2022.

TORRES, José. Ortotanásia não é homicídio nem eutanásia. In: MORITZ, Raquel Duarte (Org.). *Conflitos bioéticos do viver e do morrer.* Brasília: CFM, 2011.

TURAÇA, Karina; RIBEIRO, Sabrina Correa da Costa. Este paciente necessita de cuidados paliativo? In: VELASCO, Irineu Tadeu; RIBEIRO, Sabrina Correa da Costa (Org.). *Cuidados paliativos na emergência.* Barueri: Manole, 2021.

VENTURA, Filipa et al. A prática centrada na pessoa: da idiossincrasia do cuidar à inovação em saúde. *Cadernos de Saúde Pública*, v. 38, n. 10, e00278121, 2022. Disponível em: https://doi.org/10.1590/0102-311XPT278121. Acesso em: 22 maio 2023.

VERAS, Renato. Envelhecimento populacional contemporâneo: demandas, desafios e inovações. *Revista Saúde Pública*, São Paulo, v. 43, n. 3, p. 548-554, 2009.

VIDAL, Edson et al. *Cuidados paliativos em um serviço de urgência e emergência*. Botucatu: Faculdade de Medicina de Botucatu / UNESP, 2015.

VINCENT, J.-L. et al. The SOFA (Sepsis.related Organ Failure Assessment) score to describe organ dysfunction/failure. *Intensive Care Medicine*, v. 22, n. 7, p. 707-710, 1996.

WHO. World Health Organization. *WHO global strategy on integrated people-centred health services*. 2016-2026. Geneva: WHO, 2015. Disponível em: . Acesso em: 2 mar. 2023.

ZOBOLI, Elma. Tomada de decisão em bioética clínica: casuística e deliberação moral. *Revista Bioética*, Brasília, v. 21, n. 3, p. 389-396, dez. 2013.

ORTOTANÁSIA E EUTANÁSIA PASSIVA: DESCORTINANDO TABUS

Fernanda Gomes Lopes

Doutoranda em Bioética, Ética Aplicada e Saúde Coletiva, pela Fundação Oswaldo Cruz. Mestre em Cuidados Continuados e Paliativos, pela Universidade de Coimbra. Especialista em Cancerologia, em Psicologia da Saúde e em Psicologia Hospitalar. Diretora do Instituto Escutha. Psicóloga Hospitalar e Paliativista. Coordenadora do Comitê de Bioética e Membro do Comitê de Psicologia da Academia Nacional de Cuidados Paliativos (ANCP).

Bárbara Nardino Giannastásio

Pós-graduada em Direito Processual Civil (ABDPC). Pós-graduada em Direito de Família e Sucessões (FMP/RS). Pesquisadora do Grupo de Pesquisa: estudos avançados de prática e teoria em mediação (UNIFESP). A associada ao IBDFAM e ao IBPC. Advogada capacitada em práticas colaborativas e mediadora; graduada em ciências jurídicas e sociais (UFRGS).

Úrsula Bueno do Prado Guirro

Pós-doutorado em Bioética (PUC-PR). Doutora e Mestre em Medicina (UFPR). Médica Anestesiologista, com área de atuação em Medicina Paliativa e em Dor SBA/AMB. Professora universitária. Conselheira CRM-PR. *Head of Education* do Palicurso (portal www.palicurso.com.br).

Sumário: 1. A história de Vládia – 2. Discussões iniciais – 3. Abrindo espaço para o morrer: um desejo legítimo ou manifestação de vontade decorrente do intenso sofrimento? – 4. Ortotanásia e eutanásia passiva: abrindo espaço para a discussão velada – 5. Reflexões necessárias – Referências.

1. A HISTÓRIA DE VLÁDIA

Vládia, 40 anos, é filha de agricultor e dona de casa. Mora desde os 15 anos numa grande cidade, onde se formou e trabalha como advogada. É casada há 10 anos com Paulo, com quem namora desde a adolescência. O casal tem dois filhos, Enzo, de 5 anos, e Valentina, de 8 anos.

Aos 37 anos recebeu o diagnóstico de Esclerose Lateral Amiotrófica (ELA). Desde então, expressou aos familiares e à equipe de saúde que seu maior medo é ficar dependente. Sua funcionalidade diminuiu aos poucos e, três anos depois do diagnóstico, deixou de ser capaz de exercer as atividades de vida diária sem auxílio, apresentou sintomas como perda gradual da coordenação muscular, engasgos, padrão de fala mais lento e arrastado, bem como dificuldade de respirar. Entre diversas admissões e altas hospitalares, passou a usar ventilação não invasiva contínua em domicílio.

Na penúltima internação, mostrou-se angustiada por ter consciência de que logo perderia o movimento da face, expressou o desejo de morrer e manifestou que "viver enclausurada em seu corpo não faz sentido". A equipe assistencial, assustada com esse pedido, solicitou avaliação psicológica e psiquiátrica, em busca de diagnóstico de depressão que justificasse o pedido.

Após comunicações sucessivas da equipe assistente sobre a impossibilidade jurídica dos profissionais abreviarem a vida, Vládia pediu o acompanhamento da equipe de cuidados paliativos, porque imaginou que seu pedido seria compreendido e acolhido por profissionais mais preparados para o fim de vida. Mas, como advogada, intimamente, sabia que seu desejo não poderia ser atendido.

A equipe especializada – formada por médico, psicólogo, assistente social e enfermeiro – conseguiu acompanhá-la durante o período de hospitalização. Os profissionais buscaram a vinculação e a escuta ativa, objetivando aproximação com seus valores, percepções, crenças e com aquilo que a paciente poderia entender como uma vida de qualidade, dentro das limitações impostas pelo adoecimento.

Após alguns dias da alta, Vládia retornou ao hospital com insuficiência respiratória aguda. No final da madrugada, foi transferida para a UTI com taquipneia, cianose periférica, intenso desconforto respiratório e rebaixamento do nível de consciência. Nesse momento, o marido encontrava-se intensamente fragilizado emocionalmente, pensando em como iria cuidar dos dois filhos pequenos, caso a esposa morresse. Após explicação sobre a possibilidade de intubação, expressou o desejo de realizar o procedimento, na tentativa de mantê-la viva por mais tempo.

No dia seguinte, a equipe de cuidados paliativos compareceu à UTI. Conversaram sobre o prognóstico da doença, bem como o processo de terminalidade e fim de vida com Vládia e o marido. Lembraram o pedido de ambos, no sentido de que, em caso de nova internação, seria possível manter a paciente na enfermaria e ao lado da família, sem a adoção de medidas invasivas, mas com controle de dor e outros sintomas. A equipe da UTI, então, expressou a necessidade de intubá-la, reforçando ainda o pedido do marido ao plantonista, durante a madrugada. Os intensivistas entenderam que a não realização do procedimento abreviaria intencionalmente a vida da paciente, mesmo que a equipe de cuidados paliativos tivesse explicado que não intubar seria deixar a doença seguir seu curso natural e, ainda, respeitar a autonomia da paciente.

Mesmo com todas as discussões e orientações, o médico plantonista da UTI não se sentiu seguro para não intubar a paciente, seja por receio de responder a processos judiciais, seja para evitar a sensação de que seria o responsável pela morte, caso não empregasse as medidas de suporte disponíveis. Vládia foi intubada e morreu quatro horas depois.

2. DISCUSSÕES INICIAIS

A ELA é uma doença do neurônio motor e é uma das principais doenças neurodegenerativas, ao lado das doenças de Parkinson e Alzheimer, em que a degeneração ocorre em vários níveis como bulbar, cervical, torácico e lombar.[1] Como a musculatura esquelética também é acometida, há fraqueza, atrofia e posterior paralisia, incluindo os músculos respiratórios. Não há um tratamento farmacológico, até presente momento, curativo. A história natural da doença é a evolução para insuficiência respiratória, dificuldade de deglutição, que pode ser complicada com pneumonia devido a musculatura frágil, tosse ineficaz e broncoaspiração, e é a causa mais frequente de morte.[2] Entre as terapêuticas da ELA, a que que mais parece aumentar a sobrevida do paciente é o suporte ventilatório não invasivo.[3]-[4]-[5]

O fim de vida das pessoas portadoras de ELA paciente frequentemente ocorre dentro da UTI, com possibilidade do emprego de medidas invasivas como a intubação orotraqueal, alimentação artificial, drogas vasoativas, entre outras, mas que nem sempre trazem qualidade de vida, aumentam de fato a sobrevida ou estão alinhadas com escolhas dos pacientes.[6]

Neste capítulo, pretende-se trazer reflexões sobre o emprego ou não de medidas terapêuticas invasivas para pessoas como a Vládia, que tem o diagnóstico de ELA. Destaca-se a importância dos cuidados paliativos para alívio dos sintomas, a reflexão das indicações terapêuticas, considerando-se a doença incurável e a história natural da doença, bem como as questões éticas e legais no país e inclusão da autonomia da paciente, lúcida e com a capacidade cognitiva preservada.

---

1. BRASIL. Ministério da Saúde. *Protocolo Clínico e Diretrizes Terapêuticas da Esclerose Lateral Amiotrófica.* Brasília, 2021, p. 4. Disponível em: https://www.gov.br/conitec/pt-br/midias/protocolos/publicacoes_ms/20210713_publicacao_ela.pdf. Acesso em: 15 maio 2023.
2. LO COCO Daniele; VOLANTI Paolo, CICCO Domenico de; SPANEVELLO Antonio; BATTAGLIA Gianluca; MARCHESE Santino; TAIELLO Alfonsa Claudia; SPATARO Rossela; BELLA Vincenzo La. Assessment and Management of Respiratory Dysfunction in Patients with Amyotrophic Lateral Sclerosis. *Amyotrophic Lateral Sclerosis.* Palermo: InTech, 2012. p. 579-594.
3. Op. cit.
4. Op. cit.
5. BRANDÃO, Fernanda Machado; GARDENGHI, Giulliano. Ventilação não invasiva e fisioterapia respiratória em pacientes com esclerose lateral amiotrófica. *Revista Eletrônica Saúde e Ciência*, 2017, 7(2): 36.
6. MAZUTTI, Sandra Regina Gonzaga; NASCIMENTO, Andréia de Fátima; FUMIS, Renata Rego Lins. Limitação de suporte avançado de vida em pacientes admitidos em unidade de terapia intensiva com cuidados paliativos integrados. *Revista Brasileira de Terapia Intensiva*, 2016, 28(3): 294-300.

Na história de Vládia, levando-se em conta o conflito estabelecido entre a equipe de UTI e a equipe de cuidados paliativos, objetiva-se analisar as consequências do prolongamento da vida biológica, desconsiderando a biografia e as escolhas prévias da paciente. Ao descortinar alguns dos tabus que envolvem o fim de vida de pessoas com diagnostico de doenças que as afetam de forma degenerativa e progressiva, tal qual ocorre com a ELA. Frente aos conflitos bioéticos envolvendo a dignidade humana e a terminalidade da vida, procura-se analisar os conceitos de ortotanásia e eutanásia passiva, trazendo à luz os princípios mais caros aos cuidados paliativos.

3. ABRINDO ESPAÇO PARA O MORRER: UM DESEJO LEGÍTIMO OU MANIFESTAÇÃO DE VONTADE DECORRENTE DO INTENSO SOFRIMENTO?

A compreensão socialmente construída sobre a morte e o morrer foi se modificando ao longo da história. Embora inevitável, a morte não é vista como um processo natural da vida, mas como um evento pelo qual "tentamos passar despercebidos".[7] Trata-se, portanto, de um assunto tabu, interditado em nossa sociedade, incluindo o ambiente hospitalar.[8]

O desenvolvimento tecnológico e o progresso científico do século XXI são fatores de influência para a construção ideológica, a qual impulsionou uma transição epidemiológica, caracterizada pela diminuição das taxas de mortalidade, bem como pelo aumento das doenças crônico-degenerativas e da expectativa de vida. Com o desenvolvimento da medicina a passos largos, as pessoas passaram a viver mais tempo, e as equipes de saúde construíram uma ilusão de controle das doenças e da morte.[9]

Como afirmaram Dadalto e Affonseca, "o surgimento quase que diário de novos tratamentos experimentais alimenta a esperança de muitos doentes e familiares quanto à possibilidade de vencer a batalha contra o inexorável".[10] Tanto

---

7. LOPES, Fernanda Gomes; LIMA, Maria Juliana Vieira; ARRAIS, Rebecca Holanda; AMARAL, Natália Dantas. A dor que não pode calar: reflexões sobre o luto em tempos de Covid-19. *Psicologia USP*, 2021, 32: 1.

8. AIRÉS, Philippe. *História da morte no ocidente*: da idade média aos nossos dias. Rio de Janeiro: Ediouro, 2003.

   KOVÁCS, Maria Julia. Educadores e a morte. *Revista Semestral da Associação Brasileira de Psicologia Escolar e Educacional*, 2012, 16 (1): 71-81.

9. KOVÁCS, Maria Julia. Bioética nas questões da vida e da morte. *Psicologia USP*, 2003, 14: 115-167.

   NETO, Isabel Galriça. Cuidados paliativos: princípios e conceitos fundamentais. In: BARBOSA, Antônio; PINA, Paulo Reis; NETO, Isabel Galriça. *Manual de Cuidados Paliativos*. Lisboa: Faculdade de Medicina da Universidade de Lisboa, 2016, p. 1-22.

10. DADALTO, Luciana; AFFONSECA, Carolina de Araújo. Considerações médicas, éticas e jurídicas sobre decisões de fim de vida em pacientes pediátricos. *Revista Bioética CFM*, 2018, 26:12-21.

é assim que Paulo, marido de Vládia, apesar de compreender o prognóstico da doença e vivenciar o sofrimento da esposa e da família, ao aproximar-se da possibilidade concreta de perdê-la, pediu aos médicos que empregassem as medidas invasivas necessárias para mantê-la viva.

A ideia de guerra a ser vencida, por si só, convoca esperança, na medida em que está alicerçada na percepção ilusória de que a luta contínua pode nos tornar vencedores. Contudo, contra a morte, em algum momento, todos vão perder. Como demonstrado por Kovács essa tentativa "pode levar a um impasse quando se trata de buscar a cura e salvar uma vida, com todo o empenho possível, num contexto de missão impossível: manter uma vida na qual a morte já está presente".[11]

O tabu é reforçado durante a construção educacional dos profissionais da saúde, que ainda apresentam uma formação voltada para a perspectiva curativa e biológica, afastando a temática do morrer e impedindo o necessário aprimoramento pedagógico e terapêutico para um trabalho que os convoca, cotidianamente, à preparação.[12] Essa "falta de capacitação inviabiliza que os mesmos consigam criar recursos para lidar com esse evento angustiante, podendo desencadear adoecimentos psíquicos e físicos e afetar diretamente a qualidade da assistência prestada aos pacientes e seus familiares".[13]

Não bastasse isso, os profissionais passam a construir sua prática compreendendo a morte como um fenômeno técnico quase inadmissível, que pode ser impedido ou adiado. A terminalidade, então, torna-se símbolo de fracasso ou impotência, na medida em que destaca o limite da prática médica.[14]

O século XXI ingressou na era da alta tecnologia, qualificando-se por cinco características: um ato prolongado, decorrente do desenvolvimento tecnológico; um fato científico, provocado pelo aperfeiçoamento da monitoração; um fato passivo, na medida em que as decisões não pertencem ao enfermo, mas aos médicos e familiares; um ato profano, porque não atende às crenças e valores do paciente; e um ato de isolamento, pois o ser humano morre socialmente em solidão.[15]

De fato, é inegável a afetação dos profissionais ao lidarem com a morte, não apenas em razão da vinculação com os pacientes, mas também pelo confron-

---

11. KOVÁCS, Maria Julia. Bioética nas questões da vida e da morte. *Psicologia USP*, 2003, 14: 115-167.
12. KOVÁCS, Maria Julia. *Educação para a morte: quebrando paradigmas*. Porto Alegre: Sinopsys, 2021. LOPES, Fernanda Gomes; PAIVA, Glenda Sabino; FARIAS, Nazka Fernandes; CASSIANO, Igor Santos; PENHA, Priscila Silveira. Educação para morte: formação em tanatologia em saúde. *Revista Científica da Escola de Saúde Pública do Ceará*, 2022, 16(1).
13. Op. cit.
14. Op. cit.
15. MORITZ, Rachel Duarte. Os profissionais de saúde diante da morte e do morrer. *Revista Bioética CFM*, 2005, 13(2): 52.

to direto com sua própria morte e a de seus entes queridos.[16-17] Evidencia-se, pois, um dos maiores desafios da prática médica, ao passo que a praticidade e o escamoteamento de sentimentos são reforçados na formação profissional.[18] O silenciamento da morte no ambiente hospitalar, por consequência, mobiliza o não reconhecimento dessas implicações emocionais, podendo potencializar sensações de solidão, medo e angústia.[19-20] Quando se fala de profissionais de UTI, essas dificuldades podem se tornar ainda mais evidentes, à medida em que lidam cotidianamente com pacientes graves, em um contexto que dispõe de suporte tecnológico avançado. Assim, decisões complexas precisam ser tomadas, em busca de responder às intensas expectativas de cura.[21]

A resistência à aceitação da morte como um evento natural é ainda mais acentuada quando o paciente é jovem, ocasião em que esse acontecimento se torna intolerável: de regra, associam-se as perdas à velhice. Assim, a luta pela cura torna-se mais intensa, buscando-se seu adiamento ou evitação. Constatando-se sua inevitabilidade mesmo nessas fases, o enfrentamento do morrer pode se tornar mais doloroso, principalmente diante das frustrações com as perspectivas de futuro.[22-23]

Outro aspecto de grande influência na negação da morte como possibilidade é a manutenção da sacralidade da vida como dever moral. Para melhor compreender esse aspecto, é essencial referenciar o conceito da palavra vida, que com raiz latina indica que um termo pode ter "dois conceitos diferentes da língua grega, pois esta distinguia *zoé*, ou vida orgânica em princípio comum a todos os seres

---

16. MASCIA, Adriana Rainha; SILVA, Fernanda Braga; LUCCHESE, Ana Cecília; MARCO, Mario Alfredo de; MARTINS, Maria Cezira Fantini Nogueira; MARTINS, Luiz Antônio Nogueira. Atitudes frente a aspectos relevantes da prática médica: estudo transversal randomizado com alunos de segundo e sexto ano. *Revista Brasileira de Educação Médica*, 2009, 33(1):41-48.

17. SANTOS, Janaína Luiza dos; BUENO, Sônia Maria Villela. A questão da morte e os profissionais de enfermagem. *Rev. Enferm.* UERJ, 2010, 18(3): 484-487.

18. MELLO, Aline Andressa Martinez; SILVA, Lucia Cecilia da. A estranheza do médico frente à morte: lidando com a angústia da condição humana. *Rev. Abordagem Gestalt. [online].* 2012, 18(1): 52-60.

19. SANTOS, Franklin Santana. Educando estudantes e profissionais das áreas da saúde, humanas e sociais sobre morte, perdas e luto. In: SANTOS, Franklin Santana; SCHLIEMANN, Ana Laura; SOLANO, João Paulo Consentino. *Tratado Brasileiro de Perdas e Luto.* São Paulo: Atheneu Editora, 2014, p. 327-335.

20. ESSLINGER, Ingrid. O paciente, a equipe de saúde e o cuidador: de quem é a vida afinal? Um estudo acerca do morrer com dignidade. In: PESSINI, Leocir.; BERTACHINI, Luciana. *Humanização e Cuidados Paliativos.* São Paulo: Edições Loyola, 2004, p. 149-163.

21. ALMEIDA, Luana F. de. Terminalidade humana na UTI: reflexões sobre a formação profissional e ética diante da finitude. *Revista HUPE*, 2013, 17(2): 147-153.

22. BOSCO, Adriana Gonçalves. *Perda e luto na equipe de enfermagem do centro cirúrgico de urgência e emergência.* Ribeirão Preto: Universidade de São Paulo, 2008.

23. LUNARDI FILHO, Wilson Danilo; SULZBACH, Rodrigo Carolo; NUNES, Anderlei Collares; LUNARDI, Valéria Lerch. Percepções e condutas dos profissionais de enfermagem frente ao processo de morte e morrer. *Texto & Contexto Enferm*, 2001, 10(3): 60-81.

vivos, e *bíos*, ou vida especificamente humana, isto é, a forma de vida que possui características simbólicas, morais e políticas".[24]

Dessa forma, quando se refere à sacralidade da vida, o guia das ações profissionais torna-se o dever absoluto – incontestavelmente priorizado sobre os demais. Aqui, a vida é entendida como um bem – compreensão alicerçada na crença religiosa de concessão divina, predominante em nossa cultura – e, portanto, torna-se sagrada. Consequentemente, não pode ser interrompida, mesmo diante da vontade do paciente ou das avaliações clínicas do profissional, pois "a vida é sempre digna de ser vivida, ou seja, estar vivo é sempre um bem, independentemente das condições em que a existência se apresente".[25] Nessa perspectiva, o que importa é a manutenção da vida, "sem entrar no mérito de sua qualidade".[26] O tempo, portanto, torna-se soberano, sendo guia para a manutenção biológica da vida, mesmo sem a preservação das qualidades humanas.[27]

Se é verdade que, de um lado, os avanços na prática médica têm proporcionado maior tempo de vida às pessoas que antes morreriam; de outro, porém, a sobrevida pode ser prolongada desnecessariamente a qualquer custo, a partir do emprego de tratamentos injustificáveis, do ponto de vista ético. Destarte, o uso de tratamentos fúteis ou desproporcionais pode mobilizar o que se denomina distanásia. Mesmo não sendo o foco das discussões deste capítulo, é importante compreender que se trata de um fenômeno que encontra amparo em nossa cultura, visto que justifica a manutenção de intervenções, independentemente de seus efeitos positivos, para manter a vida a qualquer custo.

A distanásia, portanto, é alicerçada na obstinação terapêutica, entendida como o uso de tratamentos "cujo efeito é mais nocivo do que os efeitos da doença, ou inútil, porque a cura é impossível e o benefício esperado é menor do que os inconvenientes previsíveis".[28] Em suma, acrescenta-se uma agonia programada ao paciente, apenas para adiar a morte, transformando a fase final da vida em um doloroso processo de morrer.[29]

Como referido por Lima, "a distanásia e a sofisticação tecnológica andam de mãos dadas. Quanto mais sofisticada a tecnologia, mais se consegue pro-

---

24. SCHRAMM, Fernin Roland. O uso problemático do conceito 'vida' em bioética e suas interfaces com a práxis biopolítica e os dispositivos de biopoder. *Revista Bioética CFM*, 2009, 17(3): 377-389.

25. REGO, Sérgio; PALÁCIOS, Marisa; SIQUEIRA-BATISTA, Rodrigo. *Bioética para profissionais de saúde*. Rio de Janeiro: Editora FIOCRUZ, 2009.

26. KOVÁCS, Maria Julia. Bioética nas questões da vida e da morte. *Psicologia USP*, 2003, 14: 115-167.

27. SCHRAMM, Fernin Roland. O uso problemático do conceito 'vida' em bioética e suas interfaces com a práxis biopolítica e os dispositivos de biopoder. *Revista Bioética CFM*, 2009, 17(3): 377-389.

28. LIMA, Cristina. Medicina High Tech, obstinação terapêutica e distanásia. *Medicina Interna – Revista da Sociedade Portuguesa de Medicina Interna*, 2006, 13(2): 81.

29. Op. cit.

longar a agonia do doente e familiares, até a morte inevitável".[30] Com efeito, entende-se que:

> Quanto mais aparelhado o hospital, maior risco de se proceder à distanásia, mesmo porque a família, no seu afã de salvar o paciente, pede que se faça tudo para mantê-lo vivo. Muitos profissionais também se colocam nesta situação, podendo sentir-se ameaçados ao pensarem que não fizeram tudo por seus pacientes. Este procedimento é certamente louvável dentro do razoável e do sensato, mas pode descambar para posturas pirotécnicas e heroicas, com o argumento de que tudo deve ser feito para prolongar a vida, submetendo o paciente a um sofrimento atroz e intolerável.[31]

É preciso compreender, assim sendo, o que é o "tudo" entendido pela família ou mesmo pela equipe de saúde, em prol da desconstrução de uma cultura que promove a distanásia, que evita a morte a qualquer custo, reforçando seu tabu, em um embate sem chances de vitória. Nesse sentido, Lima sugere fazer os seguintes questionamentos:

> Estamos a ampliar a vida ou adiar a morte? E a vida humana deve ser sempre preservada? É dever do médico sustentar indefinidamente a vida de uma pessoa independentemente do sofrimento causado? Deve usar-se de todo o arsenal terapêutico disponível para prolongar um pouco mais a vida? (...) Até que ponto se deve prolongar o processo de morrer quando não há mais esperança na vida?[32]

A partir desses questionamentos e contrariando a perspectiva da distanásia, percebe-se um movimento de mudança, principalmente com o advento dos cuidados paliativos, emergentes no século XX, com Cicely Saunders. Essa filosofia surge justamente para questionar a qualidade do tempo de vida, salientando a importância de um olhar integral para o sujeito biográfico.

Inclusive, é importante destacar que as definições de cuidados paliativos, tanto da Organização Mundial de Saúde[33] quanto da Associação Internacional de Hospice e Cuidados Paliativos[34] convergem ao entenderem que se trata de uma abordagem para cuidar de pessoas, famílias e cuidadores que enfrentam enfermidades que ameaçam e limitam a vida, tendo como foco a prevenção e o alívio do sofrimento por meio da identificação precoce, avaliação e tratamento da dor, bem como o atendimento das necessidades físicas, psicossociais e espirituais do indivíduo e de seus familiares/cuidadores, melhorando sua qualidade de vida.

---

30. Op. cit.
31. KOVÁCS, Maria Julia. Autonomia e o direito de morrer com dignidade. *Revista Bioética CFM*, 1998, 6(1): 61-69.
32. LIMA, Cristina. Medicina High Tech, obstinação terapêutica e distanásia. *Medicina Interna – Revista da Sociedade Portuguesa de Medicina Interna*, 2006, 13(2): 81.
33. WORLD HEALTH ORGANIZATION. *Palliative Care*.
34. ASSOCIAÇÃO INTERNACIONAL DE HOSPICE E CUIDADOS PALIATIVOS. *Definição de cuidados paliativos*.

Sob essa perspectiva, abre-se espaço para o entendimento de que a vida não é apenas biológica, mas está atravessada por múltiplas dimensões subjetivas e sociais. Quebra-se, assim, o dever absoluto de manutenção da vida, em prol da priorização de sua qualidade, respeitando a autonomia do sujeito vivente ou a minimização de danos para os envolvidos.[35] Ainda, visa-se à reumanização do processo de morrer, naturalizando a morte como um processo de vida.[36]

Em razão disso, entende-se que enfrentar o sofrimento implica cuidar de questões que vão além dos sintomas físicos dos pacientes, adotando-se abordagem de equipe para apoiar tanto o paciente quanto os seus cuidadores, inclusive no que se refere ao atendimento de necessidades práticas e fornecimento de aconselhamento de luto, disponibilizando um sistema de apoio para ajudar os pacientes a viver o mais ativamente possível até a morte.[37]

Compreende-se, portanto, que os cuidados paliativos potencializam a qualidade de vida dos pacientes, com uma escuta atenta e adaptada às necessidades biopsicossociais e espirituais, acreditando que o sofrimento pode se tornar tolerável por estar sendo cuidado e minimizado. Com isso, muitos profissionais da saúde podem não conceber o desejo do paciente de morrer, atribuindo o pedido a alterações psíquicas importantes, tornando comum a solicitação de avaliação psicológica e psiquiátrica.

Essa concepção pode se dar não apenas pela cultura de afastamento do morrer e psicopatologização do sofrimento, mas também pela "compreensão social e jurídica de que não cabe ao indivíduo abrir mão de sua própria vida, abreviando a morte, mesmo que ele esteja com uma doença terminal".[38] Outrossim, entende-se que em nosso país a vida é constitucionalizada, tratada como um dever, já que seu valor é irrenunciável.[39]

Aqui, não se pretende questionar se existe ou não o direito do paciente a determinar o fim da própria vida,[40] à medida que se trata de uma discussão envolta por questões complexas que necessitariam de outro foco. No entanto, não é porque não existe espaço legitimado e legalizado para a sua realização que o assunto não pode ser acolhido, quando expressado pelo paciente. Como revelado por Kovács:

---

35. SCHRAMM, Fernin Roland. O uso problemático do conceito 'vida' em bioética e suas interfaces com a práxis biopolítica e os dispositivos de biopoder. *Revista Bioética CFM*, 2009, 17(3): 377-389.
36. KOVÁCS, Maria Julia. Bioética nas questões da vida e da morte. *Psicologia USP*, 2003, 14: 115-167.
37. WORLD HEALTH ORGANIZATION. Palliative Care.
38. DADALTO; Luciana; CARVALHO, Sarah. Os desafios bioéticos da interrupção voluntária de hidratação e nutrição em fim de vida no ordenamento jurídico brasileiro. *Revista Latinoamericana de Bioética*, 2021, 21(2): 127-142.
39. Op. cit.
40. KOVÁCS, Maria Julia. Bioética nas questões da vida e da morte. *Psicologia USP*, 2003,14: 115-167.

[...] uma das situações que mais agonia os profissionais de saúde é quando o paciente fala sobre o seu desejo de morrer, mais ainda, quando pede que o profissional faça alguma coisa para apressar sua morte, porque não mais suporta viver. É frequente vermos os profissionais tentando classificar este pedido como um ato psicótico, ou depressivo, buscando providências tais como dar medicação ou chamar um colega da área de saúde mental.[41]

De fato, muitos autores avaliam que os pedidos para morrer podem estar associados a depressão, abandono familiar, sobrecarga de cuidados, sentimentos como abandono, solidão, falta de controle e impotência, falta de assistência ou dor subtratada,[42] podendo considerar-se um fardo para família e sofrer antecipadamente pelo medo da deterioração relacionada ao desenvolvimento da doença.[43] Assim, há muitos sentidos para a expressão do "desejo de morte antecipada, que vão desde uma manifestação da vontade de viver e um gesto de altruísmo até um grito desesperado que retrata a miséria da situação atual e uma manifestação do último controle que o moribundo pode exercer".[44]

Sabe-se também que o paciente e a família podem não ter completa clareza "sobre a rede de elementos que contribuem para seu sofrimento, e podem solicitar, por exemplo, por puro desespero, intervenções que não atenderiam às suas próprias necessidades".[45] Assim, é importante compreender os significados desses pedidos, bem como as ambivalências e mudanças de prioridade, que podem surgir em cada momento.

Diante disso, ainda surgem alguns questionamentos: será que, mesmo com todas as intervenções possíveis, o paciente não pode permanecer sentindo uma dor total insuportável? Ou será que o sofrimento só é intolerável quando ninguém o cuida?

Nem todos os pedidos para morrer são irracionais, delirantes ou advêm de um diagnóstico depressivo, ressaltando, pois, a necessidade de uma avaliação detalhada e contextualizada para verificar sua legitimidade.[46] Para Kovács, uma das posturas comuns dos profissionais é afirmar ao paciente, prontamente, que

---

41. KOVÁCS, Maria Julia. Autonomia e o direito de morrer com dignidade. *Revista Bioética CFM*, 1998, 6(1): 61-69.

42. KOVÁCS, Maria Julia. Bioética nas questões da vida e da morte. *Psicologia USP*, 2003, 14: 115-167.

43. RADBRUCH, Lukas; LEGET, Carlo; BAHR, Patrick; MÜLLER-BRUSCH, Cristof; ELERSHAW, John; CONNO, Franco de; BERGHE, Paul Vanden. Euthanasia and physician-assisted suicide: a white paper from the European Association for Palliative Care. *Paliative Medicine*, 2015, 30(2): 1-13.

44. Op. cit.

45. VIDAL, Edison Iglesias de Oliveira; KOVÁCs, Maria Julia; SILVA, Josimário João da; SILVA, Luciano Máximo da; SACARDO, Daniele Pompei; BERSANI, Ana Laura de Figueiredo; MELO, Antônio Carlos Moura de Albuquerque; IGLESIAS, Simone Brasil de Oliveira; LOPES, Fernanda Gomes. Posicionamento da ANCP e SBGG sobre tomada de decisão compartilhada em cuidados paliativos. *Cadernos de Saúde Pública*, 2022, 38: 1-10.

46. MARKSON, Elizabeth W. To be or not to be: assisted suicide revisited. *Omega, Journal of Death and Dying*, 1995, 31(3): 221-235.

esse pedido não pode ser atendido por questões legais, impedindo a escuta de outros aspectos importantes ao paciente.[47] Reforça, então,

> a importância de que este desejo, tal como todos os outros, possa ser escutado e, se possível, ser mais explicitado. Isto é muito importante, como já reiteramos, porque a necessidade de ser compreendido e acolhido é essencial para qualquer pessoa [...] A escuta mais atenta não implica obrigatoriamente em execução do pedido que está sendo feito [...] Após uma escuta mais atenta podemos compartilhar a situação com o paciente, e perceber que se não pudermos fazer outras coisas para aliviar o seu sofrimento saberemos ao menos dividir o sentimento de impotência por não poder fazer nada, o que é diferente de abandoná-lo à própria sorte porque não se pode fazer nada.[48]

De fato, entende-se que os pedidos para morrer têm origem complexa, incluindo fatores psicológicos, sociais, culturais, espirituais, físicos, econômicos, entre outros. Portanto, independentemente do caráter legal, devem receber uma escuta sensível e cuidadosa que aproxime os profissionais dos elementos envolvidos no caso, a partir de um diálogo aberto.[49] Assim, acredita-se que os aspectos explícitos e envolvidos podem ser reconhecidos, minimizados ou resolvidos por um acompanhamento de qualidade das equipes de cuidados paliativos, pois, com seu olhar multidimensional, permitem atenção a aspectos que, no cotidiano da saúde, poderiam ser negligenciados.[50]

No caso de Vládia, a vontade de morrer pode ser acolhida em suas múltiplas facetas pela equipe de cuidados. Apesar de não ser possível realizar esse desejo, alguns outros pedidos tinham viabilidade para serem atendidos, como o de não ser submetida à ventilação mecânica invasiva, manifestado no pleno uso de suas capacidades mentais. O prognóstico de sua doença era conhecido e a equipe de cuidados paliativos foi acionada a pedido da paciente. Não havia indícios de que seu estado psíquico estivesse alterado, de modo que o não atendimento do pedido pela equipe de UTI poderia ser compreendido como prática de distanásia – embora essa mesma equipe entendesse como eutanásia a não realização do procedimento –, ainda que autorizado o emprego de ventilação mecânica invasiva por seu marido, emocionalmente fragilizado pela morte iminente da esposa.

Por esse motivo, faz-se necessário trazer à luz a complexidade do impasse entre a equipe de UTI e a equipe de cuidados paliativos, a fim de que se realizasse o melhor para a paciente, partindo-se de alguns conceitos fundamentais, como demonstrado no tópico a seguir.

---

47. KOVÁCS, Maria Julia. Autonomia e o direito de morrer com dignidade. *Revista Bioética CFM*, 1998, 6(1): 61-69.
48. Op. cit.
49. Op. cit.
50. Op. cit.

4. ORTOTANÁSIA E EUTANÁSIA PASSIVA: ABRINDO ESPAÇO PARA A DISCUSSÃO VELADA

É importante reforçar que o avanço científico impulsionou a emergência de novos conflitos bioéticos que envolvem a dignidade humana e a terminalidade da vida, trazendo discussões controversas e interdisciplinares sobre cura e cuidado, bem como abreviação e prolongamento de vida. Nesse sentido, a prática cotidiana dos profissionais de saúde passou a demandar múltiplas reflexões sobre seus limites e possibilidades, não apenas de ordem legal, mas também a partir de um fundamento ético, que necessita de constantes reavaliações. Pensar bioeticamente pode, muitas vezes, causar incômodos, por tocar em questões morais do sujeito, não apenas de âmbito profissional, mas também de caráter pessoal. Destarte, as discussões a serem trazidas neste texto podem convocar múltiplos atravessamentos em cada leitor.

Desde o princípio – até hoje –, associam erroneamente os cuidados paliativos ao abreviamento da vida, pois em uma sociedade imersa em uma cultura promotora da cura e distanásia, torna-se difícil compreender que essa prática abra portas para um olhar mais atento à qualidade de vida, não à quantidade de dias que o corpo do paciente consegue manter-se vivo, biologicamente. Em razão disso, não raro os pacientes e seus familiares – e mesmo os profissionais de saúde – negam essa assistência. Ora, estando inseridos em um contexto social no qual a vida deve ser mantida a qualquer custo, e tendo muitos recursos tecnológicos para assim proceder, por que não os utilizar e deixar a doença seguir seu curso natural? Mas não seria isso abreviá-la, afinal? Deixar de praticar a distanásia equivaleria à eutanásia? A ortotanásia buscaria o quê, então?

Em primeiro lugar, é importante ressaltar que a literatura científica não é unânime quanto ao uso desses termos. Apesar de já estar consolidado no território nacional que o objetivo dos cuidados paliativos é a ortotanásia, muitas produções brasileiras ainda utilizam as expressões ortotanásia e eutanásia passiva como sinônimos. Trata-se, pois, de um erro conceitual, à medida em que a eutanásia está associada ao abreviamento intencional da vida (é combatida legalmente no Brasil), enquanto a ortotanásia é entendida como o respeito ao curso natural do adoecimento.

Outrossim, apesar da clareza legal quanto o impedimento da prática da eutanásia e das tentativas constantes dos paliativistas em separar esses conceitos – visando diminuir o estigma dos cuidados paliativos como prática que abrevia a vida dos pacientes –, muitos materiais ainda permanecem empregando-os como sinônimos, demonstrando a complexidade desse debate.

As divergências iniciam com a não unanimidade na descrição dos conceitos. De maneira geral, entende-se a eutanásia com um processo pelo qual, por meio de uma ação – ou omissão, como destacado por alguns autores –, o médico abrevia a vida do paciente diagnosticado com doenças incuráveis e em estado de sofrimento. Radbush e colaboradores entendem que não há sentido em diferenciar a eutanásia ativa e passiva, contudo destacam as divergências existentes entre as associações nacionais de cuidados paliativos da Europa quanto a esse aspecto. Tais autores compreendem que a eutanásia é ativa por definição, na medida em que a omissão, seria, por si, uma ação médica.[51]

Evidenciando as contradições da literatura, Sá destaca que existem dois elementos envolvidos na eutanásia: a intenção e o efeito da ação. "A intenção de realizar a eutanásia pode gerar uma ação – daí a expressão 'eutanásia ativa' –, ou uma omissão, ou seja, a não-realização de ação que teria indicação terapêutica naquela circunstância – 'eutanásia passiva' ou ortotanásia".[52] Além de a autora destacar a eutanásia ativa e passiva, refere-se a essa última como sinônimo de ortotanásia. Dadalto e Carvalho também compreendem que "a 'eutanásia passiva' é expressão utilizada como sinônimo de 'ortotanásia' nas línguas anglo-saxãs, uma vez que, em tais idiomas, não existe o neologismo 'ortotanásia' razão pela qual se entende que a diferenciação ora trazida está ultrapassada".[53]

Apesar disso, as referidas autoras destacam que muitos autores brasileiros, como Villas-Bôas,[54] compreendem ortotanásia e eutanásia passiva como conceitos distintos, por salientarem que a primeira "se trata da *suspensão de tratamento que perdeu a sua indicação por ser visto como inútil* ao indivíduo, enquanto a segunda se trata da *suspensão de medidas úteis* que seriam indicadas àquele caso específico, com o intuito de antecipar a morte".[55] Adotando-se a ideia de que são conceitos diferentes, a Associação Internacional de Hospice e Cuidados Paliativos publicou a posição em relação à eutanásia e ao suicídio assistido, considerando que o assunto tem se tornado cada vez mais presente na mídia e que há grupos profissionais com opiniões divergentes, divididos entre aqueles que argumentam a favor e aqueles que argumentam contra essas práticas e sua legitimidade ética. O documento revela que a prática da eutanásia e do suicídio assistido é antagônica aos princípios dos cuidados paliativos, destacando-se a não aceleração ou

---

51. RADBRUCH, Lukas; LEGET, Carlo; BAHR, Patrick; MÜLLER-BRUSCH, Cristof; ELERSHAW, John; CONNO, Franco de; BERGHE, Paul Vanden. Euthanasia and physician-assisted suicide: a white paper from the European Association for Palliative Care. *Paliative Medicine*, 2015, 30(2): 1-13.
52. SÁ, Maria Fátima Freire de Sá. *Direito de morrer*: eutanásia, suicídio assistido. Belo Horizonte: Del Rey, 2005, p. 154.
53. DADALTO; Luciana; CARVALHO, Sarah. Os desafios bioéticos da interrupção voluntária de hidratação e nutrição em fim de vida no ordenamento jurídico brasileiro. *Revista Latinoamericana de Bioética*, 2021, 21(2): 127-142.
54. VILLAS-BÔAS, Maria Elisa. Eutanásia passiva e ortotanásia: uma distinção necessária. In: DADALTO Luciana. *Bioética e diretivas antecipadas de vontade*. Curitiba: Editora Prismas; 2014.
55. Op. cit.

adiamento da morte como norteadores da prática dos paliativistas. Ressalta que nenhum país deve legalizá-los "até garantir o acesso universal a serviços de cuidados paliativos e a medicamentos apropriados, incluindo opioides para dor e dispneia".[56] Também descreve que, nos países em que essas práticas são aprovadas legalmente, os paliativistas não devem ser responsáveis por sua supervisão ou administração, permitindo a qualquer profissional a possibilidade de negar sua participação nos processos.

A partir desse olhar, entende-se que a eutanásia não é o objetivo dos cuidados paliativos, por não atender às definições e princípios dessa filosofia, como "aceitar a vida e a morte como processos naturais" e "não adiar nem adiantar a morte".[57] No ordenamento jurídico brasileiro a eutanásia não é um crime tipificado, mas enquadra-se como crime de homicídio previsto no art. 121 do Código Penal,[58] embora possa ser tratada como modalidade privilegiada, se considerado "o valor moral deflagrador da ação".[59] A conduta também é proibida pelo art. 41 do Código de Ética Médica (Resolução 2.217, de 27 de setembro de 2018), ao vedar ao médico "abreviar a vida do paciente, ainda que a pedido deste ou de seu representante legal".[60] Portanto, a prática da eutanásia, no Brasil, é absolutamente vedada.

Já a ortotanásia é entendida como uma prática alinhada aos cuidados paliativos, sendo associada aos conceitos de boa morte ou morte digna. Como revelam Felix e colaboradores, "traduz a morte desejável, na qual não ocorre o prolongamento da vida artificialmente, através de procedimentos que acarretam aumento do sofrimento, o que altera o processo natural do morrer".[61] Dessa forma, na ortotanásia a morte não seria provocada/adiantada (eutanásia) ou adiada (distanásia), mas dependeria do curso natural de uma doença irreversível, fundamento que tem sido cada vez mais consolidado no país, abrindo-se as portas para o entendimento dos cuidados paliativos como uma prática lícita.

---

56. LIMA, Liliana de; WOODRUFF, Roger; PETTUS, Katerine; DOWNING, Julia; BUITRAGO, Rosa; MUNYORO, Esther; VENKATESWARAN, Chita; BHATNAGAR, Sushma; RADBRUCH, Lukas. International association for hospice and palliative care position statement: euthanasia and physician-assisted suicide. *J Palliat Med*, 2017, 20(1): 8-14.
57. WORLD HEALTH ORGANIZATION. *Palliative Care.*
58. BRASIL. *Decreto-Lei 2.848, de 07 de dezembro de 1940.* Código Penal. Disponível em: https://www.planalto.gov.br/ccivil_03/decreto-lei/del2848compilado.htm. Acesso em: 09 maio 2023.
59. BRASIL. Tribunal Regional Federal da Primeira Região. 14ª Vara de Brasília/DF. Ação Civil Pública 2007.34.00.014809-3. Ministério Público Federal *versus* Conselho Federal de Medicina. Julgador: Roberto Luís Luchi Demo. Julgada em 1º de dezembro de 2010. Disponível em: https://www.conjur.com.br/dl/sentenca-resolucao-cfm-180596.pdf. Acesso em: 09 maio 2023.
60. BRASIL. Conselho Federal de Medicina. *Resolução 2.217, de 27 de setembro de 2018.* Disponível em: https://portal.cfm.org.br/biblioteca/codigodeeticamedica.pdf. Acesso em: 27 maio 2022.
61. FELIX, Zirleide Carlos; COSTA, Solange Fátima Geraldo da; ALVES, Adriana Marques Pereira de Melo; ANDRADE, Cristiani Garrido de; DUARTE, Marcella Costa Souto; BRITO, Fabiana Medeiros de. Eutanásia, distanásia e ortotanásia: revisão integrativa da literatura. *Ciência & Saúde Coletiva*, 2013, 18(9): 2733-2746.

A propósito, o grande marco a respaldar a ortotanásia como prática legítima é a Resolução do Conselho Federal de Medicina 1.805/2006, a qual, em seu art. 1º, estabelece que "é permitido ao médico permitido ao médico limitar ou suspender procedimentos e tratamentos que prolonguem a vida do doente em fase terminal, de enfermidade grave e incurável, respeitada a vontade da pessoa ou de seu representante legal".[62]

Não obstante, em 2007, foi proposta Ação Civil Pública 2007.34.00.014809-3,[63] ajuizada pelo Ministério Público Federal contra o Conselho Federal de Medicina, com o objetivo de reconhecer a nulidade da resolução, partindo-se da ideia de que a ortotanásia, assim como a eutanásia, caracterizaria crime de homicídio. A pretensão deduzida pelo Ministério Público Federal, todavia, foi julgada improcedente, sob o argumento de que "[...] diagnosticada a terminalidade da vida, qualquer terapia extra se afigurará ineficaz". Destacou-se que "já não se pode aceitar que o médico deva fazer tudo para salvar a vida do paciente (beneficência), se esta vida não pode ser salva", de modo que, caso o paciente e sua família assim desejem, sendo o quadro irreversível, é melhor "não lançar mão de cuidados terapêuticos excessivos (pois ineficazes, que apenas terão o condão de causar agressão ao paciente". Concluiu-se que "na impossibilidade de salvar a via, deve-se deixar correr o processo natural – e irreversível – da morte, conferindo-se ao paciente o maior conforto que possa ter nos seus últimos dias".[64]

Ademais, ao analisar o teor da Resolução 1.805 do Conselho Federal de Medicina, o Juízo distinguiu a eutanásia passiva da ortotanásia, nestes termos:

> A ortotanásia não se confunde com a chamada eutanásia passiva. É que, nesta, é a conduta omissiva do médico que determina o processo de morte, uma vez que a sua inevitabilidade ainda não está estabelecida. Assim, os recursos médicos disponíveis ainda são úteis e passíveis de manter a vida, sendo a omissão do profissional, neste caso, realmente criminosa [...]. A eutanásia, assim, na forma ativa ou passiva, é prática que provoca a morte do paciente, pois ainda não há processo de morte instalado, apesar do sofrimento físico e/ou psicológico que possa atingir o paciente. No entanto, a omissão em adotar procedimentos terapêuticos extraordinários quando a morte já é certa (ortotanásia), não produz a morte do paciente, uma vez que nenhum ato do médico sobre ele poderá evitar o evento do desenlace.[65]

Portanto, pode-se concluir que tal Resolução, em plena vigência, trata da prática da ortotanásia e nada tem a ver com a eutanásia, compõe um alerta contra

---

62. BRASIL. Conselho Federal de Medicina. *Resolução 1.805, de 28 de novembro de 2006.* Disponível em: https://cfm.org.br/normas/resolucoes/BR/2006/1805. Acesso em: 15 maio 2023.
63. BRASIL. Tribunal Regional Federal da Primeira Região. 14ª Vara de Brasília/DF. Ação Civil Pública 2007.34.00.014809-3. Ministério Público Federal *versus* Conselho Federal de Medicina. Julgador: Roberto Luís Luchi Demo. Julgada em 1º de dezembro de 2010. Disponível em: https://www.conjur.com.br/dl/sentenca-resolucao-cfm-180596.pdf. Acesso em: 09 maio 2023.
64. Op. cit.
65. Op. cit.

a distanásia, "é constitucional, não acarreta violação a nenhum dispositivo legal, não representa apologia ao suicídio nem incentiva a prática de qualquer conduta criminosa ou ilícita e está absolutamente de acordo com a nossa temática jurídico-penal".[66]

Por sua vez, a Resolução 41, de 31 de outubro de 2018, editada pelo Ministério da Saúde, normatizou a oferta de cuidados paliativos como parte dos cuidados continuados integrados no âmbito do Sistema Único de Saúde (SUS), destacando os princípios norteadores dessa prática em seu art. 4º.[67] No mesmo ano, em 27 de setembro, o Conselho Federal de Medicina aprovou o atual Código de Ética Médica, por meio da Resolução 2.217, e os cuidados paliativos foram inseridos no rol dos princípios fundamentais (inciso XXII) e no Capítulo V, referente à relação com pacientes e familiares.[68]

De qualquer maneira, mais importante que o emprego dos termos ortotanásia e eutanásia passiva como sinônimos ou institutos distintos, é trazer à luz a importância de preservar-se a vida biográfica dos pacientes, não se limitando apenas ao prolongamento de tantas respirações quantas se puder alcançar. Como afirmam Dadalto e Carvalho, é imprescindível avançar no debate acerca do processo de morrer, tendo em vista que reconhecer a essencialidade "ao processo de construção de pessoalidade implica enxergá-lo não como afronta ao direito à vida, mas como a efetivação de um projeto de vida digna".[69] Vida esta que é biograficamente singular.

No caso de Vládia, entende-se que a não realização do procedimento de intubação não caracterizaria a prática de eutanásia, em qualquer de suas formas. Significaria permitir que a doença prosseguisse seu curso natural, culminando na morte da paciente, o que, aliás, ocorreu apesar de utilizada a ventilação mecânica invasiva, poucas horas depois de ter sido desconsiderada a vontade da paciente de não ser intubada.

Atentando-se à literatura mais recente, acredita-se que a dificuldade dos profissionais esteja em delimitar o que seria, de fato, natural dentro do ambiente hospitalar – local repleto de medidas artificiais e tecnologias duras –, para então estabelecer, de maneira unânime, o que seria fútil ou útil para cada caso, fator que deve ser a base de distinção do que seria, então, caracterizado como ortotanásia ou eutanásia passiva.

---

66. TORRE, José Henrique Rodrigues. Ortotanásia não é homicídio nem eutanásia. In: MORITZ, Rachel Duarte. *Conflitos Bioéticos do Viver e do Morrer*. Brasília: Gráfica e Editora Ideal Ltda., 2011, p. 160.
67. BRASIL. Ministério da Saúde. *Resolução 41, de 31 de outubro de 2018*. Disponível em: https://bvsms.saude.gov.br/bvs/saudelegis/html. Acesso em: 15 maio 2023.
68. BRASIL. Conselho Federal de Medicina. *Resolução 2.217, de 27 de setembro de 2018*. Disponível em: https://portal.cfm.org.br/biblioteca/codigodeeticamedica.pdf. Acesso em: 27.1.2022.
69. Op. cit.

ORTOTANÁSIA E EUTANÁSIA PASSIVA   **35**

Por esse motivo, torna-se essencial que discussões sejam alavancadas, não apenas sobre a etimologia de tais termos, mas também sobre o que poderia ser considerado futilidade em senso estrito (associada às poucas situações em que não há possibilidade de alcance do objetivo fisiológico) e o que seriam as intervenções potencialmente inapropriadas (como aquelas em que existe possibilidade de alcance de determinado objetivo, mas em que a base ética é questionável).[70-71-72]

5. REFLEXÕES NECESSÁRIAS

Diante das discussões suscitadas, é crucial abrir espaço para reflexões necessárias – embora incômodas –, partindo-se do entendimento de que podem desmistificar ideias potencialmente equivocadas, ampliar conhecimentos multidimensionais e melhorar a assistência oferecida aos pacientes e familiares. A complexidade das reflexões decorre do envolvimento de questões profissionais e pessoais, de ordem legal, ética, social, religiosa, histórica, cultural, moral e filosófica.

Por esse motivo, conclui-se que, no caso de Vládia, seria necessária melhor compreensão, por parte dos envolvidos, do que são os cuidados paliativos – muito mais que o entendimento dos conceitos de distanásia, eutanásia e ortotanásia. Também deveria ter sido aberta possibilidade para dialogar e refletir sobre o sentido de cada intervenção realizada, não introduzida ou mesmo retirada. Mais ainda, seria necessário um olhar cuidadoso e atento à biografia da paciente e de sua família, considerando-se o caráter multidimensional da dor e do sofrimento.

Pretendeu-se, neste capítulo, alinhar considerações sobre essas temáticas tão complexas, sem a pretensão de esgotá-las, mas oportunizar espaço para o diálogo sobre o que ocorre, cotidianamente, nos serviços de saúde de nosso país. Assim, talvez seja possível mobilizar a formação permanente dos profissionais para os cuidados paliativos e a bioética como temas transversais a qualquer área de atuação desse contexto. Afinal, o cuidado integral, a escuta atenta e a busca pela dignidade – de vida e de morte – não devem ser exclusivos dos cuidados paliativos.

---

70. LO, Bernard. *Resolving ethical dilemmas*: a guide for clinicians. 4. ed. Philadelphia: Wolters Kluwer Health/Lippincott Williams & Wilkins, 2009.
71. VIDAL, Edison Iglesias de Oliveira; Kovács, Maria Julia; SILVA, Josimário João da; SILVA, Luciano Máximo da; SACARDO, Daniele Pompei; BERSANI, Ana Laura de Figueiredo; MELO, Antônio Carlos Moura de Albuquerque; IGLESIAS, Simone Brasil de Oliveira; LOPES, Fernanda Gomes. Posicionamento da ANCP e SBGG sobre tomada de decisão compartilhada em cuidados paliativos. *Cadernos de Saúde Pública*, 2022, 38: 1-10.
72. MARKSON, Elizabeth W. To be or not to be: assisted suicide revisited. *Omega, Journal of Death and Dying*, 1995, 31(3): 221-235.

REFERÊNCIAS

AIRÉS, Philippe. *História da morte no ocidente: da idade média aos nossos dias*. Rio de Janeiro: Ediouro, 2003.

ALMEIDA, Luana F. de. Terminalidade humana na UTI: reflexões sobre a formação profissional e ética diante da finitude. *Revista HUPE*, 2013, 17(2): 147-153. Disponível em: https://www.e-publicacoes.uerj.br/index.php/revistahupe/article/view/7542/5923. Acesso em: 17 jun. 2023.

ASSOCIAÇÃO INTERNACIONAL DE HOSPICE E CUIDADOS PALIATIVOS. *Definição de cuidados paliativos*. Disponível em: https://hospicecare.com/what-we-do/projects/consensus-based-definition-of-palliative-care/. Acesso em: 19 maio 2023.

BOSCO, Adriana Gonçalves. *Perda e luto na equipe de enfermagem do centro cirúrgico de urgência e emergência*. Ribeirão Preto: Universidade de São Paulo, 2008. Disponível em: https://teses.usp.br/teses/disponiveis/22/22131/tde-03092008-105509/publico/ADRIANAGONcALVESBOSCO.pdf. Acesso em: 19 maio 2023.

BRANDÃO, Fernanda Machado; GARDENGHI, Giulliano. Ventilação não invasiva e fisioterapia respiratória em pacientes com esclerose lateral amiotrófica. *Revista Eletrônica Saúde e Ciência*, 2017, 7(2): 36. Disponível em: https://rescceafi.com.br/vol7/n2/artigo%2003%20pag%2028-38.pdf. Acesso em: 16 jun. 2023.

BRASIL. Conselho Federal de Medicina. *Resolução 1.805, de 28 de novembro de 2006*. Disponível em: https://cfm.org.br/normas/resolucoes/BR/2006/1805. Acesso em: 15 maio 2023.

BRASIL. Conselho Federal de Medicina. *Resolução 2.217, de 27 de setembro de 2018*. Disponível em: https://portal.cfm.org.br/biblioteca/codigodeeticamedica.pdf. Acesso em: 27 jan. 2022.

BRASIL. *Decreto-Lei 2.848, de 07 de dezembro de 1940*. Código Penal. Disponível em: https://www.planalto.gov.br/ccivil_03/decreto-lei/del2848compilado.htm. Acesso em: 09 maio 2023.

BRASIL. Ministério da Saúde. *Protocolo Clínico e Diretrizes Terapêuticas da Esclerose Lateral Amiotrófica*. Brasília, 2021, p. 4. Disponível em: https://www.gov.br/conitec/pt-br/midias/protocolos/publicacoes_ms/20210713_publicacao_ela.pdf. Acesso em: 15 maio 2023.

BRASIL. Ministério da Saúde. *Resolução 41, de 31 de outubro de 2018*. Disponível em: https://bvsms.saude.gov.br/bvs/saudelegis/html. Acesso em: 15 maio 2023.

BRASIL. Tribunal Regional Federal da Primeira Região. 14ª Vara de Brasília/DF. Ação Civil Pública 2007.34.00.014809-3. Ministério Público Federal versus Conselho Federal de Medicina. Julgador: Roberto Luís Luchi Demo. Julgada em 1º de dezembro de 2010. Disponível em: https://www.conjur.com.br/dl/sentenca-resolucao-cfm-180596.pdf. Acesso em: 09 maio 2023.

DADALTO, Luciana; AFFONSECA, Carolina de Araújo. Considerações médicas, éticas e jurídicas sobre decisões de fim de vida em pacientes pediátricos. *Revista Bioética CFM*, 2018, 26: 12-21. Disponível em: https://revistabioetica.cfm.org.br/index.php/revista_bioetica. Acesso em: 22 abr. 2023.

DADALTO; Luciana; CARVALHO, Sarah. Os desafios bioéticos da interrupção voluntária de hidratação e nutrição em fim de vida no ordenamento jurídico brasileiro. *Revista Latinoamericana de Bioética*, 2021, 21(2): 127-142. Disponível em: https://www.redalyc.org/articulo.oa?id=127070181009. Acesso em: 19 maio 2023.

ESSLINGER, Ingrid. O paciente, a equipe de saúde e o cuidador: de quem é a vida afinal? Um estudo acerca do morrer com dignidade. In: PESSINI, Leocir.; BERTACHINI, Luciana. *Humanização e Cuidados Paliativos*. São Paulo: Edições Loyola, 2004.

FELIX, Zirleide Carlos; COSTA, Solange Fátima Geraldo da; ALVES, Adriana Marques Pereira de Melo; ANDRADE, Cristiani Garrido de; DUARTE, Marcella Costa Souto; BRITO, Fabiana Medeiros de. Eutanásia, distanásia e ortotanásia: revisão integrativa da literatura. *Ciência & Saúde Coletiva*, 2013, 18(9): 2733-2746. Disponível em: https://www.scielo.br/j/csc/a/6RQCX8yZXWWfC6gd7Gmg7fx/?format=pdf&lang=pt, p. 2.734. Acesso em: 09 maio 2023.

KOVÁCS, Maria Julia. Autonomia e o direito de morrer com dignidade. *Revista Bioética CFM*, 1998, 6(1): 61-69. Disponível em: https://revistabioetica.cfm.org.br/index.php/revista_bioetica/article/view/326. Acesso em: 17 jun. 2023.

KOVÁCS, Maria Julia. *Educação para a morte*: quebrando paradigmas. Porto Alegre: Sinopsys, 2021.

KOVÁCS, Maria Julia. Educadores e a morte. Revista Semestral da Associação Brasileira de Psicologia Escolar e Educacional, 2012, 16 (1): 71-81. Disponível em: https://doi.org/10.1590/S1413-85572012000100008. Acesso em: 17 jun. 2023.

KOVÁCS,MariaJulia.Bioéticanasquestõesdavidaedamorte.*PsicologiaUSP*,2003,14:115-167.Disponível em: https://www.scielo.br/j/pusp/a/d9wcVh7Wm6Xxs3GMWp5ym4y/?format=pdf&lang=pt. Acesso em: 19 maio 2023.

LIMA, Cristina. Medicina High Tech, obstinação terapêutica e distanásia. *Medicina Interna – Revista da Sociedade Portuguesa de Medicina Interna*, 2006, 13(2): 79-82. Disponível em: https://www.spmi.pt/revista/vol13/vol13_n2_2006_079_082.pdf. Acesso em: 15 maio 2023.

LIMA, Liliana de; WOODRUFF, Roger; PETTUS, Katerine; DOWNING, Julia; BUITRAGO, Rosa; MUNYORO, Esther; VENKATESWARAN, Chita; BHATNAGAR, Sushma; RADBRUCH, Lukas. International association for hospice and palliative care position statement: euthanasia and physician-assisted suicide. *J Palliat Med*, 2017, 20(1): 8-14. Disponível em: https://pubmed.ncbi.nlm.nih.gov/27898287/. Acesso em: 19 maio 2023.

LO, Bernard. *Resolving ethical dilemmas*: a guide for clinicians. 4. ed. Philadelphia: Wolters Kluwer Health/Lippincott Williams & Wilkins, 2009.

LO COCO Daniele; VOLANTI Paolo, CICCO Domenico de; SPANEVELLO Antonio; BATTAGLIA Gianluca; MARCHESE Santino; TAIELLO Alfonsa Claudia; SPATARO Rossela; BELLA Vicenzo La. Assessment and Management of Respiratory Dysfunction in Patients with Amyotrophic Lateral Sclerosis. *Amyotrophic Lateral Sclerosis*. Palermo: InTech, 2012.

LOPES, Fernanda Gomes; LIMA, Maria Juliana Vieira; ARRAIS, Rebecca Holanda; AMARAL, Natália Dantas. A dor que não pode calar: reflexões sobre o luto em tempos de Covid-19. *Psicologia USP*, 2021, 32: 1. Disponível em: https://doi.org/10.1590/0103-6564e210112. Acesso em: 17 jun. 2023.

LOPES, Fernanda Gomes; PAIVA, Glenda Sabino; FARIAS, Nazka Fernandes; CASSIANO, Igor Santos; PENHA, Priscila Silveira. Educação para morte: formação em tanatologia em saúde. *Revista Científica da Escola de Saúde Pública do Ceará*, 2022, 16 (1). Disponível em: https://doi.org/10.54620/cadesp.v16i1.557. Acesso em: 19 maio 2023.

LUNARDI FILHO, Wilson Danilo; SULZBACH, Rodrigo Carolo; NUNES, Anderlei Collares; LUNARDI, Valéria Lerch. Percepções e condutas dos profissionais de enfermagem frente ao processo de morte e morrer. *Texto & Contexto* Enfermagem, 2001, 10(3): 60-81. Disponível em: https://www.scielo.br/j/?format=pdf&lang=pt. Acesso em: 19 maio 2023.

MARKSON, Elizabeth W. To be or not to be: assisted suicide revisited. *Omega, Journal of Death and Dying*, 1995, 31(3): 221-235. Disponível em: https://journals.sagepub.com/doi/10.2190/VMJ6-8C9C-88EJ-HMPM. Acesso em: 17 jun. 2023.

MASCIA, Adriana Rainha; SILVA, Fernanda Braga; LUCCHESE, Ana Cecília; MARCO, Mario Alfredo de; MARTINS, Maria Cezira Fantini Nogueira; MARTINS, Luiz Antônio Nogueira.

Atitudes frente a aspectos relevantes da prática médica: estudo transversal randomizado com alunos de segundo e sexto ano. *Revista Brasileira de Educação Médica*, 2009, 33(1): 41-48. Disponível em: https://www.scielo.br/j/rbem/a/QcQgBb4CvGXDc887vhCcjGJ/?lang=pt. Acesso em: 19 maio 2023.

MAZUTTI, Sandra Regina Gonzaga; NASCIMENTO, Andréia de Fátima; FUMIS, Renata Rego Lins. Limitação de suporte avançado de vida em pacientes admitidos em unidade de terapia intensiva com cuidados paliativos integrados. *Revista Brasileira de Terapia Intensiva*, 2016, 28(3): 294-300. Disponível em: https://www.scielo.br/j/rbti/a/yyFvhfwbQ6PNZq5T54bBs6B/. Acesso em: 19 maio 2023.

MELLO, Aline Andressa Martinez; SILVA, Lucia Cecília da. A estranheza do médico frente à morte: lidando com a angústia da condição humana. *Rev. Abordagem Gestalt [online]*, 2012, 18(1): 52-60. Disponível em: http://pepsic.bvsalud.org/scielo.arttext&pid=S1809-68672012000100008. Acesso em: 19 maio 2023.

MORITZ, Rachel Duarte. Os profissionais de saúde diante da morte e do morrer. *Revista Bioética CFM*, 2005, 13(2): 52. Disponível em: https://revistabioetica.cfm.org.br/revista_bioetica/107/112. Acesso em: 19 maio 2023.

NETO, Isabel Galriça. Cuidados paliativos: princípios e conceitos fundamentais. In: BARBOSA, Antônio; PINA, Paulo Reis; NETO, Isabel Galriça. *Manual de Cuidados Paliativos*. Lisboa: Faculdade de Medicina da Universidade de Lisboa, 2016.

RADBRUCH, Lukas; LEGET, Carlo; BAHR, Patrick; MÜLLER-BRUSCH, Cristof; ELERSHAW, John; CONNO, Franco de; BERGHE, Paul Vanden. Euthanasia and physician-assisted suicide: a white paper from the European Association for Palliative Care. *Paliative Medicine*, 2015, 30(2): 1-13. Disponível em: https://pubmed.ncbi.nlm.nih.gov/26586603/. Acesso em: 19 maio 2023.

REGO, Sérgio; PALÁCIOS, Marisa; SIQUEIRA-BATISTA, Rodrigo. *Bioética para profissionais de saúde*. Rio de Janeiro: Editora FIOCRUZ, 2009.

SÁ, Maria Fátima Freire de Sá. *Direito de morrer: eutanásia, suicídio assistido*. Belo Horizonte: Del Rey, 2005.

SANTOS, Franklin Santana. Educando estudantes e profissionais das áreas da saúde, humanas e sociais sobre morte, perdas e luto. In: SANTOS, Franklin Santana; SCHLIEMANN, Ana Laura; SOLANO, João Paulo Consentino. *Tratado Brasileiro de Perdas e Luto*. São Paulo: Atheneu Editora, 2014.

SANTOS, Janaína Luiza dos; BUENO, Sônia Maria Villela. A questão da morte e os profissionais de enfermagem. *Rev. Enferm. UERJ*, 2010, 18(3): 484-487. Disponível em: https://www.academia. edu/36670696/A_quest%C3%A3o_da_morte_e_os_profissionais_de_enfermagem. Acesso em: 19 maio 2023.

SCHRAMM, Fernin Roland. O uso problemático do conceito 'vida' em bioética e suas interfaces com a práxis biopolítica e os dispositivos de biopoder. *Revista Bioética CFM*, 2009, 17(3): 377-389. Disponível em: https://revistabioetica.cfm.org.br/index.php/revista_bioetica/article/view/505. Acesso em: 17 jun. 2023.

TORRE, José Henrique Rodrigues. Ortotanásia não é homicídio nem eutanásia. In: MORITZ, Rachel Duarte. *Conflitos Bioéticos do Viver e do Morrer*. Brasília: Gráfica e Editora Ideal Ltda., 2011.

VIDAL, Edison Iglesias de Oliveira; Kovács, Maria Julia; SILVA, Josimário João da; SILVA, Luciano Máximo da; SACARDO, Daniele Pompei; BERSANI, Ana Laura de Figueiredo; MELO, Antônio Carlos Moura de Albuquerque; IGLESIAS, Simone Brasil de Oliveira; LOPES, Fernanda Gomes. Posicionamento da ANCP e SBGG sobre tomada de decisão compartilhada em cuidados paliativos. *Cadernos de Saúde Pública*, 2022, 38: 1-10. Disponível em: https://www.scielo.br/j/csp/a/JH99CDHVZVLMhHjv8XjTSzm/. Acesso em: 19 maio 2023.

VILLAS-BÔAS, Maria Elisa. Eutanásia passiva e ortotanásia: uma distinção necessária. In: DADALTO Luciana. *Bioética e diretivas antecipadas de vontade*. Curitiba: Editora Prismas, 2014.

WORLD HEALTH ORGANIZATION. *Palliative Care*. Disponível em: https://www.who.int/news-room/fact-sheets/detail/palliative-care. Acesso em: 14 jun. 2022.

VULNERABILIDADE ECONÔMICA E SOCIAL

Carla Corradi Perini

Doutora em Ciências da Saúde pela Pontifícia Universidade Católica do Paraná. Mestre em Ciências Farmacêuticas pela Universidade Federal do Paraná. Bacharel em Nutrição pela Universidade Federal do Paraná. Pós-graduada em Cuidados Paliativos pelo Instituto Pallium Latinoamérica. Professora do Programa de Pós-Graduação em Bioética da Pontifícia Universidade Católica do Paraná.

Marcia Caetano da Costa

Mestre em Bioética pela Pontifícia Universidade Católica do Paraná. Bacharel em Psicologia pela Universidade Estadual do Centro-Oeste do Paraná. Residência em Cancerologia pelo Hospital Erasto Gaertner. Pós-graduada em Cuidados Paliativos pela Pontifícia Universidade Católica do Paraná. Pós-graduada em Psicologia Clínica: Abordagem Psicanalítica pela Pontifícia Universidade Católica do Paraná.

Maurício de Almeida Pereira da Silva

Mestre em Bioética pela Pontifícia Universidade Católica do Paraná. Bacharel em Medicina pela Universidade de Cuiabá. Pós-Graduado em Anestesiologia pela Universidade Federal do Mato Grosso. Pós-Graduado em Medicina Intensiva pela Universidade Federal do Paraná. Pós-Graduado em Cuidados Paliativos pelo Instituto Pallium Latinoamérica.

Sumário: 1. A história de Catarina – 2. Vulnerabilidade no campo da saúde e da bioética – 3. Vulnerabilidades socioeconômicas e cuidados paliativos – 4. Tomada de decisão no contexto das vulnerabilidades socioeconômicas – 5. Aspectos psicossociais e sua interação nas situações de vulnerabilidades socioeconômicas – 6. Considerações finais – Referências.

1. A HISTÓRIA DE CATARINA

Catarina, 84 anos, viúva há 10 anos, mãe de dois homens e uma mulher, com idades variando de 48 a 66 anos, tem 6 netos e 2 bisnetos. Mora atualmente com sua filha mais nova e quatro netos, em uma casa de dois quartos na periferia da cidade. A família vive com a aposentadoria de um salário-mínimo da paciente, depois que a filha parou de trabalhar como diarista para cuidar da mãe e se separou do marido que fazia uso abusivo de bebida alcoólica. A paciente tem pouco contato com os outros filhos, que residem em outros estados.

Catarina apresenta histórico de hipertensão arterial sistêmica, diabetes mellitus tipo 2 e obesidade há aproximadamente 30 anos e, tabagismo desde os

14 anos de idade. Há cerca de 15 anos foi diagnosticada com doença pulmonar obstrutiva crônica (DPOC).

Em seu relato de história prévia, a paciente e os familiares esclarecem que o início do hábito de fumar começou muito cedo na zona rural do seu município, onde havia o costume entre os familiares de acender cigarros de palha para espantar os insetos. Descreve que todos os seus irmãos e irmãs tinham esta prática e que os próprios pais os estimulavam a fazer. O hábito de fumar, inicialmente para repelir os insetos, passou a se tornar uma rotina, não classificada como vício pela paciente, mas como um *companheiro do dia a dia*. Dessa forma, o tabagismo foi produzindo alterações estruturais em seu pulmão aos poucos, tornando o órgão cada vez menos eficiente em sua função de absorção de oxigênio do ar ambiente.

Com esta conjuntura, desde os 60 anos de idade a paciente apresenta exacerbações pulmonares causadas por pneumonias. Inicialmente com ocorrências bem espaçadas, com intervalos de anos, mas que foram se reduzindo, tornando-se anuais, seguidos de semestrais e ultimamente com internamentos quase bimestrais. Os familiares da paciente referem que a sua qualidade de vida foi se deteriorando com o mesmo ritmo da descrição da frequência dos internamentos. Eles relembram que ela era uma pessoa com muita vitalidade e disposta, principalmente no que diz respeito à culinária. Porém, nos últimos anos vem apresentando maiores restrições, limitada por falta de ar constante.

O atual internamento hospitalar da paciente, à semelhança dos anteriores, ocorre por uma nova exacerbação pulmonar, novamente causado por uma pneumonia. Na admissão do pronto atendimento, a paciente se encontrava em franca falta de ar, sendo imediatamente realizado o procedimento de intubação orotraqueal. Já no ambiente de terapia intensiva, a paciente permaneceu internada por cerca de 30 dias, onde se intercalava períodos de melhora com novos eventos infecciosos, o que provocavam uma regressão dos avanços até então alcançados. Após este prazo, a paciente apresentou estabilização do quadro clínico, porém, permanecia com dependência do aparelho de ventilação mecânica, dispositivo que a auxiliava na respiração e oxigenação.

Em diferentes momentos foram abordados os familiares em relação à adequação terapêutica, cuidados paliativos e qualidade de vida. Estes sempre se mostraram bastante convictos que a paciente teria o desejo de *lutar pela vida* enquanto houvesse a menor possibilidade, mesmo que representasse uma maior redução da sua qualidade de vida. Este posicionamento foi confirmado quando se permitiu a abordagem da própria paciente, já em condições cognitivas para esta conversa, que reproduziu os mesmos valores declarados pelos familiares.

Diante disso, a equipe dos cuidados hospitalares, solicitaram ao SUS (sistema único de saúde) a disponibilização de um ventilador domiciliar para adaptá-la e possibilitar a sua alta para o domicílio. Porém, quando a equipe de atendimento domiciliar realizou uma visita técnica ao domicílio da paciente, verificou-se que não havia requisitos estruturais mínimos para o seu retorno com um dispositivo de ventilação. Para que isso pudesse ser viabilizado, a família deveria fazer uma reforma que incluiria uma reestruturação elétrica e ampliação de um cômodo da residência. Esta reforma implicaria uma reorganização da distribuição dos moradores nos cômodos da casa, já que haveria a necessidade de transformar dois cômodos em um quarto para a paciente.

Como resultado, apesar da manifestação do desejo da paciente de voltar para casa, os familiares alegaram que não haveria a possibilidade de realização desta reforma, tanto por questões financeiras da família naquele momento, como por questões de reorganização social dos moradores do domicílio. Diante do exposto, a equipe dos cuidados hospitalares permaneceu com a paciente em ambiente de enfermaria, com a criação de rotinas e adaptações visando um ambiente mais próximo do domiciliar, sob a justificativa da necessidade de um internamento social.

O breve relato de vulnerabilidades de Catarina, apesar de teórico, representa a realidade de muitas famílias e de muitos profissionais no cenário brasileiro. E apesar da vulnerabilidade influenciar o cotidiano de nossas práticas em saúde, a temática é pouco abordada no campo da saúde.[1] Nesse âmbito, comumente é relacionada às condições orgânicas resultantes de doenças que afetam o exercício da autonomia da pessoa,[2] associada à idade (crianças e pessoas idosas) e presença de deficiências.[3]

Considerando a situação de Catarina, focar exclusivamente na perspectiva clínica não é suficiente para compreender as vulnerabilidades presentes. É preciso uma apreciação das diferentes perspectivas de cuidado e suas implicações na história das pessoas que vivem em situação de vulnerabilidade social e econômica. As pessoas idosas apresentam maior risco de sofrer danos decorrentes da deterioração das circunstâncias socioeconômicas, além de ser clinicamente mais vulneráveis do que os jovens.[4]

2. VULNERABILIDADE NO CAMPO DA SAÚDE E DA BIOÉTICA

Para melhor compreensão da discussão da vulnerabilidade social e econômica que afetaram as decisões da equipe e paciente-família no caso descrito,

---

1. CHOCHINOV, Harvey Max; STIENSTRA, Deborah. Vulnerability and palliative care. *Palliative and Supportive Care*, v. 10, n. 1, p. 1-2, 2012.
2. MORBERG JÄMTERUD, Sofia. Acknowledging vulnerability in ethics of palliative care – A feminist ethics approach. *Nursing Ethics*, v. 29, n. 4, p. 952-961, 2022.
3. HAVE, Henk ten. *Vulnerability*: challenging bioethics. New York: Routledge, 2016.
4. Op. cit.

faz-se necessário antes explorar, histórica e conceitualmente, os diferentes tipos de vulnerabilidades descritas no campo da saúde e da bioética.

Nas ciências da saúde, a vulnerabilidade tem seu principal nicho na pesquisa clínica, sendo utilizada para identificar e proteger indivíduos ou grupos com risco elevado de sofrerem danos e de serem influenciados a consentir na participação de pesquisas.[5]

Na bioética, a discussão sobre vulnerabilidade também iniciou no campo da pesquisa envolvendo seres humanos. As populações consideradas vulneráveis deveriam ser protegidas de experimentos em que eram expostas a doenças ou tratamentos não comprovados. Compreendia-se, portanto, a vulnerabilidade como ausência de autonomia.

A bioética tem abordado sobre o combate à dicotomia entre vulnerabilidade e autonomia por meio de uma perspectiva da ética do cuidado, no sentido de acolher a vulnerabilidade ao mesmo tempo em que se promove a autonomia.[6] No caso apresentado, de alguma forma se observa essa dicotomia, mas, não apenas vinculada ao comportamento dos profissionais e incapacidade de decisão autônoma da paciente e sim pela pressão dos fatores econômicos que envolvem paciente/família para a continuidade do atendimento em casa.

Assim, a vulnerabilidade não se resume à falta de autonomia, e a discussão bioética sobre o tema foi se ampliando, principalmente nos países do hemisfério sul, em que a capacidade de tomada de decisão das pessoas está comprometida devido a circunstâncias sociais e econômicas. Entretanto, esse debate não é uniforme.[7] Especificamente no contexto latino-americano, a vulnerabilidade se torna o centro das discussões de autores dos pressupostos teóricos da bioética social, como a bioética de proteção[8] e a bioética de intervenção.[9]

A bioética de proteção se desenvolve principalmente ao considerar as particularidades e carências dos países denominados *em desenvolvimento*,[10] que é o caso do Brasil e da maioria dos países da América Latina. Assim, essa corrente da bioética se ocupa de humanos vulneráveis (suscetíveis) ou vulnerados (afeta-

---

5. BOLDT, Joachim. Boldt, J. (2019). The concept of vulnerability in medical ethics and philosophy. *Philosophy, Ethics, and Humanities in Medicine*, v. 14, n. 1, p. 1-8, 2019.

6. MORBERG JÄMTERUD, Sofia. Acknowledging vulnerability in ethics of palliative care – A feminist ethics approach. *Nursing Ethics*, v. 29, n. 4, p. 952-961, 2022.

7. HAVE, Henk ten. *Vulnerability: challenging bioethics*. New York: Routledge, 2016.

8. SCHRAMM, Fermin Roland. Bioética da Proteção: ferramenta válida para enfrentar problemas morais na era da globalização. *Revista Bioética*, v. 16, n. 1, p. 11-23, 2008.

9. GARRAFA, Volnei. Da bioética de princípios a uma bioética interventiva. *Revista Bioética*, v. 13, n. 1, p. 125-134, 2005.

10. SCHRAMM, Fermin Roland. A bioética de proteção: Uma ferramenta para a avaliação das práticas sanitárias? *Ciência e Saúde Coletiva*, v. 22, n. 5, p. 1531-1538, 2017.

dos) que não conseguem se proteger sozinhos de determinados riscos e ameaças à sua integridade pessoal, as quais podem afetar significativamente sua saúde e seu bem-estar.[11] A bioética de proteção defende que é papel do Estado amparar aos cidadãos vulnerados, que não têm condições de satisfazer as necessidades e demandas legítimas (moradia, educação, acesso aos serviços de saúde e liberdades básicas), nem a competência cognitiva e emocional para *cuidar de si* e para agir de forma autônoma e responsável.[12]

Ao priorizar os vulnerados que não dispõem dessas condições, se "pretende respeitar concretamente o princípio de justiça, já que aplica a equidade como condição *sine qua non* da efetivação do próprio princípio de justiça".[13] Nesse sentido, a proteção seria necessária para os vulnerados até que eles desenvolvam suas potencialidades e saiam da condição de vulneração. Por outro lado, a bioética de proteção deve respeitar a diversidade de culturas, hábitos, valores e interesses das pessoas e comunidades evitando impor comportamentos que possam violar os direitos fundamentais das pessoas e dos grupos específicos.[14]

A bioética de intervenção também se revela como uma bioética comprometida com os mais vulneráveis sendo pautada em: "prevenção (de possíveis danos e iatrogenias), precaução (frente ao desconhecido), prudência (com relação aos avanços e *novidades*) e proteção (dos excluídos sociais, dos mais frágeis e desassistidos)".[15] Tem como objetivo promover a discussão política sobre as alternativas para enfrentar as situações decorrentes da desigualdade social, como a extrema pobreza, o desemprego, a fome, o analfabetismo e a precarização na educação e saúde. Esta abordagem acredita na possibilidade de construir uma sociedade mais justa e igualitária, baseada em relações solidárias e não discriminatórias, para garantir condições mais dignas de sobrevivência.[16] Diante das iniquidades moralmente inaceitáveis, a bioética de intervenção defende ações equitativas no setor público e coletivo, que respondam à necessidade de justiça social, garantindo

---

11. SCHRAMM, Fermin Roland. Bioética de protección: una antigua y nueva herramienta para la salud pública en la era de la globalización. In: SARIEGO, José R. Acosta (Org.). *Bioética y Biopolítica*. La Habana: Publicaciones Acuario, 2023. p. 113-28.
12. SCHRAMM, Fermin Roland. Proteger os vulnerados e não intervir aonde não se deve. *Revista Brasileira de Bioética*, v. 3, n. 3, p. 377-389, 2007.
13. SCHRAMM, Fermin Roland. Bioética da Proteção: ferramenta válida para enfrentar problemas morais na era da globalização. *Revista Bioética*, v. 16, n. 1, p. 17. 2008.
14. SCHRAMM, Fermin Roland. A bioética de proteção: Uma ferramenta para a avaliação das práticas sanitárias? *Ciência e Saúde Coletiva*, v. 22, n. 5, p. 1531-1538, 2017.
15. GARRAFA, Volnei. Da bioética de princípios a uma bioética interventiva. *Revista Bioética*, v. 13, n. 1, p. 130, 2005.
16. SANTOS, Ivone L.; SHIMIZU, Helena E.; GARRAFA, Volnei. Bioética de intervenção e pedagogia da libertação: aproximações possíveis. *Revista Bioética*, v. 22, n. 2, p. 271-281, 2014.

os direitos fundamentais do maior número de pessoas pelo maior tempo possível, resultando nas melhores consequências possíveis.[17]

É fundamental reconhecer que a vulnerabilidade pode surgir de diversas fontes, incluindo fatores biológicos, clínicos, sociais, políticos, ambientais e culturais. Algumas formas de vulnerabilidade, como aquelas relacionadas à corporeidade, são inerentes à condição humana. Outras, como a falta de acesso à saúde, podem ser resultado de desigualdades sociais e políticas. Ao identificar as diferentes fontes de vulnerabilidade e as diversas maneiras pelas quais ela se manifesta, podemos encontrar respostas morais mais adequadas para lidar com a vulnerabilidade humana.[18]

Independentemente da origem da vulnerabilidade, esta exige uma resposta que encoraja outras pessoas a prestar assistência. Não podemos deixar pessoas vulneráveis à própria sorte e devemos agir para evitar, de forma razoável e confiável, que sejam danificadas ou feridas.[19] Abordar a vulnerabilidade, suas formas e seu significado ético é, portanto, discutir uma das características mais centrais do cuidado e da assistência à saúde.[20]

Na bioética, vulnerabilidade social é compreendida como resultante de "estruturas políticas e econômicas, não raramente construídas por processo histórico injusto que cumulativamente direciona favores e privilégios a determinados grupos, negando-os a outros grupos sociais".[21] Em uma análise sobre exclusões no contexto da bioética, Sanches e colaboradores[22] propõem a ideia de vulnerabilidade moral, distinta da vulnerabilidade social, pois, acreditam que a última não é suficiente para explicar as práticas discriminatórias e de exclusão que algumas pessoas enfrentam, principalmente, por sua diversidade de gênero e etnia. Esses autores compreendem que as especificidades da dimensão cultural relacionadas à exclusão de pessoas por divergirem de padrões morais hegemônicos devem ser analisadas em uma perspectiva de vulnerabilidade moral.

Nas publicações internacionais, encontra-se o termo *vulnerabilidade estrutural* que abarca tanto a vulnerabilidade social como a vulnerabilidade moral. O conceito envolve as populações expostas a riscos e danos amplificados decorrentes das desigualdades estruturais produzidas pelas hierarquias sociais. Essas desi-

---

17. Op. cit.
18. ROGERS, Wendy; MACKENZIE, Catriona; DODDS, Susan. Why bioethics needs a concept of vulnerability. *International Journal of Feminist Approaches to Bioethics*, v. 5, n. 2, p. 11-38, 2012.
19. HAVE, Henk ten. *Vulnerability: challenging bioethics*. New York: Routledge, 2016.
20. BOLDT, Joachim. Boldt, J. (2019). The concept of vulnerability in medical ethics and philosophy. *Philosophy, Ethics, and Humanities in Medicine*, v. 14, n. 1, p. 1-8, 2019.
21. SANCHES, Mario Antônio; MANNES, Mariel; CUNHA, Thiago Rocha da. Vulnerabilidade moral: leitura das exclusões no contexto da bioética. *Revista Bioética*, v. 26, n. 1, 2018, p. 44.
22. Op. cit.

gualdades são manifestadas por relações de poder e opressão que consolidam as desvantagens sociais extremas juntamente com outras condições de discriminação e exclusão relacionadas à etnia e gênero, deficiências, uso de substâncias ilícitas, problemas de saúde mental, entre outras.[23]

Na discussão dessas vulnerabilidades no contexto dos cuidados paliativos, utilizaremos a expressão vulnerabilidades socioeconômicas.

3. VULNERABILIDADES SOCIOECONÔMICAS E CUIDADOS PALIATIVOS

No fim da vida, é comum que as vulnerabilidades (social, econômica, moral) se intensifiquem, o que pode levar a mortes com acesso limitado a apoio, manejo inadequado da dor e sofrimento, e ocorrendo em locais inadequados.[24] Cabe, portanto, problematizar sobre o acesso de Catarina aos cuidados paliativos. Neste momento, a paciente está sendo acompanhada por uma equipe de cuidados paliativos no hospital e teria possibilidade de atendimento domiciliar caso sua moradia tivesse estrutura para isso. Mas, reconhecendo que os cuidados paliativos não são realizados de forma precoce no Brasil, será que ela não teria se beneficiado precocemente da atuação de uma equipe de atendimento domiciliar treinada para a abordagem paliativa, resultando em melhor qualidade de vida ao longo de todo o processo de adoecimento? Provavelmente sim.

As situações de vulnerabilidades socioeconômicas impõem inúmeras barreiras para o acesso das pessoas aos cuidados paliativos,[25] sendo relacionado não apenas às condições de renda, mas resultantes de práticas discriminatórias veladas relacionadas a aspectos raciais e étnicos.[26] É urgente estabelecer a equidade em todas as situações em que os cuidados paliativos são necessários, desde o momento do diagnóstico, nos diferentes níveis de atenção e complexidade, em todas as modalidades de tratamento até a fase em que a progressão da doença não responde mais às terapias curativas e a terminalidade se aproxima.[27]

---

23. BOURGOIS, Philippe et al. Structural Vulnerability: Operationalizing the Concept to Address Health Disparities in Clinical Care. *Academic Medicine*, v. 92, n. 3, p. 299-307, 2017.

24. GIESBRECHT, Melissa et al. "Once you open that door, it's a floodgate": Exploring work-related grief among community service workers providing care for structurally vulnerable populations at the end of life through participatory action research. *Palliative Medicine*, v. 0, p. 1-9, 2022.

25. STAJDUHAR, K. I. et al. "Just too busy living in the moment and surviving": Barriers to accessing health care for structurally vulnerable populations at end-of-life 16 Studies in Human Society 1608 Sociology. *BMC Palliative Care*, v. 18, n. 1, p. 1-14, 2019.

26. ABBAS, Alizeh; MADISON HYER, J.; PAWLIK, Timothy M. Race/Ethnicity and County-Level Social Vulnerability Impact Hospice Utilization Among Patients Undergoing Cancer Surgery. *Annals of Surgical Oncology*, v. 28, n. 4, p. 1918-1926, 2021.

27. CORRADI-PERINI, Carla; CASELLAS, Jociane; BELTRÃO, Julianna Rodrigues. Bioética e o acesso aos cuidados paliativos no cenário brasileiro. In: SALGADO, Rita de Cassia Falleiro; SOUZA, Waldir (Org.). Bioética e acesso à saúde. Curitiba: CRV, 2022. p. 17-32.

A ausência de equidade é percebida no artigo de Stienstra e Chochinov[28] que explora as barreiras para o acesso aos cuidados paliativos para aqueles em situações de maior vulnerabilidade. Ou seja, as pessoas em condições de vulnerabilidade cumulativa, compostas por vulnerabilidade social e moral, incluindo indivíduos com deficiências, em situação de rua, pobres, em conflitos com a lei, idosos frágeis, imigrantes recentes e aqueles sujeitos a práticas discriminatórias por questões étnicas, de gênero, de religião, entre outras.

Ressalta-se que os sistemas de saúde vigentes não têm uma estrutura organizacional capaz de acolher e considerar as necessidades dessas pessoas. São sistemas excludentes, sem acessibilidade e sem possibilidades de adaptação dos cuidados paliativos às diversidades, violando a dignidade dessas pessoas.[29] Reimer-Kirkham e colaboradores[30] enfatizam que esses indivíduos "caem nas rachaduras do sistema de saúde" e, ressaltam a necessidade de uma abordagem equitativa para cuidados paliativos. Portanto, os modelos atuais de assistência de cuidados paliativos precisam ser revistos, para que a equidade no acesso aos cuidados paliativos de qualidade seja uma realidade para todos.

Enxergar a morte como uma questão de justiça social é essencial para a área dos cuidados paliativos. Através de uma abordagem de equidade em saúde, podemos nos aproximar das necessidades frequentemente negligenciadas de populações vulneráveis e de suas experiências com cuidados paliativos. Essa abordagem na perspectiva da justiça social significa muito mais do que simplesmente oferecer acesso a serviços de saúde, pois, reconhece que a equidade em cuidados paliativos é abrangente, incluindo assistência para questões como moradia, alimentação adequada e renda suficiente.[31]

A partir dessa lente da justiça social, pessoas como Catarina poderiam gozar de um fim de vida com melhor qualidade, em que suas necessidades são atendidas, à medida em que há o respeito a sua autonomia. Assim, para garantir seu bem-estar físico, psicossocial e espiritual, é necessário considerar vários fatores que estão interligados, incluindo a disponibilidade simultânea de serviços e políticas públicas em seu território. Portanto, o acesso ampliado aos serviços de saúde para um indivíduo ou família pode não se traduzir em um aumento

---

28. STIENSTRA, Deborah; CHOCHINOV, Harvey Max. Palliative care for vulnerable populations. *Palliative and Supportive Care*, v. 10, n. 1, p. 37-42, 2012.
29. HUYNH, Lise; HENRY, Blair; DOSANI, Naheed. Minding the gap: Access to palliative care and the homeless. *BMC Palliative Care*, v. 14, n. 1, p. 2-5, 2015.
30. REIMER-KIRKHAM, Sheryl et al. Death is a social justice issue: Perspectives on equity-informed palliative care. *Advances in Nursing Science*, v. 39, n. 4, p. 303. 2016.
31. REIMER-KIRKHAM, Sheryl et al. Death is a social justice issue: Perspectives on equity-informed palliative care. *Advances in Nursing Science*, v. 39, n. 4, p. 293-307, 2016.

efetivo do seu bem-estar multidimensional se outras necessidades básicas não forem atendidas.[32]

O caso exposto neste capítulo envolve mais do que a falta de recursos destinados à área da saúde. Ele envolve outros setores que possibilitem que as famílias tenham recursos para uma adequada moradia e nesse caso específico para uma reforma estrutural para garantir o cuidado em casa. Apesar de ainda evidenciarmos a falta de equipes e de profissionais formados para essa assistência, percebemos que à medida que esses serviços vão existindo, nos deparamos com novos problemas na assistência dessas pessoas em situação de vulnerabilidades socioeconômicas. Então o que fazer nessas situações apresentadas no caso, em que há o desejo da paciente, mas, não há a possibilidade de estrutura física da moradia para que a família cuide dessa pessoa em casa?

Na próxima seção deste capítulo serão discutidas as dificuldades e implicações das tomadas de decisão relacionadas a pacientes no contexto de vulnerabilidades socioeconômicas.

4. TOMADA DE DECISÃO NO CONTEXTO DAS VULNERABILIDADES SOCIOECONÔMICAS

Os processos decisórios são construções lógicas que associam análise dos fatos, valores, deveres e experiências de diferentes participantes, sob influência de diversos fatores com efeitos variáveis a depender do contexto apresentado.[33]-[34] Entre os fatores influenciadores encontram-se os fenômenos sociais e econômicos, que moldam o resultado das escolhas.

Sob o ponto de vista bioético, as decisões autônomas devem ser compostas pelos elementos de intenção à decisão, conhecimento do que está sendo decidido e ausência de controles sobre a escolha. Interferências sobre estes componentes podem tornar as decisões menos competentes ou até não autônomas.[35] A composição dos elementos de uma decisão autônoma no contexto de cuidados paliativos e de fim de vida, se tornam importantes através da compreensão de que tais escolhas podem determinar riscos sobre a qualidade de vida do paciente. Os riscos incluem, entre outros, a possibilidade de extensão do tempo de vida com uma qualidade não desejada ou a abreviação deste tempo de forma não prevista.

---

32. HAVE, Henk ten. *Vulnerability*: challenging bioethics. New York: Routledge, 2016.
33. GRACIA GUILLÉN, Diego. *La deliberación moral*: El papel de las metodologías en ética clínica. Jornada de Debate sobre Comités Asistenciales de Ética, p. 21-41, 2000.
34. ZOBOLI, Elma L.C.P. Bioética clínica na diversidade: a contribuição da proposta deliberativa. *Bioethikos*, v. 6, n. 1, p. 49-57, 2012.
35. BEAUCHAMP, Tom Lamar; CHILDRESS, James Franklin. *Principles of Biomedical Ethics*. 8. ed. New York: Oxford University Press, 2019.

Como descrito anteriormente, as condições socioeconômicas podem produzir uma circunstância de vulnerabilidade secundária, ou condição de vulnerado,[36] em que os indivíduos se tornam expostos a riscos de danos pessoais, mas são incapazes de se defender, independente das suas vontades. Esta característica pode modificar a competência de uma tomada de decisão, já que na condição de vulnerado existe um controle externo sobre as suas escolhas, representado pela imposição de uma circunstância, o que pode tornar a decisão não autônoma.

O controle sobre as decisões exercidas pelas condições socioeconômicas altera os desfechos de saúde e bem-estar dos pacientes, o que implica uma diferença do cuidado de saúde. As desigualdades nos cuidados e desfechos da saúde relacionados às condições socioeconômicas são um desafio para as políticas públicas e sociedade em todo o mundo. Os contrastes persistem independentemente se o modelo de remuneração da saúde da população é universal e público, como no Brasil, ou através de recursos privados, como no modelo norte americano.[37]

A tarefa de identificar os fatores que efetivam o controle sobre as decisões dos indivíduos não pode ser simplificada apenas por uma análise simplificada das propriedades patológicas e condições financeiras envolvidas, deve-se compreender o fenômeno em todo o seu contexto.[38]

Os fatores socioeconômicos podem atuar sob a esfera individual ou sobre o contexto. No nível individual, estes recursos moldam comportamentos relacionados à saúde, como o acesso ao conhecimento, acesso aos recursos da saúde, poder, prestígio e relações sociais que promovam e protejam a saúde do indivíduo. Este fato pode ser verificado em estudos que sugerem que as vulnerabilidades socioeconômicas estão diretamente relacionadas ao conhecimento e atitudes em relação aos cuidados paliativos e fim de vida.[39] No campo do contexto, verifica-se a construção de um ambiente coletivo que pode favorecer ou não o desenvolvimento de saúde e bem-estar dos participantes da comunidade, como a minimização de crimes, violências, poluição, tipos de hábitos, entre outros. Um indivíduo envolvido nesta comunidade terá as consequências das normas sociais

---

36. SCHRAMM, Fermin Roland. Bioética da Proteção: ferramenta válida para enfrentar problemas morais na era da globalização. *Revista Bioética*, v. 16, n. 1, p. 11-23, 2008.

37. JOB, Claire et al. Health professional's implicit bias of adult patients with low socioeconomic status (SES) and its effects on clinical decision-making: A scoping review protocol. *BMJ Open*, v. 12, n. 12, 2022.

38. PHELAN, Jo C.; LINK, Bruce G.; TEHRANIFAR, Parisa. Social Conditions as Fundamental Causes of Health Inequalities: Theory, Evidence, and Policy Implications. *Journal of Health and Social Behavior*, v. 51, n. 1_suppl, p. S28-S40, 2010.

39. BÉRUBÉ, A. et al. Do Socioeconomic Factors Influence Knowledge, Attitudes, and Representations of End-of-Life Practices? A Cross-Sectional Study. *Journal of Palliative Care*, p. 1-10, 2022.

VULNERABILIDADE ECONÔMICA E SOCIAL | **51**

do ambiente, independentemente de sua iniciativa ou habilidade de construir uma situação saudável.[40]

Diante disso, compreende-se que as condições socioeconômicas de Catarina foram fatores que influenciaram as suas decisões até o momento do quadro clínico atual. Como no caso de sua infância, em que o conhecimento e convívio social a influenciaram no início do hábito de fumar, que contribuíram no resultado de sua saúde.

Ao longo de sua trajetória, Catarina passou a necessitar de acesso aos cuidados de saúde, tornando as suas decisões não mais individuais, mas realizadas sob um relacionamento entre a equipe de saúde, paciente e familiares. Neste contexto, a depender da maneira como a decisão é construída e do equilíbrio das diversas influências e poderes envolvidos, pode-se desenvolver distintos modelos de relacionamento, percorrendo um espectro de relacionamentos com decisões unilaterais ou em conjunto.[41]

Os modelos de relacionamento que envolvem uma decisão unilateral, sejam da equipe de saúde (modelo paternalista) ou do núcleo paciente-familiares (modelo informativo ou autonomia soberana), se mostram insuficientes para uma decisão adequada já que haverá ausência de uma parte do conhecimento, seja a parte técnica ou a porção dos valores pessoais do paciente, respectivamente.[42] Diante disso, é preciso que a decisão seja elaborada em um relacionamento que envolva interação entre as partes, com equivalência de poderes na decisão final.[43] Esta construção deve ser dirigida sob o princípio de uma deliberação prudente, a fim de evitar a lógica simplista e bivalente de decisões apenas, certas ou erradas.[44-45]

Os modelos de relacionamento são sensíveis às influências socioeconômicas, tendo em vista que as ofertas de alternativas da equipe de saúde também são afetadas pela condição socioeconômica da paciente. Para perceber esta dinâmica é preciso compreender que as escolhas são formadas a partir das experiências

---

40. PHELAN, Jo C.; LINK, Bruce G.; TEHRANIFAR, Parisa. Social Conditions as Fundamental Causes of Health Inequalities: Theory, Evidence, and Policy Implications. *Journal of Health and Social Behavior,* v. 51, n. 1_suppl, p. S28-S40, 2010.
41. EMANUEL, Ezekiel J; EMANUEL, Linda L. Four models of the physician-patient relationship. JAMA: The Journal of the American Medical Association, v. 267, n. 16, p. 2221–2226, 1992.
42. Op. cit.
43. COULTER, Angela; COLLINS, Alf. *Making shared decision-making a reality. No decision about me, without me.* London: The King's Fund, 2011. E-book. Disponível em: http://www.kingsfund.org.uk/publications/nhs_decisionmaking.html.
44. GRACIA GUILLÉN, Diego. *La deliberación moral:* El papel de las metodologías en ética clínica. Jornada de Debate sobre Comités Asistenciales de Ética, p. 21-41, 2000.
45. ZOBOLI, Elma L.C.P. Bioética clínica na diversidade: a contribuição da proposta deliberativa. *Bioethikos,* v. 6, n. 1, p. 49-57, 2012.

de vida individuais, em que o sujeito decisor enxerga as alternativas a partir de sua idealização de *mundo real* que alimentam os próprios pensamentos e ações, ditando comportamentos, chamados de vieses implícitos.[46]

Os vieses implícitos criam hábitos inconscientes que se transformam em ações com estereótipos e preconceitos àqueles que consideramos ter diferentes práticas que as nossas.[47] Isso é demonstrado nos estudos em que os profissionais da saúde ofertam menos informações, realizam discursos com menor interação e reduzem conselhos técnicos aos pacientes com condições socioeconômicas mais desfavoráveis. Desvantagens desencadeadas por uma má interpretação do profissional sobre a necessidade, desejo e habilidade dos pacientes em participar dos seus próprios planejamentos de cuidados.[48] Este comportamento não possui uma relação diretamente proporcional com o poder ou o prestígio, sendo identificado em todas as classes sociais e, afetam as atitudes e comportamentos de todos, generalizadamente.[49]

Diante do reconhecimento que as decisões, tanto da equipe de saúde como da paciente Catarina, encontram-se influenciadas pelas condições socioeconômicas da paciente, Morberg Jämterud[50] sugere uma abordagem em que se evita uma visão dicotômica entre autonomia e vulnerabilidade. Os autores sugerem que se utilize uma visão de uma autonomia relacional, em que a equipe de saúde promove um ambiente de confiança interpessoal, através de discussões abertas e suportivas entre as partes, com a finalidade de suprir as insuficiências e promover as soluções que a paciente precisa para a sua expressão autônoma. Através desta estratégia, evita-se a imposição de escolhas e valores, em um modelo paternalista, sob a justificativa da falta de autonomia da paciente por suas vulnerabilidades.[51]

Nesse sentido, é mister compreender os aspectos psicossociais e sua interação nas situações de vulnerabilidades socioeconômicas nos cuidados paliativos, sendo esses abordados na próxima seção.

---

46. LUTFEY, Karen; FREESE, Jeremy. Toward some fundamentals of fundamental causality: Socioeconomic status and health in the routine clinic visit for diabetes. *American Journal of Sociology*, v. 110, n. 5, p. 1326–1372, 2005.
47. Op. cit.
48. WILLEMS, Sara et al. Socio-economic status of the patient and doctor-patient communication: Does it make a difference? *Patient Education and Counseling*, v. 56, n. 2, p. 139-146, 2005.
49. JOB, Claire et al. Health professional's implicit bias of adult patients with low socioeconomic status (SES) and its effects on clinical decision-making: A scoping review protocol. *BMJ Open*, v. 12, n. 12, 2022.
50. MORBERG JÄMTERUD, Sofia. Acknowledging vulnerability in ethics of palliative care – A feminist ethics approach. *Nursing Ethics*, v. 29, n. 4, p. 952-961, 2022.
51. Op. cit.

5. ASPECTOS PSICOSSOCIAIS E SUA INTERAÇÃO NAS SITUAÇÕES DE VULNERABILIDADES SOCIOECONÔMICAS

A abordagem paliativa não tem como objetivo principal o prolongamento da vida, mas sim a contribuição para promover maior conforto e sentido à existência do paciente até o último momento. Neste contexto, é necessário que essas discussões levem em conta a história do paciente, valores pessoais, aspectos culturais, nível de informação sobre seu quadro, rede de apoio, entre outros pontos que irão influenciar diretamente nas condutas e desfechos.

Assim, é fundamental olhar para os aspectos psicossociais da unidade de cuidado paciente-família enquanto potencial fonte de sofrimento e reforçamento das vulnerabilidades já decorrentes da situação. Tal sofrimento pode se apresentar de diversas formas, visto a complexidade das relações familiares e as transformações neste cenário que ocorrem durante todo o processo de adoecimento, podendo também intensificar as vulnerabilidades já existentes em virtude da condição socioeconômica, estrutura familiar e do próprio processo de envelhecimento.

Ao longo do curso de adoecimento e progressivo agravamento de sua condição, o paciente pode experienciar diversas formas de enfrentamento, respondendo a cada situação conforme sua construção subjetiva e as possibilidades do momento. Em relação ao contato com a finitude, pode experimentar níveis diferenciados de desorganização emocional, visto que a relação com seu corpo é construída ao longo da vida e modificada a partir de suas experiências.[52] Essa desorganização emocional, esperada para o momento, também constitui um ponto de atenção no que concerne ao sofrimento de dimensão existencial.

Dessa forma, contribuindo para o resgate da subjetividade e cuidado com todas as dimensões do sofrimento, os Cuidados Paliativos trazem um olhar para além da doença, considerando a história de vida do paciente, seus desejos, família e demais aspectos que lhe constituem dentro de sua singularidade.[53] Ao escutar e compreender a história da paciente e o desenvolvimento de seus sintomas, bem como formas de percepção do agravamento da doença, a equipe personaliza o cuidado, delegando para si a tarefa de investigar formas para cumprir com as possíveis expectativas e desejos da paciente para seu final de vida. No atendimento à Catarina, mesmo após a impossibilidade da família em realizar as modificações necessárias para manutenção da paciente no domicílio, a busca pelo melhor cuidado permeia as decisões da equipe, que se engajou agora na possibilidade do internamento social.

---

52. OLIVEIRA, Dhiene Santana Araújo; CAVALCANTE, Luciana Suelly Barros; CARVALHO, Ricardo Tavares de. Sentimentos de Pacientes em Cuidados Paliativos sobre Modificações Corporais Ocasionadas pelo Câncer. *Psicologia: Ciência e Profissão*, v. 39, p. 1-13, 2019.

53. Op. cit.

Quando ao aproximar-se da família e explorar pontos sobre a história de vida e o status prévio da paciente, bem como possíveis decisões caso tivesse nível de consciência, a equipe explicita a importância do lugar da família no contexto hospitalar e no manejo dos cuidados humanizados. Em face da impossibilidade de desospitalização, dar continuidade aos cuidados com a família também foi um aspecto essencial do cuidado, visto que uma demanda importante de sofrimento advém muitas vezes da sobrecarga emocional em relação a não dar conta dos cuidados de modo adequado.[54] Ao extrapolar o final de vida, tal demanda se mantém no processo de luto, enquanto processo que acontece também na dimensão social. No período de enlutamento, as vulnerabilidades nesse quesito, principalmente o que se refere à privação de direitos, impactam de modo significativo as elaborações do luto.[55]

Faz-se necessário observar o já exposto na Declaração Universal sobre Bioética e Direitos Humanos[56] em relação à importância de considerar o respeito pela vulnerabilidade humana nas condições de saúde, para que tais sujeitos sejam protegidos de iatrogenias e demais agravantes que possam agravar seu sofrimento ao encontrar-se nesta posição. Visto que populações com condições socioeconômicas mais desfavoráveis vivem e morrem em situações de maior vulnerabilidade e seu final de vida ser influenciado de modo direto pela natureza da rede de apoio formal e informal, Lewis e colaboradores[57] levantam o papel essencial que as redes de apoio têm na garantia de cuidados de fim de vida de grupos socioeconômicos mais vulneráveis. Assim, compreender quais as possibilidades das redes de apoio, oportuniza uma melhor compreensão da realidade, e isso se relaciona diretamente com o processo de cuidar até o final - valor essencial nos cuidados paliativos.

Outro ponto importante a ser observado no contexto da relação entre as vulnerabilidades socioeconômicas e os Cuidados Paliativos é o fato de que os desfechos de mortalidade entre as diferentes classes sociais possuem uma variação de duas a três vezes entre si. A desigualdade de resultados é persistente ao longo das décadas, mesmo quando há modificação dos fatores desencadeadores, como no exemplo das altas prevalências de doenças infectocontagiosas em um passado recente, que foram substituídas por doenças crônicas. Porém, em vez de desaparecer, a desigualdade do status da saúde entre as classes sociais persiste,

---

54. BOMBARDA, Tatiana Barbieri; MEGUSSI, Juliana Morais. Estresse de familiares e cuidadores. In: CASTILHO, Rodrigo Kappel (Org.). *Manual de Cuidados Paliativos da Academia Nacional de Cuidados Paliativos (ANCP)*. 3. ed. Rio de Janeiro: Atheneu, 2021.
55. BINDLEY, Kristin et al. Disadvantaged and disenfranchised in bereavement: A scoping review of social and structural inequity following expected death. *Social Science and Medicine*, v. 242, p. 112599, 2019.
56. UNESCO. *Declaração Universal sobre Bioética e Direitos Humanos*. 2005.
57. LEWIS, Joanne M et al. Social capital in al lower socioeconomic palliative care population: a qualitative investigation of individual, community and civic networks and relations. *BMC Palliative Care*, v. 13, n. 30, p. 2-9, 2014.

agora com determinantes relacionados a cânceres e doenças cardiovasculares, desencadeados por dietas pobres, sedentarismo e tabagismo, mais prevalentes em condições socioeconômicas mais desfavoráveis,[58] como no caso da Catarina.

Nesse sentido, face às vulnerabilidades, a equipe não recua de modo a afastar do humano e objetificar o corpo já tão invadido pela tecnologia e ações que visavam num primeiro momento a cura. Ao estender o olhar às possibilidades de desospitalização e, em sua impossibilidade, ao internamento social, a equipe faz valer seu papel como rede de apoio, estabelecendo um plano de cuidados que possa dar conta, ao menos minimamente, da condição de vulnerabilidade da condição de saúde e o contexto social vigente.

As tomadas de decisão acerca da manutenção do cuidado à Catarina levaram em consideração o envolvimento direto de uma atitude na qual o profissional, em nome dos melhores interesses do paciente, realiza um processo de despir-se de suas vaidades, seus valores e crenças generalizadas em busca do bem último do paciente, uma habilidade a ser desenvolvida com esforço e interesse e que cabe ao profissional assumir o compromisso em preparar-se do modo mais adequado. Essas atitudes vão além dos protocolos institucionais estabelecidos e da literatura técnica, elas envolvem o olhar humano ao que é prioritário em relação à prestação de cuidados de conforto e preservação da dignidade. Mesmo nos momentos nos quais os pacientes não desejem tomar decisões difíceis, suas preferências precisam ser salvaguardadas e é dever do profissional auxiliar o paciente a avaliar e expressar seus valores.[59]

Quando a tomada de decisões envolve assuntos relacionados a doenças incuráveis e final de vida há que se considerar que o paciente está em uma situação de vulnerabilidade ainda maior e que, esses momentos exigem um elevado nível de compaixão e refinamento em relação aos conhecimentos dos valores dos pacientes, que – mesmo delegando ao profissional a tomada de decisão – confie na habilidade deste.[60] Para tanto, Chochinov e Stienstra[61] propõem um exercício humilde no qual o profissional possa considerar a vulnerabilidade como um espelho, no qual ao ver o próprio reflexo é possível observar, que como os pacientes, ele também possui suas fragilidades e incertezas. Tal observação pode ser um passo importante para a oferta de um trabalho em Cuidados Paliativos que preserve a dignidade.

---

58. PHELAN, Jo C.; LINK, Bruce G.; TEHRANIFAR, Parisa. Social Conditions as Fundamental Causes of Health Inequalities: Theory, Evidence, and Policy Implications. *Journal of Health and Social Behavior*, v. 51, n. 1_suppl, p. S28-S40, 2010.
59. PELLEGRINO, Edmund D.; THOMASMA, David C. *Para o bem do paciente*: a restauração da beneficência nos cuidados da saúde. São Paulo: Edições Loyola, 2018.
60. PELLEGRINO, Edmund D.; THOMASMA, David C. *Para o bem do paciente*: a restauração da beneficência nos cuidados da saúde. São Paulo: Edições Loyola, 2018.
61. CHOCHINOV, Harvey Max; STIENSTRA, Deborah. Vulnerability and palliative care. *Palliative and Supportive Care*, v. 10, n. 1, p. 1-2, 2012.

Assim, conhecer as reais possibilidades psicossociais do paciente e seu entorno, considerando suas vulnerabilidades socioeconômicas, promove um cuidado holístico, fornecendo dados valiosos às equipes de saúde para propostas de condutas reais e tomadas de decisão adequadas para cada caso.

6. CONSIDERAÇÕES FINAIS

A manutenção das vulnerabilidades socioeconômicas pelas estruturas criadas pelos seres humanos é um problema ético, que precisa ser superado através da implementação de políticas públicas apropriadas. É uma obrigação moral que a adoção dessa abordagem seja considerada, pois, a perpetuação dessas vulnerabilidades resulta em violações dos direitos humanos e, consequentemente, de sua dignidade.[62]-[63] Tal cenário, por consequência, tem influência direta nos processos de cuidado, implicando em finais de vida permeados por sofrimento e cerceamento da dignidade do paciente e sua família.

Quando as políticas públicas são planejadas e executadas com o objetivo de respeitar e preservar a dignidade de todos os indivíduos, é possível reduzir ou mitigar as vulnerabilidades. A eliminação de barreiras atitudinais, físicas e sociais que impedem a prestação adequada de cuidados às pessoas vulneráveis resulta em melhores cuidados paliativos para todos.[64]

Se compreende que a proteção e intervenção são papéis do Estado e da sociedade que, entre outras ações, incluiu a participação social dos profissionais da saúde, através da sua formação ética, social e moral. Estas práticas requerem mudanças de atitudes e comportamentos dos envolvidos para o objetivo comum do fortalecimento da dignidade das populações vulneráveis ou já vulneradas, nos cuidados em fim de vida. Reconhecer as vulnerabilidades humanas enfatiza a nossa humanidade comum e proporciona razões para a solidariedade,[65] ilustrado através do caso de Catarina.

REFERÊNCIAS

ABBAS, Alizeh; MADISON HYER, J.; PAWLIK, Timothy M. Race/Ethnicity and County-Level Social Vulnerability Impact Hospice Utilization Among Patients Undergoing Cancer Surgery. *Annals of Surgical Oncology*, v. 28, n. 4, p. 1918-1926, 2021.

---

62. ROGERS, Wendy; MACKENZIE, Catriona; DODDS, Susan. Why bioethics needs a concept of vulnerability. *International Journal of Feminist Approaches to Bioethics*, v. 5, n. 2, p. 11-38, 2012.
63. SANCHES, Mario Antônio; MANNES, Mariel; CUNHA, Thiago Rocha da. Vulnerabilidade moral: leitura das exclusões no contexto da bioética. *Revista Bioética*, v. 26, n. 1, p. 39-46, 2018.
64. CHOCHINOV, Harvey Max; STIENSTRA, Deborah. Vulnerability and palliative care. *Palliative and Supportive Care*, v. 10, n. 1, p. 1-2, 2012.
65. ROGERS, Wendy; MACKENZIE, Catriona; DODDS, Susan. Why bioethics needs a concept of vulnerability. *International Journal of Feminist Approaches to Bioethics*, v. 5, n. 2, p. 11-38, 2012.

BEAUCHAMP, Tom Lamar; CHILDRESS, James Franklin. *Principles of Biomedical Ethics*. 8. ed. New York: Oxford University Press, 2019.

BÉRUBÉ, A. et al. Do Socioeconomic Factors Influence Knowledge, Attitudes, and Representations of End-of-Life Practices? A Cross-Sectional Study. *Journal of Palliative Care*, p. 1-10, 2022.

BINDLEY, Kristin et al. Disadvantaged and disenfranchised in bereavement: A scoping review of social and structural inequity following expected death. *Social Science and Medicine*, v. 242, p. 112599, 2019.

BOLDT, Joachim. Boldt, J. (2019). The concept of vulnerability in medical ethics and philosophy. *Philosophy, Ethics, and Humanities in Medicine*, v. 14, n. 1, p. 1-8, 2019.

BOMBARDA, Tatiana Barbieri; MEGUSSI, Juliana Morais. *Estresse de familiares e cuidadores*. In: CASTILHO, Rodrigo Kappel (Org.). *Manual de Cuidados Paliativos da Academia Nacional de Cuidados Paliativos (ANCP)*. 3. ed. Rio de Janeiro: Atheneu, 2021.

BOURGOIS, Philippe et al. Structural Vulnerability: Operationalizing the Concept to Address Health Disparities in Clinical Care. *Academic Medicine*, v. 92, n. 3, p. 299-307, 2017.

CHOCHINOV, Harvey Max; STIENSTRA, Deborah. Vulnerability and palliative care. *Palliative and Supportive Care*, v. 10, n. 1, p. 1-2, 2012.

CORRADI-PERINI, Carla; CASELLAS, Jociane; BELTRÃO, Julianna Rodrigues. Bioética e o acesso aos cuidados paliativos no cenário brasileiro. In: SALGADO, Rita de Cassia Falleiro; SOUZA, Waldir (Org.). Bioética e acesso à saúde. Curitiba: CRV, 2022.

COULTER, Angela; COLLINS, Alf. *Making shared decision-making a reality. No decision about me, without me.* London: The King's Fund, 2011. E-book. Disponível em: http://www.kingsfund.org.uk/publications/nhs_decisionmaking.html.

EMANUEL, Ezekiel J; EMANUEL, Linda L. Four models of the physician-patient relationship. *JAMA: The Journal of the American Medical Association*, v. 267, n. 16, p. 2221–2226, 1992.

GARRAFA, Volnei. Da bioética de princípios a uma bioética interventiva. *Revista Bioética*, v. 13, n. 1, p. 125-134, 2005.

GIESBRECHT, Melissa et al. "Once you open that door, it's a floodgate": Exploring work-related grief among community service workers providing care for structurally vulnerable populations at the end of life through participatory action research. *Palliative Medicine*, v. 0, p. 1-9, 2022.

GRACIA GUILLÉN, Diego. La deliberación moral: El papel de las metodologías en ética clínica. *Jornada de Debate sobre Comités Asistenciales de Ética*, p. 21-41, 2000.

HAVE, Henk ten. *Vulnerability*: challenging bioethics. New York: Routledge, 2016.

HUYNH, Lise; HENRY, Blair; DOSANI, Naheed. Minding the gap: Access to palliative care and the homeless. *BMC Palliative Care*, v. 14, n. 1, p. 2-5, 2015.

JOB, Claire et al. Health professional's implicit bias of adult patients with low socioeconomic status (SES) and its effects on clinical decision-making: A scoping review protocol. *BMJ Open*, v. 12, n. 12, 2022.

LEWIS, Joanne M et al. Social capital in a lower socioeconomic palliative care population: a qualitative investigation of individual, community and civic networks and relations. *BMC Palliative Care*, v. 13, n. 30, p. 2-9, 2014.

LUTFEY, Karen; FREESE, Jeremy. Toward some fundamentals of fundamental causality: Socioeconomic status and health in the routine clinic visit for diabetes. *American Journal of Sociology*, v. 110, n. 5, p. 1326-1372, 2005.

MORBERG JÄMTERUD, Sofia. Acknowledging vulnerability in ethics of palliative care – A feminist ethics approach. *Nursing Ethics*, v. 29, n. 4, p. 952-961, 2022.

OLIVEIRA, Dhiene Santana Araújo; CAVALCANTE, Luciana Suelly Barros; CARVALHO, Ricardo Tavares de. Sentimentos de Pacientes em Cuidados Paliativos sobre Modificações Corporais Ocasionadas pelo Câncer. *Psicologia: Ciência e Profissão*, v. 39, p. 1-13, 2019.

PELLEGRINO, Edmund D.; THOMASMA, David C. *Para o bem do paciente*: a restauração da beneficência nos cuidados da saúde. São Paulo: Edições Loyola, 2018.

PHELAN, Jo C.; LINK, Bruce G.; TEHRANIFAR, Parisa. Social Conditions as Fundamental Causes of Health Inequalities: Theory, Evidence, and Policy Implications. *Journal of Health and Social Behavior*, v. 51, n. 1_suppl, p. S28-S40, 2010.

REIMER-KIRKHAM, Sheryl et al. Death is a social justice issue: Perspectives on equity-informed palliative care. *Advances in Nursing Science*, v. 39, n. 4, p. 293-307, 2016.

ROGERS, Wendy; MACKENZIE, Catriona; DODDS, Susan. Why bioethics needs a concept of vulnerability. *International Journal of Feminist Approaches to Bioethics*, v. 5, n. 2, p. 11-38, 2012.

SANCHES, Mario Antônio; MANNES, Mariel; CUNHA, Thiago Rocha da. Vulnerabilidade moral: leitura das exclusões no contexto da bioética. *Revista Bioética*, v. 26, n. 1, p. 39-46, 2018.

SANTOS, Ivone L.; SHIMIZU, Helena E.; GARRAFA, Volnei. Bioética de intervenção e pedagogia da libertação: aproximações possíveis. *Revista Bioética*, v. 22, n. 2, p. 271-281, 2014.

SCHRAMM, Fermin Roland. A bioética de proteção: Uma ferramenta para a avaliação das práticas sanitárias? *Ciência e Saúde Coletiva*, v. 22, n. 5, p. 1531-1538, 2017.

SCHRAMM, Fermin Roland. Bioética da Proteção: ferramenta válida para enfrentar problemas morais na era da globalização. *Revista Bioética*, v. 16, n. 1, p. 11-23, 2008.

SCHRAMM, Fermin Roland. *Bioética de protección: una antigua y nueva herramienta para la salud pública en la era de la globalización*. In: SARIEGO, José R. Acosta (Org.). *Bioética y Biopolítica*. La Habana: Publicaciones Acuario, 2023.

SCHRAMM, Fermin Roland. Proteger os vulnerados e não intervir aonde não se deve. *Revista Brasileira de Bioética*, v. 3, n. 3, p. 377-389, 2007.

STAJDUHAR, K. I. et al. Just too busy living in the moment and surviving: Barriers to accessing health care for structurally vulnerable populations at end-of-life 16 Studies in Human Society 1608 Sociology. *BMC Palliative Care*, v. 18, n. 1, p. 1-14, 2019.

STIENSTRA, Deborah; CHOCHINOV, Harvey Max. Palliative care for vulnerable populations. *Palliative and Supportive Care*, v. 10, n. 1, p. 37-42, 2012.

UNESCO. *Declaração Universal sobre Bioética e Direitos Humanos*. 2005.

WILLEMS, Sara et al. Socio-economic status of the patient and doctor-patient communication: Does it make a difference? *Patient Education and Counseling*, v. 56, n. 2, p. 139-146, 2005.

ZOBOLI, Elma L.C.P. Bioética clínica na diversidade: a contribuição da proposta deliberativa. *Bioethikos*, v. 6, n. 1, p. 49-57, 2012.

AUTONOMIA DO PACIENTE E DIRETIVAS ANTECIPADAS DE VONTADE

Sabrina Ribeiro

Doutora em Ciências pela Faculdade de Medicina da Universidade de São Paulo. Médica intensivista com área de atuação em Cuidados Paliativos.

Taíssa Barreira

Mestre pela Universidade Federal do Rio de Janeiro no Mestrado Profissional de Atenção Primária à Saúde (APS) em parceria com a Faculdade de Medicina e o Instituto de Atenção à Saúde São Francisco de Assis – pesquisa sobre uso do testamento vital pelos Médicos de Família e Comunidade na APS no Sistema Único de Saúde, habilitada no site www.testamentovital.com.br/advs. Advogada.

Sumário: 1. A história de João – 2. A morte como um tabu e o diferencial na existência de um testamento vital – 3. A bioética e o testamento vital – 4. Os movimentos necessários ao futuro da autonomia do paciente – 5. Considerações finais – Referências.

1. A HISTÓRIA DE JOÃO

João, 78 anos, advogado tributarista, teve o diagnóstico de câncer de pâncreas metastático no início de 2017. Recebeu a notícia junto com a esposa, Maria. Em março iniciou quimioterapia de primeira linha.

Evoluiu com efeitos colaterais incapacitantes, perda de peso e fadiga. Em abril teve uma internação de quinze dias em UTI por pneumonia. Após a alta, teve uma discussão com sua oncologista.

"Doutora, essa quimioterapia vai me matar antes do câncer. Eu caminhava quatro quilômetros por dia, ia para a academia duas vezes por semana e agora… É da cama para a cadeira, da cadeira para o hospital. Um dia é exame, no outro é quimio, agora UTI. Isso não é vida. Não pra mim. Doutora, a senhora me desculpe, mas eu quero parar esse tratamento."

Sua médica pediu auxílio para a paliativista da clínica e juntas, na presença da esposa Maria, escutaram as demandas de João. Entenderam que para ele, valor era independência e qualidade de vida. Era ficar em casa, confortável e ao lado da esposa. Sofrimento eram as idas ao hospital, a coleta de exames frequentes, o mal-estar pós quimioterapia.

Foi elaborado um testamento vital, assinado e registrado em cartório. Nele, João afirmava que, como portador de uma doença grave e em fase avançada, não desejava ter a vida prolongada de forma artificial, através de aparelhos, nem ser internado novamente em uma unidade de terapia intensiva.

João tinha dois filhos, Bruno e Júlia, de um casamento anterior, dos quais não era próximo. Moravam em outro estado e se comunicavam com o pai apenas esporadicamente, em feriados e datas especiais. João comunicou o diagnóstico aos filhos, que expressaram tristeza, mas não foram vê-lo durante o tratamento ou durante a estada na terapia intensiva. Maria passava notícias a eles semanalmente durante a internação. O plano de ambos era visitar o pai em seu aniversário, em setembro.

No final de maio, João sentiu mal-estar e falta de ar. Buscou a emergência do hospital em que fazia acompanhamento, sendo diagnosticado com um novo episódio de pneumonia. Foi internado e, após 24 horas teve piora da oxigenação, da função renal e começou a ficar sonolento. Alarmada com a piora de João, Maria entrou em contato com Júlia e sugeriu que ela e o irmão viessem visitar o pai.

Bruno e Júlia ao chegarem ao hospital ficaram chocados com o aspecto emagrecido e sonolento de João, que não os reconheceu. Chamaram o plantonista e, aos gritos, exigiram a transferência imediata de João para a UTI. Ao revisar o prontuário, o médico de plantão avisou aos dois que o pai havia optado por não retornar àquela unidade e havia feito um documento relatando suas preferências, nomeando a esposa Maria como representante nos casos não previstos.

"Eu não aceito isso!" – disse Bruno. "Do jeito que ele está não tem condição nenhuma de decidir. Quero meu pai vivo, de qualquer forma! Nós que somos os filhos, nós somos responsáveis."

O plantonista, assustado, acionou o diretor do serviço e solicitou a transferência para a UTI.

2. A MORTE COMO UM TABU E O DIFERENCIAL NA EXISTÊNCIA DE UM TESTAMENTO VITAL

Os seres humanos, mesmo tão focados no controle sobre suas vidas, não necessariamente procuram medidas preventivas para resolver situações futuras. Se esta já é uma regra sobre as questões patrimoniais, é especialmente mais presente quando se trata de uma demanda no aspecto existencial e é ainda mais profundo se fala sobre o final da vida. É impossível conhecer alguém que já não tenha passado pelos dissabores do final da vida de alguém querido. Especialmente em torno do adoecimento e das decisões nessas etapas críticas.

No universo jurídico ainda pouco se fala sobre os aspectos existenciais em final de vida, mas basta iniciar os estudos e é possível encontrar todo o arcabouço direcionado às garantias dos pacientes em final de vida no Brasil. No universo da saúde, a visão da vida como um valor absoluto, a ser preservado a qualquer preço, tem sido questionado, sendo que algumas situações, como a de dependência de um respirador ou de alimentação por via artificial podem ser considerados por pacientes como piores que a morte.[1]

São diversos os dilemas éticos e as dificuldades de comunicação. No final da vida pode haver grave sofrimento psicológico, espiritual, físico, com dores intensas, falta de ar, dificuldade de entendimento sobre o diagnóstico, falta de discussão e de conversas honestas relativas ao prognóstico e às perspectivas de futuro. Muitas vezes, pelos motivos citados, mesmo em pacientes com doenças sabidamente graves e em estágio avançado, a deterioração funcional e os eventos finais geram surpresa e indignação.

A intenção permanente de preservar a vida humana e o avanço das tecnologias de saúde dificultam a tomada de decisão de um profissional de saúde até mesmo diante do pedido de um paciente.[2]

A preocupação com a possibilidade de processo judicial pode ser um determinante para que profissionais de saúde optem por instituir medidas prolongadoras de vida que eles mesmos julgam não serem as mais adequadas para o paciente em uma determinada situação clínica.[3]

Essas situações familiares, tão longe do debate médio da sociedade, praticamente se repetem diante de equipes de saúde muitas vezes não instrumentalizadas por um testamento vital, uma procuração para cuidados em saúde, ou até mesmo envolvidas no conflito de uma família, formado pela falta de diálogo de pessoas que muitas vezes não se encontram ou não se falam há muitos anos.

Em um país em que as idiossincrasias da finitude pouco são abordadas, um indivíduo que construiu o próprio testamento vital, no período próprio para tanto, já se encontra além da média e já refletiu e dialogou sobre os caminhos que o final de vida deve traçar.

---

1. FORTE, Daniel Neves. VINCENT, Jean Louis. VELASCO, Irineu Tadeu. PARK, Marcelo. Association between education in EOL care and variability in EOL practice: a survey of ICU physicians. *Intensive Care Med*. 2012;38(3):404-12.
2. PIRÔPO, Uanderson Silva. DAMASCENO, Rudson Oliveira. RANDSON, Souza Rosa. SENA, Edite Lago da Silva. YARID, Sérgio Donha. BOERY, Rita Narriman Silva de Oliveira. Interface do testamento vital com a bioética, atuação profissional e autonomia do paciente [Correlation of living will, bioethics, professional activity and patient autonomy]. *Rev Salud Publica* (Bogota). 2018; 20(4):505-510.
3. FORTE, Daniel Neves. VINCENT, Jean Louis. VELASCO, Irineu Tadeu. PARK, Marcelo. Association between education in EOL care and variability in EOL practice: a survey of ICU physicians. *Intensive Care Med*. 2012;38(3):404-12.

3. A BIOÉTICA E O TESTAMENTO VITAL

Há um amadurecimento ético progressivo na construção das decisões sobre os tratamentos, estas tomadas com a participação de todos: paciente e seus familiares, conforme informações dos profissionais de saúde. Isso vem esvaziando o modelo paternalista que se impôs por tantos anos moldando o universo da saúde, como se o paciente não fosse o protagonista do que se passa em seu processo de adoecimento e de seu próprio cuidado.[4]

A elaboração de diretivas antecipadas de vontade, orientações deixadas pelo paciente em relação a seu cuidado, caso se encontre temporariamente, inconsciente ou incapaz de expressar sua vontade, é um recurso valioso para preservação dos valores e prioridades do paciente em situações de incapacidade temporária ou permanente, que não são incomuns em ambientes como a emergência e unidade de terapia intensiva.

O testamento vital, que dispõe sobre intervenções ou tratamentos ao qual a pessoa deseja ou não ser submetida em uma situação de doença avançada ou cuidados de fim de vida é um tipo de diretiva antecipada de vontade.

Alguém que já enfrentou as próprias possibilidades de final de vida, mesmo que em uma conversa, não só já pensou sobre isso, como ao elaborar o testamento vital, já construiu o instrumento próprio para preservar suas vontades e prioridades, instrumento esse que deve ser respeitado pela equipe de saúde e por seus familiares. A situação de desrespeito a este documento incorre em grave de violação ao parágrafo terceiro do artigo 2º da Resolução 1.995/2012 do Conselho Federal de Medicina – CFM, cujo teor segue transcrito:[5]

> Art. 2º Nas decisões sobre cuidados e tratamentos de pacientes que se encontram incapazes de comunicar-se, ou de expressar de maneira livre e independente suas vontades, o médico levará em consideração suas diretivas antecipadas de vontade.
>
> (...)§ 3º As diretivas antecipadas do paciente prevalecerão sobre qualquer outro parecer não médico, inclusive sobre os desejos dos familiares.

A violação se daria ainda aos princípios da Declaração Universal sobre Bioética e Direitos Humanos,[6] sendo eles o princípio da autonomia, o da beneficência, o da não maleficência e o da justiça.

---

4. Op. cit.

5. BRASIL. Conselho Federal de Medicina. Resolução 1.995, de 31 de agosto de 2012. Disponível em: https://sistemas.cfm.org.br/normas/visualizar/resolucoes/BR/2012/1995. Acesso em: 26 jun. 2023.

6. Organização das Nações Unidas para a Educação, a Ciência e a Cultura. Declaração universal de bioética e direitos humanos [Internet]. Genebra: Unesco; 2005 [acesso 5 set 2017]. Disponível: https://bvsms. saude.gov.br/bvs/publicacoes/declaracao_univ_bioetica_dir_hum.pdf. Acesso em: 15 jun. 2023.

A Academia Nacional de Cuidados Paliativos (ANCP) e a Sociedade Brasileira de Geriatria e Gerontologia recomendam, em alinhamento com esta tendência, que seja utilizado o modelo mutualista de decisão compartilhada, no qual as decisões são construídas a partir do diálogo entre profissionais de saúde e pacientes/familiares.[7] No mesmo documento ressaltam a importância da escuta e da reflexão do profissional de saúde em relação a como sua própria perspectiva cultural influencia suas interações com pacientes e familiares, recomendando autovigilância para que não incorram em uma postura paternalista velada durante o processo de decisão compartilhada.[8]

O parágrafo único do artigo 41 do Código de Ética Médica[9] afasta a possibilidade de se praticar obstinação terapêutica nos casos de doença incurável e terminal. O conceito de doença incurável e terminal apresenta complexidades em sua definição, uma vez que muitos pacientes com doenças em fase avançada não morrem em decorrência direta da progressão desta e sim de intercorrências infecciosas ou de outras causas,[10] que podem ser consideradas como eventos reversíveis ou como marcadores de fase final de vida, a depender da perspectiva do profissional de saúde.

Já o conceito de futilidade terapêutica na atualidade se restringe a situações em que a intervenção proposta é incapaz de atingir o objetivo fisiológico,[11] sendo

---

7. VIDAL, Edison Iglesias de Oliveira. KOVACS, Maria Júlia. DA SILVA, Josimário João. SILVA, Luciano Máximo. SACARDO, Danieli Pompei. BERSANI, Ana Laura de Figueiredo. DI TOMMASO, Ana Beatriz Garhardi. DIAS, Laiane de Moraes. MELO, Antônio Carlos Moura de Albuquerque. IGLESIAS, Simone Brasil de Oliveira, LOPES, Fernanda Gomes. Position statement of ANCP and SBGG on shared decision-making in palliative care. *Cad Saude Publica*. 2022 Sep 23;38(9):e00130022.
8. VIDAL, Edison Iglesias de Oliveira. KOVACS, Maria Júlia. DA SILVA, Josimário João. SILVA, Luciano Máximo. SACARDO, Danieli Pompei. BERSANI, Ana Laura de Figueiredo. DI TOMMASO, Ana Beatriz Garhardi. DIAS, Laiane de Moraes. MELO, Antônio Carlos Moura de Albuquerque. IGLESIAS, Simone Brasil de Oliveira, LOPES, Fernanda Gomes. Position statement of ANCP and SBGG on shared decision-making in palliative care. *Cad Saude Publica*. 2022 Sep 23;38(9):e00130022.
9. CONSELHO FEDERAL DE MEDICINA. Código de Ética Médica. Resolução CFM 1.931/2009. Brasília, DF. 2009. Disponível em: https://portal.cfm.org.br/images/stories/biblioteca/codigo%20de%20etica%20medica.pdf. Acesso em: 15 jun. 2023.
10. ZAORSKY, Nicholas G. CHURILLA, Thomas M. EGLESTON, Brian L. FISHER, Susan Gross. RIDGE, John Andrew. HORWITZ, Eric Mark. MEYER, Joshua E. Causes of death among cancer patients. *Ann Oncol*. 2017 Feb 1;28(2):400-407. doi: 10.1093/annonc/mdw604. PMID: 27831506; PMCID: PMC5834100.
11. BOSSLET, Gabriel T. POPE, Thaddeus M. RUBENFELD, Gordon D. LO, Bernard. TRUOG, Robert D. RUSHTON, Cynda H. Curtis J Randall. FORD, Dee W. OSBORNE, Molly. MISAK, Cheryl. DAVID, Au H. AZOULAY, Elie. BRODY, Baruch. FAHY, Brenda G. HALL, Jesse B. KESECIOGLU, Jozek. KON, Alexander A. LINDELL, Kathleen O. WHITE, Douglas B. American Thoracic Society ad hoc Committee on Futile and Potentially Inappropriate Treatment; American Thoracic Society; American Association for Critical Care Nurses; American College of Chest Physicians; European Society for Intensive Care Medicine; Society of Critical Care. An Official ATS/AACN/ACCP/ESICM/SCCM Policy Statement: Responding to Requests for Potentially Inappropriate Treatments in Intensive Care Units. *Am J Respir Crit Care Med*. 2015 Jun 1;191(11):1318-30.

consensual entre várias sociedades de especialistas que intervenções fúteis dentro desta definição estrita não devem ser implementadas, mesmo que com intuito compassivo, diante de solicitação de pacientes/familiares.[12]

A resolução 1.995/2012 do CFM[13] é o verdadeiro marco no Brasil, que amplia e evidencia os direitos dos pacientes em final de vida, especialmente, de terem suas vontades, desejos e preferências respeitados. Nos termos da referida resolução isso deve se dar por meio de diretivas antecipadas de vontade, sendo que, nos casos de indivíduo em final de vida, o instrumento mais adequado seria o testamento vital.

O testamento vital é documento redigido por uma pessoa no pleno gozo de suas faculdades mentais, com o objetivo de dispor acerca dos cuidados, tratamento e procedimentos que deseja ou não ser submetida quando estiver com uma doença ameaçadora da vida, incurável e impossibilitada de manifestar livremente sua vontade.[14]

A resolução 1.995/2012 do CFM[15] dispõe sobre a necessidade de respeito à manifestação de vontade do paciente, sobre cuidados e tratamentos que quer ou não receber, no momento que estiver incapacitado de expressar livre e autonomamente sua vontade. O indivíduo finalmente vem sendo trazido para o centro do cuidado, como integrante de uma realidade individual complexa, composta por desejos, sentimentos e receios.[16]

Tudo isso descreve um cenário em que o médico vem sendo retirado da condição exclusivamente curativa e progressivamente vem sendo levado a parceiro do paciente, em um processo em que este apresenta seus valores e prioridades e o profissional de saúde, através de sua expertise, faz recomendações a respeito do plano mais adequado, dentro do contexto da doença.[17]

As mudanças de currículo e formação dos cursos de saúde oxigenam a tomada de decisões durante o agir profissional, admitindo uma maior interação com diversas disciplinas, um diálogo amplo com a sociedade e, consequentemente, novos moldes à relação entre profissional-paciente.[18] Mesmo sendo a finitude ainda tão irreal ao debate, negar a morte como um acontecimento provável é

---

12. DHAKAL, Prajwal. WICHMAN, Christopher S. POZEHL, Bunny. WEAVER, Meaghann. FISHER, Alfred L. VOSE, Julie. BOCIEK, R Gregory. BHATT, Vijaya R. Preferences of adults with cancer for systemic cancer treatment: do preferences differ based on age? *Future Oncol.* 2022 Jan;18(3):311-321.

13. BRASIL. Resolução 1.995, de 31 de agosto de 2012. Disponível em: https://sistemas.cfm.org.br/normas/visualizar/resolucoes/BR/2012/1995. Acesso em: 21 abr. 2023.

14. DADALTO, Luciana. *Testamento Vital.* 5. ed. Indaiatuba, SP: Foco, 2022, p. 31.

15. Resolução 1.995, de 31 de agosto de 2012. Disponível em: https://sistemas.cfm.org.br/normas/visualizar/resolucoes/BR/2012/1995. Acesso em: 21 abr. 2023.

16. Op. cit.

17. Ibidem.

18. Ibidem.

ainda mais irreal. Com isso, um indivíduo que elaborou o seu testamento vital, e deixou o instrumento com as pessoas indicadas no instrumento é alguém que já ultrapassou muitas barreiras, mesmo sendo alguém vindo dessa sociedade hodierna tão aflita neste debate.

Tal cenário provoca uma violação ainda mais profunda se o testamento vital de um indivíduo vier a ser desrespeitado.

4. OS MOVIMENTOS NECESSÁRIOS AO FUTURO DA AUTONOMIA DO PACIENTE

Ainda é comum que o médico tenha receio de seguir as diretrizes antecipadas do paciente, dando preferência à decisão de familiares, por receio de sofrer ações judiciais.[19]

O caso concreto se assemelha ao que de mais comum acontece em situações diárias nas unidades de terapia intensiva nos hospitais brasileiros. Conflitos entre profissional de saúde e familiares, entre equipes diferentes e até mesmo conflitos dentro da própria equipe são bastante comuns. Um estudo multicêntrico avaliou 7.498 profissionais de saúde que atuavam em UTI e 71,6% relataram a presença de conflitos, sendo as principais causas relatadas animosidade pessoal, desconfiança e falhas de comunicação. Conflitos graves eram relatados por 53% dos respondentes e a sobrecarga de trabalho demonstrou estar relacionada a maior incidência de conflitos.[20]

Considerando o direito de existir dentro de critérios e escolhas pessoais, o testamento vital acaba cumprindo um papel essencial para representar as vontades dos pacientes, que já podem exprimir suas vontades, pois já terão sido documentadas previamente todas as suas preferências, valores e desejos.[21]

Para melhor compreensão das preferências de adultos com câncer que se encontram em tratamento, uma pesquisa concluiu que 56% dos pacientes aceitariam um tratamento que oferecesse maior expectativa de vida, mesmo com

---

19. Ibidem.
20. AZOULAY E, Timsit JEAN-FRANÇOIS, Sprung CHARLES L, Soares MARCIO, Rusinová KATERINA, Lafabrie ARIANE, Abizanda RICARDO, Svantesson MIA, Rubulotta FRANCESCA, Ricou BARA, Benoit DOMINIQUE, Heyland DARA, Joynt GAVIN, Français ADRIEN, Azeivedo-Maia PAULO, Owczuk RADOSLAW, Benbenishty JULIE, de Vita MICHAEL, Valentin ANDREAS, Ksomos AKOS, Cohen SIMON, Kompan LIDIJA, Ho KWOK, Abroug FEKRI, Kaarlola ANNE, Gerlach HERWIG, Kyprianou THEODOROS, Michalsen ANDREJ, Chevret SYLVIE, Schlemmer BENOIT; Conflicus Study Investigators and for the Ethics Section of the European Society of Intensive Care Medicine. Prevalence and factors of intensive care unit conflicts: the conflicus study. *Am J Respir Crit Care Med.* 2009;180(9):853-60.
21. Ibidem.

efeitos colaterais, enquanto 75% preferiram a manutenção da cognição, capacidade funcional e qualidade de vida, ao invés de quantidade de dias.[22]

Segundo dados levantados na referida pesquisa, muitos fatores acabam cumprindo importante papel na definição das preferências do paciente. Com isso, as decisões podem variar de acordo com a idade, o estado funcional e cognitivo, o suporte social e financeiro, além da acessibilidade aos serviços de saúde e a opinião da equipe de saúde da família do paciente.[23]

Portanto, a própria compreensão sobre a construção do testamento vital já leva o indivíduo para um lugar incomum na sociedade. É alguém que já pensou sobre suas preferências e já passou pelas conversas em que sanou boa parte das dúvidas que podem fazer parte do seu eventual processo de adoecimento ou envelhecimento. Com isso, a violação ao testamento vital se torna não só um descumprimento legal, como uma grave violação ética, conforme os fundamentos aqui destacados.

É um grande desafio. Portanto, se o indivíduo já possui um testamento vital a situação já deveria se apresentar mais segura para todos, especialmente, para próprio indivíduo, então paciente, que vive o final de vida.

Na Declaração Universal sobre Bioética e Direitos Humanos[24] a dignidade surge em seu teor com os termos "respeito pelas pessoas" e em seguida consta o princípio da autonomia. Segundo o Relatório Belmont, há aqui duas incorporações éticas. A primeira: que os indivíduos devem ser tratados como agentes autônomos, devendo haver o reconhecimento desta autonomia. E a segunda: que as pessoas com autonomia diminuída têm direito à proteção, devendo haver proporcional observância e cuidado com aqueles que se encontram com sua capacidade de autodeterminação diminuída.[25]

É importante a elaboração do testamento vital, como forma de manter seus desejos e preferências respeitados, mas é também importante abordar, o máximo possível, o assunto em família, reforçando o conhecimento aos familiares sobre os desejos e recomendações de seu ente querido para situações em que o mesmo

---

22. DHAKAL, Prajwal. WICHMAN, Christopher S. POZEHL, Bunny. WEAVER, Meaghann. FISHER, Alfred L. VOSE, Julie. BOCIEK, R Gregory. BHATT, Vijaya R. Preferences of adults with cancer for systemic cancer treatment: do preferences differ based on age? *Future Oncol.* 2022 Jan;18(3):311-321.
23. Ibidem.
24. Organização das Nações Unidas para a Educação, a Ciência e a Cultura. Declaração universal de bioética e direitos humanos [Internet]. Genebra: Unesco; 2005 [acesso 5 set 2017]. Disponível em: https://bvsms.saude.gov.br/bvs/publicacoes/declaracao_univ_bioetica_dir_hum.pdf. Acesso em: 15 jun. 2023.
25. MUNOZ Terrón JM. Vulnerable Dignity, Dignified Vulnerability: Intertwining of Ethical Principles in End-of-Life Care. Int J Environ Res Public Health. 2021 Jan 9;18(2):482. doi: 10.3390/ijerph18020482. PMID:33435269; PMCID:PMC7827631. Disponível em: https://pubmed.ncbi.nlm.nih.gov/33435269/ Acesso em: 12 maio 2023.

esteja incapacitado de tomar decisões. Isso não funciona como um requisito legal, mas como um bom elemento social que pode trazer alinhamento e otimizar a compreensão dentro do núcleo familiar, evitando conflitos e situações de crise quando eventualmente o paciente evoluir com piora clínica e estiver incapaz de se manifestar. Igualmente importante é que o médico que assiste o paciente em emergências seja informado da existência de um testamento vital e de quem foi a pessoa indicada pelo paciente para auxiliar no processo de tomada de decisão em situações não previstas no documento.

Há uma distância que é quase sempre constatada nessas situações críticas. É uma distância entre as expectativas dos familiares e a verdadeira condição de saúde do familiar hospitalizado. Tudo isso é fomentado pela negação cultural da finitude humana, engessado por conversas que nunca acontecem. O boletim médico, muitas vezes realizado por intensivistas sem formação em comunicação, e sobrecarregados de tarefas burocráticas, é permeado por expressões que não dizem muito como "está grave, mas estável", "não tivemos mudanças" e se furta a olhar de forma realista e compartilhar perspectivas de futuro para aquele paciente, afinal para isso é necessário conhecimento aprofundado do caso e alguma disponibilidade de tempo.

Por isso a abordagem da equipe, a construção de vínculo desde o início da internação, o conhecimento dos valores do paciente e o planejamento tanto para o melhor como para o pior cenário são tão importantes e na verdade, constituem os melhores instrumentos para construção de um cuidado individualizado e compatível com as preferências do paciente nesses espaços de tempo decisórios difíceis.

Megan Jhnson Shen e Joseph D. Wellman citados por L. Dadalto[26] referem o impacto ruim entre os familiares e pacientes sobre os estigmas dos Cuidados Paliativos, o que impõe, segundo eles a mobilização de medidas urgentes pela redução desses equívocos que podem ser tão prejudiciais nesses momentos críticos como no impasse constatado no caso que envolve o Sr. João.

No presente caso é possível observar essa distância entre a realidade do quadro clínico e o conhecimento sobre os desejos do paciente e aquilo que se passa na cabeça dos filhos que se encontram inconformados com o agravamento do caso clínico do pai, com quem, inclusive, não estiveram recentemente e não conversaram sobre um desfecho que se apresentaria.

Uma etapa essencial que poderia ter evitado a crise no momento da internação do senhor João seria o compartilhamento de sua situação clínica e de seus desejos com os filhos, assim que ele os manifestou e documentou e antes da situação

---

26. DADALTO, Luciana. *Cuidados Paliativos Aspectos Jurídicos*. Aspectos jurídicos Recusa de Cuidados Paliativos por familiares: entre o costume e a legalidade. 2. ed. Indaiatuba, SP: Foco, 2022, p. 303-5.

crítica se apresentar. O uso de tecnologias como a chamada de vídeo permite este alinhamento mesmo com familiares que moram a grandes distâncias, como no caso em questão.

Conforme provocação constante no artigo "recusa de cuidados paliativos por familiares: entre o costume e a legalidade", o questionamento necessário é se há conhecimento dos familiares. Conhecimento deontológico, bioético e jurídico do direito do paciente a ter seu sofrimento aliviado.[27]

No caso concreto e em todos os casos análogos que lotam a realidade silenciosa e permanente dentro dos hospitais, é preciso encurtar essas distâncias entre o que os familiares pensam e a realidade. Vácuo infinito de conversas que nunca aconteceram durante toda uma vida, sobre a única realidade incontestável.

Tarefa árdua que fica com as equipes de saúde. Portanto todos os esforços de acolhimento, comunicação e construção de consenso entre paciente e entes queridos devem ser construídos o mais cedo possível dentro do processo de adoecimento para que não haja grave violação à vontade, e portanto, ao direito, do paciente que deixou tudo documentado em seu testamento vital.

Dadalto em pontual reflexão afirma "O diagnóstico se tornou uma forma parajurídica de incapacidade civil e a fragilidade que algumas doenças impõem ao paciente tornou-se justificativa para retirar a capacidade deste".[28] É cognoscível a gravíssima violação do direito existencial do Sr. João em caso de descumprimento de sua diretiva por eventual preferência dada à orientação dos filhos Bruno e Júlia.

No caso concreto, deve ser realizado o acolhimento dos filhos e uma escuta cuidadosa de suas expectativas. Posteriormente, cabe à equipe informar de forma compassiva a situação clínica atual, esclarecendo os familiares em relação à gravidade e atual irreversibilidade do quadro do Sr. João.

A partir de um conhecimento compartilhado da situação clínica atual, torna-se claro que o respeito à vontade do Sr. João, na situação colocada, se caracteriza não só como uma obrigação ética como também configura respeito à melhor prática médica, em que, dada uma situação de doença avançada e irreversível, esforços obstinados devem ser evitados e todo o cuidado paliativo que possa aliviar o sofrimento do paciente deve ser disponibilizado.

É irrefutável a urgência da discussão deste cenário que só parece adormecido, mas se repete diariamente nas emergências, enfermarias e unidades de terapia intensiva de hospitais por todo o Brasil.

---

27. Op. cit.
28. Op. cit.

Por isso muitas mobilizações são fundamentais como a informação de direitos a todos os indivíduos, com amplo conhecimento sobre o instrumento do testamento vital, a expansão dos serviços de Cuidados Paliativos, o que deve vir acompanhado pela proporcional formação dos profissionais que compõem os serviços do Sistema Único de Saúde, inclusive sobre o uso das diretivas, conforme resolução do CFM 1.995/2012, além de debates sociais que instiguem, da melhor forma possível, o conhecimento sobre todos os aspectos de final de vida, o que inclui as conversas entre familiares e amigos.

Em conclusão, deve se tornar claro para profissionais de saúde que o respeito à autonomia do paciente é um imperativo e não uma opção e que as diretivas antecipadas, por ele estabelecidas, possuem precedência sobre qualquer outra demanda, inclusive sobre o desejo de familiares.

No dia seguinte, a equipe diarista da UTI revisa o prontuário do Sr. João, resgata suas diretivas expressas previamente e, em visita multidisciplinar, programa os passos necessários para que seus desejos sejam respeitados.

É realizada uma reunião familiar com a esposa, Sra. Maria, e os filhos do Sr. João, onde todos puderam expressar suas dúvidas, preocupações e puderam ser acolhidos pela equipe. Finalmente todos entraram em consenso em relação às prioridades do cuidado de João naquele momento: controle otimizado de sintomas e presença familiar.

Ele foi, portanto, de alta da UTI e encaminhado para a enfermaria onde pode passar seus últimos momentos sem aparelhos invasivos, com sintomas bem controlados e na companhia de seus entes queridos.

5. CONSIDERAÇÕES FINAIS

Em conclusão, podemos observar que mesmo em situações em que o paciente expressou formalmente seus desejos para o final de vida, algumas situações de discordâncias e conflitos podem resultar no desrespeito dessas orientações.

Discordâncias estas que poderiam ter sido evitadas através do envolvimento das outras equipes participantes do cuidado e dos familiares próximos no processo de planejamento avançado do Sr. João ou mesmo por uma melhor documentação e comunicação prévias à situação de crise.

Quando este impasse se instala, cabe ao profissional de saúde facilitar a comunicação entre os envolvidos, acolher dúvidas e preocupações, no entanto sem nunca perder de vista o procedimento correto a ser realizado nestes casos que é: respeitar a vontade expressa do paciente.

REFERÊNCIAS

AZOULAY, Elie. TIMSIT, Jean-François. SPRUMG, Charles L. SOARES, Marcio. RUSINOVÀ, Katerina. LAFABRIE, Ariane. ABIZANDA, Ricardo. SVATESSON, Mia. RUBULOTTA, Francesca. RICOU, Bara. DOMINIQUE, Benoit. HEYLAND, Daren. JOYNT, GAVIN. FRANÇAIS, Adrien. AZEIVEDO, Maia. OWCZUK, Radoslaw. BENBENISHTY, Julie. De VITA, Michael. VALENTIN, Andreas. KSOMOS, Akos. COHEN, Simon. KOMPAN, Lidija. HO, Kwok. ABROUG, Fekri. KAARLOLA, Anne. GERLACH, Herwig. KYPRIANOU, Theodoros. MICHALSEN, Andrej. CHEVRET, Sylvie. SCHLEMMER, Benoît. Conflicus Study Investigators and for the Ethics Section of the European Society of Intensive Care Medicine. Prevalence and factors of intensive care unit conflicts: the conflicus study. *Am J Respir Crit Care Med*. 2009 Nov 1;180(9):853-60.

BRASIL. Conselho Federal de Medicina. Resolução 1.995, de 31 de agosto de 2012. Disponível em: https://sistemas.cfm.org.br/normas/visualizar/resolucoes/BR/2012/1995. Acesso em: 26 jun. 2023.

BOSSLET, Gabriel T. POPE, Thaddeus M. RUBENFELD, Gordon D. LO, Bernard. TRUOG, Robert D. RUSHTON, Cynda H. Curtis J Randall. FORD, Dee W. OSBORNE, Molly. MISAK, Cheryl. DAVID, Au H. AZOULAY, Elie. BRODY, Baruch. FAHY, Brenda G. HALL, Jesse B. KESECIOGLU, Jozek. KON, Alexander A. LINDELL, Kathleen O. WHITE, Douglas B. American Thoracic Society ad hoc Committee on Futile and Potentially Inappropriate Treatment; American Thoracic Society; American Association for Critical Care Nurses; American College of Chest Physicians; European Society for Intensive Care Medicine; Society of Critical Care. An Official ATS/AACN/ACCP/ESICM/SCCM Policy Statement: Responding to Requests for Potentially Inappropriate Treatments in Intensive Care Units. *Am J Respir Crit Care Med*. 2015 Jun 1;191(11):1318-30.

CFM. Conselho Federal de Medicina. Resolução 1.805, de 28 de novembro de 2006. Disponível em: https://sistemas.cfm.org.br/normas/visualizar/resolucoes/BR/2006/1805. Acesso em: 21 abr. 2023.

CONSELHO FEDERAL DE MEDICINA. Código de Ética Médica. Resolução CFM 1.931/2009. Brasília, DF. 2009. Disponível em: https://portal.cfm.org.br/images/stories/biblioteca/codigo%20de%20etica%20medica.pdf. Acesso em: 15 jun. 2023.

DADALTO, Luciana. *Cuidados Paliativos Aspectos Jurídicos*. Aspectos jurídicos Recusa de Cuidados Paliativos por familiares: entre o costume e a legalidade. 2. ed. Indaiatuba, SP: Foco, 2022.

DADALTO, Luciana. *Testamento Vital*. 5. ed. Indaiatuba, SP: Foco, 2022.

DHAKAL, Prajwal. WICHMAN, Christopher S. POZEHL, Bunny. WEAVER, Meaghann. FISHER, Alfred L. VOSE, Julie. BOCIEK, R Gregory. BHATT, Vijaya R. Preferences of adults with cancer for systemic cancer treatment: do preferences differ based on age? *Future Oncol*. 2022 Jan;18(3):311-321.

FORTE, Daniel Neves. VINCENT, Jean Louis. VELASCO, Irineu Tadeu. PARK, Marcelo. Association between education in EOL care and variability in EOL practice: a survey of ICU physicians. *Intensive Care Med*. 2012 Mar;38(3):404-12.

ORGANIZAÇÃO DAS NAÇÕES UNIDAS PARA A EDUCAÇÃO, A CIÊNCIA E A CULTURA. Declaração universal de bioética e direitos humanos [Internet]. Genebra: Unesco; 2005 [acesso 5 set 2017). Disponível em: https://bvsms.saude.gov.br/bvs/publicacoes/declaracao_univ_bioetica_dir_hum.pdf. Acesso em: 15 jun. 2023.

PIRÔPO, Uanderson Silva. DAMASCENO, Rudson Oliveira. RANDSON, Souza Rosa. SENA, Edite Lago da Silva. YARID, Sérgio Donha. BOERY,Rita Narriman Silva de Oliveira. Interface do testamento vital com a bioética, atuação profissional e autonomia do paciente [Correlation of living will, bioethics, professional activity and patient autonomy]. *Rev Salud Publica* (Bogota). 2018 Jul-Aug;20(4):505-510. Portuguese.

RESOLUÇÃO 1.995, DE 31 DE AGOSTO DE 2012. Disponível em: https://sistemas.cfm.org.br/ normas/visualizar/resolucoes/BR/2012/1995. Acesso em: 21 abr. 2023.

RUBIN, Emily B. BUEHLER, Anna E. HALPERN, Scott D. States Worse Than Death Among Hospitalized Patients With Serious Illnesses. *JAMA Intern Med.* 2016 Oct 1;176(10):1557-1559.

TERRÓN, José Maria Muñoz. Vulnerable Dignity, Dignified Vulnerability: Intertwining of Ethical Principles in End-of-Life Care. *Int J Environ Res Public Health.* 2021 Jan 9;18(2):482. doi: 10.3390/ ijerph18020482. PMID: 33435269; PMCID: PMC7827631 Disponível em: https://pubmed.ncbi. nlm.nih.gov/33435269/ Acesso em: 12 maio 2023.

VIDAL, Edison Iglesias de Oliveira. KOVACS, Maria Júlia. DA SILVA, Josimário João. SILVA, Luciano Máximo. SACARDO, Danieli Pompei. BERSANI, Ana Laura de Figueiredo. DI TOMMASO, Ana Beatriz Garhardi. DIAS, Laiane de Moraes. MELO, Antônio Carlos Moura de Albuquerque. IGLESIAS, Simone Brasil de Oliveira, LOPES, Fernanda Gomes. Position statement of ANCP and SBGG on shared decision-making in palliative care. *Cad Saude Publica.* 2022 Sep 23;38(9):e00130022.

ZAORSKY, Nicholas G. CHURILLA, Thomas M. EGLESTON, Brian L. FISHER, Susan Gross. RIDGE, John Andrew. HORWITZ, Eric Mark. MEYER, Joshua E. Causes of death among cancer patients. *Ann Oncol.* 2017 Feb 1;28(2):400-407. doi: 10.1093/annonc/mdw604. PMID: 27831506; PMCID: PMC5834100.

CAPACIDADE DECISÓRIA DA PESSOA IDOSA COM DISFUNÇÃO COGNITIVA

Alexandra Mendes Barreto Arantes

Médica especialista em Geriatria com atuação em Medicina Paliativa. Coordenadora da equipe de Cuidados Paliativos da regional Brasília, grupo Oncoclínicas. Membro da Câmara Técnica de Medicina Paliativa, CRM-DF.

Patrícia Barbosa Freire

Mestre em Ciências para a Saúde/FEPECS/DF. Membro da Comissão de Cuidados Paliativos do Hospital Regional de Ceilândia/DF. Membro da Câmara Técnica de Cuidados Paliativos do Distrito Federal. Nutricionista.

Priscila Demari Baruffi

Especialista em Bioética pela Universidade de Caxias do Sul/RS. Graduada em Direito. Advogada inscrita na OAB/RS sob o n. 123.921. Atuação com ênfase na área do direito à saúde.

Sumário: 1. A história da Sra. Ana – 2. Considerações iniciais – 3. Avaliação da capacidade decisória – 4. Capacidade decisória e o direito brasileiro – 5. Diretivas antecipadas para portadores de demência – 6. Dieta, demência e diretrizes sobre alimentação – 7. Considerações finais – Referências.

1. A HISTÓRIA DA SRA. ANA

Sra. Ana, 93 anos, portadora de síndrome demencial por doença de Alzheimer, em fase moderadamente grave, foi internada na Unidade de Terapia Intensiva (UTI) de um hospital geral por quadro de pneumonia aspirativa. Na internação apresentava baixa aceitação de alimentos via oral, sem atingir as metas calóricas recomendadas conforme protocolos assistenciais. Após avaliação da nutrição e nutrologia, a equipe indicou sonda nasoentérica (SNE), tendo sido realizado o procedimento prontamente. Na visita de familiares, a encontram contida no leito devido a agitação e tentativa de retirada da SNE. Familiares convocam uma reunião com a equipe, pois a genitora tinha manifestação prévia de não uso de SNE.

2. CONSIDERAÇÕES INICIAIS

A saúde na pessoa idosa se define por bem-estar físico, mental, social, espiritual e não apenas ausência de doença. A Constituição Federal brasileira de 1988 garante no artigo 203ª proteção à pessoa idosa através da assistência social. Ainda, a família, a sociedade e o Estado têm o dever de amparar as pessoas idosas, seja defendendo sua dignidade, seja garantindo-lhes o direito à vida.[1]

A autonomia é um componente essencial ao bem-estar da pessoa idosa e é imprescindível no cuidado centrado no paciente. A capacidade de tomar as próprias decisões é fundamental para o princípio ético do respeito à autonomia e é um componente chave do consentimento informado para o tratamento médico.

O direito de autodeterminação é protegido por inúmeros documentos e convenções, um dos quais a Declaração Universal dos Direitos Humanos assinada em 1948 e a Convenção dos Direitos das pessoas com deficiência, que almeja que o senso de pertencimento à sociedade não seja algo específico de um ser humano, mas sim, de todos, assim como a autonomia individual e a liberdade de fazer as próprias escolhas.[2-3]

Para manter a independência em pessoas idosas, o foco na função cognitiva é uma preocupação, uma vez que algumas causas de declínio cognitivo podem ser reversíveis ou potencialmente reversíveis/tratáveis. Portanto, entender o declínio cognitivo em pessoas idosas é uma questão importante.

O envelhecimento usual pode causar lentidão psicomotora, diminuição da acuidade visual e auditiva, diminuição da sensação vibratória, diminuição do volume muscular, diminuição do reflexo do tendão de Aquiles, e limitação do movimento no pescoço e nas costas, dentre outros. Além disso, enquanto algumas funções cognitivas são preservadas, outras tendem a diminuir. No envelhecimento usual, a atenção sustentada, a cópia simples, a memória remota e processual são preservadas, enquanto a atenção dividida, o aprendizado de novas informações, a fluência verbal e o tempo de reação tendem a se deteriorar. O espectro do declínio cognitivo em adultos mais velhos varia do que pode ser classificado como declínio cognitivo normal com o envelhecimento para comprometimento cognitivo subjetivo (queixa cognitiva com teste de triagem cognitiva normal), para comprometimento cognitivo leve (MCI) e para demência.[4]

---

1. BRASIL. Constituição da República Federativa do Brasil de 1988.
2. DONNELLY, Sarah; BEGLEY, Emer; O'BRIEN, Marita. How are people with dementia involved in care-planning and decision-making? An Irish social work perspective. *Dementia*, 2018, 18(7-8): 2985-3003.
3. VITTORATI, Luana Da Silva; HERNANDEZ, Matheus De Carvalho. Convenção sobre os direitos das pessoas com deficiência: como "invisíveis" conquistaram seu espaço. *Revista de Direito Internacional*, 2014, 11(1): 228-63.
4. JONGSIRIYANYONG, Sukanya; LIMPAWATTANA, Panita. Mild Cognitive Impairment in Clinical Practice: A Review Article. *American Journal of Alzheimer's Disease & Other Dementias*, 2018, 33(8): 500–507, 2018.

A cognição pode estar comprometida em pessoas idosas por causas neuro-degenerativas, psiquiátricas e por traumatismos cerebrais.

A demência é uma doença neurodegenerativa caracterizada por um declínio progressivo nos domínios cognitivos, como memória, atenção, função executiva e linguagem, que afeta a realização das atividades da vida diária (por exemplo, dirigir, administrar finanças, tomar banho, ir ao banheiro).[5] Como há uma série de patologias subjacentes que podem levar a um processo de demência, como a doença de Alzheimer, doença de corpos de Lewy e doença vascular, o curso clínico da demência, mesmo dentro de um único diagnóstico, pode ser relativamente heterogêneo, embora o estágios avançados são mais uniformes com deficiências cognitivas e funcionais graves. Dada a heterogeneidade na progressão da doença, tende a haver um curso variável de impacto na capacidade de tomada de decisão para pessoas com demência, particularmente aquelas em estágios leves a mode-rados. Com um declínio inexorável no funcionamento cognitivo, no entanto, a tomada de decisão substituta torna-se cada vez mais importante e prevalente com o avanço da doença.[6]

Portanto, ao longo da progressão da demência, a capacidade decisória com-promete-se e é perdida, com repercussões éticas e legais aos pacientes, aos pro-fissionais de saúde, cuidadores e a sociedade em geral. A avaliação da capacidade decisória é necessária para garantir a autonomia daqueles que ainda a mantêm.[7]

3. AVALIAÇÃO DA CAPACIDADE DECISÓRIA

O termo capacidade às vezes é usado de forma intercambiável com o termo competência.[8] Certamente esses conceitos se sobrepõem em vários aspectos importantes. No entanto, considera-se competência um termo mais geral que pode se referir a uma gama de atividades, desde a tomada de decisões sobre saúde, dirigir um carro, votar ou qualquer outra atividade da vida diária. Além disso, as determinações de competência são julgadas pelo sistema judicial, enquanto os profissionais de saúde realizam avaliações de capacidade de decisão, especifica-mente apenas sobre a escolha relacionada ao seu tratamento médico.

Neste capítulo, será utilizado o termo capacidade decisória como capacida-de da pessoa idosa com disfunção cognitiva de utilizar informações sobre uma

---

5. WHO, World Health Organization: Dementia. World Health Organization: WHO, 2023.
6. KIM, Scott; KARLAWISH, Jason; CAINE, Eric. Current State of Research on Decision-Making Com-petence of Cognitively Impaired Elderly Persons. *The American Journal of Geriatric Psychiatry*, 2002, 10(2): 151-165.
7. AMARAL, Ana Saraiva; SIMÕES, Mário Rodrigues. FREITAS, Sandra et al. Healthcare decision-making capacity in old age: A qualitative study. *Frontiers in Psychology*, 2022, 13: 1024967.
8. APPELBAUM, Paul S. Assessment of Patients' Competence to Consent to Treatment. *New England Journal of Medicine*, 2007, 357(18): 1834-1840.

intervenção médica proposta, a fim de fazer uma escolha significativa, ou seja, congruente com suas preferências e valores.

As avaliações de capacidade decisória provavelmente ocorrem milhares de vezes em instituições de saúde, mas estudos mostram que os julgamentos são realizados com bases em noções variáveis sobre o tema, os julgamentos não são comparados a outros profissionais e com baixa confiabilidade entre os julgadores. O resultado é que alguns pacientes são considerados incompetentes quando não são, enquanto outros que são de fato incompetentes são considerados competentes.[9]

A avaliação da capacidade decisória de idosos com disfunção cognitiva tem um papel crucial no consentimento de pessoas idosas a participarem de estudos clínicos e na discussão de planejamento avançado antecipado.

Internacionalmente, legislações relacionadas à avaliação da capacidade de decisão têm passado por reformas para dar suporte para que os indivíduos possam tomar suas próprias decisões sempre que possível e para proteger as pessoas com comprometimento na capacidade de decisão.

Os médicos desempenham um papel importante neste processo: na maioria das vezes, as avaliações de capacidade de decisão são feitas na prática clínica sem intervenção judicial, e mesmo nos casos que evoluem para audiências legais para determinar a competência, as evidências dos médicos geralmente são fundamentais.[10]

O modelo de avaliação de capacidade decisória mais conhecido, o modelo de quatro habilidades, foi desenvolvido por Appelbaum, Grisso e colaboradores.[11] Incluem as habilidades para entender, avaliar, racionalizar e expressar sua escolha.

Algumas ferramentas foram desenvolvidas para avaliação da capacidade de assinar termo de consentimento. Entrevistas estruturadas são feitas com questões hipotéticas de tomada de decisão. Um paciente recebe um cenário envolvendo diferentes opções de tratamento. A resposta é avaliada a respeito da articulação sobre os benefícios esperados e riscos de efeitos colaterais e descrever como os afetariam pessoalmente.[14]

Mesmo que em âmbito hospitalar e situações de emergência, é possível utilizar instrumentos de avaliação da capacidade decisória do indivíduo e utilizar de procuradores de saúde (se nomeado), apenas na incapacidade de tomar decisão e

---

9. SIEGEL, Andrew M; BARNWELL, Anna S; SISTI, Dominic A. Assessing Decision-Making Capacity: A Primer for the Development of Hospital Practice Guidelines. *HEC Forum*, 2014, 26(2): 159-168.
10. DARBY, Ryan; DICKERSON, Bradford. Dementia, Decision Making, and Capacity. *Harvard Review of Psychiatry*, 2017, 25(6): 270-278.
11. APPELBAUM, Paul S. Assessment of Patients' Competence to Consent to Treatment. *New England Journal of Medicine*, 2007, 357(18): 1834-1840.

na ausência de um procurador, equipe e familiares deverão levar o foco do cuidado aos valores e preferências da pessoa idosa sendo cuidada.[12]

Apesar do crescimento do reconhecimento da importância do cuidado centrado na pessoa e integração do indivíduo no plano de cuidado, a experiência da pessoa idosa nas tomadas de decisões é variável. Em indivíduos com déficit cognitivo, usualmente "se falam deles" ao contrário de "falar com eles".[13]

Torna-se essencial que equipes interdisciplinares avaliem os pacientes mantendo seu seguimento e avaliações contínuas, a fim de se garantir autonomia do paciente.

4. CAPACIDADE DECISÓRIA E O DIREITO BRASILEIRO

Tradicionalmente, a incapacidade era mensurada graduando-se o discernimento de alguém. Assim, era absolutamente incapaz aquele que não tinha discernimento algum. Em outro sentido, o relativamente incapaz possuía discernimento reduzido. Por fim, o plenamente capaz era aquela pessoa que atingia o pleno discernimento para os atos da vida civil, podendo passar às diversas atividades a partir dos dezoito (antes 21 anos), sem assistência, representação, ou qualquer outro instituto assistencial para ampará-lo, mas a capacidade civil é mera formalidade, devendo ser verificado se à época de eventual manifestação de consentimento, o paciente encontrava-se em pleno gozo de suas funções cognitivas.[14]

Em termos históricos, observa-se que, no que se refere à participação social das pessoas com deficiência, há relatos de segregação. Aqueles que possuíam limitações físicas, mesmo que sem comprometimento cognitivo, foram, durante longo período, vistos como aberrações, a serem descartados de uma vida útil e produtiva. De outra forma, aqueles que sofriam qualquer tipo de deficiência mental, por menor grau que fosse, por séculos, foram tratados como loucos e sua única perspectiva era a vida em manicômios com tratamentos desumanizantes. A incapacidade pode ser considerada como "morte civil", considerando uma pessoa, mas que perdeu seu direito de cidadania, como por exemplo, para exercer atos como votar e de utilizar o seu próprio dinheiro.[15]

A Lei Brasileira de Inclusão (LBI), Lei 13.146/20159, veio solidificar uma nova dimensão, proporcionando uma completa desvinculação dos conceitos de defici-

---

12. RIBEIRO, Sabrina Correa da Costa. Cuidados Paliativos no paciente crítico. 2. ed. [s.l.]: Editora Manole, 2023.
13. DONNELLY, Sarah Marie; CARTER-ANAND, Janet; CAHILL, Suzanne; *et al*. Multiprofessional Views on Older Patients' Participation in Care Planning Meetings in a Hospital Context. *Practice*, 2013; 25(2): 121-138.
14. DADALTO, Luciana. *Testamento Vital*. 5. ed. Indaiatuba, SP: Foco, 2022.
15. ERVING, Goffman. *Manicômios, prisões e conventos*. 5. ed. São Paulo: Perspectiva.

ência e incapacidade. Se a incapacidade era, antes, presumida, diante de um quadro de doença mental, a LBI veio a modificar este quadro, atentando para as tendências internacionais e Ciências Médicas e em homenagem ao Princípio da Dignidade da Pessoa Humana, reconhecimento da autonomia privada, da dependência de aptidão individual para exprimir a vontade, tanto que a primeira terminologia foi retirada dos artigos 3º e 4º do CC.[16] O foco passa da doença para as necessidades individuais. A doença em si não afasta a capacidade civil da pessoa (como antes). A falta de discernimento para atos da vida civil pode ser causada por uma deficiência ou não. A pessoa com deficiência não é absolutamente nem relativamente incapaz.[17-18]

Nesse cenário, o Código Civil, decidiu da seguinte forma:

Artigo 3º São absolutamente incapazes de exercer pessoalmente os atos da vida civil os menores de 16 (dezesseis) anos.

Artigo 4º São incapazes relativamente a certos atos ou à maneira de exercer:

I – os maiores de dezesseis e menores de dezoito anos;

II – os ébrios habituais e os viciados em tóxico;

III – aqueles que, por causa transitória ou permanente, não puderem exprimir suas vontades;

IV – os pródigos.

Outro aspecto muito relevante destacado pela doutrina é que o art. 84 da LBI preferiu adotar o vernáculo curatela ao termo interdição, sendo que o último passava a ideia de proibição de prática de direitos. Embora reavivada pelo Código de Processo Civil (CPC), a terminologia segue repudiada por muitos diante da sua carga semântica.

A curatela, na versão atualmente trazida pelo Código Civil pós-LBI, trata de medida excepcional, específica, restrita, extraordinária, com limitação temporal aplicável apenas a atos patrimoniais e excluída de atos existenciais (art. 85, LBI), tais como casar, decisões médicas, constituir união estável, relativos a direitos sexuais e reprodutivos, ter filhos, decidir sobre planejamento familiar etc. sendo assegurada autonomia e independência.

A participação da pessoa com deficiência nesse processo decisório é de grande importância, cabendo aos Estados a adoção de comportamento positivo, no sentido de contemplarem, em âmbito doméstico, mecanismos jurídicos para que as pessoas com deficiência possam exercer seus direitos e cumprir seus deveres em condições de igualdade com as demais pessoas.

---

16. BRASIL. Lei 10.406, de 10 de janeiro de 2002. Institui o Código Civil. Brasília: 2002.
17. DE FIGUEIREDO, Leila Adriana Vieira Seijo; LIMA, Fernando Gaburri de Souza; FILARDI, Sansulce de Oliveira Lopes. Incapacidade, tomada de decisão apoiada e a pessoa idosa sem deficiência. *Revista do Ministério Público Brasileiro*, n. 1, p. 90-119, 2022.
18. BRASIL, 2015, Lei 13.146, de 6 de jul. de 2015. Lei Brasileira de Inclusão da Pessoa com Deficiência.

No Brasil, o mecanismo adotado foi o da tomada de decisão apoiada, trazido pela Lei Brasileira de Inclusão da Pessoa com Deficiência, que alterou o Título IV do Livro IV da Parte Especial do Código Civil, que passa a denominar Da Tutela, da Curatela e Da Tomada de Decisão Apoiada, acrescentando-lhe o Capítulo III – Da Tomada de Decisão Apoiada, composto pelo novo art. 1.783-A.

Topograficamente, o capítulo da Tomada de Decisão Apoiada sucede ao da curatela no Código Civil, o que permite concluir tratar-se de ferramenta protetiva posta à disposição da pessoa em situação de vulnerabilidade, diante de uma restrição intelectual, sensorial ou física, consideradas as barreiras que obstruem sua participação plena e efetiva na sociedade, aqui, podem se encaixar pessoas cegas.[19]

O Código Civil define a tomada de decisão apoiada da seguinte forma:

> Artigo 1783-A (...) é o processo pelo qual a pessoa com deficiência elege pelo menos 2 (duas) pessoas idôneas, com as quais mantenha vínculos e que gozem de sua confiança, para prestar-lhe apoio na tomada de decisão sobre atos da vida civil, fornecendo-lhes os elementos e informações necessários para que possa exercer sua capacidade.

Com a entrada do pedido para Tomada de Decisão Apoiada (TDA), uma equipe multidisciplinar irá acompanhar o pedido, além do Ministério Público e do juiz, que ouve de forma pessoal o requerente e também os demais agentes dessa relação: as pessoas que prestarão apoio. Ou seja, é possível ver, que existe um cuidado do judiciário quando se trata em analisar a autonomia de uma pessoa. Agora, quando se fala em interdição, esse processo começa muito antes de reunir os laudos médicos e demais documentos de saúde, visto que, saber o exato momento que aquele familiar está com sua capacidade decisória diminuída é algo difícil e que exige atenção e sensibilidade. A ausência de qualquer um desses fatores, podem levar a um discernimento tardio por parte do familiar, inclusive, podendo fazer com que, eventuais diagnósticos de patologias não sejam descobertos em sua fase inicial. Ainda, para que ocorra a comprovação de eventual interdição, não basta apenas a "desconfiança" de um familiar, laudos médicos são usados, assim como perícias e entrevistas com o juiz.

Ainda sobre interdição, é preciso lembrar que a mesma pode ser revertida, se a situação do indivíduo também se alterar, o que, infelizmente, no caso de doença Alzheimer, isso não aconteceria atualmente, visto que, ainda não foi descoberta a cura.[20] Quem sabe no futuro?

A TDA tem o potencial de trazer vantagens ao paciente, pois o mesmo terá sua vontade e preferências escutadas, respeitadas e acatadas e trará também

---

19. TERRA, Newton Luiz; CRIPPA, Anelise. *Como cuidar de um idoso com Alzheimer*. Dados eletrônicos. Porto Alegre: EDIPUCRS, 2021. Recurso online. (222p).
20. WHO, World Health Organization: Dementia. World Health Organization: WHO, 2023.

vantagens para a equipe de saúde, por permitir a esta, poder centrar os cuidados no paciente com vulnerabilidade acrescida; e com ele compartilhar as decisões sobre seu tratamento e condutas decorrentes das patologias. A TDA não é aplicada somente no âmbito da clínica, apesar de ter seu arcabouço teórico estruturado neste contexto, mas poderá ser expandido para outras situações nas quais onde a decisão do paciente seja essencial, como em participação de pesquisas na área de saúde e planejamento da vida.[21]

Albuquerque e colaboradoras entendem que por ser interdisciplinar, a avaliação da capacidade de decidir não deve envolver somente a questão jurídica, mas também envolver a psicologia, a medicina, além de outras áreas do conhecimento. Existem pontos bioéticos de grande importância, quando se trata de designar outra pessoa para tomar decisões pelo paciente e constituir diretivas antecipadas de vontade. As duas são apoios decisionais indiretos e protegem a vontade e preferências do paciente.

Por fim, considera-se importante mais estudos neste campo da TDA no Brasil.

5. DIRETIVAS ANTECIPADAS PARA PORTADORES DE DEMÊNCIA

No Brasil, a resolução do Conselho Federal de Medicina (CFM) 1.995/2012 aborda as diretivas antecipadas de vontade (DAV), definindo-as como o conjunto de desejos, prévia e expressamente manifestados pelo paciente, sobre cuidados e tratamentos que quer, ou não, receber no momento em que estiver incapacitado de expressar, livre e autonomamente, sua vontade.[22] A resolução tem como fundamento a discussão sobre a proporcionalidade de medidas no fim da vida.

Atualmente as DAV não abordam somente a terminalidade, visto que também se fala de diretivas antecipadas psiquiátricas, plano de parto, procuração para cuidados de saúde, além do testamento vital e das diretivas antecipadas para demências.

As DAV fundamentam-se nos princípios da autonomia, do respeito às pessoas e da lealdade e possuem como benefício a melhoria da relação médico-paciente, e a autoestima do paciente. O mandato duradouro é o documento no qual o paciente nomeia um ou mais procuradores que devem ser consultados pelos médicos no caso de incapacidade temporária ou definitiva para tomar alguma decisão sobre tratamento ou procedimento quando não houver manifestação prévia de vontade ou, em havendo, se nesta há lacuna que impeça a plena compreensão por parte

---

21. VARGAS, Polyana De; HOLANDA, Danielle Matos De; ALBUQUERQUE, Aline. Tomada de decisão apoiada em paciente idoso com vulnerabilidade acrescida. *Temas em Saúde*, 2020; 20(2): 251-266.

22. CONSELHO FEDERAL DE MEDICINA. Resolução 1.995, de 9 de agosto de 2012. Dispõe sobre as diretivas antecipadas de vontade dos pacientes. [internet]. 31 ago. 2012.

de quem atende ao paciente. Saliente-se que o procurador de saúde decidirá com base na vontade do paciente.[23]

No caso em tela, vejamos que se trata de uma paciente com síndrome demencial por doença de Alzheimer: justamente uma condição que desafia as DAV clássicas. A doença merece uma atenção especial devido às particularidades que ela apresenta. Assim, é possível ver, que, caso a paciente apresente uma única manifestação de vontade sobre apenas um determinado assunto, pode não ser suficiente para se chegar aos desejos que ela possuía ao se manifestar, sendo necessário, um plano avançado de cuidados, que inclua, inclusive, vontades a longo prazo, uma vez que a doença tende a ser duradoura, portanto, nesse caso, dispostas no *Patient Self Determination Act*, lei americana da década de 1960.

Ainda, ensina Gaster, Larson e Curtis que, na história da Sra. Ana, caso ela tenha optado por realizar o testamento vital, poderia não ser a melhor escolha, isso porque ela apresenta uma doença que exige uma atenção especial. Tal aconselhamento serve para os demais pacientes que apresentem demências. Assim, os autores propõem um documento específico: as diretivas antecipadas para demências (DAD).[24]

Gaster, Larson e Curtis destacam que as DAD devem ser ajustadas ao longo do desenvolvimento da doença. Isto é, deve-se ponderar a necessidade da prestação e da continuidade de tratamentos, considerando a evolução da patologia. A fim de divulgar essa ferramenta de proteção à autonomia, os autores disponibilizam um modelo de acesso livre. No Brasil, porém, o instrumento ainda não foi validado.[25]

A Associação Americana de Alzheimer considera que, na fase inicial da doença, o indivíduo ainda entende o significado e a importância de documentos legais, tendo condições e capacidade legal para compreender as consequências de suas ações e registrar suas vontades. Enquanto tiver capacidade legal, o paciente deve participar do planejamento de seu cuidado, logo, se a Sra. Ana, realizou sua manifestação de vontade em fase inicial da doença, tal manifestação deve ser levada em conta, visto que, ela apresentava condições de compreender sobre o uso da sonda nasoentérica.

Dessa forma, as DAD podem ser elaboradas antes, durante ou imediatamente após o diagnóstico de demência, desde que o paciente tenha a capacidade necessária. É importante enfatizar que o momento preciso de elaboração do documento é muito importante para sua validação ética.

---

23. DADALTO, Luciana. Reflexos jurídicos da Resolução CFM 1.995/12. *Revista Bioética CFM*, 2013, 21(1): 106-112.
24. GASTER, Barak; LARSON, Eric; CURTIS, Randall. Advance Directives for Dementia. *JAMA*, 2017, 318(22): 2175. Disponível em: 10.1001/jama.2017.16473.
25. Advance directive for dementia. *Advance Directive for Dementia*. [internet].

As DAV são uma possibilidade para que o indivíduo registre e esclareça suas opiniões, desejos e preferências em relação a procedimentos médicos e cuidados. No Brasil, porém, ainda não há legislação sobre as DAV e seus diferentes gêneros. Essa lacuna torna ainda mais necessário o cuidado de, ao confeccionar uma diretiva, não elaborar cláusulas que sejam ilícitas e, consequentemente, não possam ser realizadas.[26]

6. DIETA, DEMÊNCIA E DIRETRIZES SOBRE ALIMENTAÇÃO

Apesar do aumento do número de pacientes com doença de Alzheimer, são poucas as opções terapêuticas com evidência científica.

Todavia, a maioria desses medicamentos age em alterações cognitivas e comportamentais, sem modificar a fisiopatologia da doença, que por isso é considerada incurável até o momento.

O curso prolongado da doença de Alzheimer pode levar familiares e profissionais de saúde a não compreender o caráter incurável da doença. A fase avançada da doença é marcada por piora da mobilidade, maior dependência e problemas associados à alimentação. A recusa alimentar e a dificuldade importante para engolir qualquer tipo de consistência são compreendidas como marcadores de gravidade da doença, sendo um fator associado à terminalidade da mesma.[27]

Os estudos científicos não demonstram evidência de benefício do uso de sondas de alimentação nesta fase da doença, podendo ainda trazer malefícios e desconfortos aos pacientes e por isso as sociedades médicas recomendam que estes pacientes recebam uma alimentação chamada de conforto, que significa a escolha e consumo de todo e qualquer alimento que tenha o intuito de proporcionar alívio emocional ou sensação de prazer em situações de fragilidade, sendo associada muitas vezes a períodos significativos da vida do indivíduo, como a infância, e/ou à convivência em grupos considerados valorosos por ele, como a família. Sua definição depende de conteúdos subjetivos ligados diretamente à sua história pessoal e vivências sociais e culturais.[28]

Diante do contexto de terminalidade da demência, a alimentação de conforto se destaca como uma alternativa valiosa para as sondas de alimentação, perante a

---

26. DADALTO, Luciana; ARANTES, Alexandra Mendes Barreto; BARUFFI, Priscila Demari. Diretivas antecipadas de vontade em pacientes com doença de Alzheimer. *Revista Bioética CFM*, 2021; 29(3): 466-474.

27. BARCELOS, Ana Luisa Rugani; SANTOS, André Filipe Junqueira; SALES, Manuela Vasconcelos de Castro. *Hidratação e nutrição na demência*. São Paulo, SP: Academia Nacional de Cuidados Paliativos, 2020.

28. GIMENES-MINASSE, Maria. Comfort food: Sobre conceitos e principais características. *Revista de Comportamento, Cultura e Sociedade*, 2016; 4(2): 92-102.

possibilidade de fortalecer vínculos memoriais e sobretudo ressignificar alimentos valorosos para o binômio paciente-família, independente do seu valor calórico. Contudo, é imprescindível que a equipe multiprofissional conheça e respeite os desejos desse binômio, bem como cuide da oferta de alimentos quanto a consistência e quantidade de forma a evitar os efeitos colaterais e propiciar as sensações almejadas de bem-estar e conforto.[29]

Considerando que a demência, até o momento presente, tem um curso progressivo e incurável e que as sondas de alimentação não alteram o curso da doença, é possível que não sejam indicadas ou retiradas.

Conforme o caput do artigo 1º da resolução 1.805/2006 do CFM, o médico pode limitar ou suspender procedimentos e tratamentos que prolonguem a vida do doente em fase terminal, com enfermidade grave e incurável, respeitada a vontade da pessoa ou de seu representante legal.[30] Dessa forma, o médico deve sempre respeitar a autonomia do paciente, mesmo que em fase terminal. Caso o enfermo não possa expressar sua vontade, seu representante legal assumirá essa prerrogativa.

Considerando que o paciente tenha manifestado sua vontade previamente ao diagnóstico de uma disfunção cognitiva, sua vontade e manifestação é respaldada pela resolução 1995/2012 do CFM e poderá ser levada em conta.

No contexto de manifestação de vontade após o diagnóstico de déficit cognitivo há que considerar avaliação de capacidade de decisão, permitindo ao indivíduo exercer sua autonomia até quando possível.

Nos países em que as DAV no contexto de demência são validadas e reconhecidas, recomenda-se uma expressão de vontade específica sobre a alimentação, chamadas de Instruções para alimentação e hidratação oral, na qual o indivíduo explica o significado de comida para seu cuidado e informa como deseja ser cuidado na situação de recusa de aceitação de dieta e líquidos via oral.[31]

Na fase avançada da doença, a pessoa idosa pode até mesmo não conseguir expressar suas preferências e valores para que a equipe de saúde alinhe suas condutas e honre as vontades do paciente. É necessário discutir a importância do processo de plano avançado de cuidados, podendo gerar documentos de diretivas antecipadas de vontade como garantia de autonomia para esses pacientes. Se aplicados de maneira precoce, tais diretivas podem ser um instrumento para garantir autonomia do paciente quando este já não for mais capaz de expressar seus valores e preferências.

---

29. MINAGLIA, Cecilia; GIANNOTTI, Chiara; BOCCARDI, Virginia et al. Cachexia and advanced dementia. *Journal of Cachexia, Sarcopenia and Muscle*, 2019; 10(2): 263-277.
30. CONSELHO FEDERAL DE MEDICINA. Resolução 1.805 de 2006. Diário Oficial da União, Brasília, DF, 28 nov. 2006. Seção I. p.169.
31. END OF LIFE WASHINGTON – Your life. Your death. Your choice. End of Life Washington.

7. CONSIDERAÇÕES FINAIS

A história apresentada neste capítulo, em especial o relato de passagem de sonda nasoenteral na Sra. Ana, é uma fotografia da realidade hospitalar brasileira, onde a tomada de decisão é envolta de comunicação ineficiente por parte da equipe multiprofissional, da falta de envolvimento do binômio paciente família, da abordagem de suas preferências e valores e tão pouco da autonomia da pessoa com déficit cognitivo.

A literatura internacional discute com frequência a capacidade decisória das pessoas idosas. No Brasil, por meio da tomada de decisão apoiada (TDA) é possível envolver o paciente, familiares, cuidadores e os profissionais de saúde antes, durante e depois da tomada da decisão, de maneira a permitir que a autonomia do paciente seja garantida. Até mesmo em caso de uma DAD que foi confeccionada em momento em que a paciente se encontrava capaz de expressar seus desejos e preferências.

A decisão de indicar ou não a passagem de sonda nasoenteral em fase avançada de doença demencial, deve ser tomada após análise das evidências científicas existentes, consideração do prognóstico, avaliação da qualidade de vida e de riscos/benefícios das sugestões técnicas, além da busca e compreensão dos desejos e crenças do binômio paciente-família e conhecer se há manifestações prévias do paciente, se ele não puder expressar suas vontades. A demência em seu estágio mais avançado, e a impossibilidade da Sra. Ana manifestar verbalmente suas vontades, não a torna menos participativa em suas decisões.

O cuidado deve envolver comunicação alinhada e compartilhada na busca por consenso da equipe quanto aos objetivos a serem buscados. Este processo de trabalho viabiliza conversas mais claras e direcionadas com o binômio paciente-família, permitindo a abordagem de consciência prognóstica, busca por valores e compartilhamento dos objetivos de cuidado em diálogo alinhado.[32]

Neste contexto, é possível conhecer e discutir a importância dos documentos de diretivas antecipadas de vontade de modo a garantir autonomia do paciente quando este já não for capaz de expressar. As reuniões familiares são excelentes oportunidades para este alinhamento, sendo possível elaboração do plano de cuidados centrado no paciente, e, no caso específico da demência por doença de Alzheimer, cuidados de pequeno, médio e longo prazo.

Por fim, o respeito à liberdade e autonomia da pessoa idosa, principalmente quando há situações potenciais de déficit cognitivo e de incapacidade para tomar decisões traz desafios que exigem da sociedade, profissionais de saúde e familiares, habilidades e atitudes de empatia, compaixão e compreensão da dignidade humana.

---

32. BLANCO, Ana Cantón; GARCÍA, Maria Dolores del Olmo. VILLARES, José Manuel Moreno et al. *Nutrition in palliative care*: guidelines from the Working Group on Bioethics, Spanish Society of Clinical Nutrition and Metabolism (SENPE).

REFERÊNCIAS

ADVANCE DIRECTIVE FOR DEMENTIA. *Advance Directive for Dementia*. Disponível em: https://dementia-directive.org/. Acesso em: 08 maio 2023.

AMARAL, Ana Saraiva; SIMÕES, Mário Rodrigues. FREITAS, Sandra. et al. Healthcare decision-making capacity in old age: A qualitative study. *Frontiers in Psychology*, 2022, 13: 1024967. Disponível em: https://www.frontiersin.org/articles/10.3389/fpsyg.2022.1024967/full: Acesso em: 15 maio 2023.

APPELBAUM, Paul S. Assessment of Patients' Competence to Consent to Treatment. *New England Journal of Medicine*, 2007, 357(18): 1834-1840. Disponível em: https://www.nejm.org/doi/10.1056/NEJMcp074045 Acesso em: 10 mai. 2023.

BARCELOS, Ana Luisa Rugani; SANTOS, André Filipe Junqueira; SALES, Manuela Vasconcelos de Castro. Hidratação e nutrição na demência. São Paulo, SP: Academia Nacional de Cuidados Paliativos, 2020. Disponível em: https://paliativo.org.br/cartilha-ancp-nutricao-hidratacao-demencia. Acesso em: 24 abr. 2023.

BRASIL. Constituição da República Federativa do Brasil de 1988. Disponível em: http://www.planalto.gov.br/ccivil_03/constituicao/constituicao.htm. Acesso em: 13 maio 2023.

BRASIL. Lei 10.406, de 10 de janeiro de 2002. Institui o Código Civil. Brasília: 2002. Disponível em: http://www.planalto.gov.br/ccivil_03/leis/2002/l10406compilada.htm. Acesso em: 08 maio 2023

BRASIL. Lei 13.146, de 6 de jul. de 2015. Lei Brasileira de Inclusão da Pessoa com Deficiência. Disponível em: http://www.planalto.gov.br/ccivil_03/_Ato2015-2018/2015/Lei/L13146.htm. Acesso em: 08 maio 2023.

BLANCO, Ana Cantón; GARCÍA, Maria Dolores del Olmo. VILLARES, José Manuel Moreno et al. Nutrition in palliative care: guidelines from the Working Group on Bioethics, Spanish Society of Clinical Nutrition and Metabolism (SENPE). *Nutrición Hospitalaria*, 2022. Disponível em: https://www.nutricionhospitalaria.org/filesPortalWeb/178/MA-00178-01.pdf?BfWaTakUt54Cu6mRICW26JAYVKALyMsB. Acesso em: 10 maio 2023.

CONSELHO FEDERAL DE MEDICINA. Resolução 1.805 de 2006. Diário Oficial da União, Brasília/DF, 28 nov. 2006. Seção I. p.169. Disponível em: https://sistemas.cfm.org.br/normas/visualizar/resolucoes/BR/2006/1805. Acesso em: 15 maio 2023.

CONSELHO FEDERAL DE MEDICINA. Resolução 1.995, de 9 de agosto de 2012. Dispõe sobre as diretivas antecipadas de vontade dos pacientes. [internet]. 31 ago. 2012. Disponível: http://www.portalmedico.org.br/resolucoes/CFM/2012/1995_2012.pdf. Acesso em: 08 maio 2023.

RIBEIRO, Sabrina Correa da Costa. *Cuidados Paliativos no paciente crítico*. 2. ed. [s.l.]: Editora Manole, 2023.

DADALTO, Luciana. Reflexos jurídicos da Resolução CFM 1.995/12. *Revista Bioética CFM*, 2013, 21(1): 106-112.

DADALTO, Luciana. *Testamento Vital*. 5. ed. Indaiatuba, SP: Foco, 2022.

DADALTO, Luciana; ARANTES, Alexandra Mendes Barreto; BARUFFI, Priscila Demari. Diretivas antecipadas de vontade em pacientes com doença de Alzheimer. *Revista Bioética CFM*, 2021, 29(3): 466-474.

DARBY, Ryan; DICKERSON, Bradford. Dementia, Decision Making, and Capacity. *Harvard Review of Psychiatry*, 2017, 25(6): 270–278. Disponível em: https://www.ncbi.nlm.nih.gov/pmc/articles/PMC5711478. Acesso em: 08 maio 2023.

DE FIGUEIREDO, Leila Adriana Vieira Seijo; LIMA, Fernando Gaburri de Souza; FILARDI, Sansulce de Oliveira Lopes. Incapacidade, tomada de decisão apoiada e a pessoa idosa sem deficiência. *Revista do Ministério Público Brasileiro,* 2022, 1: 90-119. Disponível em: http://revista.cdemp. org.br/index.php/revista/article/view/21. Acesso em: 09 maio 2023.

DONNELLY, Sarah; BEGLEY, Emer; O'BRIEN, Marita. How are people with dementia involved in care-planning and decision-making? An Irish social work perspective. *Dementia,* 2018, 18(7-8): 2985-3003. Disponível em: https://journals.sagepub.com/doi/10.1177/1471301218763180. Acesso em: 10 maio 2023.

DONNELLY, Sarah Marie; CARTER-ANAND, Janet; CAHILL, Suzanne et al. Multiprofessional Views on Older Patients' Participation in Care Planning Meetings in a Hospital Context. *Practice,* 2013; 25(2): 121-138.

END OF LIFE WASHINGTON – Your life. Your death. Your choice. End of Life Washington. Disponível em: http://EndofLifeWA.org. Acesso em: 24 Apr. 2023.

ERVING, Goffman. *Manicômios, prisões e conventos.* 5. ed. São Paulo: Perspectiva, 1961.

GASTER, Barak; LARSON, Eric; CURTIS, Randall. Advance Directives for Dementia. *JAMA,* 2017, 318(22): 2175. Disponível em: 10.1001/jama.2017.16473. Acesso em: 24 abr. 2023.

GIMENES-MINASSE, Maria. Comfort food: Sobre conceitos e principais características. *Revista de Comportamento, Cultura e Sociedade,* 2016; 4(2): 92-102.

JONGSIRIYANYONG, Sukanya; LIMPAWATTANA, Panita. Mild Cognitive Impairment in Clinical Practice: A Review Article. *American Journal of Alzheimer's Disease & Other Dementias,* 2018, 33(8): 500-507, 2018. Disponível em: 10.1177/1533317518791401. Acesso em: 24 abr. 2023.

KIM, Scott; KARLAWISH, Jason; CAINE, Eric. Current State of Research on Decision-Making Competence of Cognitively Impaired Elderly Persons. *The American Journal of Geriatric Psychiatry,* 2002, 10(2): 151-165. Disponível em: https://doi.org/10.1097/00019442-200203000-00006. Acesso em: 20 abr. 2023.

MINAGLIA, Cecilia; GIANNOTTI, Chiara; BOCCARDI, Virginia et al. Cachexia and advanced dementia. *Journal of Cachexia, Sarcopenia and Muscle,* 2019, 10(2): 263-277. Disponível em: 10.1002/jcsm.12380. Acesso em: 03 maio 2023.

SIEGEL, Andrew M; BARNWELL, Anna S; SISTI, Dominic A. Assessing Decision-Making Capacity: A Primer for the Development of Hospital Practice Guidelines. *HEC Forum,* 2014, 26(2): 159-168. Disponível em:10.1007/s10730-014-9234-8. Acesso em: 28 abr.2023.

TERRA, Newton Luiz; CRIPPA, Anelise. *Como cuidar de um idoso com Alzheimer* – Dados eletrônicos. Porto Alegre: EDIPUCRS, 2021. Recurso online.

USHER, Ruth; STAPLETON, Tadhg. Assessment of older adults' decision-making capacity in relation to independent living: A scoping review. *Health & Social Care in the Community,* 2021, 30(2): e255-e277.

VARGAS, Polyana De; HOLANDA, Danielle Matos De; ALBUQUERQUE, Aline. *Tomada de decisão apoiada em paciente idoso com vulnerabilidade acrescida.* Temas em Saúde, 2020, 20(2): 251-266. Disponível em: https://temasemsaude.com/wp-content/uploads/2020/04/20214.pdf. Acesso em: 1º maio 2023.

VITTORATI, Luana Da Silva; HERNANDEZ, Matheus De Carvalho. Convenção sobre os direitos das pessoas com deficiência: como "invisíveis" conquistaram seu espaço. *Revista de Direito Internacional,* 2014, 11(1): 228-63 Disponível em: https://doi.org/10.5102/rdi.v11i1.2689. Acesso em: 1º maio 2023.

WHO, World Health Organization: *Dementia*. World Health Organization: WHO, 2023. Disponível em: https://www.who.int/news-room/fact-sheets/detail/dementia. Acesso em: 24 Apr. 2023.

WILKINS, James M. Reconsidering Gold Standards for Surrogate Decision Making for People with Dementia. *Psychiatric Clinics of North America*, 2021, 44(4): 641-647. Disponível em: 10.1016/j.psc.2021.08.002 Acesso em: 10 maio 2023.

AUTONOMIA DECISÓRIA DO ADOLESCENTE EM CUIDADO PALIATIVO: A QUEM E COMO RESPONDER?

Déborah David Pereira

Especialista em Saúde Cardiovascular pelo Programa de Residência Multiprofissional em Saúde do Hospital das Clínicas da Universidade Federal de Minas Gerais (HC-UFMG/Ebserh). Pós-graduanda em Cuidados Paliativos Multiprofissionais pelo Instituto Escutha/UNI-FB. Pesquisa sobre cuidados paliativos, psicologia hospitalar e saúde pública. Psicóloga clínica e hospitalar (CRP 04/60608).

Lívia Pereira de Assis Machado

Especialista em Cuidados Paliativos Pediátricos. Preceptora da Residência Médica em Pediatria e da Residência Médica em Medicina do Adolescente, ambas do HC-UFMG/Ebserh, onde também atua como preceptora da Residência Médica em Cuidados Paliativos Pediátricos para residentes externos. Pediatra e Médica de Adolescente pelo HC-UFMG/Ebserh.

Tatiana Mattos do Amaral

Mestre em Saúde da Criança e do Adolescente pela Faculdade de Medicina/ UFMG. Título em Cuidado Paliativo pela AMB. Coordenadora do Grupo de Cuidados Paliativos Pediátrico do Hospital das clinicas da UFMG/Ebserh. Membro do Núcleo de Saúde do Adolescente do Hospital das Clinicas da UFMG/Ebserh. Pediatra.

Sumário: 1. A história de Vítor – 2. Introdução – 3. A autonomia de crianças e adolescentes no ordenamento jurídico brasileiro – 4. Adolescência, autonomia e desenvolvimento humano – 5. Adolescer na convivência com uma doença grave e ameaçadora da vida: implicações para as possibilidades de autodeterminação – 6. Tomada de decisão: o adolescente e a direção ou interrupção de seu cuidado em saúde – 7. Considerações finais – Referências.

1. A HISTÓRIA DE VÍTOR

Vítor, 16 anos, é filho único e foi diagnosticado com câncer no fígado há três anos. "Eu era muito novo quando me disseram que eu iria começar um tratamento. Não entendia direito o que falavam, mas a reação dos meus pais mostrava que eu não tinha outra saída, que não fosse começar com as internações, quimioterapias e enfrentar algumas cirurgias. Eu não me permitia ter outra vontade que não fosse me submeter. Eu não compreendia nada, meus pais sabiam o que era melhor para mim e a possibilidade de morrer era uma ideia assustadora.

Eu não questionava as decisões dos meus pais sobre o tratamento. Em alguns momentos me considerei incapaz de entender tantas mudanças e tantas contingências. Até então na minha vida, não planejava o futuro, porque a minha vivência era do cotidiano. O medo do desconhecido e depois do conhecido, comecei a antecipar cada dia, cada acontecimento relacionado ao tratamento. Os acontecimentos do meu corpo eram incertos e inesperados, e logo compreendi que não podia controlar como meu corpo reagia. Passei a me perguntar se eu poderia escolher algo na minha vida. Os anos iam passando e fui ficando cada vez mais distante dos meus antigos amigos. A minha realidade era muito diferente da deles. Passamos a não falar a mesma língua. O que era importante para mim, era desconhecido para eles. Houve períodos do tratamento em que eu valorizava aspectos do meu corpo, valores que estavam no campo da necessidade, como por exemplo dormir de noite ou parar de sentir dor. Sair do hospital entre uma quimioterapia e outra, era um acontecimento, eu tinha a sensação de que a minha vida voltava a ser minha e que eu poderia decidir sobre o que era importante ou não naqueles momentos de liberdade.

A passagem dos anos convivendo em ambientes cujo sofrimento, as perdas e as mortes eram rotina me moldou como pessoa. Quando finalmente me informaram que eu não tomaria mais quimioterapia venosa e sim oral, pois meu tratamento não mais visava a cura e sim controle do ritmo de crescimento do tumor, foi um misto de sentimentos. Medo, raiva, alívio, esperança, mas foi premente a possibilidade de viver fora do hospital, tudo aquilo que adiei desde então. Pensei em viver. Fiz planos de viajar, finalmente ganhar músculos e namorar. Decidir sobre o que eu queria e qual o risco eu ia enfrentar foi um problema para os meus pais que estavam habituados a decidir por mim, e para mim, que tinha medo de tomar decisões erradas e me arrepender depois.

Foram muitas brigas. Viver minhas próprias experiências com causa e risco foi raro, mas essencial, porque fui percebendo que os meus objetivos não eram atingidos como eu imaginava que seriam. Meu corpo foi se tornando cada vez mais emagrecido, e eu sentia que afastava as meninas que me interessavam: afinal de contas, que menina ia me querer assim? Sair de casa ia ficando cada vez mais difícil, o cansaço era muito intenso, as dores frequentes e o fôlego já não era o mesmo. Comecei a questionar mais uma vez sobre o que era importante para mim, sobre o que era a minha vida e, nesse processo, a ideia de morrer ia ficando cada vez mais presente. Resolvi parar de tomar os comprimidos da quimioterapia e não queria mais ir às consultas marcadas. Obviamente nem meus pais e nem os médicos concordam com meu desejo. Argumentam que os marcadores do câncer estavam negativos e, portanto, o ritmo de crescimento do tumor estava controlado. Não entendia como podiam acreditar nisso na medida em que meu corpo escancarava o contrário".

2. INTRODUÇÃO

Autonomia é um dos princípios bioéticos, mas não se trata de um conceito inequívoco. Neste capítulo, parte-se da compreensão de autonomia como a importância do crer no agir; é a base do livre-arbítrio e pressupõe agir conforme crenças e valores próprios. Seria o poder de se organizar, de se administrar e de decidir, dentro de certas condições e certos limites, conciliando consciência e liberdade. Considera-se, ainda, em consonância com Freitas, Mezzaro e Zilio,[1] que a autonomia "enquanto liberdade existencial, também é um meio que possibilita ao indivíduo reconhecer-se como tal, na medida em que por meio dela ele (indivíduo) pode optar por quais caminhos pretende encaminhar a sua existência".

Nesse campo, a autonomia decisória está relacionada, mais especificamente, à possibilidade e ao direito de escolha em um campo próprio de decidibilidade, sendo possível entendê-la como uma condição para que se efetive a autodeterminação.[2] Esta última designa, como o nome sugere, a capacidade de se determinar frente aos dilemas cotidianos e pressupõe o entendimento das circunstâncias determinantes dos dilemas e a responsabilidade pela decisão tomada.

Os esforços em proteger o público infantojuvenil e, ao mesmo tempo, estabelecer as relações entre o direito e os avanços biotecnológicos, com peculiaridades relacionadas ao corpo e a dignidade da pessoa humana, encontram na adolescência o desafio da autodeterminação do adolescente no cuidado de sua saúde. Há diversas interrogações éticas na clínica do adolescente e muitas delas se referem à autonomia decisória desse sujeito que não completou o seu desenvolvimento neuro cognitivo, mas, enquanto se desenvolve, capacita-se e reivindica a possibilidade de decidir e falar por si mesmo, em alguns casos em dissonância com a equipe de saúde, com os pais ou com outros representantes legais.

Em contextos de crianças e adolescentes doenças crônicas e complexas, essas interrogações abrangem situações de tomada de decisão referentes à direção e até à interrupção do tratamento. Nos casos em que a decisão do adolescente é de recusa do tratamento, apontando para o fim da vida em detrimento de mantê-la, ainda que com grande sofrimento, desvela-se não só uma discussão sobre o direito de morrer, mas também sobre o direito à autonomia e sobre a necessidade de um julgamento substitutivo, pois se questiona se o adolescente, em processo de aquisição gradual de recursos linguísticos e neurocognitivos, é capaz de compreender e assumir os riscos e consequências de tais decisões.

---

1. FREITAS, Rita Sobrado de; MEZZAROBA, Orides; ZILIO, Daniela. A autonomia decisória e o direito à autodeterminação corporal em decisões pessoais: uma necessária discussão. *Revista de Direito Brasileira*, 2019, 24(9): 168-182.
2. Ibidem.

Este capítulo objetiva, portanto, a partir da discussão do caso de Vítor, refletir sobre o processo de autodeterminação ao longo do desenvolvimento humano, o respeito à autonomia e a necessidade de proteção de adolescentes em cuidados paliativos na tomada de decisão em saúde. Pressupõe-se que há sempre incertezas e limites, seja à autonomia ou à proteção, e almeja-se contribuir para rotas de deliberação e de cuidado mais adequadas às necessidades singulares desses sujeitos.

3. A AUTONOMIA DE CRIANÇAS E ADOLESCENTES NO ORDENAMENTO JURÍDICO BRASILEIRO

No Brasil, a discussão sobre autonomia decisória de crianças e adolescentes encontra cenários nos quais os limites rígidos da autonomia jurídica podem colidir com a noção de aquisição progressiva da capacidade de se autodeterminar no decorrer do desenvolvimento humano, desde a infância. A legislação brasileira não presume capacidade de decidir na infância e na adolescência, embora reconheça o direito de crianças e adolescentes ao respeito, que está atrelado a um direito de preservação da autonomia desse público.

O Estatuto da Criança e do Adolescente (ECA)[3] estabelece que a adolescência começa aos 12 anos e termina aos 18 (Art. 2), assegura o direito dos jovens à liberdade, ao respeito e à dignidade (Art. 15 e 16), e ressalta a relativa autonomia do adolescente (Art. 17) ao definir o direito ao respeito como a "inviolabilidade da integridade física, psíquica e moral da criança e do adolescente, abrangendo a preservação da imagem, da identidade, da autonomia, dos valores, ideias e crenças".[4] A garantia dos direitos à liberdade, respeito e à dignidade (ECA, Art. 15 e 16) e o direito à personalidade previsto pelo Código Civil[5] (Art. 11 a 21) apontam para o respeito às crenças, valores e desejos das crianças e adolescentes. Caberia à família, à sociedade e ao Estado assegurar esse e outros direitos a esses cidadãos em condição singular de desenvolvimento.

Somando-se a isso, o país ratificou a Convenção sobre os Direitos da Criança, promulgada por meio do Decreto 99710/1990.[6] A Convenção assevera a maturidade progressiva da criança e do adolescente, estabelecendo que "Os Estados Partes assegurarão à criança que estiver capacitada a formular seus próprios juízos o direito de expressar suas opiniões livremente sobre todos os assuntos relacionados com a criança, levando-se devidamente em consideração essas opiniões,

---

3. BRASIL. *Lei 8069, de 13 de julho de 1990*. Dispõe sobre o Estatuto da Criança e do Adolescente e dá outras providências. Brasília: 1990a.
4. Ibidem, s/p.
5. BRASIL. *Lei 10.406, de 10 de janeiro de 2002*. Institui o Código Civil. Brasília: 2002.
6. BRASIL. *Decreto 99.710, de 21 de novembro de 1990*. Promulga a Convenção sobre os Direitos da Criança. Presidência da República: Brasília, 1990b.

em função da idade e maturidade da criança" (Art. 12).[7] Apesar disso, o Código Civil[8-9] considera os menores de 16 anos absolutamente incapazes para exercer pessoalmente os atos da vida civil (Art. 3º), enquanto os maiores de 16 e menores de 18 anos são considerados incapazes relativamente a certos atos, havendo a cessação de incapacidade nos casos em que houver emancipação (Art. 5º).

Em linhas gerais, o adolescente maior de 16 anos não emancipado está apto a atos civis como voto e trabalho, mas não há na legislação autorização legal explícita para decidir em relação à sua saúde quando há desacordo com os pais. Frente a essa lacuna, alguns autores,[10] apoiados na noção de maturidade progressiva de crianças e adolescentes e favoráveis à autodeterminação progressiva do adolescente maior que 16 anos, defendem que o desejo do adolescente deve ser considerado em relação às intervenções em sua saúde, desde que o jovem tenha capacidade para compreender a natureza da intervenção e as consequências do ato ao qual consente.

Por outro lado, pode-se interpretar que durante a aquisição progressiva da capacidade decisória, o adolescente, assim como a criança, mantém-se vulnerável e dependente de um julgamento substitutivo. A ausência de experiências de vida e a insuficiência de ferramentas simbólicas impossibilitam a compreensão das circunstâncias relacionadas aos cuidados de saúde e responsabilidade e efeitos implícitos às decisões. A decisão substituta é compreendida, então, como uma proteção da vulnerabilidade decorrente do desenvolvimento incompleto da pessoa. Essa leitura se fundamenta no dever de proteção integral da criança e do adolescente, com absoluta prioridade do direito à vida, previsto no artigo 229 da Constituição Federal[11] e do artigo 7º do ECA, mesmo para os maiores de 16 anos, em casos de risco de morte ou em situações que possam cursar com danos irreversíveis à saúde.

Assim, o ordenamento jurídico brasileiro corrobora a ausência de clareza em relação ao quanto e como se deve valorizar a voz e o posicionamento da criança ou do adolescente até 18 anos em relação a decisões sobre seu corpo e sua saúde. À vista disso, persiste o questionamento: como agir ética e moralmente na clínica do adolescente no que se refere a autonomia para a tomada de decisão em saúde

---

7. BRASIL. *Decreto 99.710, de 21 de novembro de 1990*. Promulga a Convenção sobre os Direitos da Criança. Presidência da República: Brasília, 1990b.
8. BRASIL. *Lei 10.406, de 10 de janeiro de 2002*. Institui o Código Civil. Brasília: 2002.
9. BRASIL. *Lei 13.105, de 16 de março de 2015*. Institui o Código de Processo Civil. Diário Oficial da União: Brasília, 2015.
10. ARAÚJO, Rodrigo Vasconcelos de. Teoria da Maturidade Progressiva do Menor Aplicada ao Direito à Saúde. *Revista Direito Sanitário*, São Paulo, 2021, 21:e-0005.
11. BRASIL. Constituição Federal de 1988. Constituição da República Federativa do Brasil de 1988. Brasília, DF: Presidente da República, 2016.

quando a chancela jurídica para a competência decisória se baseia em idade, e não presume capacidade decisória de menores de 18 anos?

Se, na experiência de crianças e adolescentes, a maturidade para decidir é progressiva e não está, necessariamente, ligada à idade, evidencia-se que as normas e princípios jurídicos atuais não são suficientes para embasar modos éticos de cuidado. As respostas são singulares para cada adolescente, mas se faz universal a necessidade de espaço para debater e garantir o exercício da autonomia e a dignidade de pessoas adolescentes diante de cada caso concreto que emerge nos serviços de saúde.

4. ADOLESCÊNCIA, AUTONOMIA E DESENVOLVIMENTO HUMANO

Embora adolescer seja naturalizado e tido como universal, a adolescência e os modos de ser adolescente são moldados sócio historicamente, produzindo subjetividades diversas, ainda que com semelhanças. Como sinaliza Calligaris,[12] "A adolescência é o prisma pelo qual os adultos olham os adolescentes e pelo qual os próprios adolescentes se contemplam. Ela é uma das formações culturais mais poderosas de nossa época".[13]

Tendo como alicerce essa compreensão basilar e uma leitura psicanalítica da adolescência na contemporaneidade, apreende-se que, enquanto a puberdade indica o despertar do processo de adolescer, a constituição psíquica do adolescente prossegue sobretudo a partir de transformações simbólicas e no campo relacional. Tais transformações vão além das mudanças corporais e neuro cognitivas disparadas pela puberdade: estão circunscritas pela cultura e incidem na definição de papéis, na sexualidade, na afetividade, no senso de identidade e nas relações consigo mesmo, com as figuras parentais e com a sociedade como um todo.

É um período de intenso trabalho psíquico no sentido de elaborar as mudanças do corpo, as perdas que advêm do fim da infância, a convocação a novas relações interpessoais, o encontro amoroso, a experimentação de nova forma da sexualidade. Além disso, em um processo de construção e de redefinição da identidade, o adolescente começa a se interrogar: "Quem sou eu?", "O que o outro quer de mim?", "Como me fazer reconhecer como adulto?", "O que eu quero?". Surge a necessidade de experimentações e há mudanças em relação à dependência dos pais, com consequente queda de ideais e dos pais idealizados da infância, e um impulso de emancipação. Assim, destaca-se, na adolescência, o movimento de separação simbólica dos pais ou cuidadores principais, na direção da independência, que envolve a diferenciação das figuras parentais, a afirmação

---

12. CALLIGARIS, Contardo. *A adolescência*. São Paulo: Publifolha, 2000.
13. Ibidem, p. 9.

de desejos, necessidades e ideias próprias, bem como a identificação à grupos de outros adolescentes e a procura por novos referenciais.

Winnicott[14] entende que ao se afastarem simbolicamente dos referenciais infantis, os adolescentes, de maneira solitária, buscam descobrir por si mesmos, recusando falsas soluções, ou seja, conselhos, recomendações e respostas pre-definidas. O que lhes interessa é entender-se como sujeitos reais. O pediatra e psicanalista inglês observa que os fenômenos da adolescência fazem parte de amplo processo de desenvolvimento rumo à independência que se estende ao longo de toda a vida. Traça-se a partir daí, um paralelo entre a autonomia e o desenvolvimento humano, visto que este último estaria atrelado à possibilidade de agir por si e responsabilizar-se por suas ações.[15]

> A vida de um indivíduo não se caracteriza mais por medos, sentimentos conflitantes, dúvidas, frustrações do que por seus aspectos positivos. O essencial é que o homem ou a mulher se sintam vivendo sua própria vida, responsabilizando-se por suas ações ou inações, sentin-do-se capazes de atribuir a si o mérito de um sucesso ou a responsabilidade de um fracasso. Pode-se dizer, em suma, que o indivíduo saiu da dependência para entrar na independência ou autonomia.[16]

Vale considerar que o adolescente reconhece as normas da sociedade em que se insere, incluindo aquelas que o mantém no lugar de indefinição entre infância e vida adulta e as que valorizam a conquista de sua autonomia.[12] Nesse processo de autodeterminação, vivencia experiências que possam localizar um lugar que reconheça como seu. Ainda segundo Winnicott,[17] esse estado de indefinição ou de suspensão, que coexiste à necessidade de se definir e sentir-se real, "acarreta o sentimento de irrealidade e a necessidade de tomar atitudes que lhes pareçam reais, e que de fato o são, na medida em que afetam a sociedade" (p. 124).[18] Nesse contexto desafiador, Calligaris sugere que algumas atitudes transgressoras e aparentemente impulsivas se orientam pelo desejo do adolescente de "convencer o outro de que a vida do adolescente não é nenhum limbo preparatório, ela está acontecendo de verdade, como a vida adulta".[19]

Ao narrar sua história, que é atravessada pelo adoecimento, Vítor conta sobre essa vida em acontecimento, que envolve a separação simbólica em relação aos pais com consequente autenticação do próprio desejo, acompanhada por atitudes que afetam a si mesmo e o mundo. A posição de não entendimento

---

14. WINNICOTT, Donald Wood. *Privação e delinquência*. 3. ed. São Paulo: Martins Fontes, 1999.
15. WINNICOTT, Donald Wood. *Tudo começa em casa*. 4. ed. São Paulo: Martins Fontes, 2005b.
16. Ibidem, p. 10.
17. WINNICOTT, Donald Wood. Adolescência. In: WINNICOTT, D. W. A *família e o desenvolvimento individual*. São Paulo: Martins Fontes, 2005a.
18. Ibidem, p. 124.
19. CALLIGARIS, Contardo. *A adolescência*. São Paulo: Publifolha, 2000, p. 49.

inicial, dependência e submissão à determinação dos pais – "não entendia nada, meus pais sabiam o que era melhor para mim" – dá lugar a uma postura questionadora e desejante – "passei a me perguntar se eu poderia escolher algo na minha vida". Vítor, à semelhança de tantos outros adolescentes, movimenta-se da dependência rumo à independência, definindo o que é importante para ele e lidando com as repercussões de suas escolhas, não sem dúvidas e sofrimento.

Nesse processo, o adolescente experimenta as intervenções no seu corpo, as contingências relacionadas ao tratamento e as mudanças em toda a circunstância de sua vida, assim como se sua família; e, ao mesmo tempo, se apropria de percepções, exemplos e informações sobre sua condição de saúde, progressivamente se capacitando para o enfrentamento das dificuldades e determinação de valores próprios. Desse modo, o jovem se autoriza a tomar decisões, distintas das expectativas de seus pais, e assumir responsabilidade sobre sua vida.

A narrativa de Vítor demonstra como a adolescência – e, de modo geral, o desenvolvimento humano – está fundamentalmente atrelada ao desenvolvimento da autonomia. A partir disso, reitera-se que a autonomia não surge espontaneamente, obedecendo um marco legal ou etário, mas se constitui pouco a pouco, com a aquisição de recursos e informações necessárias; é uma capacidade vital e que se fortalece na experiência, à medida que é exercida.

5. ADOLESCER NA CONVIVÊNCIA COM UMA DOENÇA GRAVE E AMEAÇADORA DA VIDA: IMPLICAÇÕES PARA AS POSSIBILIDADES DE AUTODETERMINAÇÃO

Na discussão sobre a autonomia decisória de adolescentes em assuntos relacionados à saúde, é também essencial analisar as particularidades do processo de adolescer vivenciando uma doença grave e que ameaça a vida. O adoecimento e a morte alteram os sentidos atribuídos à vida e as oportunidades de futuro, bem como as condições orgânicas para o desenvolvimento neuropsicomotor e da subjetividade. O desejo de descobrir a si mesmos e se autodeterminar no mundo se opõe frontalmente à submissão, à passividade e à cronicidade do tratamento, marcados por curso incerto e potencialmente fatal.[20]

No adolescente adoecido, as mudanças no corpo e na autoimagem não se devem apenas à puberdade, mas aos impactos da doença e do tratamento, o que interfere na experimentação da sexualidade e na evolução da maturação corporal. As perturbações na percepção de si mesmo, as rupturas no mundo conhecido,

---

20. LEMERLE-GRUSON, S; MÉRO, S. Adolescence, maladies chroniques, observance et refus de soins. *Laennec*, 2010: 21-27.

a insegurança na continuidade e no sentido da vida transformam a separação simbólica adolescente na separação real da morte.

A progressão na dependência de cuidados e perdas funcionais convive com a ambivalência da dependência e independência dos pais e com a aceitação e recusa da doença e seus cuidados. Essa ambivalência pode desafiar o adolescente a autenticar um desejo próprio e uma decisão contrária à dos pais ou equipe de cuidados. Há insegurança e medo relacionados à perda do cuidado e do amor dos pais e de ser causa de mais sofrimento para os envolvidos.

O diagnóstico e tratamento de uma doença grave modificam a dinâmica familiar e o adolescente comumente passa a ser objeto de toda a atenção. Os pais se dividem entre a proteção e o risco em consentir com a autodeterminação do adolescente. Não é rara a fantasia de que o julgamento substitutivo, adulto, amplo e técnico atenderá ao melhor interesse do adolescente em questão, garantindo a continuidade da vida, compreendida como bem maior. Há, então, uma oposição entre a construção de identidade e a subjetivação na adolescência e a condição de objeto imposta pela doença e valores dos pais e cuidadores; valores esses não necessariamente os mesmos do adolescente em sofrimento.

Ademais, os adolescentes adoecidos muitas vezes se distanciam das atividades sociais e da escola em razão das demandas do tratamento e dos impactos do adoecimento na funcionalidade e na autoimagem. O estigma relacionado à doença pode inibir o reconhecimento de si mesmo no mundo e a autonomia em relação às decisões existenciais. Dessa forma, adolescer com uma doença crônica é também conviver com o isolamento, preconceitos, sentimentos de inadequação e não pertencimento, o que acentua os impactos negativos no desenvolvimento psicossocial.[21]

Nessa mesma direção, Santos,[22] ao analisar as especificidades do cuidado à saúde de crianças e adolescentes cronicamente adoecidos, relembra que, na atuação com esse público, é essencial examinar que:

> culturalmente a presença da doença crônica parece não combinar com a imagem de vitalidade, desenvolvimento futuro e liberdade que se vincula à criança e ao adolescente. A doença crônica na vida desse segmento pode muitas vezes representar que o crescimento e o desenvolvimento a fazem se aproximar da morte e das marcas simbólicas a ela relacionadas. Estas marcas mediam relações face a face e interações, contribuindo para geração de estigma.[23]

---

21. SILVA, Liliane de Lourdes Teixeira; VECCHIA, Bianca Penido; BRAGA, Patrícia Pinto. Adolescer em pessoas com doenças crônicas: Uma análise compreensiva. Revista Baiana de Enfermagem, 2016, 30(2): 1-9.
22. SANTOS, Rosilene Aparecida dos. *A construção da resiliência pelos trabalhadores de enfermagem na atenção a crianças e adolescentes cronicamente adoecidos.* Dissertação de Mestrado – Pós-graduação em Saúde da Criança e da Mulher da Fundação Oswaldo Cruz. Rio de Janeiro: 2012.
23. Ibidem, p. 110.

Tal cenário coloca em evidência, também, o luto, aqui entendido como uma resposta psíquica, cognitiva, física e social a uma perda significativa – como as perdas temporárias e definitivas que ocorrem ao longo de um adoecimento grave e das mudanças esperadas na adolescência – ou ao rompimento de um vínculo. Enlutar-se faz parte de diversos momentos da vida, trazendo consigo, junto ao sofrimento devastador, a necessidade de ressignificação, renúncias, novos acordos com a nova realidade e um rearranjo da vida,[24] uma vez que, diante da perda simbólica ou concreta, um mundo que presumido se perde também, com um passado que passa a ser interpretado de outra forma e um futuro projetado que não mais se concretizará e que precisará ser reimaginado.

Embora o luto já esteja presente na adolescência comum, adquire nuances e configurações mais complexas frente ao adoecimento ameaçador da vida. A convivência com a doença e suas repercussões na vida, como o isolamento e o estigma, exigem um trabalho de elaboração do luto especialmente solitário, em que o exercício da autodeterminação talvez adquira uma relevância ainda maior. Isso porque, ao expressar-se e fazer escolhas, experimentando seus limites e suas potências, o adolescente descobre, constrói e amplia vias para novos acordos com a realidade, para a construção de sentidos e para formação de vínculos, que o permitam seguir desejando e apostando na vida em meio às perdas relacionadas ao adoecimento.

Em suma, a doença faz surgir um conflito entre duas forças ou exigências potentes e com frequência antagônicas: de um lado, a necessidade e o desejo de experimentação, de expandir relações com o mundo exterior, especialmente com outros adolescentes, de expressar a sexualidade e de se emancipar. De outro, a doença e suas repercussões pessoais, na família e nas relações com os demais grupos sociais, que geram um sofrimento multidimensional, amplificando as dificuldades e complicações do processo desenvolvimento humano e da autonomia.

O conceito de liminaridade[25] circunscreve o espaço psíquico no qual o adolescente toma as suas decisões convivendo com as contingências da doença crônica e da morte. Em todo ritual de passagem (adolescência, adoecimento ou morte), um espaço liminar, ou seja de transição entre uma condição anterior e uma atual. O adolescente com uma doença crônica e progressiva a experimenta em um espaço liminar que pode durar meses ou anos ou determinar sua morte. A liminaridade e a ambiguidade presentes nesse estado, interferem na autode-

---

24. VIEIRA, Alessandra Aguiar; AMARAL, Tatiana Mattos. Luto em pediatria: tecendo palavras no vazio das ausências. *Residência Pediátrica*, v. 9, n. 2, 2019.

25. CARTER, Brian S. Liminality in Pediatric Palliative Care. *American Journal of Hospice & Palliative Medicine*, v. 34 (4); p. 297-300, 2016.

terminação. O estigma social,[26] as marcas no corpo, a dependência funcional, o medo de morrer, a espiritualidade e as relações estabelecidas com os cuidadores e as contingências relacionadas ao tratamento fazem parte do desenvolvimento subjetivo do adolescente, interferem no processo de separação simbólica do outro, no tempo de autenticação do próprio desejo e de tomada de decisão. Portanto, esse espaço limiar entre a vida e a morte é singular e no caso da doença crônica passa a ser constituinte do sujeito que adolesce nomeado por essa experiência.

Habitando um espaço liminar, Vítor vivencia a adolescência e a doença com ambivalências: luto, isolamento, estigma, dificuldades nas relações com os pais, afastamento dos amigos, quebra de expectativa em relação ao futuro anteriormente projetado. Para o adolescente, reconhecer-se e autenticar o que era importante para ele, ressignificando verdades e sentidos, possibilitou seu laço com a vida, ainda que atravessada por limites do corpo e da morte iminente: "Viver minhas próprias experiências com causa e risco foi raro, mas essencial, porque fui percebendo que os meus objetivos não eram atingidos como eu imaginava que seriam". Na recusa pela continuidade do tratamento, ele exprime o que sente, sopesa valores e exerce sua autodeterminação em relação à sua vida e morte.

Nessa rota, é importante que, na prática clínica, não só se questione se já há ou não capacidade para tomada de decisão em saúde, mas, sobretudo, que haja atenção às necessidades de alívio de sofrimento e um investimento contínuo na criação de estratégias que promovam qualidade de vida e, indissociavelmente, facilitem o desenvolvimento da autonomia de adolescentes adoecidos. Esse investimento pode abrir caminhos para o exercício da autodeterminação, nos quais os adolescentes sejam reconhecidos como sujeitos de direitos, necessidades e desejos, com a vida em acontecimento. Para tal, algumas perguntas podem guiar a equipe de saúde: diante de uma condição grave de saúde e da consciência da finitude e vulnerabilidade: como auxiliar esse adolescente a projetar o futuro e construí-lo a partir de seus próprios desejos? Como possibilitar e apoiar o adolescente na (re)descoberta de si frente às normas de saúde, as prescrições médicas, regras e expectativas dos pais e limites tão estreitos que acompanham a doença?

6. TOMADA DE DECISÃO: O ADOLESCENTE E A DIREÇÃO OU INTERRUPÇÃO DE SEU CUIDADO EM SAÚDE

Permanece a indagação à qual nos conduz o caso de Vítor e de tantos outros adolescentes com doenças graves e ameaçadoras da vida: o adolescente pode decidir sobre a direção ou interrupção de seu tratamento sem que haja concor-

---

26. LOUGHLIN Michael, Dolezal Luna; HUTCHINSON, Phil.; SUBRAMANI, Suprya.; MILANI, Rafaella.; LAFARGE, Caroline. Philosophy and the clinic: stigma, respect and shame. *J Eval Clin Pract.*, 2022, 28(5): 705-710, 2022.

dância com os pais e profissionais de saúde? Se sim, em que condições? Como avaliar a existência, ou inexistência, de condições para o exercício da autonomia decisória? Como compreender o julgamento substitutivo para um paciente considerado incapaz?

Essas perguntas remetem a um questionamento ainda mais amplo, que também poderia se aplicar a pessoas adultas: o que entendemos por capacidade para a tomada de decisão? Em alguns casos, cabe também perguntar qual o direito de um profissional de saúde, em nome de um benefício questionável, decidir contrariando o desejo do paciente, ou de sua família ou do responsável legal?

Na determinação da capacidade para decisões em saúde, torna-se útil o conceito de letramento em saúde,[27] que propõe quatro habilidades envolvidas em um processo decisório: capacidade de compreensão das informações; capacidade de expressão da escolha da intervenção; capacidade de apreciação de que a escolha realizada tem efeitos no curso da vida; capacidade de uso do raciocínio, ou seja, capacidade de abstração e de explicação dos efeitos da decisão em relação a outras intervenções que poderiam ser realizadas. Essas habilidades indicam a necessidade de trabalho conjunto entre equipe de saúde e paciente para possibilitar a tomada de decisão.

Especificamente em relação à decisão de interrupção de tratamentos em saúde, Silmann e Sá[28] analisam que o ordenamento jurídico brasileiro prevê, em consonância com o entendimento da vida como um direito, a possibilidade de não consentimento e recusa de quaisquer tratamentos. Porém, há muita discussão acerca da recusa feita por uma criança ou adolescente sem a anuência dos pais ou outro adulto responsável. A legislação não legitima a capacidade de decidir de crianças e adolescentes não emancipados e não há modelo brasileiro que verse sobre a autonomia decisória desse público na tomada de decisões em saúde. Nessa direção, a literatura nacional aponta a possibilidade de utilização do modelo inglês,[29-30] no qual é princípio legal estabelecido, que crianças e adolescentes adquirem autonomia progressiva no decorrer do desenvolvimento e que, em caso de maturidade e competência, podem tomar decisões sobre sua saúde. Essa competência, denominada competência de Gillick, é entendida como uma

---

27. WORLD HEALTH ORGANIZATION – WHO. *Health literacy development for the prevention and control of noncommunicable diseases.* Geneva: World Health Organization; 2022. v. 4. Case studies from WHO National Health Literacy Demonstration Projects.
28. SILLMANN, Marina Carneiro Matos; SÁ, Maria de Fátima Freire. A recusa de tratamento médico por crianças e adolescentes: uma análise a partir da competência de Gillick. *Revista Brasileira de Direito Civil em Perspectiva*, 2015, (1)70-81.
29. Ibidem.
30. ARAÚJO, Rodrigo Vasconcelos de. Teoria da Maturidade Progressiva do Menor Aplicada ao Direito à Saúde. *Revista Direito Sanitário*, São Paulo, 2021, (21): e-0005.

maturidade emocional e neurocognitiva adequada para a tomada de decisão, o que inclui, principalmente, a presença de inteligência e discernimento suficientes.

A competência de Gillick surgiu em 1985 em um processo acerca da capacidade de uma adolescente em consentir sobre a utilização de métodos contraceptivos em discordância com os pais.[31] Nesse modelo, pessoas de 16 e 17, como Vítor, são presumidamente competentes, e crianças e adolescentes abaixo desse marco são avaliadas individualmente. Cabe à equipe de saúde decidir acerca da suficiência da inteligência e da maturidade para decidir em determinada condição clínica, respeitando a ética da confidencialidade.

Parte-se do pressuposto que a legitimação dessa competência não viola a autoridade parental, visto que essa autoridade não é estabelecida por um direito sobre a vida dos filhos, mas por um dever de cuidado e uma responsabilidade pela proteção dos interesses das crianças e adolescentes quando estes não conseguem, sozinhos, fazer valer tais interesses. O poder familiar se define, portanto, pela necessidade de proteção de crianças e adolescentes, considerados vulneráveis pela legislação em virtude da presunção de ausência de condições psíquicas para estabelecer consequências futuras de seus atos, especialmente se a intervenção for traumática ou dolorosa diante de um futuro aberto.

Sillmann e Sá[32] salientam que faz parte do dever parental facilitar o desenvolvimento social e intelectual dos filhos, favorecendo a autonomia. Se é esperado que a necessidade de proteção diminua em razão do desenvolvimento progressivo da autonomia, então a autoridade parental torna-se cada vez menos necessária como julgamento substitutivo, enquanto, por outro lado, se amplia o poder de decisão dos filhos.

A identificação da competência para tomada de decisão em saúde nesse modelo está atrelada à necessidade de obtenção de um consentimento válido em relação aos procedimentos em saúde. O consentimento é a manifestação verbal ou escrita da capacidade decisória, sendo que, para o real exercício da autonomia no fornecimento ou não do consentimento, devem ser "observados os requisitos da informação, do discernimento e da ausência de condicionadores externos".[33] A decisão autônoma deve corresponder uma vontade autônoma e, para que essa decisão tenha efeitos jurídicos, a pessoa deve ser compreendida como competente

---

31. ARAÚJO, Rodrigo Vasconcelos de. Teoria da Maturidade Progressiva do Menor Aplicada ao Direito à Saúde. *Revista Direito Sanitário*, São Paulo, v. 21, e-0005, 2021
32. SILLMANN, Marina Carneiro Matos.; SÁ, Maria de Fátima Freire. A recusa de tratamento médico por crianças e adolescentes: uma análise a partir da competência de Gillick. *Revista Brasileira de Direito Civil em Perspectiva*. 2015, (1)70-81.
33. SILLMANN, Marina Carneiro Matos.; SÁ, Maria de Fátima Freire. A recusa de tratamento médico por crianças e adolescentes: uma análise a partir da competência de Gillick. *Revista Brasileira de Direito Civil em Perspectiva*. p. 83. 2015.

para decidir. A avaliação da competência pressupõe a análise da vontade qualificada juridicamente, ou seja, o julgamento jurídico de um paciente ter o direito legal de tomar suas próprias decisões.

Esse ponto é de especial interesse na discussão de casos de doenças graves e ameaçadoras da vida: em um cenário de expansão da disponibilidade de tratamentos surgem possibilidades de modificação ou controle do adoecimento antes inexistentes, porém que podem ter custos elevados à qualidade de vida dos sujeitos, com efeitos colaterais adversos e riscos. Esses custos reforçam a necessidade da comunicação e do consentimento dos pacientes, crianças e adolescentes, aos procedimentos indicados.[34]

Ainda que não haja respaldo legal para utilização da competência de Gillick em contexto brasileiro e que tenha sido originalmente aplicado na adesão a um tratamento, esse construto é um marco que favorece a identificação da capacidade humana progressiva de compreensão e de decisão. Ademais, contribui para a elucidação do papel dos pais na representação do melhor interesse dos filhos com menos de 18 anos e permite refutar a noção de que o critério etário e a autoridade parental são absolutos, fomentando a valorização do posicionamento, da visão de mundo e da autonomia de crianças e adolescentes.

No caso clínico fictício, foi possível reconhecer que Vítor, em sua narrativa, mostrou inteligência e discernimento de valores e desejos relacionados à vida e a morte. Ainda, há discernimento e responsabilidade sobre o impacto de suas ações em relação a sua saúde e ao sofrimento de seus familiares, na medida em que entende que não há mais sentido em adiar a morte. Por meio desse exemplo, pondera-se que compartilhar valores e informações sobre objetivos de cuidado, riscos e incertezas relacionados à oferta ou recusa de tratamento, medos e desejos em momentos seriados de comunicação favoreçam a parceria de confiança entre envolvidos no cuidado e a autenticação do adolescente como um sujeito que tem voz própria e capacidade de uma narrativa gradual do sentido de sua vida e morte.

Corrobora a construção do cuidado de acordo com os princípios éticos, o conceito de autonomia relacional,[35] que compreende a constituição de sujeitos em pessoas e cidadãos a partir das relações interpessoais e das circunstâncias em que se insere. O conceito de autonomia relacional contempla a autonomia na vida de relação, no espaço ético, quando o respeito à individualidade e ao desejo de cada um, nos conecta e nos corresponsabiliza pelas decisões tomadas, moldadas por circunstâncias particulares. Aspectos de interseccionalidade – raça, crenças,

---

34. ARAÚJO, Rodrigo Vasconcelos de. Teoria da Maturidade Progressiva do Menor Aplicada ao Direito à Saúde. *Revista Direito Sanitário*, São Paulo, 2021, 21: e-0005.
35. SCHPALLIR, Maria.; ANJOS, Márcio. A relacionalidade como fundamento da autonomia. *Revista Brasileira de Bioética CFM*, 2018,(14): 1-16.

gênero, cultura, experiências pessoais e/ou compartilhadas – compõem o universo da autonomia relacional.

Na adolescência, o conceito de autonomia relacional no adolescente em cuidado paliativo aponta a direção ética para o exercício da autonomia do adolescente na tomada de decisão. Ele engloba a proteção em um processo marcado pela vulnerabilidade física, psíquica e emocional e pelo respeito à dignidade de um ser em aquisição de progressiva capacidade para se autodeterminar, sem desconsiderar a possibilidade de exercício dessa autodeterminação.[36]

Sob este prisma, na clínica da adolescência, a direção do cuidado se dá na avaliação da capacidade para decidir, considerando a fase de desenvolvimento em que cada adolescente se encontra e como tal capacidade se apresenta em relação a determinadas convocações da clínica, com atenção ao contexto sociocultural e aos marcadores sociais que fazem parte da realidade desse adolescente. Trata-se, novamente, de reconhecer a existência de crianças e adolescentes aptos a decidir autonomamente sobre situações existenciais, mesmo que essa decisão se dê a partir da recusa de um tratamento, e também que a capacidade para decidir está sendo adquirida ao longo da vida. Como Sillmann e Sá sumarizam:

> Haverá situações em que a criança ou o adolescente estará pronto para decidir; outras, o jovem não estará pronto para qualquer tomada de decisão; nesse caso, a decisão ficará a cargo dos representantes legais no melhor interesse da criança ou do adolescente. E ainda outras situações em que o menor poderá participar do processo de decisão, necessitando do acompanhamento dos responsáveis legais.[37]

7. CONSIDERAÇÕES FINAIS

As discussões deste capítulo apontam a autonomia não como uma condição conquistada a partir de um marco etário, mas como um processo que se inicia desde a infância e se modifica ao longo de toda a vida, de acordo com as experiências vividas, com os recursos simbólicos adquiridos, com o desenvolvimento neuropsicomotor, emocional e intelectual e, no caso de crianças e adolescentes gravemente adoecidos, também com a curva de evolução, limitações e perdas associadas à doença.

Acompanhar a adolescência desse adolescente adoecido é acompanhar o processo de capacitação neurocognitiva e emocional que culmina com uma au-

---

36. MANSON, Neil C. When is a choice not a choice? 'Sham Offers' and the Asymmetry of Adolescent Consent and Refusal. *Bioethics*, 2017, (31): 296-304.
37. SILLMANN, Marina Carneiro Matos; SÁ, Maria de Fátima Freire. A recusa de tratamento médico por crianças e adolescentes: uma análise a partir da competência de Gillick. *Revista Brasileira de Direito Civil em Perspectiva*. 2015, p. 87.

torização de si mesmo para a tomada de decisão, responsabilidade sobre os efeitos dessa decisão; ou seja, com o exercício de sua autonomia. Logo, a capacidade para decidir é dinâmica e pode estar presente em crianças e adolescentes, variando de acordo com o dilema a ser decidido e deve ser estimulada a partir do apoio e proteção dos pais, cuidadores e profissionais de saúde desde os primeiros anos de vida.

Assim sendo, a partir da perspectiva do cuidado centrado na família e na pessoa adoecida, a participação da criança e do adolescente na tomada de decisões deve ser incentivada desde o início do tratamento,[38] baseando-se em uma interpretação adequada da legislação, em conhecimentos sobre o desenvolvimento humano, na compreensão do papel dos pais ou responsáveis na proteção de interesses dos filhos (e não de seus próprios interesses), na comunicação adequada à capacidade de compreensão do paciente em cada momento da vida e, ainda, no grau de discernimento apresentado pela criança ou adolescente. Nesse processo, deve-se considerar o diagnóstico, o momento da evolução da doença, a equipe de assistência, os valores, os medos, as esperanças e o contexto sociocultural da criança ou do adolescente e da família.

Não é possível, portanto, oferecer respostas prontas e certezas, sob o risco de desconsiderar aspectos fundamentais e únicos de cada história. Deve-se, porém, insistir nas perguntas e na escuta, aprimorando-as, pois elas pavimentam caminhos de cuidado que se fazem nas incertezas, no respeito à diferença e nas complexidades de cada encontro.

REFERÊNCIAS

ARAÚJO, Rodrigo Vasconcelos de. Teoria da Maturidade Progressiva do Menor Aplicada ao Direito à Saúde. Revista Direito Sanitário, São Paulo, v. 21, e-0005, 2021

BRASIL. Constituição Federal de 1988. Constituição da República Federativa do Brasil de 1988. Brasília, DF: Presidente da República, 2016.

BRASIL. *Lei 8069, de 13 de julho de 1990*. Dispõe sobre o Estatuto da Criança e do Adolescente e dá outras providências. Brasília: 1990a.

BRASIL. *Decreto 99.710, de 21 de novembro de 1990*. Promulga a Convenção sobre os Direitos da Criança. Presidência da República: Brasília, 1990b.

BRASIL. *Lei 10.406, de 10 de janeiro de 2002*. Institui o Código Civil. Brasília: 2002.

BRASIL. *Lei 13.105, de 16 de março de 2015*. Institui o Código de Processo Civil. Diário Oficial da União: Brasília, 2015.

CALLIGARIS, Contardo. *A adolescência*. São Paulo: Publifolha, 2000.

---

38. VEMURI, Sidarh., HYNSON, Jenny., WILLIAMS, Katrina K. et al. Decision-making approaches for children with life-limiting conditions: results from a qualitative phenomenological study. *BMC Medical Ethics*, 2022, 23-52.

CARTER, Brian S. Liminality in Pediatric Palliative Care. *American Journal of Hospice & Palliative Medicine*, v. 34 (4); p. 297-300, 2016.

FREITAS, Rita Sobrado de; MEZZAROBA, Orides; ZILIO, Daniela. A autonomia decisória e o direito à autodeterminação corporal em decisões pessoais: uma necessária discussão. *Revista de Direito Brasileira*, v. 24, n. 9, p. 168-182, 2019.

LEMERLE-GRUSON, S; MÉRO, S. Adolescence, maladies chroniques, observance et refus de soins. *Laennec*, p. 21-27, 2010.

LOUGHLIN M, Dolezal L; HUTCHINSON, P.; SUBRAMANI, S.; MILANI, R.; LAFARGE, C. N.; Philosophy and the clinic: stigma, respect and shame. *J Eval Clin Pract.*, v. 28: p. 705-710, 2022.

MANSON, Neil C. When is a choice not a choice? 'Sham Offers' and the Asymmetry of Adolescent Consent and Refusal. *Bioethics*, v. 31, p. 296-304, 2017.

SANTOS, Rosilene Aparecida dos. *A construção da resiliência pelos trabalhadores de enfermagem na atenção a crianças e adolescentes cronicamente adoecidos.* Dissertação de Mestrado – Pós-graduação em Saúde da Criança e da Mulher da Fundação Oswaldo Cruz. Rio de Janeiro: 2012.

SILLMANN, Marina Carneiro Matos; SÁ, Maria de Fátima Freire. A recusa de tratamento médico por crianças e adolescentes: uma análise a partir da competência de Gillick. *Revista Brasileira de Direito Civil em Perspectiva.* 2015.

SILVA, Liliane de Lourdes Teixeira; VECCHIA, Bianca Penido; BRAGA, Patrícia Pinto. Adolescer em pessoas com doenças crônicas: Uma análise compreensiva. *Revista Baiana de Enfermagem⊠*, [S. l.], v. 30, n. 2, 2016.

SCHPALLIR, M.; ANJOS, M. A relacionalidade como fundamento da autonomia. *Revista Brasileira de Bioética*, v. 14, p. 1-16, 2018.

VEMURI et al. Decision-making approaches for children with life-limiting conditions: results from a qualitative phenomenological study. *BMC Medical Ethics*, 23:52. 2022.

VIEIRA, Alessandra Aguiar; AMARAL, Tatiana Mattos. Luto em pediatria: tecendo palavras no vazio das ausências. *Residência Pediátrica*, v. 9, n. 2, 2019.

WINNICOTT, Donald Wood. *Privação e delinquência.* 3 ed. São Paulo: Martins Fontes, 1999.

WINNICOTT, Donald Wood. Adolescência. In: WINNICOTT, D. W. *A família e o desenvolvimento individual.* São Paulo: Martins Fontes, 2005a.

WINNICOTT, Donald Wood. *Tudo começa em casa.* 4. ed. São Paulo: Martins Fontes, 2005b.

WORLD HEALTH ORGANIZATION – WHO. *Health literacy development for the prevention and control of noncommunicable diseases.* Geneva: World Health Organization; 2022. v. 4. Case studies from WHO National Health Literacy Demonstration Projects.

TOMADA DE DECISÃO EM CUIDADOS PALIATIVOS PSIQUIÁTRICOS

Henrique Gonçalves Ribeiro

Médico psiquiatra. Núcleo Técnico-Científico de Cuidados Paliativos do Hospital das Clínicas da Faculdade de Medicina da Universidade de São Paulo.

Thiago Fernando da Silva

Médico psiquiatra. Núcleo de Psiquiatria Forense e Psicologia Jurídica do Hospital das Clínicas da Faculdade de Medicina da Universidade de São Paulo.

Sumário: 1. A história de Julieta – 2. Consentimento livre e esclarecido – 3. Capacidade de consentir ao tratamento – 4. Avaliação da capacidade de consentir ao tratamento – 5. Cuidados paliativos e transtornos psiquiátricos – 6. Autonomia e tomada de decisão – 7. Conclusão – Referências.

1. A HISTÓRIA DE JULIETA

Julieta de 76 anos, viúva, professora universitária, 2 filhos, católica, portadora de doença renal crônica não dialítica, hipertensão arterial crônica e diabetes evolui com deterioração da função renal com indicação de terapia dialítica. Há 20 anos em tratamento de transtorno afetivo bipolar com piora progressiva do humor nos últimos 3 meses, mantendo sintomas residuais de tristeza, desesperança, alteração do sono e relato de que "seria melhor estar morta" apesar de otimização terapêutica farmacológica e não farmacológica.

Diante da recusa da paciente para início da terapia dialítica e suspeita de que os sintomas psiquiátricos estariam influenciando sua capacidade para decisão, sua filha e o médico nefrologista solicitam avaliação da equipe de psiquiatria e de cuidados paliativos para definição da conduta clínica.

2. CONSENTIMENTO LIVRE E ESCLARECIDO

O consentimento livre e esclarecido é um dos pilares fundamentais da prática médica moderna, e a avaliação da capacidade de consentir ao tratamento encontra amparo em nossos ordenamentos éticos e legais.[1]

---

1. APPELBAUM, Paul S. Clinical practice. Assessment of patients' competence to consent to treatment. N Engl J Med. 1º dez. 2007;357(18):1834-40.

De acordo com o Conselho Federal de Medicina,[2] por muito tempo a relação médico-paciente foi assimétrica. Em prol do princípio da beneficência, o paciente era submetido a procedimentos médicos de acordo somente com a indicação médica, sem que houvesse oportunidade para que discutisse em conjunto com seu médico sobre as alternativas de tratamento, incluindo a possibilidade de recusá-lo.

Porém entrou-se em uma nova era, com novos paradigmas acerca do consentimento esclarecido.[3] Uma das habilidades imprescindíveis aos médicos é determinar a capacidade do paciente de entender sua própria condição e as intervenções médicas propostas, incluindo o seu impacto, as possíveis alternativas de cuidado, com suas vantagens e desvantagens. Tal avaliação pode ser difícil em diversos contextos, como no caso de pacientes com transtornos psiquiátricos.

3. CAPACIDADE DE CONSENTIR AO TRATAMENTO

Diversos estudos na literatura científica avaliaram a capacidade de consentir ao tratamento em pacientes com diferentes condições médicas, incluindo transtornos psiquiátricos e outras doenças não psiquiátricas.[4,5,6,7]

É frequente o acionamento de equipes de interconsulta psiquiátrica no hospital geral quando há dúvidas sobre a capacidade de consentimento dos pacientes, na presença ou ausência de algum diagnóstico psiquiátrico.[8,9,10]

---

2. CONSELHO FEDERAL DE MEDICINA. Recomendação CFM 1/2016 [Internet]. 1/2016 2016. Disponível em: https://sistemas.cfm.org.br/normas/visualizar/recomendacoes/BR/2016/1. Acesso em: 27 jul. 2023.

3. MUNHOZ RP, MUNHOZ RP. The new era and paradigms for patient consent. *Arquivos de Neuro-Psiquiatria*. jan. 2017;75(1):1-2.

4. MUNHOZ, Renato P. The new era and paradigms for patient consent. *Arquivos de Neuro-Psiquiatria*. jan. 2017;75(1):1-2.

5. BOETTGER, Susanne; BERGMAN, Meredith; JENEWEIN, Josef; BOETTGER, Soenke. Assessment of decisional capacity: Prevalence of medical illness and psychiatric comorbidities. *Palliat Support Care*. out. 2015;13(5):1275-81.

6. LEPPING, Petter; STANLY, Assimhara, TURNER, Jim. Systematic review on the prevalence of lack of capacity in medical and psychiatric settings. *Clin Med* (Lond). ago. 2015;15(4):337-43.

7. MANDARELLI, Gabrielle et al. Treatment decision-making capacity in non-consensual psychiatric treatment: a multicentre study. *Epidemiol Psychiatr Sci*. 2018;27(5):492-9.

8. KATZ, Mark; ABBEY, Susan; RYDALL, Abbey; LOWY, Frederick. Psychiatric consultation for competency to refuse medical treatment. A retrospective study of patient characteristics and outcome. *Psychosomatics*. fev. 1995;36(1):33-41.

9. MASAND, Prakash; et. al. A prospective multicenter study of competency evaluations by psychiatric consultation services. *Psychosomatics*. fev. 1998;39(1):55-60.

10. RANJITH, Gopinath; HOTOPF, Matthew. 'Refusing treatment – please see': an analysis of capacity assessments carried out by a liaison psychiatry service. *J R Soc Med*. out. 2004;97(10):480-2.

Autores afirmam que a avaliação da capacidade de consentimento deve sempre ser realizada e documentada toda vez que algum paciente for submetido a qualquer procedimento médico.[11]

Em relação aos pacientes com transtornos psiquiátricos, estudos já avaliaram pacientes com diferentes diagnósticos psiquiátricos, incluindo deficiência intelectual,[12] mania[13] e quadros psicóticos.[14-15] Esses estudos, em conjunto, indicam que a mera presença de um diagnóstico psiquiátrico não é sinônimo de incapacidade, e que avaliações rotineiras de capacidade devem ser conduzidas pelas equipes de tratamento, a fim de garantir o bem estar e a autonomia desses pacientes.

Em relação a doenças não psiquiátricas, dados de diferentes países apontam altas prevalências de incapacidade de consentir em relação ao tratamento em pacientes internados em hospitais gerais. Um estudo realizado na Irlanda observou uma prevalência de 27,7%,[16] enquanto um estudo grego[17] encontrou uma prevalência de 50,7%. Um importante estudo longitudinal inglês[18] seguiu por 18 meses 302 pacientes admitidos em um serviço de emergência médica em Londres, e avaliou a prevalência de incapacidade de tomar decisões em relação ao tratamento. Os resultados indicaram que cerca de 40% dos pacientes não possuíam capacidade tomar alguma decisão sobre o próprio tratamento. Um outro dado que chamou a atenção foi o fato de as equipes assistenciais subestimarem essa capacidade de consentimento. Os fatores mais associados à incapacidade neste estudo foram idade avançada e comprometimento cognitivo.

Há diversos estudos que avaliaram especificamente algumas doenças clínicas, como pacientes submetidos a procedimentos invasivos,[19] doença de

---

11. SIEGEL, Andrew M.; BARNWELL, Anna S; SISTI, Dominic A. Assessing decision-making capacity: a primer for the development of hospital practice guidelines. *HEC Forum*. jun. 2014;26(2):159-68.

12. GUNN, Michael et al. The capacity of people with a "mental disability" to make a health care decision. *Psychol Med*. mar. 2000;30(2):295-306.

13. BECKETT, Jonathan; CHAPLIN, Robert. Capacity to consent to treatment in patients with acute mania. *Psychiatric Bulletin*. nov. 2006;30(11):419-22.

14. PALMER, Barton W; NAYAK, Gauri V; DUNN, Laura B APPELBAUM, Paul S, JESTE, Dilip V. Treatment-related decision-making capacity in middle-aged and older patients with psychosis: a preliminary study using the MacCAT-T and HCAT. *Am J Geriatr Psychiatry*. abr. 2002;10(2):207-11.

15. WONG, Josephine; CHEUNG, Erik; CHEN, Eric. Decision-making capacity of inpatients with schizophrenia in Hong Kong. *J Nerv Ment Dis*. maio 2005;193(5):316-22.

16. MURPHY, Ruth; FLEMING, Sean Martin; CURLEY, Aoife; DUFFY, Richard M; KELLY, Brendan. Who can decide? Prevalence of mental incapacity for treatment decisions in medical and surgical hospital inpatients in Ireland. *QJM*. 1º dez. 2018;111(12):881-5.

17. BILANAKIS, Nikolaos et. al. Medical patients' treatment decision making capacity: a report from a general hospital in Greece. *Clin Pract Epidemiol Ment Health*. 2014;10:133-9.

18. RAYMONT, Vanessa et al. Prevalence of mental incapacity in medical inpatients and associated risk factors: cross-sectional study. *The Lancet*. 16 out. 2004;364(9443):1421-7.

19. RAHMAN, Monira et. al. Mental incapacity in hospitalised patients undergoing percutaneous endoscopic gastrostomy insertion. *Clin Nutr*. abr. 2012;31(2):224-9.

Parkinson,[20-21] insuficiência cardíaca avançada,[22] e diferentes doenças oncológicas, acometendo ou não o sistema nervoso central.[23-24-25-26-27] Em conjunto, esses estudos demonstram que a prevalência de incapacidade em pacientes com doenças clínicas é alta e, de maneira preocupante, há uma tendência das equipes assistenciais em subestimarem essa incapacidade. Uma das áreas mais estudadas são de pacientes submetidos a cuidados paliativos.[28-29-30-31]

4. AVALIAÇÃO DA CAPACIDADE DE CONSENTIR AO TRATAMENTO

Diversos pesquisadores dedicaram-se ao desenvolvimento de métodos de avaliação da capacidade de consentir ao tratamento.[32-33] Em um deles, são indicadas algumas capacidades básicas que devem ser avaliadas, como capacidade de comunicar uma escolha, capacidade de entender informações relevantes ao caso, de apreciar a situação e suas consequências e de raciocinar em relação à própria situação.

---

20. DYMEKVAL-VALENTINE, Maureen; ATCHISON Paul; HARRELL, Lindy E; MARSON, Daniel. Competency to consent to medical treatment in cognitively impaired patients with Parkinson's disease. *Neurology*. 9 jan. 2001;56(1):17-24.
21. MARTIN, Roy et al. Medical Decision-Making Capacity in Cognitively Impaired Parkinson's Disease Patients Without Dementia. *Mov Disord*. 15 out. 2008;23(13):1867-74.
22. GAVIRIA, Moises; PLISKIN, Neil; KNEY, Adam. Cognitive impairment in patients with advanced heart failure and its implications on decision-making capacity. Congest Heart Fail. ago. 2011;17(4):175-9.
23. GARRETT, Sarah B; ABRAMSON, Corey M; RENDLE, Catarina A; DOHAN, Daniel. Approaches to decision-making among late-stage melanoma patients: a multifactorial investigation. *Support Care Cancer*. 2019;27(3):1059-70.
24. HEWINS, Will; et.al. The Effects of Brain Tumours upon Medical Decision-Making Capacity. *Curr Oncol Rep* [Internet]. 2019 [citado 21 jan. 2020];21(6). Disponível em: https://www.ncbi.nlm.nih.gov/pmc/articles/PMC6495430/.
25. KERRIGAN, Simon; et. al. Mental incapacity in patients undergoing neuro-oncologic treatment: a cross-sectional study. *Neurology*. 5 ago. 2014;83(6):537-41.
26. OGAWA, Asao et.al. Decision-Making Capacity for Chemotherapy and Associated Factors in Newly Diagnosed Patients with Lung Cancer. *Oncologist*. 2018;23(4):489-95.
27. TRIEBEL, Kristen L; MARTIN, Roy C; NABORS, Louis B; MARSON, Daniel C. Medical decision-making capacity in patients with malignant glioma. Neurology. 15 dez. 2009;73(24):2086-92.
28. BELANGER, Emmanuelle. Shared decision-making in palliative care: Research priorities to align care with patients' values. *Palliat Med*. 2017;31(7):585-6.
29. KOLVA, Elissa; ROSENFELD, Barry; BRESCIA, Roberto; COMFORT, Christopher. Assessing decision-making capacity at end of life. *Gen Hosp Psychiatry*. Ago. 2014;36(4):392-7.
30. MITCHELL, Gary. Palliative and end-of-life decision-making in dementia care. *Int J Palliat Nurs*. nov. 2015;21(11):536-41.
31. APPELBAUM, Paul S. Clinical practice. Assessment of patients' competence to consent to treatment. N Engl J Med. 1º nov. 2007;357(18):1834-40.
32. GRISSO, Thomas; APPELBAUM, Paul S; HILL-FOTOUHI, Carolyn . The MacCAT-T: a clinical tool to assess patients' capacities to make treatment decisions. *Psychiatr* Serv. nov. 1997;48(11):1415-9.
33. MOMEN, Natalie C et al. Mortality associated with mental disorders and comorbid general medical condition. *JAMA Psychiatry*. 2022;79(5):444-453.

A capacidade de comunicar uma escolha requer que o paciente seja capaz de indicar sua decisão acerca de um tratamento ou procedimento. As razões pelas quais o paciente chegou nessa decisão não estão incluídas nesse conceito. Dessa maneira, é um fator necessário, porém insuficiente, no processo de tomada de decisão. É importante ressaltar que a comunicação dessa escolha não precisa ser verbal. Como exemplos de pacientes com essa capacidade prejudicada podemos citar pacientes inconscientes.

A capacidade de entender informações relevantes ao caso é avaliada explicando de maneira clara, e compatível com o nível sociocultural do paciente, sua condição e tratamento proposto, e a seguir solicitando que paciente repita com suas próprias palavras o que foi dito. Paciente com quadros demenciais, por exemplo, podem apresentar prejuízo dessa capacidade.

A capacidade de apreciação crítica refere-se à capacidade do paciente de aplicar os fatos que estão sendo discutidos para sua própria condição.[34] De uma maneira geral engloba o reconhecimento de que o paciente apresenta a doença que foi diagnosticada, além de compreender as consequências da doença e as possíveis opções de tratamento para a situação. Por exemplo, um paciente com um quadro delirante pode apresentar prejuízo dessa capacidade, influenciado por uma distorção patológica do pensamento.

Finalmente a capacidade de raciocínio refere-se à capacidade global e ampla de envolver-se em um processo racional de questionamento e reflexão utilizando as informações que lhe foram passadas. O paciente deve ser capaz de comparar todas as opções de tratamento, oferecendo razões lógicas para suas justificativas. Vale lembrar que o aspecto mais importante é avaliar o processo lógico e não a decisão final do paciente.

5. CUIDADOS PALIATIVOS E TRANSTORNOS PSIQUIÁTRICOS

Um estudo de coorte dinamarquês com quase 6.000.000 de pessoas avaliou a mortalidade de portadores de condições médicas gerais associadas a comorbidade psiquiátrica, indicando risco de morte 6 vezes maior e redução de 11 anos na expectativa de vida nessa população. A combinação de uma doença orgânica com transtorno psiquiátrico adiciona complexidade na avaliação da capacidade para tomada de decisão referente ao tratamento. Ao passo que a inclusão da pessoa com deficiência, física ou mental, no processo de tomada de decisão represente um elemento central para garantia da dignidade e autonomia ao ser humano, deve-se ter cuidado redobrado para não expor uma pessoa vulnerável

---

34. MOMEN, Natalie C. et al. Mortality associated with mental disorders and comorbid general medical condition. *JAMA Psychiatry*. 2022;79(5):444-453.

a uma situação para a qual não está apta, ponderando os princípios bioéticos da autonomia, beneficência, não maleficência e justiça.

As evidências científicas disponíveis indicam elevada taxa de incapacidade para tomada de decisão em pacientes com doença avançada.[35] Decisões por tratamentos que abreviam o tempo de vida estão relacionadas a presença de sintomas depressivos em pacientes oncológicos, tornando fundamental a discussão das implicações bioéticas e jurídicas nos casos de eutanásia para pacientes psiquiátricos.[36-37]

Embora a garantia e proteção da autonomia sejam centrais nos cuidados paliativos, a avaliação sistematizada da capacidade para tomada de decisão é rara em situações clínicas de elaboração de diretivas antecipadas de vontade, testamento vital e planejamento terapêutico. Com isso, pacientes vulneráveis potencialmente beneficiados por uma abordagem paliativa permanecem em risco de mistanásia, distanásia e eutanásia.[38]

6. AUTONOMIA E TOMADA DE DECISÃO

Em decisões judiciais brasileiras cada vez mais adota-se uma postura de respeito ao princípio bioético de autonomia do paciente. Vale comentar dois acórdãos proferidos pelo Tribunal de Justiça do Rio Grande do Sul que ilustram essa tendência.

O primeiro acórdão, de 01 de junho de 2011 (N. 70042509562)[39] trata de um paciente internada por quadro de descompensação secundária a insuficiência renal, com pré-edema agudo de pulmão. O neto, apresentando-se como responsável legal pela paciente, mostra-se favorável à realização de hemodiálise, enquanto o filho da paciente, não autoriza o tratamento, argumentando cumprir desejo materno. O relator do acórdão, desembargador Arminio José Abreu Lima da Rosa,

---

35. KASPERS, Pam J; ONWUTEAKA-PHILIPSEN, Bregje D; DEEG, Dorly JH; PASMAN, H Roelline W. Decision-making capacity and communication about care of older people during their last three months of life. *BMC Palliat Care*. 2013;12:1.

36. BREITBART, Willian. Depression, hopelessness, and desire for hastened death in terminally ill patients with cancer. *JAMA*. 2000 Dec 13;284(22):2907-11.

37. DE HERT, Marc; LOOS, Sien; STERCKX, Sigrid; THYS, Erik; VAN ASSCHE, Kristof. Improving control over euthanasia of persons with psychiatric illness: lessons from the first belgian criminal court case concerning euthanasia. Front. *Psychiatry*. 2022;13(93):37-48.

38. DECORTE, Ilse; et. al. Oyster Care: An innovative palliative approach towards SPMI patients. Front. *Psychiatry*. 2020;11:509.

39. BRASIL. Poder Judiciário do Estado do Rio Grande do Sul. Apelação Cível 70042509562. Porto Alegre, RS: Tribunal De Justiça – 21 Câmara Cível, [2011]. Disponível em: https://www.tjrs.jus.br/site_php/consulta/consulta_processo.php?nome_comarca=Tribunal%20de%20Justi%C3%A7a%20do%20RS&versao=&versao_fonetica=1&tipo=1&id_comarca=700&num_processo_mask=&num_processo=70042509562&codEmenta=7706337&temIntTeor=true. Acesso em: 27 jul. 2023.

discorre de maneira elegante sobre a complexidade de tema: "Quiçá seja este um dos embates filosóficos de maior dimensão em termos de definição humana, por estar embainhada pela percepção individual quanto ao sentido da vida".

A percepção do relator é de que o processo reflete uma disputa entre a ortotanásia e a distanásia, sendo a primeira corresponde ao processo de assegurar às pessoas uma morte natural, sem interferência da ciência, evitando sofrimentos inúteis, assim como dando respaldo à dignidade do ser humano ao passo que a segunda implica prolongamento da vida, mediante meios artificiais e desproporcionais. A decisão da juíza de 1º grau é cristalina, ao afirmar que:

> A Constituição Federal, bem como o Estatuto do Idoso, elevam o direito à vida como garantia fundamental de primeira ordem. O idoso merece especial atenção por sua natural hipossuficiência física, o que legitima algumas pessoas à sua proteção, inclusive para interesses individuais, o Ministério Público, quando indisponíveis. No caso em tela, a solução da questão passa pela análise da disponibilidade do direito à saúde e à vida, o que implica na necessária análise da legitimidade ativa. Fundamenta-se. A paciente, por estar acometida de séria doença, não pode expressar aos médicos, empregados do autor, a sua vontade, o que levou à negativa de autorização à realização do tratamento de hemodiálise pelo seu filho, imediato responsável por ela, dentro do Hospital. Referiu o autor que lá também se encontra o neto da paciente, o qual teria opinião contrária, por autorizar o tratamento. Ora, sem poder expressar a sua vontade, e não havendo notícia de lá se encontrar o cônjuge da paciente, responde por ela, em primeiro lugar, o seu descendente mais próximo, no caso o filho. A justificativa dada pelo descendente, para negar autorização para o tratamento, foi de que seria esta a última vontade de Irene Freitas, o que é factível, uma vez que é de conhecimento comum que o procedimento da hemodiálise é muito desgastante. Constantes são as desistências pelas dificuldades decorrentes e pela intensidade e tempo que o paciente fica atrelado ao equipamento. Em época na qual é crescente a discussão sobre a necessidade de ponderar-se o direito à vida, confrontando-o com o direito à dignidade da pessoa, o qual também se deve entender como a possibilidade de viver com dignidade e sem sofrimento, tais tipos de tratamentos e doenças, por serem muito gravosos, muitas vezes são, de forma consentida, rechaçados.

Outro acórdão, de 20 de novembro de 2013 (N. 70054988266) analisa o caso um idoso de 79 anos, com necrose do pé esquerdo, com indicação médica de amputação do membro inferior. O paciente recusava-se a realizar o procedimento e médico buscou auxílio do Ministério Público, no sentido de fazer a cirurgia mutilatória mediante autorização judicial, a fim de salvar a vida do paciente. Vale ressaltar que há uma avaliação psiquiátrica que afirma que paciente "continua lúcido, sem sinais de demência". O relator do acórdão, o desembargador Irineu Mariani, afirma que:[40]

---

40. BRASIL. Poder Judiciário do Estado do Rio Grande do Sul. Apelação Cível 70054988266. Porto Alegre, RS: Tribunal De Justiça – 1. Câmara Cível, [2013]. Disponível em: https://www.jusbrasil.com.br/jurisprudencia/tj-rs/113430626/inteiro-teor-113430636. Acesso em: 27 jul. 2023.

O caso sub judice se insere na dimensão da ortotanásia. Em suma, se o paciente se recusa ao ato cirúrgico mutilatório, o Estado não pode invadir essa esfera e procedê-lo contra a sua vontade, mesmo que o seja com o objetivo nobre de salvar sua vida.

Pondera então acerca dos princípios constitucionais envolvidos:

Resumindo, o direito à vida garantido no art. 5º, caput, deve ser combinado com o princípio da dignidade da pessoa, previsto no art. 2º, III, ambos da CF, isto é, vida com dignidade ou razoável qualidade. Em relação ao seu titular, o direito à vida não é absoluto. No outras palavras, não existe a obrigação constitucional de viver, haja vista que, por exemplo, o Código Penal não criminaliza a tentativa de suicídio. Ninguém pode ser processado criminalmente por tentar suicídio. Nessa ordem de ideias, a Constituição institui o direito à vida, não o dever à vida, razão pela qual não se admite que o paciente seja obrigado a se submeter a cirurgia ou tratamento.

7. CONCLUSÃO

A autonomia, pilar dignificante da condição humana, é assegurada pelas normativas ético-jurídicas e permeia a rotina de profissionais de saúde no cuidado de pacientes portadores de doenças graves. A complexidade clínica existente no sofrimento em todas as suas dimensões biopsicossocioespirituais exige do profissional de saúde parâmetros objetivos capazes de balizar o processo de tomada de decisão acerca de intervenções diagnósticas e terapêuticas disponíveis, garantindo proporcionalidade entre promoção de autonomia e proteção em situações de vulnerabilidade para distanásia, mistanásia e eutanásia.

Os cuidados paliativos e a psiquiatria oferecem abordagem técnica capaz de integrar humanismo e ética no cuidado do ser humano em sofrimento, instrumentalizando o profissional de saúde para a tomada de decisão compartilhada.

REFERÊNCIAS

APPELBAUM, Paul S. Clinical practice. Assessment of patients' competence to consent to treatment. *N Engl J Med.* 1º nov. 2007;357(18):1834-40.

AYRE, Karyn,;OWEN, Gareth S.; MORAN, Paul. Mental capacity and borderline personality disorder. *BJPsych Bull.* fev. 2017;41(1):33-6.

BECKETT, Jonathan; CHAPLIN, Robert. Capacity to consent to treatment in patients with acute mania. *Psychiatric Bulletin.* nov. 2006;30(11):419-22.

BELANGER, Emmanuelle. Shared decision-making in palliative care: Research priorities to align care with patients' values. *Palliat Med.* 2017;31(7):585-6.

BILANAKIS, Nikolaos, et. al. Medical patients' treatment decision making capacity: a report from a general hospital in Greece. *Clin Pract Epidemiol Ment Health.* 2014;10:133-9.

BOETTGER, Susanne; BERGMAN, Meredith; JENEWEIN, Josef; BOETTGER, Soenke. Assessment of decisional capacity: Prevalence of medical illness and psychiatric comorbidities. *Palliat Support Care.* out. 2015;13(5):1275-81.

BRASIL. Poder Judiciário do Estado do Rio Grande do Sul. Apelação Cível 70042509562. Porto Alegre, RS: Tribunal De Justiça – 21 Câmara Cível, [2011]. Disponível em: https://www.tjrs.jus.br/site_php/consulta/consulta_processo.php?nome_comarca=Tribunal%20de%20Justi%C3%A7a%20do%20RS&versao=&versao_fonetica=1&tipo=1&id_comarca=700&num_processo_mask=&num_processo=70042509562&codEmenta=7706337&temIntTeor=true. Acesso em: 27 jul. 2023.

BRASIL. Poder Judiciário do Estado do Rio Grande do Sul. Apelação Cível 70054988266. Porto Alegre, RS: Tribunal De Justiça – 1. Câmara Cível, [2013]. Disponível em: https://www.jusbrasil.com.br/jurisprudencia/tj-rs/113430626/inteiro-teor-113430636 . Acesso em: 27 jul. 2023.

BREITBART, Willian. Depression, hopelessness, and desire for hastened death in terminally ill patients with cancer. *JAMA*. 2000 Dec 13;284(22):2907-11.

CONSELHO FEDERAL DE MEDICINA. Recomendação CFM 1/2016 [Internet]. 1/2016 2016. Disponível em: https://sistemas.cfm.org.br/normas/visualizar/recomendacoes/BR/2016/1. Acesso em: 27 jul. 2023.

DECORTE, Ilse et. al. Oyster Care: An innovative palliative approach towards SPMI patients. Front. *Psychiatry*. 2020;11:509.

DE HERT, Marc; LOOS, Sien; STERCKX, Sigrid; THYS, Erik; VAN ASSCHE, Kristof. Improving control over euthanasia of persons with psychiatric illness: lessons from the first belgian criminal court case concerning euthanasia. Front. *Psychiatry*. 2022;13(93):37-48.

DYMEKVAL-VALENTINE, Maureen; ATCHISON Paul; HARRELL, Lindy E; MARSON, Daniel. Competency to consent to medical treatment in cognitively impaired patients with Parkinson's disease. *Neurology*. 9 de janeiro de 2001;56(1):17–24.

GRISSO, Thomas; APPELBAUM, Paul S; HILL-FOTOUHI, Carolyn. The MacCAT-T: a clinical tool to assess patients' capacities to make treatment decisions. *Psychiatr* Serv. nov. 1997;48(11):1415-9.

GARRETT, Sarah B; ABRAMSON, Corey M; RENDLE, Catarina A; DOHAN, Daniel. Approaches to decision-making among late-stage melanoma patients: a multifactorial investigation. *Support Care Cance*r. 2019;27(3):1059-70.

GAVIRIA, Moises; PLISKIN, Neil; KNEY, Adam. Cognitive impairment in patients with advanced heart failure and its implications on decision-making capacity. *Congest Heart Fail*. ago. 2011;17(4):175-9.

GUNN, Michael, et. a The capacity of people with a "mental disability" to make a health care decision. *Psychol Med*. mar. 2000;30(2):295-306.

HEWINS, Will; et.al. The Effects of Brain Tumours upon Medical Decision-Making Capacity. Curr Oncol Rep [Internet]. 2019 [citado 21 jan. 2020];21(6). Disponível em: https://www.ncbi.nlm.nih.gov/pmc/articles/PMC6495430/.

KASPERS, Pam J; ONWUTEAKA-PHILIPSEN, Bregje D; DEEG, Dorly JH; PASMAN, H Roelline W. Decision-making capacity and communication about care of older people during their last three months of life. *BMC Palliat Care*. 2013;12:1.

KATZ, Mark; ABBEY, Susan; RYDALL, Abbey; LOWY, Frederick. Psychiatric consultation for competency to refuse medical treatment. A retrospective study of patient characteristics and outcome. *Psychosomatics*. fev. 1995;36(1):33-41.

KERRIGAN, Simon; et. al. Mental incapacity in patients undergoing neuro-oncologic treatment: a cross-sectional study. *Neurology*. 5 ago. 2014;83(6):537-41.

KOLVA, Elissa; ROSENFELD, Barry; BRESCIA, Roberto; COMFORT, Christopher. Assessing decision-making capacity at end of life. *Gen Hosp Psychiatry*. ago. 2014;36(4):392-7.

KOLVA, Elissa; ROSENFELD, Barry; SARACINO, Rebeca. Assessing the decision making capacity of terminally ill patients with cancer. *Am J Geriatr Psychiatry*. maio 2018;26(5):523-31.

LEPPING, Petter; STANLY, Assimhara, TURNER, Jim. Systematic review on the prevalence of lack of capacity in medical and psychiatric settings. *Clin Med* (Lond). ago. 2015;15(4):337-43.

MANDARELLI, Gabrielle, et al. Treatment decision-making capacity in non-consensual psychiatric treatment: a multicentre study. *Epidemiol Psychiatr Sci*. 2018;27(5):492-9.

MASAND, Prakash; et. al. A prospective multicenter study of competency evaluations by psychiatric consultation services. *Psychosomatics*. fev. 1998;39(1):55-60.

MARTIN, Roy et al. Medical Decision-Making Capacity in Cognitively Impaired Parkinson's Disease Patients Without Dementia. *Mov Disord*. 15 out. 2008;23(13):1867-74.

MITCHELL, Gary. Palliative and end-of-life decision-making in dementia care. *Int J Palliat Nurs*. nov. 2015;21(11):536-41.

MOMEN, Natalie C. et al. Mortality associated with mental disorders and comorbid general medical condition. *JAMA Psychiatry*. 2022;79(5):444-453.

MUNHOZ, Renato P. The new era and paradigms for patient consent. *Arquivos de Neuro-Psiquiatria*. jan. 2017;75(1):1-2.

MURPHY, Ruth; FLEMING, Sean Martin; CURLEY, Aoife; DUFFY, Richard M; KELLY, Brendan. Who can decide? Prevalence of mental incapacity for treatment decisions in medical and surgical hospital inpatients in Ireland. *QJM*. 1º dez. 2018;111(12):881-5.

OGAWA, Asao et.al. Decision-Making Capacity for Chemotherapy and Associated Factors in Newly Diagnosed Patients with Lung Cancer. *Oncologist*. 2018;23(4):489-95.

PALMER, Barton W; NAYAK, Gauri V; DUNN, Laura B APPELBAUM', Paul S, JESTE, Dilip V. Treatment-related decision-making capacity in middle-aged and older patients with psychosis: a preliminary study using the MacCAT-T and HCAT. *Am J Geriatr Psychiatry*. abr. 2002;10(2):207-11.

RAHMAN, Monira; et. al. Mental incapacity in hospitalised patients undergoing percutaneous endoscopic gastrostomy insertion. *Clin Nutr*. abr. 2012;31(2):224-9.

RANJITH, Gopinath; HOTOPF, Matthew. 'Refusing treatment – please see': an analysis of capacity assessments carried out by a liaison psychiatry service. J *R Soc Med*. out. 2004;97(10):480-2.

RAYMONT, Vanessa et al. Prevalence of mental incapacity in medical inpatients and associated risk factors: cross-sectional study. *The Lancet*. 16 out. 2004;364(9443):1421-7.

SIEGEL, Andrew M.; BARNWELL, Anna S; SISTI, Dominic A. Assessing decision-making capacity: a primer for the development of hospital practice guidelines. *HEC Forum*. jun. 2014;26(2):159-68.

TRIEBEL, Kristen L; MARTIN, Roy C; NABORS, Louis B; MARSON, Daniel C. Medical decision-making capacity in patients with malignant glioma. *Neurology*. 15 dez. 2009;73(24):2086-92.

WONG, Josephine; CHEUNG, Erik; CHEN, Eric. Decision-making capacity of inpatients with schizophrenia in Hong Kong. J *Nerv Ment Dis*. maio de 2005;193(5):316-22.

CUIDADOS PALIATIVOS NAS FAVELAS

Alexandre Ernesto Silva

Doutor em enfermagem. Universidade Federal de São João del-Rei, Divinópolis, Minas Gerais. Enfermeiro.

Matheus Rodrigues Martins

Mestrando em enfermagem. Universidade Federal de Minas Gerais, Belo Horizonte, Minas Gerais. Enfermeiro.

Glaziela Arruda Coelho

Pós-Graduanda em Bioética e Biodireito. Faculdade de Palmares, Palmas, Pernambuco. Assistente Social.

Thalissa Santana Salsa Gomes

Especialista em Clínica. Universidade Federal do Rio de Janeiro, Rio de Janeiro, Rio de Janeiro. Assistente Social.

Sumário: 1. A história de Edite – 2. Reflexões iniciais – 3. Populações vulneradas – 4. Cuidados paliativos como um direito humano estabelecendo uma rede comunitária de apoio – 5. A compaixão como eixo norteador dos cuidados paliativos – 6. Considerações finais – Referências.

1. A HISTÓRIA DE EDITE

Dona Edite, 71 anos, é uma viúva, ex-empregada doméstica, mãe de sete filhos, moradora da favela da Rocinha, localizada no Rio de Janeiro, Brasil. Ela apresentava diagnóstico discopatia lombar e cervical com perda progressiva da função motora, primeiro nos membros inferiores e mais recentemente nos membros superiores.

Entretanto, a maior causa de dor que ela enfrentava, era na dimensão psíquica, pois vivenciara um processo de luto complicado. Uma história marcada por perdas, que se iniciou com a morte do filho mais novo, que sofria de uma condição neurodegenerativa, a qual ela dedicava o cuidado integral. Ela viu o filho broncoaspirar água na sua frente, o que o levou a morte. Desde então, ela carrega culpa por esse acontecimento.

Além dessa perda, havia outras vivências de mortes trágicas, como a morte de outro filho com 16 anos, que foi baleado por desconhecidos em sua frente, na porta de sua casa. E também o irmão, que cometeu suicídio após falar com ela ao telefone.

Todos estes lutos levaram Edite a uma desordem emocional que compromete na realização das atividades de vida diárias. Ela não encontrava mais prazer e sentido na vida, isolamento, dificuldades de se alimentar e dormir, de baixa autoestima, o que a fez não conseguir se olhar no espelho por sete anos. Teve diagnóstico de depressão.

O domicílio de Edite encontrava-se em uma área de difícil acesso na favela da Rocinha, localizado próximo a uma "boca de fumo", local de livre comércio de drogas ilícitas, com presença de pessoas portando grande quantidade de armamentos. Desta forma, a equipe do centro de saúde que seria a referência de Edite na rede de atenção à saúde não realizava visitas domiciliares com a frequência necessária pelo risco de segurança e integridade da equipe.

Além disso, observava-se que o itinerário até a chegada neste domicílio, era composto por condições insalubres: becos e vielas não arejados com menos de um metro de largura, com grande quantidade de lixo e umidade, além da exposição de esgotos a céu aberto, aglomerados de fiações de energia elétrica e animais domésticos soltos pelo caminho.

Para chegar até a entrada da casa de Edite, era preciso subir uma escada íngreme, feita de concreto, sem nenhum suporte de segurança, o que se apresentava como uma barreira de acesso e de saída dessa localização. Em especial para Edite, caso necessitasse sair, precisaria de ajuda de terceiros para se mobilizar, o que potencializava o processo de isolamento social.

Nesse contexto de desesperança, uma das vizinhas era voluntária de um projeto chamado "Comunidade Compassiva", que tinha por finalidade levar cuidados paliativos a pessoas que vivenciavam processos de doenças e/ou condições que ameaçavam a continuidade da vida. A vizinha viu nestas fragilidades uma oportunidade de trazer qualidade de vida a essa paciente, conforme o relato a seguir:

> Cadê essa dona Edite que todo mundo fala? Que era guerreira, *trabalhadeira*, que ajudava todo mundo, que criou sete filhos praticamente sozinha? (...) Então ela disse assim: morreu (...), aí eu disse: morreu nada, a Edite tá aí, pega um espelho e olha... aí ela disse: mas eu não tenho coragem... aí eu perguntei: quantos anos tem que a senhora não faz isso? Ela me respondeu: sete anos, aí depois de uns dias eu levei o espelho e disse: vamos olhar juntas, porque a gente está aqui para ser amigas e ajudar uma à outra. Aí ela disse: será que eu vou conseguir? eu disse: vai!... então ela pegou o espelho... ficou com o espelho na mão, virado... aí eu comecei a conversar, começamos a falar sobre religião, que ela é uma pessoa religiosa... daqui a pouco ela olhou no espelho e... agora ela dorme até com o espelho... esses dias eu fui lá e ela estava assim... autoestima elevada. Desde esse dia, eu faço visitas toda Semana a

dona Edite, vejo como ela está... se está sentindo dor... ajudo nas atividades de casa... ajudo nos cuidados que ela precisa... faço contato com a equipe da "Comunidade Compassiva" e passo as demandas, eles me orientam e eu faço junto com ela os cuidados necessários para que ela tenha qualidade de vida.

2. REFLEXÕES INICIAIS

Os Cuidados Paliativos representam uma abordagem terapêutica indispensável na assistência à saúde. Por meio dessa prática, é possível oportunizar uma melhor qualidade de vida ao paciente e seus familiares que convivem com doenças ou condições ameaçadoras. Entretanto, uma grande parte da população não consegue ter acesso a essa abordagem, principalmente em países de baixa e média renda.[1]

No Brasil, essa realidade se agrava quando se trata de populações vulneradas que vivem em favelas, pois os fatores determinantes e condicionantes de saúde apontam para níveis elevados de riscos, o que faz com que esses sujeitos experienciem o sofrimento humano de forma acentuada.[2] Ao mesmo tempo, diante de tantos desafios, emergem nas periferias movimentos sociais em busca de cidadania e direitos, ampliando o acesso a essa forma de cuidar nesses territórios.

Nesse capítulo discutiremos os desafios e as potencialidades de se realizar os cuidados paliativos em favelas. Utilizaremos como ponto de partida, um relato de experiência proveniente de um dos atendimentos realizados em uma Comunidade Compassiva.

3. POPULAÇÕES VULNERADAS

Entende-se por populações vulneradas, aquelas que se constituem a partir de grupos expostos às desigualdades sociais, e não possuem suporte do Estado e dos órgãos vigentes para mitigar essas disparidades.[3] Desse modo compreende-se que essas pessoas não estão apenas na esfera da vulnerabilidade, ou seja, expostas à riscos, mas vivencia de fato, fragilidades no âmbito socioeconômico, ambiental e de segurança pública, os quais comprometem a garantia de direitos humanos fundamentais, como o direito à saúde e a dignidade humana.

---

1. SILVA, Alexandre. Cuidados paliativos em favelas no Brasil: uma revisão integrativa. *Research, Society and Development*. 2021; 10(6): e55110616183.
2. WORLDWIDE PALLIATIVE CARE ALLIANCE, *Global Atlas of Palliative Care*. 2. ed. 2022. Disponível em: http://www.thewhpca.org/resources/item/global-atlas-of-palliative-care-2nd-ed-2020. Acesso em: 20 mar. 2023.
3. SCHRAMM, Fermin. Bioética da Proteção: ferramenta válida para enfrentar problemas morais na era da globalização. *Revista Bioética* CFM, 2018, 11-23.

No Brasil, apesar das políticas públicas de inclusão social, um amplo conjunto de populações ainda são excluídas do trabalho, renda, seguridade social e das políticas públicas de saúde e infraestrutura urbana. Esse fenômeno advém de fragilidades históricas que ocasionaram processos marginais de ocupações territoriais em decorrência de políticas higienistas, que levaram a formação das periferias ou favelas.

Conforme o último censo publicado pelo Instituto Brasileiro de Geografia e Estatística, em 2010 aproximadamente 11 milhões de brasileiros habitavam 6.329 favelas, destas, 19,1% estão localizadas no estado do Rio de Janeiro. Em geral esses territórios apresentam fragilidades na cobertura de serviços públicos essenciais, além de características de precariedade urbana, como vias de circulação estreitas, de formato irregular, terrenos de tamanhos e formas desiguais.[4]

Dentre os seus moradores, encontram-se uma parcela de sujeitos que vivenciam processos de doenças e/ ou condições ameaçadoras de vida, que necessitam da abordagem de cuidados paliativos para suprir as suas demandas de sofrimento multidimensional,[5] entretanto, vivenciam limitações de mobilidade e acessibilidade, e por conseguinte, não tem acesso aos dispositivos de saúde para receberem a assistência necessária.

Somando-se a isso, as fragilidades na segurança pública ocasionadas pelo tráfico de drogas, que é reconhecido como um dos principais fatores para a escalada da violência nas favelas, tem repercutido como obstáculo para a ampliação dos serviços públicos de saúde nessas localizações. Em muitas comunidades, a falta de segurança pública tem levado a interrupção da assistência à saúde, pois muitos profissionais relatam que o comportamento ameaçador dos traficantes impede as equipes de conduzirem os trabalhos no âmbito domiciliar, deixando os pacientes e familiares à mercê do sofrimento humano.[6]

Nesse contexto, os pacientes que necessitam de cuidados paliativos e não conseguem se deslocar até as unidades de saúde ou não recebem visitas domiciliares das equipes vinculadas a esses dispositivos e experienciam, muitas vezes, um processo de morrer miserável, precoce e evitável.

Tal conjuntura é conhecida como *mistanásia*, uma forma morrer ocasionada pela falta de acesso aos direitos sociais, em especial a saúde, renda, alimentação

---

4. INSTITUTO BRASILEIRO DE GEOGRAFIA E ESTATÍSTICA. *Censo Demográfico 2010: aglomerados subnormais, informações territoriais,* 2010.
5. WORLDWIDE PALLIATIVE CARE ALLIANCE, *Global Atlas of Palliative Care.* 2. ed. 2022. Disponível em: http://www.thewhpca.org/resources/item/global-atlas-of-palliative-care-2nd-ed-2020. Acesso em: 20 mar. 2023.
6. SAWAYA, Ana; ALBUQUERQUE, Maria; DOMENE, Semiramis. Violência em favelas e saúde. Estudos avançados; 2018, 32(93): 243-250.

e moradia, a qual decorre de uma falha do Estado por não ofertar medidas de promoção à saúde, levando a população a mortes que poderiam ter sido evitadas.[7] Essas lacunas divergem dos direitos fundamentais assegurados pela CF, além de ferirem os princípios doutrinários e organizativos do SUS, como a universalidade, equidade e a integralidade.

4. CUIDADOS PALIATIVOS COMO UM DIREITO HUMANO ESTABELECENDO UMA REDE COMUNITÁRIA DE APOIO

Segundo a Organização Mundial de Saúde, os cuidados paliativos compreendem a assistência promovida por equipe multidisciplinares objetivando a melhoria da qualidade de vida e o alívio do sofrimento do paciente e seus familiares frente a um processo de doença ameaçadora da continuidade da vida. Objetiva-se a prevenção, identificação precoce e tratamento da dor e de outros sintomas desagradáveis, no âmbito biopsicossocial e espiritual.

A Constituição Federal (CF) de 1988[8] foi um marco na assistência em saúde. Foram assegurados os princípios preconizados pelo Sistema Único de Saúde (SUS), por meio do fomento de uma cultura crítica e democrática a partir dos movimentos sociais, no sentido de promover o acesso igualitário e universal aos serviços de saúde e na proteção de direitos sociais.

Ao analisarmos brevemente a construção das políticas sociais no Brasil, verificamos um caráter focalizador, assistencialista e preconizador do aumento do consumo pelas classes vulneradas por meio das políticas de transferência de renda, próprios do sistema capitalista, uma vez que a população vulnerada não é detentora dos meios de produção. Tal fato de forma isolada, não significa propiciar uma melhor qualidade de vida e percepção do indivíduo enquanto sujeito de direitos.[9]

Nesse sentido, no Brasil, ainda não há uma política pública que assegure os cuidados paliativos como um direito humano fundamental. Dessa forma, é de suma importância que os protagonistas da saúde utilizem a sua interpretação para melhor aplicação possível dos princípios dos cuidados paliativos à luz da dignidade humana em suas práticas profissionais visto grande importância no ordenamento jurídico. Tem-se que a melhor aplicação atua como isonomia.

---

7. LOUREIRO, Claudia. Mistanásia social, covid-19 e direitos humanos: um tratado internacional para o enfrentamento das pandemias. *Rev. Dir. Gar. Fund.*, Vitória, v. 22, n. 3, p. 135-158, 2021.
8. WOLD HEALTH ORGANIZATION. *Facts on palliative care*, 2017. Acesso em 23 de maio de 2023.
9. BRASIL. *Constituição da República Federativa do Brasil*. Brasília. Disponível em: http://www.planalto. gov.br/ccivil_03/constituicao/constituicao.htm. Acesso em: 20 mar. 2023.
   FROSSARD, Andrea. *Os cuidados paliativos como política pública*: notas introdutórias. Car. EBAPE BR, v. 14, 2016.

Há de se observar os avanços da medicina, corroborada por novas tecnologias, tenha proporcionado aumento da sobrevida, porém tem trazido reflexões no que tange a cronicidade das doenças e terminalidade da vida, à dignidade da pessoa humana e o prolongamento do sofrimento e a visão hospitalocêntrica do cuidado.[10]

A partir desta perspectiva e à luz da dignidade da pessoa humana, preconizada no artigo 6º da Constituição Federal brasileira, como um valor essencial e direito fundamental, que visam resguardar os direitos mínimos de qualidade de vida, devemos considerar os cuidados paliativos como um direito humano. Os princípios apontam para sua distribuição de forma equânime e continuada, sem que haja qualquer espécie de discriminação ou concepção utilitarista do cuidado, considerando os princípios doutrinários do SUS.

A necessidade de oferta de cuidados paliativos é urgente e, inúmeros são os desafios a serem enfrentados desde o momento de definir quando principiar este cuidado até a importância da rede de cuidados que deve ser estabelecida diante as expressões da questão social detectada.

Contudo, as melhorias proporcionadas por este cuidado devem ser promovidas não de forma fragmentada, como último recurso. O paciente deverá ser o centro do cuidado como principal protagonista do seu processo de adoecimento. Quanto mais cedo à abordagem é realizada, maiores e melhores são as oportunidades de ofertar uma assistência com qualidade. Por essa razão, os direitos humanos atuam de forma que a vulnerabilidade humana deve ser respeitada, protegendo valores e crenças, as necessidades específicas individuais uma vez que o direito a ter uma vida digna, garantindo que as necessidades mínimas sejam satisfeitas.[11]

Mediante tal complexidade da realidade social atravessada pela população vulnerada, evidencia-se a necessidade de implementar os cuidados paliativos como política pública o que exigirá a reorganização dos serviços de saúde, a ampliação de sua cobertura com a finalidade de assegurar o acesso ao cuidado de forma integrada e continuada, buscando intervenções sobre os determinantes sociais a fim de estabelecer uma rede solidária de apoio entre a Comunidade e o Estado. Essa perspectiva evidencia a necessidade de voltar o olhar para importância da atenção primária à saúde, uma vez que a essência esta norteada para o cuidado da pessoa, ao invés de tratar apenas da doença, resultando em um cuidado com responsabilidade ética.[12]

---

10. LIMA, Carolina. Ortotanásia Cuidados paliativos e direitos humanos. *Revista Sociedade Brasileira Clínica Médica*, v. 13, n. 1, p. 14-17. 2015.
11. Op. cit.
12. Op. cit.

Importante pontuar a construção de novas narrativas por meio de ações de educação continuada dos profissionais de saúde, formando uma grande rede de apoio em articulação com o sistema público de saúde e a comunidade local. Provocar conexões significativas e a reflexão crítica da realidade para a transformação e o crescimento individual e coletivo, compreendendo a complexidade e fragilidade dessa população vulnerada a partir de uma abordagem pautada na Política de Humanização da Atenção (PNH).

A PNH preconiza um atendimento humanizado na organização de ações possíveis de maneira a considerar os determinantes subjetivos e sociais oportunizando sua autonomia e ampliação da capacidade de escolha frente aos conflitos sociais existentes, através da tomada de decisão compartilhada e a manutenção da dignidade humana.[13]

Correlacionando ao caso clínico em tela sob a ética do dever, do proteger valores, as favelas compassivas trazem para o cotidiano uma reflexão da realidade social apresentada permitindo entender: qual a decisão mais razoavelmente possível apoiado em um movimento ampliado de escuta técnica apurada das necessidades dessa população vulnerada? A fim de viabilizar o acesso aos cuidados paliativos provocando a rede socioassistencial, um conjunto de serviços, programas e benefícios articulados ao Sistema Único de Assistência Social.

Pensando numa perspectiva pedagógica, a comunicação foi uma importante ferramenta utilizada nesse processo de vínculo com a Dona Edite, que propiciou a de expressão das possibilidades para profissionais da saúde e, em enxergar o que o outro precisava (paciente) sob sua perspectiva. Foi fundamental perceber a dor social vivenciada para melhor mediação do cuidado de maneira que as necessidades de todos fossem respeitadas. Por meio da comunicação compassiva envolveu-se de forma efetiva e afetiva toda equipe multiprofissional na instrumentalização da autonomia da dona Edite. Foi possível ressignifica a história de vida, uma vez que cada sujeito é único e singular, assim como as famílias devem ser entendidas, permitindo um cuidado integral e aumentar o senso de dignidade.[14]

Nesse sentido, o acolhimento e a escuta ativa qualificada são características e dimensões essenciais para a ação em cuidados paliativos, legitimando as necessidades e crenças, a fim de proporcionar um espaço de desinterdição da fala, das angústias e dúvidas, compreendendo a rede apoio e promover subsídios para que este processo seja elaborado.

---

13. FROSSARD, Andrea. *Os cuidados paliativos como política pública*: notas introdutórias. Car. EBAPE BR, v. 14, 2016.
14. FROSSARD, Andrea. Concepções sobre dor e cuidados paliativos. *Revista de Políticas Públicas e Segurança Social*, v. 2, 2018, p. 35-52.

O letramento em saúde é fundamental e tem como objetivo facilitar o diálogo para o enfrentamento de questões éticas e morais que se apresentam quando na tomada de decisões de saúde de maior complexidade, de forma aparelhar a ética nas nossas ações e a fim de prover a participação efetiva do indivíduo e favorecer o aumento ou a manutenção de sua autonomia.

Sob a perspectiva dos cuidados paliativos serem uma abordagem destinada a melhorar a qualidade de vida do paciente e de seus familiares diante de uma doença que põe em risco a continuidade da vida, faz-se necessário uma equipe multidisciplinar extremamente qualificada atuando de forma ativa no acolhimento e no monitoramento do paciente permeado pelo contexto vulnerabilidade social. A família pode ser um grande apoiador nessa mudança e na readaptação da vida.

5. A COMPAIXÃO COMO EIXO NORTEADOR DOS CUIDADOS PALIATIVOS

O trabalho voluntário acontece em âmbito mundial com reconhecimento pela Organização das Nações Unidas. Trata da doação de tempo e dedicação com o próximo, exercendo suas habilidades e criatividades. Esse trabalho não tem remuneração nem exige nível de escolaridade, logo deve ter apenas interesse próprio e treinamento básico na área de interesse.

O voluntariado passa a ganhar ainda mais espaço no contexto neoliberal com a participação da sociedade civil – funda-se na auto responsabilização dos indivíduos e desresponsabilização estatal, desonerando o capital.[15] As ações do voluntariado são diversas, pois apoiam causas e sujeitos, prestando serviços essenciais diante de cenários de vulnerabilidade. Vale dizer que o Estado reconhece o papel do voluntário e incentiva a participação da sociedade civil, pois esse serviço ocorre devido a sua própria ausência.

Se tratando do projeto Comunidade Compassiva, presente nas favelas da Rocinha e do Vidigal, no município do Rio de Janeiro, é importante ressaltar a importância do seu trabalho atrelado a pacientes em vulneração social com condições socioeconômicas frágeis, e que em sua grande maioria são pacientes dependentes da saúde pública. Logo, essa saúde pública completamente desafiadora, que se depara diariamente com centenas de usuários e com poucos recursos humanos e poucos polos de atendimento.

Diante desse contexto, é importante ressaltar o papel dos voluntários locais (ou compassivos) nesse processo de admissão dos pacientes elegíveis para o pro-

---

15. CARVALHO, Ricardo; CASSIM, A. *Cuidados paliativos*: conceitos e princípios, *Manual de Residência de Cuidados Paliativos*. 2. ed. São Paulo: Manole, 2022.

jeto da Comunidade Compassiva, que passam a serem assistidos, posteriormente, pelos voluntários profissionais.

Destarte, tudo se inicia com os voluntários locais e quando esses agentes identificam o sujeito adoecido no território e repassam a demanda para o projeto. A partir disso, é realizado a visita domiciliar pelo grupo do projeto para analisar os critérios de elegibilidade desse sujeito. Esses voluntários locais são presentes no cotidiano dos sujeitos em cuidados paliativos no território e se tornam a referência entre o projeto e o sujeito adoecido.

Vale enfatizar que são eles que identificam qualquer tipo de informação desse paciente, realizam o acolhimento e ainda possuem autonomia, repassando qualquer demanda posteriormente para o voluntário profissional, criando assim, como consequência, uma rede comunitária de apoio.

Assim, os voluntários locais, ou agentes compassivos, são os moradores dessas favelas, os quais são fundamentais no processo entre o adoecido presente no seu território, pois são eles que fazem as visitas domiciliares com constância verificando as necessidades do dia a dia, como por exemplo, se o seu vizinho tem dor, fome, se está faltando medicamentos, insumos, entre outros, e repassam a necessidade para o voluntário profissional, sendo necessária essa conexão em prol da vida do seu vizinho adoecido e o funcionamento do projeto.

A partir dessa compreensão, entende-se que sem a presença do voluntário local seria impossível a atuação do voluntário profissional, visto que a presença do profissional ocorre, em média, uma vez ao mês, e os voluntários locais fazem as visitas domiciliares com mais facilidade por conhecerem o território e geralmente possuem de disponibilidade de serem presentes no dia a dia, pois em sua maioria são vizinhos desses pacientes.

São eles, os voluntários locais, o elo entre o paciente e o voluntário profissional de saúde, pois com a comunicação ocorre a ação, ou seja, a atuação do voluntário profissional no cuidado desse paciente com o seu saber e seu conhecimento, eliminando assim qualquer tipo de barreira.

Essa rede comunitária de apoio passa a se tornar fundamental na vida dos sujeitos criando um vínculo fortalecido, quando é absorvida pelo projeto. Pode-se dizer que por um lado, o paciente se sente mais seguro e desmistifica o estereótipo sobre o que é cuidados paliativos, passa a falar mais sobre o assunto em sua própria comunidade e conta com o apoio dos profissionais (mesmo que seja de forma remota/ virtual através de redes sociais via *internet*). E por outro lado, os voluntários locais e profissionais passam a desvendar as vontades e objetivos desses pacientes, podendo recuperar partes de si mesmo que estavam adormecidas, incentivando o acompanhamento psicológico, social e entre outros.

Então, podemos afirmar que a compaixão é o que motiva e impulsiona a construção dessa rede, trazendo na prática o sentido de comunidade, partes da mesma herança cultural e territorial. É a compaixão o norte fundamental na transformação social dos indivíduos como um todo, fortalecendo uns aos outros para dar qualidade de vida a esses sujeitos e de dar sentido aos voluntários sendo um caminho de satisfação e motivação. É esse cuidado que faz com o que essa rede comunitária aconteça, sempre com acolhimento, cuidado e proatividade. É o fazer de fato.

6. CONSIDERAÇÕES FINAIS

A área de atuação profissional em cuidados paliativos tem como principal pilar fornecer às pessoas conforto e controle da dor total, enxergando na pessoa em condição ameaçadora de vida não só os fatores biológicos, mas também os psíquicos, espirituais, sensoriais, afetivos, cognitivos, comportamentais, sociais e culturais. Entende-se dentro desse contexto o conceito biopsicossocial e espiritual do ser humano.

Neste contexto de favela especialmente, os cuidados em saúde são conduzidos por equipes de saúde multidisciplinares com frágeis condições de trabalho em seus cotidianos, evidenciado por recursos humanos quantitativamente deficientes, áreas geográficas de difícil acesso, além de diversas lacunas de conhecimento quando se trata do conceito e da prática de cuidados paliativos.

Dessa forma, sabendo que a vulnerabilidade social dentro das favelas é evidente, a fragilidade de acesso à saúde dessa população descortina a ausência factível de determinadas práticas de políticas de saúde já instituídas, revelando grandes desafios e dificuldades.

Políticas públicas de saúde efetivas, permeáveis em todos os cenários potencial de cuidado precisam ser elaboradas ou reformuladas para impedir que a mistanásia aconteça em nosso cotidiano, fragilizando a saúde mental dos trabalhadores da saúde e a dignidade humana dos necessitados de cuidado.

Especialmente no campo dos cuidados paliativos, uma política pública que garanta o financiamento de equipes específicas de cuidados paliativos que matriciem ou sejam referencias potenciais nos diversos cenários de assistência e gestão à saúde se faz necessária, com intuito de garantir a prevenção e/ou alívio de sofrimento na rede de atenção à saúde.

Inserir a comunidade como protagonista dos cuidados uns dos outros se faz necessário cada dia mais, tendo em vista o ascendente crescimento de pessoas idosas e pessoas com doenças crônicas não transmissíveis em nosso meio, necessitando de cuidados acerca das necessidades humanas básicas. Pensando assim, precisamos olhar para os cenários vulneráveis e vulnerados mais como potencias do que como carências na construção do cuidado comunitário inserido na rede de atenção à saúde. Cabe aos profissionais de saúde e gestores fomentar cada vez mais a criação de comunidades compassivas, buscando a corresponsabilização de toda sociedade como promotor de conforto.

REFERÊNCIAS

BRASIL. *Constituição da República Federativa do Brasil*. Brasília. Disponível em: http://www.planalto.gov.br/ccivil_03/constituicao/constituicao.htm. Acesso em: 20 mar. 2023.

CARVALHO, Ricardo.; CASSIM, A. *Cuidados paliativos*: conceitos e princípios, *Manual de Residência de Cuidados Paliativos*. 2. ed. São Paulo: Manole, 2022.

FROSSARD, Andrea. Concepções sobre dor e cuidados paliativos. *Revista de Políticas Públicas e Segurança Social*, v. 2, 2018.

FROSSARD, Andrea. *Os cuidados paliativos como política pública*: notas introdutórias. Car. EBAPE BR, v. 14, 2016.

INSTITUTO BRASILEIRO DE GEOGRAFIA E ESTATÍSTICA. *Censo Demográfico 2010*: aglomerados subnormais, informações territoriais.

LIMA, Carolina. Ortotanásia: Cuidados paliativos e direitos humanos. *Revista Sociedade Brasileira Clínica Médica*, 2015;13(1): 14-17.

LOUREIRO, Claudia. Mistanásia social, covid-19 e direitos humanos: um tratado internacional para o enfrentamento das pandemias, *R. Dir. Gar. Fund.*, Vitória, 2021. 22(3).

MONTAÑO, C. O lugar histórico e o papel das ONGs. In: MONTÃNO, C. (Org.). *O Canto da Sereia*: crítica à ideologia e aos projetos do "terceiro setor". São Paulo, Cortez, 2015.

SAWAYA, Ana.; ALBUQUERQUE, Maria.; DOMENE, Semiramis. *Violência em favelas e saúde*, Estudos avançados; 2018, 32(93): 243-250.

SCHRAMM, Fermin. Bioética da Proteção: ferramenta válida para enfrentar problemas morais na era da globalização. *Revista Bioética* CFM, 2008; 16(1): 11-23.

SILVA, Alexandre et al. Cuidados paliativos em favelas no Brasil: uma revisão integrativa. *Research, Society and Development*, 2021; 10(6): e55110616183.

WOLD HEALTH ORGANIZATION. *Facts on palliative care*, 2017. Disponível em: https://www.who.int/news-room/fact-sheets/detail/palliative-care. Acesso em: 23 maio 2023.

WORLDWIDE PALLIATIVE CARE ALLIANCE, *Global Atlas of Palliative Care*. 2. ed. 2022. Disponível em: http://www.thewhpca.org/resources/item/global-atlas-of-palliative-care-2nd-ed-2020. Acesso em: 20 mar. 2023.

CONFLITOS DE COMUNICAÇÃO COM O PACIENTE

Alexandre Ernesto Silva

Enfermeiro Doutor em Cuidados Paliativos.

Cristiana Guimarães Paes Savoi

Médica Especialista em Clínica Médica e Medicina Paliativa.

Sumário: 1. A história de Dona Lúcia – 2. Introdução – 3. A relação profissional de saúde e paciente: uma relação de poder – 4. O desafio de navegar sem bússola – 5. Comunicação de notícias difíceis – 6. Encarar o absurdo de morrer – 7. Por que há resistência em se contar a verdade? – 8. Em busca de soluções – 9. Comunicação compassiva: um caminho de possibilidades; 9.1 Consciência; 9.2 Conexão; 9.3 Compromisso; 9.4 Curiosidade; 9.5 Compaixão; 9.6 Compreensão; 9.7 Criatividade; 9.8 Cuidado de quem cuida – 10. Conclusão – Referências.

1. A HISTÓRIA DE DONA LÚCIA

Dona Lúcia tem 88 anos e está internada há 1 semana por piora da falta de ar, inchaço nas pernas e prostração. Ela é hipertensa, diabética e tem insuficiência cardíaca avançada, com dependência completa para atividades básicas de sua vida diária, como tomar banho e vestir-se. Não é capaz de sair do leito sem ajuda. Sente falta de ar mesmo em repouso e atividades simples como comer e falar lhe exigem esforço.

Ela tem tido descompensações frequentes e já se internou por quatro vezes nos últimos 12 meses, sendo a última delas com passagem por unidade de terapia intensiva devido a edema agudo de pulmão. Ela não tem um médico assistente e as orientações mais recentes foram prescritas pelo colega que lhe deu alta há cerca de 1 mês. Dona Lúcia insiste em dizer que tem seguido à risca toda a prescrição de medicamentos e dieta, mas ainda assim se sente muito mal e não sabe o que está fazendo errado, já que não melhora.

Após uma reunião realizada pela equipe, com a presença de suas filhas, dona Lúcia entende que seu coração está fraco e que não consegue mais se recuperar, mesmo com os melhores tratamentos disponíveis. Percebe que sua fraqueza só piora e começa a fazer planos mais realistas, a curto prazo, já que, em suas palavras, "agora sei que não terei tanto tempo".

2. INTRODUÇÃO

As habilidades de comunicação constituem competência fundamental para a prática de profissionais do cuidado. Dentre as capacidades necessárias para o exercício da assistência, de modo geral e em especial nos Cuidados Paliativos, é imprescindível saber se comunicar com clareza, honestidade, respeito e compaixão.

A experiência do paciente é diretamente relacionada à qualidade da comunicação. Os principais fatores determinantes da experiência do paciente estavam diretamente ligados à comunicação, sendo os três mais importantes: a maneira como o paciente e seus familiares são tratados pessoalmente, a comunicação eficaz com paciente e familiares e a oportunidade para o paciente fazer perguntas para o prestador ou organização.

Ademais, é notório o impacto de ruídos de comunicação no êxito da assistência, assim como são imensuráveis os prejuízos que falhas de comunicação podem acarretar na relação profissional-paciente. Os custos, diretos e indiretos, de uma má comunicação são gigantescos e as demandas legais, acionamentos judiciais e processos ético-profissionais são frequentemente motivados por conflitos de comunicação.

3. A RELAÇÃO PROFISSIONAL DE SAÚDE E PACIENTE: UMA RELAÇÃO DE PODER

Um aspecto relevante a ser considerado, quando nos dispomos a refletir sobre conflitos de comunicação entre equipe e paciente, é o fato de que a relação aqui estabelecida é, por natureza, uma relação assimétrica. Um ser que sofre, portanto vulnerável, procura ajuda de um profissional cuidador, que ele pressupõe ter poder para solucionar seus problemas.

Desse modo, ainda que haja uma clara tendência de fortalecimento da autonomia do paciente, quando se compara com os primórdios da atividade médica, originalmente autoritária e paternalista, não se pode fugir dessa inequidade. Daí a absoluta importância do princípio da responsabilidade por parte do profissional, para que haja respeito e consciência ao exercer esse poder. Assim, o profissional detentor do saber técnico-científico deve colocar esse 'poder' a serviço do paciente, e não o contrário. É necessário prudência e humildade para não impor suas verdades ao paciente, de modo abusivo, manipulador ou destrutivo.

Tomo emprestada a reflexão de Foucault sobre as relações de poder:

> Pode-se afirmar que, para Foucault, os princípios gerais e ideais que deveriam orientar as relações de poder seriam: dependendo do nível de consciência do indivíduo, as relações de poder o incitariam a crescer até ao ponto de saber exercer sua liberdade e, considerando o indivíduo em sua maturidade, as relações se realizariam dentro de uma dimensão em que o

indivíduo teria o espaço necessário para exercer sua liberdade e tomar sua própria decisão, em função de seu modelo de vida. Tudo isto sugere que o objetivo das relações de poder não seria jamais de manipular, mas uma troca de exercício de liberdade. Esta proposição implica certamente uma profunda consciência da situação dos dois lados ou de um só, mas a parte consciente deveria saber respeitar o degrau de não consciência da outra e ajudá-la a crescer.[1]

4. O DESAFIO DE NAVEGAR SEM BÚSSOLA

Muitas vezes, em nosso sistema de saúde fragmentado e focado em resolver problemas agudos, os pacientes não têm informações claras a respeito de suas condições. Pacientes portadores de doenças crônicas, que evoluem por anos, como insuficiência cardíaca, renal, cirrose, demência e mesmo o câncer, seguem ignorantes de seus diagnósticos e prognósticos. Diante de uma descompensação clínica, o caminho natural é a hospitalização.

Nesse momento, uma equipe que provavelmente nunca teve contato com o paciente vai assumir os cuidados e tomar decisões diante da piora. A ausência de cuidados integrados em rede, nos diversos *settings* de assistência, seja na saúde primária, domiciliar, ambulatorial e hospitalar, gera confusão, desperdício e iatrogenias, sendo o paciente o principal prejudicado. O contexto de urgência e a falta de vínculo de confiança configuram um cenário propício para os conflitos. De um lado, um indivíduo frágil, desavisado e amedrontado, de outros profissionais sobrecarregados e defensivos, pressionados e isolados, tentando lidar com as incertezas sem demonstrar insegurança. Desse modo, fica fácil vislumbrar terreno fértil para relacionamentos pouco construtivos e atribulados.

5. COMUNICAÇÃO DE NOTÍCIAS DIFÍCEIS

Diante de uma pessoa com doença grave e ameaçadora da vida, uma das principais tarefas dos profissionais de saúde é encontrar a melhor estratégia para dar ciência ao paciente e àqueles que lhe cercam da realidade (diagnóstico) e da provável evolução (prognóstico). Dona Lúcia nunca foi orientada quanto à natureza incurável e progressiva de sua doença cardíaca. Ela traz expectativas irreais de melhora, apesar de já estar recebendo tratamento farmacológico otimizado e medidas não farmacológicas adequadas para o manejo de sua insuficiência cardíaca. Dona Lúcia apresenta evidências inequívocas de terminalidade funcional e desconhece a gravidade de sua condição.

Ao descortinar a verdade desconfortável, o profissional de saúde pode ser diretamente culpabilizado por ela, pela dificuldade do paciente de encarar a

---

1. BROSSAT, Alain. *Michel Foucault, lesjeux de lavérité et dupouvoir.* Nancy: Presses Universitaires de Nancy: 1994, p. 140.

sua condição de incurabilidade. Reações hostis, negação, agressividade, raiva, sarcasmo, ironia e atitudes desrespeitosas podem surgir no paciente e nos seus representantes, direcionadas ao profissional responsável pela má notícia. O sujeito que sofre usa dos recursos que tem para suportar o insuportável.

Diante disso, muitos médicos se esquivam da tarefa de conduzir conversas sinceras com seus doentes. Seguem a assistência pautada na resolução dos problemas urgentes e com foco na doença, perdendo de vista o cenário global, incapaz de se preparar para os desfechos desfavoráveis que se anunciam apesar da sua boa vontade e competência. Assim, muitos profissionais seguem reféns e partícipes do que se costuma chamar de conspiração do silêncio, um pacto tácito em que os atores performam um teatro de má qualidade.[2] Dito de outro modo, perpetua um "silêncio velado, "um faz de conta" de aceitação, em que tudo vai bem, que na verdade acusa algo que não se faz compreensível ou suportável".[3]

6. ENCARAR O ABSURDO DE MORRER

A dificuldade em lidarmos com a finitude, seja como característica de nossa sociedade, que nega a morte, seja como traço estruturante da nossa condição humana, que não concebe em seu inconsciente o 'não existir', lança sombras sobre o cenário da comunicação em situações de adoecimento grave e morte iminente. Como conversar sobre algo que não se pode conceber?

> Não se encara abertamente o fim da vida. É com temor que se pensa sobre a própria morte. Segundo Freud (...), ela é inconcebível e inimaginável. "No fundo, ninguém acredita em sua própria morte, ou, o que vem a ser o mesmo, no inconsciente, cada um de nós está convencido de sua imortalidade", em outras palavras, ela não existe para o inconsciente e ele "se conduz como se fosse imortal".[4]

Partindo da construção da relação de confiança, é possível compreender valores e objetivos de cuidados, sob a perspectiva do próprio paciente, que passa a ter a condição de exercer sua autonomia, uma vez que teve acesso às informações necessárias para sua elaboração e tomada de decisão.

Muitos conflitos nascem do desrespeito ao processo de compartilhamento do plano de cuidados, deixando pacientes e familiares excluídos da comunicação e alheios à realidade percebida pela equipe. O abismo que se cria entre as duas

---

2. VOLLES, Camila Christine et al. *A conspiração do silêncio no ambiente hospitalar:* quando o não falar faz barulho. *Rev. SBPH*, Belo Horizonte, 15(1). p. 212-231, 2012.
3. MACHADO, Juliana. O fenômeno da conspiração do silêncio em pacientes em cuidados paliativos: uma revisão integrativa. *Enfermería Actual de Costa Rica*, Vitória da Conquista, n. 36, p. 92-103. 2019.
4. CASTRO-ARANTES, Juliana. Os feitos não morrem: psicanálise e cuidados ao fim da vida. *Ágora*, Rio de Janeiro, n. 3 v. 19. p: 637-648. set./dez. 2016. Disponível em: https://doi.org/10.1590/S1516-14982016003013.

CONFLITOS DE COMUNICAÇÃO COM O PACIENTE **133**

percepções – de um lado a equipe de saúde e do outro o binômio paciente-família – é onde se engendram grande parte dos ruídos causadores de problemas graves de comunicação.

7. POR QUE HÁ RESISTÊNCIA EM SE CONTAR A VERDADE?

Diversas são as barreiras para que se tenha uma comunicação honesta com o paciente.[5]

Os principais temores dos profissionais de saúde incluem:[6]

* Medo de causar dor ao paciente;
* Medo de sentir incômodo no momento de comunicar uma má notícia, sensação de vulnerabilidade;
* Medo de compartilhar sofrimento;
* Medo de ser culpado pelo paciente e familiares (culpar o mensageiro);
* Medo de falhar, de ser acionado judicialmente;
* Medo do desconhecido, do limite, de lidar com incertezas, de dizer "eu não sei";
* Medo de expressar as emoções;
* Medo da própria morte.[7]

8. EM BUSCA DE SOLUÇÕES

Tendo em vista o quanto é meticuloso o processo de comunicação, e seus possíveis desfechos, precisa-se cuidar para que essa ação seja minimamente geradora de embaraços e conflitos. Já que no cuidado paliativo buscamos conforto para a pessoa que apresenta uma condição ameaçadora da vida e aos seus cuidadores, pensar em soluções que atenuam o sofrimento e o aliviam, deve ser o objetivo principal dos profissionais que cuidam.

Importante ressaltar que quando as famílias são disfuncionais em seus relacionamentos, os profissionais de saúde precisam estar especialmente atentos à complexidade da tomada de decisões.

---

5. FALLOWFIELD, Lesley et al. *Giving sad and bad news.* The Lancet, 1993; 341 (8843): 476-478.
6. FELIU, Jaime et al. Medidas paliativas en pacientes con cancer de pulmon: *Cuidados Paliativos en Oncologia,* p. 65-72, 1996.
7. PTACEK, John; EBERHARDT, Thomas. Breaking bad news. A review of the literature. *JAMA,* Lewisburg, 276(6), p. 496-502. 1996.

Existem protocolos, diretrizes e princípios para se evitar conflitos nos processos de comunicação, porém vamos priorizar preceitos efetivos aos quais devemos atentar.

Cabe compreender que no processo de comunicação é preciso que exista o emissor e o receptor, peças fundamentais no processo, pois se tivermos apenas porta-vozes o processo é de informação e não comunicação. Atentar para que o emissor ora é receptor e ora o receptor é emissor para que se efetive o processo de troca. Neste nosso caso, permitir entender o que Dona Lúcia, seus familiares e demais cuidadores e profissionais sabem de sua situação é fundamental para que daí se inicie um processo terapêutico de comunicação.[8]

Ouvir atentamente e permitir que o outro fale. Somente se debruçando e dando atenção ao que o outro fala é que podemos compreender a intenção e pensamento que a pessoa tende a expor. Um grande dificultador é quando falamos mais que ouvimos, especialmente no processo terapêutico de cuidado com pessoas adoecidas e seus familiares. Estes chegam até nós com uma necessidade imensa de desabafar, questionar e pontuar pormenores.

Cabe a nós profissionais balizar e direcionar o processo de comunicação. O ato de ouvir atentamente e permitir que o outro fale é um importante gerador de alívio e conforto no processo de cuidar.[9] Discutir entre os profissionais do cuidado antes mesmo de levar a situação para a família, cuidadores e paciente é uma estratégia extremamente necessária.

Outra questão é não acreditar que as pessoas sabem o que está acontecendo tecnicamente, precisamos perguntá-las o querem saber sobre suas condições, seja elas pacientes, familiares ou cuidadores. Nivelar as informações impede muitas vezes conflitos e divergências de informações.

Tentar fazer com que a pessoa se sinta ótima após uma comunicação difícil ou uma situação difícil pode ser nosso desejo, porém nem sempre isso é possível tendo em vista a fragilidade das informações em muitos momentos compartilhados. Tenha calma. Permita que as pessoas que estão envolvidas neste processo de comunicação difícil, cada qual com suas nuances, culturas, formações e desejos possam "digerir" a situação, expressar seus sentimentos e buscar também suas próprias estratégias para aliviar o incômodo que o momento pode ter lhe causado.

---

8. MENDONÇA, Ana Valéria Machado. O papel da Comunicação em Saúde no enfrentamento da pandemia: erros e acertos. In: SANTOS, Alethele de Oliveira; LOPES, Luciana Tolêdo. Competências e Regras . Brasília: Organização Pan-Americana da Saúde e do Conselho Nacional de Secretários de Saúde. 2021, Coleção COVID-19, n. 1 v. 3, p. 164-178.

9. SOUZA, Tácyla Medeiros; PORTO et al. Papel da comunicação em saúde frente aos cuidados paliativos na unidade de terapia intensiva. *Revista Brasileira de Desenvolvimento*, 2020; 11(6): 93059-93066. Disponível em: https://ojs.brazilianjournals.com.br/ojs/index.php/BRJD/article/view/20643. Acesso em: 24 maio 2023.

Respeite as diferenças. Contenha-se em ser presença até que o outro permita que você fale. Esta atitude permite que a pessoa se sinta acolhida e cuidada.

O que falamos não impede que em um momento oportuno convidemos a pessoa a se voltar para a realidade do momento quando a mesma não compreende ou nega a situação.

Não precisamos esgotar todo assunto em uma única conversa; seja gradativo quando a situação permitir, e se não permitir que aconteça em um outro momento seja também porcionado na comunicação, permitindo pausas para que a pessoa expresse seus sentimentos, entendimentos e dúvidas.

Atentar também para comunicação não verbal, pois expressamos nossa intenção em comunicar mais pelos gestos, posturas, tons de voz, do que pelas próprias palavras. Colocar-se à disposição para escuta não significa não colocar limites e adequar entendimento, porém de forma leve e cuidadosa.

Checar o que a pessoas entendeu sobre a situação é sempre uma forma de validar o conhecimento partilhado. Faça em forma de pergunta: você pode repetir o que entendeu do que lhe disse? Tem dúvidas? Quer falar mais sobre o assunto?

Atitudes assim colocam os interlocutores do processo em uma posição ativa no entendimento e promovem corresponsabilidade no cuidado e em suas próprias vidas e papeis.

Ao praticar a escuta ativa, permitimos que a conexão com o outro aconteça pois de alguma forma ouvimos sobre sua dor, sofrimentos e angústias. Quando o que foi falado gera em nós um incômodo, uma dor ou angústia, este ato denomina-se empatia, ou seja, dói em nós percebermos a dor do outro. Se essa dor gerada nos impulsiona a querer aliviar o sofrimento, quando este é expressado no processo de comunicação, e buscamos estratégias para aliviar a situação de dor do outro, consequentemente aliviará também a nossa dor ao lidar com o sofrimento. Esta atitude denominamos de compaixão.

E é sobre a compaixão que falaremos a seguir, entranhada no processo de comunicação, ou seja, nossa proposta é utilizar deste processo para além da escuta, e criar meios para aliviar o sofrimento expressado por meio da "comunicação compassiva".

9. COMUNICAÇÃO COMPASSIVA: UM CAMINHO DE POSSIBILIDADES

Uma possibilidade que não é um protocolo, mas sim um caminho para aliviar o sofrimento do outro por meio da comunicação é a comunicação compassiva.[10]

---

10. MONTEIRO, Luana Silva et al. A importância da comunicação não violenta (CNV) nas organizações públicas. *Revista Femass*, 2020; 2: 126-146.

Neste caminho, podemos utilizar alguns passos que nos norteiam ao alívio do sofrimento humano por meio da comunicação; são eles: *consciência, conexão, compromisso, curiosidade, compaixão, compreensão, criatividade e cuidando de quem cuida.*

9.1   Consciência

Quando nos deparamos com uma situação que precisamos acolher e muitas vezes resolver angústias de quem sofre, o primeiro passo é ter a *consciência de quem somos* nós, qual nosso papel diante da história daquela pessoa? Quem sou eu diante do outro? Estou preparado para o tempo do outro? Para sua demanda? Para ouvi-lo? Para suas emoções?

Saber o nosso papel, para não se apropriar do caminho do outro. Por isso a necessidade de amadurecer e investir em nosso autoconhecimento, pois quando não sabemos quem somos, buscamos o parâmetro no outro para comparar.

9.2   Conexão

A *conexão* com o outro se dá após uma escuta qualificada, para isso precisamos nos programar no que tange a disponibilidade de tempo, objetivo e eficaz. Ao estabelecer uma conexão com o outro estabelecemos vínculo. A melhor forma de se criar vínculo é conhecendo quais os sagrados de quem cuidamos, o que dá sentido a sua vida, para que assim possamos criar uma conexão a partir de seus sagrados.

9.3   Compromisso

Ao saber quem somos e mesmo que superficialmente ainda quem é o outro, precisamos entender qual *compromisso* tenho com aquela situação, o que consigo, o que é de minha competência técnica, científica, humanística, ética e legal para com o outro. Expressar isso em equipe e junto à pessoa que cuidamos é essencial para que possa compreender de fato os papeis de cada um, evitando assim conflitos por distorções de informações.

9.4   Curiosidade

Sermos curiosos é ir ao encontro do desconhecido e se permitir sondar e descobrir qual caminho devemos tomar. Tenha capacidade e coragem de conhecer profundamente aquilo que se compromete a cuidar. Coragem é um processo, uma entrega. *Curiosidade* genuína é a capacidade de mergulhar em águas profundas com objetivo de resgatar alguém.

9.5 Compaixão

A *compaixão* é o se importar pelo outro no sentido de criar estratégias para que se resolva o problema realçado. Para isso, necessitamos antes entrar em ressonância com os sentimentos do outro (positivos ou negativos), perceber o espaço de sofrimento dele, separar o que é nosso e o que é dele, e desenvolver uma forte motivação para melhorar o bem-estar do outro. Nossas atitudes, de fato, aliviam o sofrimento do outro e por consequência os nossos diante dele. A compaixão é a força motriz que nos empodera a realizar ações voltadas ao alívio do sofrimento.

9.6 Compreensão

Compreender é de fato reafirmar a conexão com o outro e permitir avançar no que diz respeito às atitudes que poderão resolver nossas angústias e as da pessoa cuidada e seu entorno, sabendo de forma leve separar o que é nosso e o que é do outro.

9.7 Criatividade

Com isso, podemos avançar para *criatividade*, permitir que no meio do caos se abram infinitas possibilidades acabando com o "não há mais nada o que se fazer". Precisamos saber criar de acordo com o que a realidade nos oferece, gerando uma esperança realista, palpável e factível.

9.8 Cuidado de quem cuida

E por último, e extremamente importante, precisamos cuidar de nós mesmos, que cuidamos dos outros. É preciso reconectarmos a cada experiência com nosso espaço mais profundo, nosso eu. As psicoterapias, processos terapêuticos, como meditação, esporte, arteterapia, dentre outros, nos possibilitam este caminho de reconexão conosco mesmo. É preciso sermos silêncio, pausa e som.

Com isso, acreditamos que possamos aliviar a dor do outro por meio do processo de comunicação. Especificamente no caso de Dona Lúcia, seus familiares e equipe, compreender que gerar o espaço da comunicação é de extrema relevância para que possamos construir um processo terapêutico e dar um novo significado às vidas de quem está imbricado no processo de cuidar e de ser cuidado.

Acreditamos ser esse um caminho possível para dirimir dúvidas e resolver possíveis conflitos.

10. CONCLUSÃO

Diante da complexidade da comunicação em cenários de adoecimento e fragilidade, é preciso estarmos cientes da importância das relações e da nossa responsabilidade na condução do cuidado. É imprescindível entender que a eficácia da assistência só poderá ser alcançada a partir de estratégias claras pautadas na compaixão e na presença real do profissional. Investir em treinamentos e promover educação continuada com foco no desenvolvimento de habilidades de comunicação para todos os profissionais de saúde deve ser prioridade se almejamos reduzir os conflitos que permeiam a assistência médica.

Anelamos que esse capítulo possa trazer reflexões válidas e principalmente impactar a prática clínica, contribuindo para garantir o melhor cuidado para todas as donas Lúcias que cruzarem nosso caminho.

REFERÊNCIAS

BROSSAT, Alain. *Michel Foucault, lesjeux de lavérité et dupouvoir*. Nancy: Presses Universitaires de Nancy, 1994.

CASTRO-ARANTES, Juliana. *Os feitos não morrem: psicanálise e cuidados ao fim da vida*. Ágora, 2016; 3(19). Disponível em: https://doi.org/10.1590/S1516-14982016003013.

FALLOWFIELD, Lesley. et al. *Giving sad and bad news*. The Lancet, 1993; 341(8843).

FELIU, Jaime et al. *Medidas paliativas en pacientes com cancer de pulmon*: Cuidados Paliativos en oncologia, 1996.

KISSANE, David. The Challenge of discrepancies in values among physicians, patients, and family members. *American Cancer Societ*, New York: WileyInterScience, n. 9, v. 100. 2004.

MACHADO, Juliana. O fenômeno da conspiração do silêncio em pacientes em cuidados paliativos: uma revisão integrativa. *Enfermería Actual de Costa Rica*, Vitoria da Conquista, n. 36. 2019.

MARINHO, Ernandes Reis. As relações de poder segundo Michel Foucault. *Revista Facitec*, Janaúba, n. 2, v. 2. 2008.

MENDONÇA, Ana Valéria Machado. O papel da Comunicação em Saúde no enfrentamento da pandemia: erros e acertos. In: SANTOS, Alethele de Oliveira; LOPES, Luciana Tolêdo. *Competências e Regras*. Brasília: Organização Pan-Americana da Saúde e do Conselho Nacional de Secretários de Saúde. 2021. Coleção COVID-19, n. 1, v. 3.

MONTEIRO, Luana Silva et al. A importância da comunicação não violenta (CNV) nas organizações públicas. *Revista Femass*, Macaé, n. 2020 v. 2, p. 126-146. 2020. Disponível em: https://revistafemass.org/index.php/femass/article/view/23/30. Acesso em: 22 maio. 2023.

PTACEK, John; EBERHARDT, Thomas. Breaking bad news. A review of the literature. *JAMA*, 276(6). Lewisburg: 1996.

SOUZA, Tácyla Medeiros et al. Papel da comunicação em saúde frente aos cuidados paliativos na unidade de terapia intensiva / Papel da comunicação em saúde frente aos cuidados paliativos na unidade de terapia intensiva. *Revista Brasileira de Desenvolvimento*, [S. l.], n. 11 v. 6, p. 93059-93066, 2020. Disponível em: https://ojs.brazilianjournals.com.br/ojs/index.php/BRJD/article/view/20643. Acesso em: 24 maio 2023.

VOLLES, Camila Christine et al. A conspiração do silêncio no ambiente hospitalar: quando o não falar faz barulho. *Rev. SBPH*, Belo Horizonte, 2012, 15(1).

CONFLITOS DA COMUNICAÇÃO COM A FAMÍLIA

Debora Genezini

Mestre em Gerontologia. Docência e atuação em cuidados paliativos, oncologia, luto e sofrimento profissional. Psicóloga.

Letícia Andrade

Doutora e Mestre em Serviço Social pela PUC-SP, com pós-doutorado pela mesma instituição. Especialista em Serviço Social Médico (HC-FMUSP) e em Gerontologia (SBGG). Assistente Social do HC-FMUSP.

Mônica Martins Trovo Araújo

Doutora e Mestre em Ciências da Saúde pela USP. Docente e pesquisadora. Enfermeira.

Vanessa Besenski Karam

Graduada em psicologia hospitalar, cuidados paliativos luto e terapia do apego de John Bowlby. Psicóloga do Núcleo de Suporte e Cuidados Paliativos da Beneficência Portuguesa de São Paulo.

Sumário: 1. A história de Antônio – 2. Comunicação: conceituação e discussão – 3. Comunicação verbal e não verbal – 4. Reunião familiar – 5. Avaliação social e conduta; 5.1 Paciente, família e rede de suporte social – 6. Avaliação psicológica e conduta – Referências.

1. A HISTÓRIA DE ANTÔNIO

Recebemos a solicitação de atendimento ambulatorial em cuidados paliativos do Sr. Antônio, um senhor de 73 anos, com demência por doença de Alzheimer, em fase intermediária e de início precoce. Na avaliação social inicial, com a presença da filha cuidadora, obtivemos as seguintes informações: viúvo há mais de 20 anos, cinco filhos, todos casados e três netos. Uma das filhas, Carmen, é quem assumiu os cuidados, pois se divorciou há dois anos, voltando a residir na casa paterna na companhia do filho, Enzo, neto do paciente, de 13 anos.

Carmen relata muita dificuldade de relacionamento com os irmãos, com quem sempre teve conflitos desde a adolescência. Com exceção da irmã, Regina, residente em outro município, não pode contar com a ajuda dos irmãos e por isso, assume os cuidados do pai, já totalmente dependente. Chora muito durante a entrevista, apresentando-se visivelmente sobrecarregada e estressada, tanto por conta dos cuidados direcionados ao pai, quanto pela preocupação com o filho adolescente, que, segundo ela, não aceitou de maneira tranquila a separação dos pais e sofre muito com a doença do avô, com quem mantinha um relacionamento muito próximo por ser o primeiro neto.

A filha tem plena ciência sobre o quadro clínico do pai, compreende os limites da medicina no trato a essa doença e relata já ter pensado bastante a respeito, inclusive abordando o não aceite da alimentação artificial (o pai se alimenta por boca, ingerindo dieta pastosa), bem como de outros procedimentos invasivos, demonstrando ser bastante orientada a respeito. Relata que o pai viveu muito bem até os 67 anos, quando começou a apresentar um "comportamento estranho", sendo diagnosticado, alguns meses depois, com demência. Carmen alega ter sido ela a acompanhar o pai às consultas, tanto pelo desinteresse dos irmãos, quanto por ser a filha que residia mais próximo do pai, sendo a que mais frequentava sua casa.

Duas semanas após o primeiro atendimento, recebemos o contato do filho Pedro, que solicita uma conversa sobre o atendimento do Sr. Antônio. Marcada uma reunião no ambulatório com a equipe de atendimento, composta pelo médico, assistente social, enfermeira e psicóloga, para o fim da mesma semana, pela manhã.

Pedro comparece sozinho, mas avisa que seu posicionamento é compartilhado pelos irmãos, Juarez e Catarina, a irmã mais nova. Pedro, em abordagem com a equipe, demonstra o desconhecimento sobre a gravidade da doença do pai, alega que "quer que faça tudo" e que tem receio de que sua irmã Carmen, queira antecipar a morte do pai com essa "conversa de que não querer que passe sonda". Diz que ele e os irmãos não decidiram por isso. Afirma ainda que a irmã tem interesse na morte do pai, pois pretende ficar com a casa, na qual reside e da qual já tomou posse.

Pedro indaga a equipe sobre o emagrecimento visível do pai, relacionando-o ao tipo de e quantidade de alimentação ingerida, questiona sobre a não passagem de sonda e recusa-se a participar de uma reunião de família com a presença das irmãs Carmem e Regina. Afirma que acredita que o pai terá um cuidado mais apropriado se for internado; chora ao relatar que não pode visitar o pai por um impedimento legal: cumpre medida protetiva, não podendo se aproximar da irmã Carmen por tê-la agredido fisicamente há um ano e esta ter aberto boletim de ocorrência contra ele.

Em reunião posterior, equipe insiste na manutenção da reunião de família como protocolo de atendimento reunindo todos os filhos do paciente para tomada de decisão de final de vida e de continuidade de acompanhamento.

2. COMUNICAÇÃO: CONCEITUAÇÃO E DISCUSSÃO

Trabalhar com pacientes e familiares que vivenciam a finitude envolve a utilização do saber técnico para o controle de sintomas na mesma proporção que demanda o uso de habilidades comunicativas do profissional de saúde, independentemente de sua área de especialidade. Assim, médicos, enfermeiros, psicólogos, assistentes sociais e demais membros da equipe de saúde necessitam aprimorar sua competência comunicativa no contexto dos cuidados paliativos.[1]

Comunicação deriva do termo latino *communicare* e significa "partilhar algo, tornar-se comum". Trata-se de um fenômeno complexo, multifatorial e de difícil conceituação, tendo em vista que não há consenso universalmente aceito ou uma perspectiva teórica unificada do processo comunicacional. Várias correntes teóricas compõem o constructo comunicação humana, contudo a que parece ser mais coerente com o contexto do cuidado a pessoa é a chamada comunicação interpessoal, que aborda a comunicação no âmbito das interações face a face. É um processo bidirecional, que envolve troca de mensagens por pessoas no contexto da interação presencial em pequenos grupos, por meio da fala e de sinais paralinguísticos e corporais.[2-3-4]

Comunicar implica significar. Para comunicar com significado, as pessoas recorrem a signos. Um ato comunicacional só é eficazmente desenvolvido quando o emissor obtém o envolvimento do receptor. Para um processo comunicacional ter início, há sempre alguém (emissor) com uma curiosidade, necessidade de transmitir ou saber algo ou um conteúdo (mensagem) que precisa ser esclarecido, dito para outra pessoa. O emissor sente-se então estimulado a iniciar um contato interpessoal e pensa em como fazê-lo (codificação) e como enviá-lo (canal) a fim de tornar comum o conteúdo de sua informação ou ideia para outra pessoa (receptor). Este por sua vez reagirá à mensagem recebida apresentando sua reação (resposta).[5]

Neste complexo processo de interação, no qual o receptor tem papel tão importante quanto o emissor da mensagem, alguns pressupostos são destacados: a)

---

1. TROVO, Mônica Martins; SILVA, Silvana Maia Aquino. A competência comunicacional em cuidados paliativos. In: CASTILHO, Rodrigo Kapel, SILVA, Vitor Carlos Santos; PINTO, Cristhiane da Silva. *Manual De Cuidados Paliativos*. Rio de Janeiro: Atheneu, 2021. v. 1. 624 p.
2. Littlejohn, Stephen W. *Fundamentos teóricos da comunicação humana*. Rio de Janeiro: Guanabara, 1988, 407 p.
3. Watzlawick Paul; Beavin, Janet Helmick; Jackson, Don D. *Pragmática da comunicação humana*. São Paulo: Cultrix, 2002, 266 p.
4. ARAÚJO, Monica Martins Trovo. *Comunicação em cuidados paliativos*: proposta educacional para profissionais de saúde [tese]. São Paulo: Escola de Enfermagem, Universidade de São Paulo; 2011.
5. SILVA, Maria Julia Paes. *Comunicação tem remédio: a comunicação nas relações interpessoais em saúde*. São Paulo: Loyola; 2014.

todo comportamento humano possui um valor comunicativo; assim, não existe "não comunicação", porque não existe "não comportamento"; b) a comunicação não é um processo estático, mas sim móvel, dinâmico e inevitável, pois qualquer atitude é uma comunicação e representa a essência dos processos interacionais; c) os seres humanos se comunicam de modo digital e de modo analógico, ou seja, há duas dimensões em todo processo comunicativo: a verbal e a não verbal.[6-7-8]

3. COMUNICAÇÃO VERBAL E NÃO VERBAL

A comunicação verbal é aquela que ocorre por meio da expressão de palavras, utilizando linguagem escrita ou falada, com o intuito de se expressar um pensamento; e a não verbal, é caracterizada pelo jeito e tom de voz com que as palavras são ditas, por gestos que acompanham o discurso, por olhares e expressões faciais, pela postura corporal, pela distância física que as pessoas mantêm umas das outras.[9] Porém, a comunicação verbal não é suficiente para caracterizar a complexa interação que ocorre no relacionamento humano, muito menos, quando se vive situações de intenso sofrimento físico e emocional inerentes ao processo de adoecimento e morte.

A percepção e compreensão da comunicação não verbal é fundamental no contexto do cuidado na finitude, pois possibilita identificar sinais sutis que podem compor a expressão subjetiva de necessidades das dimensões emocional, social e espiritual. Além disso, também se faz necessária para o estabelecimento do vínculo que embasa o cuidado, porque é por meio da emissão dos sinais não verbais pelo profissional de saúde que o paciente desenvolve confiança, uma vez que estes sinais devem demonstrar empatia e transmitir segurança.

A qualidade da comunicação entre a equipe de saúde e paciente/família, principalmente com a proximidade da morte, pode determinar positivamente a tomada de decisões coerentes e apropriadas, contribuindo para se criar um ambiente de maior tranquilidade e colaboração nas ações tomadas.[10] Um estudo colombiano, realizado no ano de 2008, com 513 pacientes, procurou descrever as preocupações dos familiares nos últimos dias de vida dos pacientes e quais são

---

6. Knapp, Mark L.; Hall, Judith A. *Comunicação não verbal na interação humana*. São Paulo: JSN Editora, 1999, 492 p.
7. Watzlawick Paul; Beavin, Janet Helmick; Jackson, Don D. *Pragmática da comunicação humana*. São Paulo: Cultrix, 2002, 266 p.
8. ARAÚJO, Monica Martins Trovo. Comunicação em cuidados paliativos: proposta educacional para profissionais de saúde [tese]. São Paulo: Escola de Enfermagem, Universidade de São Paulo; 2011.
9. SILVA, Maria Julia Paes. *Comunicação tem remédio*: a comunicação nas relações interpessoais em saúde. São Paulo: Loyola; 2014.
10. Steinhauser Karen E. et al. Factores considered importante at the end of life by patients, Family, physicians, and other care providers. *Ann Int Med*. n. 19, v. 284. p. 2476-2482. 2000.

os problemas mais evidenciados que os levam a pedir apoio. Teve como maior índice o pedido de auxílio para uma morte digna, ou seja, como eles podem ajudar a morrer tranquilamente; como podem dar melhor atendimento para seu familiar em casa; como diminuir os sintomas de dor; quais condutas ou decisões específicas com pacientes são éticas ou permitidas por leis; se agem corretamente e se estão certos em expressar seus medos e desejos.[11]

No caso descrito há inúmeros aspectos que interferem na qualidade ao fim da vida do sr. Antônio. Dentre eles, destaca-se a ineficácia da comunicação intrafamiliar. Quando o filho Pedro, representando os demais irmãos, refere que a irmã Carmem tem interesse na morte do pai, demonstra que sua percepção sobre as intenções da irmã não se baseia somente na fala e nos sinais não verbais emitidos por seu familiar, mas nas emoções envolvidas em interações conflituosas prévias. Isto porque o processo de comunicação pode ser afetado por inúmeros fatores variáveis, tais como o linguajar, o ambiente, a disponibilidade, o senso de oportunidade e, principalmente as emoções. Estes fatores podem trazer tanto benefícios como prejuízos para a comunicação.

4. REUNIÃO FAMILIAR

Outro aspecto a ser considerado neste caso é desconhecimento do filho sobre a condição e avanço da doença do pai. Frente ao contexto familiar conflituoso, com desencontro de informações e comunicação ineficaz, não é possível ter certeza se Pedro e seus irmãos foram adequadamente informados ou sofreram parcialidade da informação fornecida por Carmem.

Contudo, é notória a falta de clareza na comunicação desta família. A falta de clareza na comunicação é uma característica do processo comunicativo em famílias que presenciam doenças prolongadas, tentativa esta de proteção contra o sofrimento, ou ainda uma reação emocional para proteção de si próprio e da ansiedade do outro. Neste sentido, a reunião familiar para alinhamento das informações seria uma estratégia fundamental para prevenir futuros conflitos e desencontros entre percepções e compreensões dos distintos membros.

A reunião familiar é uma ferramenta de trabalho paliativista. Trata-se de um instrumento de intervenção estruturado e centrado na família e em suas necessidades, que auxilia na tentativa de resolução de situações complexas. Também constitui uma oportunidade para ofertar apoio à família e reafirmar o cuidado;

---

11. Medina, Maria Inez Sarmiento; VARGAS-CRUZ, Sandra L; JIMENEZ, Cláudia Marcela Velasques; JARAMILLO, Margarita Sierra. *Problemas y decisiones al final de la vida em patients com enfermedad en etapa terminal*. [dissertação]. Bogotá. Instituto de Salud Publica, Faculdad de Medicina – Universidade Nacional da Colombia, 2012.

devem ser planejadas e fazer parte do planejamento avançado de cuidados do paciente.[12-13.]Durante a reunião familiar é possível o compartilhamento com a família de informações claras, realistas, honestas, concisas e compassivas.[14] Assim como, por meio do estímulo à expressão de sentimentos e escuta ativa e compassiva das necessidades dos familiares pode auxiliar na sensibilização dos membros da família quanto à necessidade do reparo de vínculos e relações, em prol de busca de consenso entre família e equipe acerca de um plano terapêutico para o paciente.

5. AVALIAÇÃO SOCIAL E CONDUTA

A abordagem do serviço social em cuidados paliativos concretiza-se por meio do acolhimento e escuta qualificada, avaliação social e organização de um plano de cuidados relacionado às demandas apresentadas.[15]

Entendemos por acolhimento o reconhecimento do sofrimento social vivido por paciente e família, seja pela situação de finalização da vida, seja pelas alterações vividas pelo núcleo familiar em uma condição de adoecimento grave e consequente dependência. O sofrimento é sempre e, inegavelmente, individual; o que requer a necessidade de ouvir todos os envolvidos sempre lembrando que os cuidados paliativos se estendem ao binômio paciente e família.[16]

O sofrimento da família é sempre presente e inegável, seja pela perda de um ente querido, pela necessidade de reorganização familiar frente ao lugar social ocupado pelo paciente e necessidade de organização para o cuidado, seja pela perda financeira que em algumas situações é proveniente do adoecimento do paciente, seja pelo ineditismo da situação vivida.

No que se refere ao cuidador familiar principal/responsável pelo cuidado, o sofrimento pode ser similar ao enfrentado pela família como um todo, mas também pode estar relacionado à necessidade de cuidar de alguém: em muito sofrimento físico e/ou psíquico, sem vínculo afetivo ou com frágil vinculação, com quem vivia uma relação conflituosa ou abusiva ou alguém não amado pelo

---

12. Steinhauser Karen E. et al. Factores considered importante at the end of life by patients, Family, physicians, and other care providers. *Ann Int Med* 2000; 19(284): 2476-2482.

13. Harding, Richard; LIST, Sally; EPIPHANIOU, Eleni; JONES, Hannah. How can informal caregivers in cancer and palliative care be supported? An updated systematic literature review of interventions and their effectiveness. *Palliat Med*, 2012; 1(26): 7-22.

14. NETO, Isabel Galriça. A conferência familiar como instrumento de apoio à família em cuidados paliativos. *Revista portuguesa de medicina geral e familiar*, 2003; 19(1): 68-74.

15. ANDRADE, Letícia. Pacientes em Cuidados Paliativos: abordagem direcionada às famílias. In: ANDRADE, L. (Org.). *Serviço Social na área da Saúde*: Construindo registros de visibilidade. São Paulo: Editora Alumiar – Casa de Cultura e Educação, 2019, p. 153-166.

16. WORD HEALTH ORGANIZATION (WHO). *Integrating palliative care and symptom relief into primary health care*. A WHO guide for planners, implementers and managers. 2018. Disponível em: https://apps.who.int/iris/bitstream/handle/10665/274559/9789241514477-eng.pdf?ua=1.

CONFLITOS DA COMUNICAÇÃO COM A FAMÍLIA **145**

núcleo familiar. Essas questões nem sempre são ponderadas pelas equipes de atendimento, o que pode trazer extremo sofrimento para o familiar. Pensando nesse rol de possibilidade é que o acolhimento[17] se faz imprescindível para o assistente social na atenção às famílias e pacientes.

Dessa forma o acolhimento se soma à avaliação social ampla[18] que contempla o conhecimento sobre:

5.1 Paciente, família e rede de suporte social

No que se refere à perspectiva social busca-se primeiramente conhecer família, paciente e cuidadores. É necessário se traçar um perfil socioeconômico com informações que serão fundamentais na condução do caso. Sendo assim, é importante reconhecer a família com quem manteremos contato como exatamente é – família real – e não como gostaríamos que fosse – família ideal.[19] Isso significa dizer que, nem sempre os vínculos foram firmados de maneira satisfatória, nem sempre aquele que está morrendo "é amado por todos", nem sempre a família tem condições adequadas de cuidar, (sejam essas condições financeiras, emocionais, organizacionais) e nem sempre o paciente quer ser cuidado da forma como avaliamos como necessária e ideal. Conhecer e compreender essa família em seus limites e possibilidades é o primeiro passo para um atendimento adequado; para tanto a escuta e o acolhimento[20] são ações imprescindíveis, assim como o reconhecimento do momento adequado para a abordagem.

No que se relaciona à avaliação socioeconômica algumas informações são fundamentais e devem ser obtidas na primeira abordagem: composição familiar, aspectos relacionados ao local de moradia, renda, religião, formação, profissão e situação empregatícia do paciente.

Estes dados embasarão o atendimento social, pois nos darão parâmetros adequados sobre as necessidades vividas pelas famílias ou nos mostrarão seus mecanismos de enfretamento dos limites. Esquematicamente podemos apontar:

Composição familiar: com quem o paciente reside e com quem poderá, ou não, contar no que se refere aos cuidados; se a família é extensa ou nuclear,

---

17. MARTINELLI, Maria Lúcia. *Reflexões sobre o Serviço Social e o projeto ético-político profissional. Rev. Emancipação* – Departamento de Serviço Social, Ponta Grossa: Universidade Estadual de Ponta Grossa, n. 6, v. 1, p. 09-23. 2006.
18. ANDRADE, Letícia. *Territórios de exclusão*: população idosa e Cuidados Paliativos na cidade de São Paulo. São Paulo: Alumiar, 2018.
19. ANDRADE, Letícia. *Desvelos*: trajetórias no limiar da vida e da morte: cuidados paliativos na assistência domiciliar. Tese (Doutorado em Serviço Social) – Pontifícia Universidade Católica de São Paulo, São Paulo, 2007. 187 f.
20. Op. cit.

se é monoparental[21] e se tem outros indivíduos no mesmo núcleo familiar que demandam cuidados específicos (crianças, idosos dependentes ou outros indivíduos doentes). Estes dados nos oferecerão subsídios para auxiliar a família na busca de alternativas quando o cuidado não for suficiente para as necessidades do paciente ou quando o risco de sobrecarga do cuidador for visível, assim como poderá ser base para o encaminhamento adequado ao local onde o paciente terá o seguimento do seu tratamento, seja atendimento ambulatorial ou domiciliar.

Local de moradia: item também relacionado à possibilidade de entendimento sobre a rede de suporte social. Dependendo do local onde o indivíduo reside há que se perceber a precariedade ou suficiência das redes de suporte social, sejam estas formais ou informais, assim como a facilidade ou dificuldade de comparecer às consultas ou demais procedimentos em caso de necessidade. A ciência destas dificuldades, quando existentes, possibilita ao assistente social viabilizar e encaminhar adequadamente para recursos diversos da região ligados a assistência social ou à área da saúde no território de moradia do paciente. A viabilização do acesso aos recursos sociais disponíveis é uma das principais prerrogativas do profissional do Serviço Social, precisando ser este um grande articulador, o que inclui saber para orientar equipe e família/paciente: tipos de documentos exigidos, termos adequados componentes dos relatórios médicos, regras e local para a solicitação etc.

Faixa etária, formação, profissão e situação empregatícia do paciente: estas informações são fundamentais principalmente quando o paciente é o mantenedor daquela família. A orientação e o encaminhamento adequados da questão oferecerão a garantia de sustento para o núcleo familiar. Nesse aspecto é ao assistente social quem cabe informações e orientações de como proceder quanto ao auxílio-doença, Benefício Assistencial (Benefício de Prestação Continuada), aposentadorias (por invalidez ou tempo de serviço), direito a saque de FGTS (Fundo de Garantia por Tempo de Serviço), quotas do PIS (Programa de Integração Social), isenção de Imposto de Renda e outros benefícios ou isenções locais e/ou relacionados a doenças específicas.[22]

Renda familiar: estreitamente relacionada ao item anterior, e nem sempre obtendo a importância devida na análise, deve sempre ser conhecida para que a equipe tenha parâmetros reais para as solicitações futuras. Exigências além do que a família pode arcar, aqui relacionadas especificamente a custos, costumam

---

21. SANTOS, Jonabio Barbosa; COSTA SANTOS, Morgana Sales. Família monoparental brasileira. *Revista Jurídica da Presidência*, 2009; 92(10): 01-30.

22. OLIVEIRA, Ivone Bianchini de et.al. Proteção ao paciente e família em Cuidados Paliativos: a importância das orientações sobre aspectos legais e burocráticos. In: ANDRADE, Letícia. *Serviço Social na área da saúde*: construindo registros de visibilidade. São Paulo: Alumiar, 2019, p. 53-68.

inviabilizar a atenção ao paciente e gerar situações de estresse desnecessário para os envolvidos.

Rede de suporte social: podendo ser formal ou informal, relaciona-se às organizações (instituições, grupos formais, serviços) ou pessoas (parentes, amigos, vizinhos) à que o paciente e seus familiares podem contar em casos de necessidade. As redes de suporte são tão mais suficientes e eficazes quanto maior disponibilidade e segurança oferecem aos indivíduos que a elas recorrem; tal efetividade não se relaciona à renda dos envolvidos, mas sim, a vínculos estabelecidos e fortalecidos no decorrer do tempo.[23] Algumas instituições religiosas oferecem redes mais organizadas e eficazes principalmente em situações de doença ou fragilidade de seus membros, daí a importância de incluir na avaliação social a religião professada pelo paciente e família.

Aqui incluímos na avaliação social ampla as formas de comunicação das famílias que, na maior parte das vezes, apreendemos de maneira indireta por meio da observação atenta e na leitura das entrelinhas presentes na entrevista e no cotidiano de atendimento. Nem toda família tem o hábito da conversa coletiva, das resoluções compartilhadas e da busca por consenso; e nem toda família consegue chegar nessa forma participativa de resolução de dúvidas, pendências ou conflitos, apesar de bastante presente no ideal das equipes de cuidados paliativos.

Dessa forma, apesar da busca pelo consenso familiar ser sempre a primeira alternativa nas intervenções em equipe em cuidados paliativos, tal fato nem sempre se efetiva. Nas situações em que o/a paciente se apresenta lúcido(a), é inegável que a decisão que precisa prevalecer é a dele/dela; mas nas situações em que não há preservação da lucidez e não há registros de testamento vital/diretivas antecipadas de vontade elaboradas anteriores a condição cognitiva, a decisão é familiar. Conflitos ou dificuldades de relacionamento familiar, comunicação truncada, famílias sem histórico de conversas sobre assuntos que envolvem doenças graves e/ou o que fazer em final de vida tendem a se configurar como grandes dificultadores das decisões finais. A angústia e dúvidas por decidir pelo outro sempre se fazem presentes.

Na avaliação social do caso, além do já descrito, obtivemos: Sr. Antônio, católico, metalúrgico, aposentado por tempo de contribuição, o que inviabilizou a solicitação de acréscimo de 25% no valor da aposentadoria pela situação de dependência;[24] renda familiar, de 05 salários mínimos, proveniente da aposentadoria

---

23. BIFFI, Raquel Gabrielli; MAMEDE, Marli Vilela. Suporte social na reabilitação da mulher mastectomizada: o papel do parceiro sexual. *Rev. Escola de Enfermagem USP*, São Paulo: EDUSP, n. 38, p. 262-269. 2004.

24. OLIVEIRA, Ivone Bianchini et.al. Proteção ao paciente e família em Cuidados Paliativos: a importância das orientações sobre aspectos legais e burocráticos. In: ANDRADE, Letícia. *Serviço Social na área da saúde*: construindo registros de visibilidade. São Paulo: Alumiar, 2019, p. 53-68.

do paciente e da pensão alimentícia recebida por Carmem referente à pensão do filho e de um auxílio financeiro disponibilizado pelo ex-marido em função desta não poder exercer atividade empregatícia por conta do cuidado ao pai. Apesar da separação, Carmem mantinha um bom relacionamento com o ex-marido. A renda familiar era suficiente para a manutenção adequada das despesas da casa, mas não compatível com a contratação de um cuidador. Dessa forma, Carmem, como tantos cuidadores familiares exerceu de maneira solitária[25] a função de cuidar.

Na avaliação sobre rede de suporte social e território de moradia, Carmem nos relata que conta com o apoio de uma amiga, que não reside tão próximo e por isso, não pode auxiliar com tanta frequência, assim como, apesar de morar na região já por muito tempo, não aciona nenhuma das instituições/organizações do território por acreditar não precisar. Isso é bastante presente nos estudos sobre rede de suporte/apoio social[26] em que os autores apontam que a efetividade da rede está relacionado ao sentimento de pertença e confiança estabelecidos com as instituições/organizações (rede de suporte social formal) ou pessoas de relação (rede de suporte social informal). Um aspecto positivo aqui analisado foi o fato do paciente residir em um território atendido por uma equipe de assistência domiciliar[27-28] que, por meio de um trabalho multiprofissional realiza em domicilio a atenção aos pacientes. Sr. Antônio, sendo encaminhado para o atendimento domiciliar do mesmo hospital deu continuidade ao seu tratamento em casa, o que pôde garantir maior comodidade para paciente e família. Apesar do cuidado ser viabilizado em domicilio, a morte na própria residência ainda era uma incógnita. Nem todo paciente tem condições de falecer na própria residência e nem todo cuidador está preparado para esse desenlace.[29]

A religião católica professada pela família não foi vista como de grande importância nesse momento e a situação conflituosa vivida pela família não foi resolvida no percurso de cuidados, como muitas equipes acreditam ser possível. Dessa forma a proposta de reunião de família com o objetivo de reunir todos os envolvidos foi descartada. Nessas situações as reuniões de família podem acirrar

---

25. ANDRADE, Letícia. *Desvelos*: trajetórias no limiar da vida e da morte: cuidados paliativos na assistência domiciliar. Tese (Doutorado em Serviço Social) – Pontifícia Universidade Católica de São Paulo, São Paulo. 2007. 187 f.

26. BIFFI, Raquel Gabrielli; MAMEDE, Marli Vilela. Suporte social na reabilitação da mulher mastectomizada: o papel do parceiro sexual. *Rev. Escola de Enfermagem USP*, n. 38, p. 262-269. São Paulo: EDUSP, 2004.

27. BRASIL. Agência Nacional de Vigilância Sanitária – ANVISA). Resolução RDC 11, de 26 jan. 2006: Serviços de Atenção Domiciliar. Disponível em: www.anvisa.gov.br. Acesso em: 20 mar. 2010.

28. FLORIANI, C. A. Cuidador familiar: sobrecarga e proteção. *Revista Brasileira de cancerologia*, Rio de Janeiro: INCA, n. 4, v. 50, p. 341-345. 2004.

29. ANDRADE, Letícia. *Desvelos: trajetórias no limiar da vida e da morte*: cuidados paliativos na assistência domiciliar. Tese (Doutorado em Serviço Social) – Pontifícia Universidade Católica de São Paulo, São Paulo. 2007. 187 f.

conflitos e gerar situações de difícil manejo, dificultando ainda mais o cuidado para paciente e seu cuidador responsável. Assim, equipes que usam reuniões de família como protocolares em suas intervenções sugerimos repensar suas posições.

Pela condição de demência foi orientada à Carmem a solicitação de curatela do pai, o que legalizaria a situação e, na ausência de consenso o curador tomaria as decisões finais em caso de necessidade. Esclarecemos ainda que o curador, poderia também, ser um dos irmãos, já que dependeria da nomeação do juiz. Frente a contratação de um advogado para a tramitação do processo os irmãos de Carmem não apresentaram interesse em serem os curadores e deixaram claro isso na audiência realizada para nomeação, na qual a filha cuidadora foi nomeada sua curadora.

O cuidado domiciliar se estendeu por meses e os filhos Juarez, Catarina e Regina mantinham visitas regulares no início do acompanhamento domiciliar, que foram se espaçando no decorrer do tempo, como já descrito na literatura[30-31] como fato recorrente, principalmente nos casos de demência, uma doença que se prolonga no tempo, exigindo um cuidado longitudinal apontado como o mais difícil entre os cuidados[32-33] sendo comum um só familiar assumir a responsabilidade até o final. Sendo também este um dos maiores motivos de estresse e sobrecarga,[34-35-36] como o vivido por Carmem.

A equipe mantinha reuniões regulares com o filho Pedro, ainda com muita dificuldade de entender e aceitar o quadro clinico do pai e permanecendo acusando a irmã de querer antecipar sua morte pelo que ele acreditava ser uma inadequação de cuidados. Por intervenção da equipe, Carmem aceitou que Pedro fosse visitar o pai em finais de semana previamente combinados. Nesses, Regina ia para a residência do pai e era a responsável pelo cuidado e por receber o irmão para as visitas, enquanto Carmem passava o dia na casa da amiga.

---

30. ANDRADE, L. *Territórios de exclusão*: população idosa e Cuidados Paliativos na cidade de São Paulo. São Paulo: Alumiar, 2018.
31. FLORIANI, Ciro Augusto. Cuidador familiar: sobrecarga e proteção. *Revista Brasileira de cancerologia*, Rio de Janeiro: INCA, n. 4, v. 50, p. 341-345, 2004.
32. LEMOS, Naira Dutra; GAZZOLA, Juliana Maria; RAMOS, Luiz Roberto. Cuidando do paciente com Alzheimer: o impacto da doença no cuidador. *Saúde e sociedade*, São Paulo: EDUSP, n. 3, v. 15. p. 170-179, 2006.
33. PEREIRA, Carla Fabiana Campos, & SEHNEM, Scheila. Beatriz. Sintomas de estresse em cuidadores de pacientes diagnosticados com Alzheimer. *Unoesc & Ciência-ACBS*, Joaçaba: Unoesc, n. 02, v. 06, p. 239-244. 2015.
34. FLORIANI, Ciro Augusto. Cuidador familiar: sobrecarga e proteção. *Revista Brasileira de cancerologia*, Rio de Janeiro: INCA, n. 4, v. 50, p. 341-345, 2004.
35. LEMOS, Naira Dutra; GAZZOLA, Juliana Maria; RAMOS, Luiz Roberto. Cuidando do paciente com Alzheimer: o impacto da doença no cuidador. *Saúde e sociedade*, São Paulo: EDUSP, n. 3, v. 15, p. 170-179. 2006.
36. PEREIRA, Carla Fabiana Campos, & SEHNEM, Scheila. Beatriz. Sintomas de estresse em cuidadores de pacientes diagnosticados com Alzheimer. *Unoesc & Ciência-ACBS*, Joaçaba: Unoesc, n. 02, v. 06, p. 239-244. 2015.

Em comum acordo, entre equipe, curadora/cuidadora principal e demais filhos, Sr. Antônio foi internado por um quadro clínico infeccioso (pneumonia de repetição), que evolui para o processo ativo de morte. O sofrimento físico vivido pelo paciente, somado ao estresse da cuidadora principal e conflito familiar, que poderia impactar nos cuidados finais, contraindicavam a morte em domicilio. Dessa forma, a internação propiciava que o cuidado final fosse realizado por uma equipe especializada, o que amenizaria o sofrimento de Carmem e a desconfiança de Pedro. Aqui precisamos deixar claro duas questões: a opção de cuidados finais e morte em domicilio é bastante indicada e apontada como a ideal em várias situações[37] mas inviável e contraindicada em tantas outras;[38] a assistência domiciliar faz parte da Rede de Atenção em Saúde (RAS) sendo garantido legalmente ao paciente em assistência domiciliar ser levado aos serviços de pronto-atendimento ou internação em casos de necessidade.[39]

Sr. Antônio faleceu pouco dias depois na enfermaria na companhia da filha Carmem, que se mostrou a mais presente e cuidadosa com o pai. Apesar da liberação da visita nos últimos dias, os demais filhos não intensificaram a frequência das mesmas e nem permaneceram por mais tempo em sua companhia, como apontado desde o princípio por Carmem. Desinteresse, falta de vínculo ou sofrimento explicaria esse afastamento?

Não soubemos, pois, pouco interagimos com esses filhos por um distanciamento estabelecido por eles. Aqui compete-nos pontuar quem nem sempre ouviremos a história dos envolvidos, nem sempre saberemos de toda a realidade vivida pela família e paciente e nem sempre isso se faz necessário.

A escolha sobre o que relatar, para quem relatar e com qual objetivo, é sempre individual e deve sempre ser respeitada. As equipes devem abrir espaço para que diferentes abordagens sejam possíveis, mas devem entender que as famílias ali estão por uma circunstância, e nem sempre por escolha, por isso nem sempre admitem alterações em seus modelos de convívio, mesmo que esse modelo de organização seja conflituoso.

Se isso não for do pleno entendimento das equipes de cuidados paliativos, a convivência com uma família muito diferente do idealizado –família harmoniosa em que todos se amam e a perda de um dos membros é vivida com muita dor—pode trazer sofrimento para os profissionais envolvidos e culpabilização indevida das famílias.

---

37. ANDRADE, L. *Desvelos: trajetórias no limiar da vida e da morte*: cuidados paliativos na assistência domiciliar. Tese (Doutorado em Serviço Social) – Pontifícia Universidade Católica de São Paulo, São Paulo. 2007. 187 f.

38. FLORIANI, C. A. Cuidador familiar: sobrecarga e proteção. *Revista brasileira de cancerologia*, v. 50, n. 4, p. 341-345, 2004.

39. BRASIL. Ministério da Saúde (BR). Portaria 4.279, de 30 de dezembro de 2010: estabelece diretrizes para a organização da Rede de Atenção à Saúde no âmbito do Sistema Único de Saúde (SUS). Brasília (DF): Ministério da Saúde; 2010.

6. AVALIAÇÃO PSICOLÓGICA E CONDUTA

A leitura inicial do caso pode ter despertado inúmeras inquietudes no leitor, sendo necessário ascender ao consciente do profissional que o foco da assistência nos cuidados paliativos também é prestada aos familiares, compreendendo que apenas por meio da narrativa e avaliação teremos um diagnóstico clinico para intervir nas questões da família, abandonando expectativas românticas e egoicas, nas quais em todos os casos a assistência paliativa propiciará um final feliz e com reconciliação, assim como também, que em todos os casos caberá a utilização das mesmas estratégias e ferramentas.

Cada caso é único, cada família é única e a equipe deve atuar unindo a expertise técnica e vivencial respeitando o protagonismo e as demandas do paciente e família. Nem todos os casos serão para reunião familiar, nem todos os casos a morte em domicílio será adequada. Chegamos para cuidar, de famílias com histórias e dinâmicas já existentes e não podemos enquanto profissionais atuar como "salvadores" e sim caminharmos em direção ao cuidado possível, com foco em minimizar sofrimentos e quando possível manejar crenças limitantes.

Como descrito no caso há uma história familiar e vincular antes do diagnóstico e limitações do Sr. Antônio sendo necessário ao profissional conhecer tal história, bem como os conflitos preexistentes, a maneira que foram vivenciados, seus estressores e estratégias utilizadas por cada membro da família. Senso possível no seguimento assistencial identificar quais conflitos permanecem, a intensidade, manifestação e significado dos mesmos na dinâmica familiar. No caso relatado temos indivíduos em sofrimento, alguns perceptíveis e talvez de mais fácil despertar de empatia e compaixão e outros, por questões intimas nossas, mobilizadores de raiva e tensão. Carmen, Regina, Pedro, Juarez e Catarina, todos irmãos e filhos do mesmo pai e ao mesmo tempo todos filhos de um diferente Antônio e com diferentes relações entre si.

A diferença relacional tem justificativa e embasamento teórico, diferentes relações possuem diferentes vínculos. O vínculo afetivo é constituído pelo desenvolvimento emocional e cognitivo ainda quando criança e pela consistência do cuidado recebido por um indivíduo mais sábio e forte, capaz de prover a sobrevivência, ou seja, o senso de segurança da criança está ligado ao cuidado de uma ou mais figuras de apego com ela.

De acordo com Bowlby,[40] a partir das primeiras relações de apego se estabelece um modelo funcional interno. Para esse teórico o modelo operativo interno engloba a representação de si, de si na interação com outros e com o mundo e de

---

40. BOWLBY, John. *Apego e perda: Apego* – A natureza do vínculo. São Paulo: Martins Fontes, 1969/2002, v. 1, p. 496.

si na interação com uma figura de apego em um contexto emocional significativo. Os modelos operativos internos contêm expectativas e crenças sobre o comportamento de si próprio e dos outros, o valor e aceitação do eu, a disponibilidade emocional e interesse dos outros, bem como a habilidade deles de prover proteção. Tal modelo influencia na maneira do Sr. Antônio, Carmen, Regina, Pedro, Juarez e Catarina de se relacionar, cuidar e receber cuidados – envolvendo cuidados da equipe de saúde.

A teoria do apego de Bowlby nos ajuda a compreender que teremos acesso a percepção de múltiplos Antônios, enquanto figura paterna cuidadora e agora recebedor de cuidados. Na narrativa de cada filho será possível compreender a relação com esse pai, bem como as crenças e expectativas sobre ele, seu envelhecer e adoecer, como também perceber o tipo de vínculo de cada irmão na relação fraternal. Carmem demonstra contato com Antônio real, com clareza do entendimento de sua patologia crônica e incurável sendo possível acomodar emocionalmente as orientações técnicas da equipe sobre o planejamento de cuidados. Já na narrativa de Pedro percebemos prejuízos no entendimento sobre a doença do seu pai, ausência de contato e acompanhamento por medida protetiva, ponto que se mostra como dificultador para acomodar a realidade desagradável das perdas do processo das perdas.

Na visão de Franco[41] um adoecimento por si só é uma crise, na qual ocorre um desequilíbrio. Pacientes e familiares que vivenciam esse desequilíbrio, se sentem vulneráveis e manifestam comportamentos de apego – como por exemplo o relato de Carmen sobre a dificuldade de relacionamento com os irmãos, o choro, a sobrecarga de cuidados, o estresse e a preocupação com seu filho, assim como Pedro por meio do telefonema para equipe, choro manifesto na ligação e crenças sobre a doença e cuidados de seu pai.

O fazer da psicologia se mostra útil na interpretação e manejo dos comportamentos e reações dos familiares para equipe, além de atuar por meio da clarificação e psicoeducação para mitigar as reações contratransferências da própria equipe, como por exemplo dividir os filhos entre "mocinhos e bandidos".

Sr. Antônio foi diagnosticado com Alzheimer, patologia que envolve múltiplas perdas e lutos. Apesar do luto estar frequentemente associado a perda por morte física, ele se relaciona a qualquer tipo de perda significativa e é um processo natural de elaboração psíquica multifacetada. Segundo Rolland,[42] diante de doen-

---

41. FRANCO, Maria Helena Pereira. Luto em Cuidados Paliativos. *Cuidado Paliativo*. São Paulo: CREMESP – Conselho Regional de Medicina do Estado de São Paulo; 2008, p. 559.

42. ROLLAND, John S. Doença crônica e o ciclo de vida familiar. In: CARTER, B.; MCGOLDRICK et. al. *As Mudanças no Ciclo de Vida Familiar*: Uma Estrutura para a Terapia Familiar. Porto Alegre: Artmed, 1995, 512 p.

ças como a do Sr. Antônio, pacientes e familiares transitam por inúmeras etapas as quais podem ser tão dolorosas e perturbadoras quanto a própria morte. Estas etapas podem ir da percepção dos sintomas iniciais, diagnóstico, prognóstico, tratamentos modificadores da doença, medidas paliativas e tantas outras etapas que acabam por alterar o cotidiano daquele ser biográfico e de sua rede.

Transpondo às modificações do cotidiano surgem mudanças físicas, psicológicas, sociais e espirituais. Aparecem necessidades especiais e não é incomum o aparecimento de diferentes sentimentos, os quais podem ser sucessivos, refratários e concomitantes às etapas do processo saúde/doença, ou ainda ambivalentes – desejo da brevidade da morte para alívio do sofrimento do paciente e de seus entes e sobrevivência mesmo a custos de iatrogenias.

Na visão do filho Pedro, Carmen estaria desejando abreviação da morte do pai para fins financeiros, e pela sua falta de informação sobre o Alzheimer Pedro desejaria a nutrição artificial para o Sr. Antônio como forma de evitar a caquexia narrada pela percepção do emagrecimento e entendimento de pouca oferta de alimentos.

Percepções e reações emocionais manifestas e latentes por familiares na trajetória do adoecer são tecnicamente entendidas como processo de luto antecipatório. Fonseca[43] descreve o luto antecipatório como um fenômeno adaptativo que ocorre anteriormente à perda concreta, no qual é possível uma preparação cognitiva e emocional para a morte.

Ao experienciar o adoecer e a ameaça do morrer sujeitos e suas famílias perdem a referência de mundo. Tal experiência findará o censo de controle e propiciará um desequilíbrio entre os recursos de enfrentamento disponíveis e a quantidade de ajustamento necessária para conviver com a constante sucessão de rupturas do mundo presumido que ocorrerá ao longo da progressão da doença.[44]

Parkes[45] nomeia mundo presumido como esse mundo conhecido que contém todas as verdades sobre o sujeito e sua interação consigo, com outros e com o mundo, há também suposições que permitem reconhecer, planejar ações e antecipar eventos. Para o teórico, mundo presumido é tudo o que consideramos garantido, é a parte com maior valor que temos em nosso equipamento mental, sem a qual perdemos nossa referência de mundo. A reorganização deste mundo se dá por meio do trabalho de luto. O Modelo do Processo Dual compreende o processo de luto como algo dinâmico – hora relacionado à perda, hora à restauração. Por

---

43. FONSECA, JOSE PAULO. *Luto Antecipatório*. Campinas: Editora Livro Pleno, 2004.
44. KOVÁCS, Maria Júlia. Perdas e o Processo de Luto. In: INCONTRI, Dora; SANTOS, Franklin Santana (Org.). *A arte de morrer* – visões plurais. Bragança Paulista: Comenius, 2007. v. 1. p. 217-238.
45. PARKES, Colin Murray. *Luto: estudos sobre a perda na vida adulta*. Trad. Maria Helena Franco Bromberg. São Paulo: Summus; 1998. 291 p.

meio da oscilação entre a polaridade do pesar, com vivência da constatação das perdas, e a polaridade da restauração da vida pacientes e familiares se adaptarão à nova reorganização do mundo presumido.[46]

Por meio desse cuidado o profissional poderá avaliar fatores de risco e de proteção para o desenvolvimento de complicadores do processo de luto e mitigar os riscos para transtorno de luto prolongado.[47]

De acordo com a Classificação Internacional de Doenças (CID-11) o transtorno de luto prolongado refere-se a um distúrbio no qual, após a morte de um indivíduo com o qual se tinha um vínculo importante, há uma resposta persistente e generalizada de dor e pesar, por um período atipicamente longo após a perda (mais de 6 meses no mínimo) e claramente superior às normas sociais esperadas, devido ao contexto cultural e religioso do enlutado. O prolongamento causa uma deterioração significativa nas áreas pessoal, familiar, social, educacional, ocupacional ou outras áreas importantes de funcionamento diário.

Na 5ª edição do Manual Diagnóstico e Estatístico de Transtornos Mentais (DSM5-TR)[48] aparece o transtorno do luto complexo persistente como um diagnóstico que faz diferença entre o processo de luto natural e complicado considerando o tempo cronológico. Se considera o transtorno do luto complexo persistente quando depois de doze meses da perda (seis meses, no caso de crianças) o enlutado permanece manifestando um conjunto de sintomas persistentes do luto, ou seja, após um ano nota-se que as reações relacionadas ao luto passam a ser consideradas sintomas que estariam prejudicando na capacidade do indivíduo de manter a funcionalidade do cotidiano.

Não entraremos nos entreveros dessas duas fontes e deste conceito, nossa opinião sobre o processo de luto é uma necessária cautela sobre o fator tempo, visto que em nossa prática clínica ficamos mais confortáveis em considerar pelo menos 12 meses, visto as primeiras importantes datas sociais, a saber: 1º aniversário, 1º natal, 1º ano novo, até o 1º aniversário de morte. Consideramos ainda inúmeros outros fatores de enfrentamento e funcionalidade psíquica para além do tempo, não sendo o foco deste capitulo, ao leitor interessado na temática sugere-se estudos e pesquisas sobre processo de luto.

A avaliação psicológica ao processo de luto antecipatório além de abarcar a análise cuidadosa da anamnese deverá identificar a qualidade, significado, tipo

---

46. STROEBE, Margarete; SCHUT, Henk. The dual process model of bereavement: rationale and description. *Death studies*, Netherlands, v. 23. p. 197-224. 1999.

47. BARBOSA, Antônio. Processo de luto. In Barbosa, Antônio & Galriça Neto, Isabel. (Ed.). *Manual de cuidados paliativos*. Lisboa: Lisboa: Faculdade de Medicina, Universidade de Lisboa, 2016, p. 487-532.

48. AMERICAN PSYCHIATRIC ASSOCIATION. *Manual diagnóstico e estatístico de transtornos mentais*: DSM-5-TR. 5. ed. rev. Porto Alegre: Artmed, 2023.

da relação existente entre paciente-familiar, tipo do adoecimento e significado familiar, crises vitais concomitantes, relação com a espiritualidade, existência ou ausência de rede de apoio, vulneráveis dependentes do enlutado e percepção de disponibilidade para receber ajuda.[49]

O adequado entendimento dos fatores de risco e proteção para o enlutamento antecipatório propiciará intervenções precoces, planejadas e somadas por ações preventivas, bem como encaminhamento para serviços de atendimento especializados.[50]

Aqui o leitor poderá se indagar sobre quais os passos para prestar assistência ao processo de luto preparatório de forma a prevenir o transtorno do luto prolongado dessa dinâmica familiar, considerando o caso descrito e o momento da doença as ações propostas seriam:

Avaliação: Entrevista clínica, Percepção do estilo de vínculo, Reconhecimento das perdas e processo de luto.[51]

Intervenções: Psicoeducação (sobre diagnostico, evolução, sintomas, crises, prognostico, em caso de demências mais precoces instrumentalizar os cuidadores com competências de estimulação e manejo frente as diversas facetas da demência de Alzheimer necessidade e sofrimento dos pacientes), Manejo das questões emocionais das perdas (clarificação das formas de cada familiar manifestar sofrimento e tolerar receber auxilio), Clarificação na percepção das alterações da vida individual e familiar (análise das mudanças, destaque da importância do auto cuidado, mapeamento de rede de apoio técnico e informal e instrumentalização de ações de cuidar e cuidado) e Manejo do planejamento de um futuro (encaminhamento a recursos comunitários para suporte educacional, social e emocional, inclusive cuidados ao luto pós óbito).[52]

Ao realizar essas intervenções com os filhos de Sr. Antônio podemos esperar que Pedro saia da desinformação e tenha alguma previsibilidade sobre o adoecer de seu pai por meio da psicoeducação, ganhando algum grau de controle e sensação de amparo, de modo que suas expressões emocionais reativas a sua irmã Carmen possam estar menos impactadas pelas crenças disfuncionais e que o contato com seu pai lhe auxilie na acomodação da imagem dolorida de um pai dementado.

---

49. FRANCO, Maria Helena Pereira. *Estudos avançados sobre o luto*. Campinas: Livro Pleno, 2002, 172 p.
50. SOUZA, Airle Miranda de, MOURA; Danielle do Socorro Castro; PEDROSO, Janari da Silva. Instrumento de avaliação do luto e suas funções terapêuticas: a experiência de um serviço de pronto atendimento ao enlutado. In M. H. P. Franco (Org.). *Formação e rompimento de vínculos*. São Paulo: Summus, 2010, p. 123 -144.
51. LEITE, Manuela. Intervenção Psicológica no Luto (Antecipatório) de Cuidadores de Pessoas com Demência In: GABRIEL, Sofia, PAULINO, Mauro e BAPTISTA, Telmo Mourinho (Coord.). *Luto*: manual de intervenção psicológica. Lisboa: Pactor, 2021, p. 59-81.
52. Op. cit.

Não há expectativa de resolução total do conflito entre os irmãos, uma vez, que este não é o objetivo e sim prestar cuidados ao paciente e tornar possível o contato de todos os filhos com o pai. Por vezes na assistência o melhor manejo se dará no respeito as limitações e rusgas relacionais. Entender e respeitar os vínculos e crenças favorece uma interação de apoio emocional com oportunidade para abordagem dos medos incluindo o medo da falta de assistência: "quer que faça tudo" (sic Pedro).

Cuidar de Carmen com a consciência dela ser a cuidadora principal com sobrecarga de cuidado, vivendo luto concorrente por sua separação, preocupada com luto do filho (enquanto menor de idade e entendido tecnicamente como vulnerável e vivenciando luto duplo pela separação dos pais e perda do avô como figura de apego importante), com importantes questões relacionais com irmão propiciará a equipe a construção de um plano de cuidados unificados para ela de forma a minimizar os fatores complicadores de seu processo de luto, encorajar a manifestação das expressões emocionais, legitimar o sentir e principalmente se atentar nas comunicações e destaques de orientações técnicas sobre manejo de demência de Alzheimer na fase final de vida.

Encerramos esse capitulo deixando a frutífera imaginação e critica aguçadas dos nossos colegas paliativistas para imaginarem outras intervenções idealizadas!!!

REFERÊNCIAS

AMERICAN PSYCHIATRIC ASSOCIATION. *Manual diagnóstico e estatístico de transtornos mentais*: DSM-5-TR. 5. ed. rev. Porto Alegre: Artmed, 2023.

ANDRADE, Letícia. *Territórios de exclusão*: população idosa e Cuidados Paliativos na cidade de São Paulo. São Paulo: Alumiar, 2018.

ANDRADE, Letícia. *Desvelos: trajetórias no limiar da vida e da morte*: cuidados paliativos na assistência domiciliar. Tese (Doutorado em Serviço Social) – Pontifícia Universidade Católica de São Paulo, São Paulo, 2007.

ANDRADE, Letícia. Pacientes em Cuidados Paliativos: abordagem direcionada às famílias. In: ANDRADE, L. (Org.). *Serviço Social na área da Saúde*: Construindo registros de visibilidade. São Paulo: Editora Alumiar – Casa de Cultura e Educação, 2019.

ARAÚJO, Monica Martins Trovo. *Comunicação em cuidados paliativos: proposta educacional para profissionais de saúde* [tese]. São Paulo: Escola de Enfermagem, Universidade de São Paulo; 2011. Disponível em: http://www.teses.usp.br/teses/disponiveis/7/7139/tde-31052011-123633/pt-br.php.

BARBOSA, Antônio. Processo de luto. In Barbosa, Antônio & Galriça Neto, Isabel. (Ed.). *Manual de cuidados paliativos*. Lisboa: Lisboa: Faculdade de Medicina, Universidade de Lisboa, 2016.

BIFFI, Raquel Gabrielli; MAMEDE, Marli Vilela. Suporte social na reabilitação da mulher mastectomizada: o papel do parceiro sexual. *Rev. Escola de Enfermagem USP*, São Paulo: EDUSP, n. 38. p. 262-269. 2004.

BOWLBY, John. *Apego e perda: Apego – A natureza do vínculo*. São Paulo: Martins Fontes, 1969/2002. v. 1.

BRASIL. Agência Nacional de Vigilância Sanitária – ANVISA). Resolução RDC 11, de 26 de janeiro de 2006: *Serviços de Atenção Domiciliar*. Disponível em: www.anvisa.gov.br. Acesso em: 20 mar. 2010.

BRASIL. Ministério da Saúde (BR). Portaria 4.279, de 30 de dezembro de 2010: estabelece diretrizes para a organização da Rede de Atenção à Saúde no âmbito do Sistema Único de Saúde (SUS). Brasília (DF): Ministério da Saúde; 2010.

CID-11, *Classificação Internacional de Doenças da Organização Mundial da Saúde*, Décima Primeira Versão, 2018. Acessada na versão em espanhol em: https://icd.who.int/browse11/l-m/es. Livre tradução pelo organizador deste site.

FLORIANI, Ciro Augusto. Cuidador familiar: sobrecarga e proteção. *Revista Brasileira de cancerologia.* Rio de Janeiro: INCA, n. 4, v. 50, p. 341-345. 2004.

FONSECA, José Paulo. *Luto Antecipatório*. Campinas: Editora Livro Pleno, 2004.

FRANCO, Maria Helena Pereira. *Estudos avançados sobre o luto*. Campinas: Livro Pleno, 2002.

FRANCO, Maria Helena Pereira. Luto em Cuidados Paliativos. *Cuidado Paliativo*. São Paulo: CREMESP- Conselho Regional de Medicina do Estado de São Paulo, 2008.

HARDING, Richard; LIST, Sally; EPIPHANIOU, Eleni; JONES, Hannah. How can informal caregivers in cancer and palliative care be supported? An updated systematic literature review of interventions and their effectiveness. *Palliat Med*, n. 1, v. 26, p. 7-22. 2012.

KNAPP, Mark L.; Hall, Judith A. *Comunicação não verbal na interação humana*. São Paulo: JSN Editora, 1999.

KOVÁCS, Maria Júlia. Perdas e o Processo de Luto. In: INCONTRI, Dora; SANTOS, Franklin Santana (Org.). *A arte de morrer* – visões plurais. Bragança Paulista: Comenius, 2007. v. 1.

LEITE, Manuela. Intervenção Psicológica no Luto (Antecipatório) de Cuidadores de Pessoas com Demência In: GABRIEL, Sofia, PAULINO, Mauro e BAPTISTA, Telmo Mourinho (Coord.). *Luto: manual de intervenção psicológica*. Lisboa: Pactor, 2021.

LEMOS, Naira Dutra; GAZZOLA, Juliana Maria; RAMOS, Luiz Roberto. Cuidando do paciente com Alzheimer: o impacto da doença no cuidador. *Saúde e sociedade*, São Paulo: EDUSP, n. 3, v. 15, p. 170-179. 2006.

LITTLEJOHN, Stephen W. *Fundamentos teóricos da comunicação humana*. Rio de Janeiro: Guanabara, 1988.

MARTINELLI, Maria Lúcia. Reflexões sobre o Serviço Social e o projeto ético-político profissional. *Rev. Emancipação* – Departamento de Serviço Social, Ponta Grossa: Universidade Estadual de Ponta Grossa, n. 6, v. 1, p. 09-23. 2006.

MEDINA, Maria Inez Sarmiento; VARGAS-CRUZ, Sandra L; JIMENEZ, Cláudia Marcela Velasques; JARAMILLO, Margarita Sierra. Problemas y decisiones al final de la vida em patients com enfermedad en etapa terminal. [dissertação]. Bogotá. Instituto de Salud Publica, Faculdad de Medicina – Universidade Nacional da Colombia, 2012.

NETO, Isabel Galriça. A conferência familiar como instrumento de apoio à família em cuidados paliativos. *Revista portuguesa de medicina geral e familiar*, v. 19, n. 1, p. 68-74. 2003.

OLIVEIRA, Ivone Bianchini. et.al. Proteção ao paciente e família em Cuidados Paliativos: a importância das orientações sobre aspectos legais e burocráticos. In: ANDRADE, Letícia. *Serviço Social na área da saúde*: construindo registros de visibilidade. São Paulo: Alumiar, 2019.

PARKES, Colin Murray. *Luto: estudos sobre a perda na vida adulta*. Trad. Maria Helena Franco Bromberg. São Paulo: Summus, 1998.

PEREIRA, Carla Fabiana Campos, & SEHNEM, Scheila. Beatriz. Sintomas de estresse em cuidadores de pacientes diagnosticados com Alzheimer. *Unoesc & Ciência-ACBS*, Joaçaba: Unoesc, n. 02, v. 06, p. 239-244. 2015.

ROLLAND, John S. Doença crônica e o ciclo de vida familiar. In: CARTER, B.; MCGOLDRICK et. al. *As Mudanças no Ciclo de Vida Familiar: Uma Estrutura para a Terapia Familiar*. Porto Alegre: Artmed, 1995, 512 p.

SANTOS, Jonabio Barbosa; COSTA SANTOS, Morgana Sales. Família monoparental brasileira. *Revista Jurídica da Presidência*. Brasília: n. 92, v. 10, p. 01-30. 2009.

SILVA, Maria Júlia Paes. *Comunicação tem remédio*: a comunicação nas relações interpessoais em saúde. São Paulo: Loyola, 2014.

SOUZA, Airle Miranda de, MOURA; Danielle do Socorro Castro; PEDROSO, Janari da Silva. Instrumento de avaliação do luto e suas funções terapêuticas: a experiência de um serviço de pronto atendimento ao enlutado. In M. H. P. Franco (Org.). *Formação e rompimento de vínculos*. São Paulo: Summus, 2010.

STEINHAUSER Karen E. et al. Factores considered important at the end of life by patients, Family, physicians, and other care providers. *Ann Int Med*. n. 19, v. 284. p. 2476-2482. 2000.

STROEBE, Margarete; SCHUT, Henk. The dual process model of bereavement: rationale and description. *Death studies*, Netherlands, v. 23, p. 197-224. 1999.

TROVO, Mônica Martins; SILVA, Silvana Maia Aquino. A competência comunicacional em cuidados paliativos. In: CASTILHO, Rodrigo Kapel, SILVA, Vitor Carlos Santos; PINTO, Cristhiane da Silva. *Manual De Cuidados Paliativos*. Rio de Janeiro: Atheneu, 2021. v. 1.

WATZLAWICK Paul; Beavin, Janet Helmick; Jackson, Don D. *Pragmática da comunicação humana*. São Paulo: Cultrix, 2002.

WORD HEALTH ORGANIZATION (WHO). *Integrating palliative care and symptom relief into primary health care*. A WHO guide for planners, implementers and managers. 2018. Disponível em: https://apps.who.int/iris/bitstream/handle/10665/274559/9789241514477-eng.pdf?ua=1.

CONFLITOS DA COMUNICAÇÃO ENTRE EQUIPE DE SAÚDE E A FAMÍLIA

Érika Aguiar Lara Pereira

Mestre em Imunologia e Parasitologia Aplicadas (UFU, 2002). Docente do curso de medicina da Pontifícia Universidade Católica de Goiás. Coordenadora do Projeto Goiânia Compassiva. Diretora de Comunicação da ANCP (2022-2024). Médica de Família e Comunidade (SCMG, 2016). Cirurgiã-Dentista (UNIVALE, 1995).

Arthur Fernandes da Silva

Mestre em Cuidados Paliativos (IMIP, 2021). Especialista em Preceptoria para Residência em Medicina de Família e Comunidade (UFCSPA, 2020). Preceptor do Programa de Residência em Medicina de Família e Comunidade (SES-DF) e Internato em Saúde Integral (UnB). Coordenador do Grupo de Trabalho em Cuidados Paliativos (SBMFC). Médico (UFCA, 2016). Médico de Família e Comunidade (SMS Recife, 2019). Paliativista (IMIP, 2020).

Sumário: 1. A história de Dita – 2. O binômio paciente-família – 3. Conflitos à vista – 4. Ferramentas de abordagem familiar – 5. De onde vêm os conflitos? – 6. Considerações finais – Referências.

1. A HISTÓRIA DE DITA

Dita, no alto dos seus 67 anos, é uma senhora como muitas outras pacientes em uma unidade básica de saúde. Pediu para que uma receita antiga fosse renovada. Era memantina, um remédio para demência por doença de Alzheimer. Achei estranho, pois não tinha consultas antigas no prontuário e, como não a conhecia, pedi que marcasse horário e trouxesse exames e outras remédios em uso.

Veio sozinha no dia da consulta. Usava um lenço que moldava o rosto e só deixava escapar duas mechas de cabelos grisalhos, uma de cada lado. Os óculos, embaçados pelo uso da máscara, subiam e desciam na face, à medida em que coçava e mexia o nariz, tentando evitar espirros. Andava de tênis porque, afinal de contas, "já estava na idade de se preocupar mais com conforto que com beleza".

Sentada na cadeira, a um metro e meio e distância à época da pandemia, segurava uma pasta recheada de exames e receitas velhas. Estava tudo "em ordem". Isso significa que ela realmente vivia com demência por doença de Alzheimer diagnosticada cedo, por volta dos seus 59 anos. Já convivia com o "alemão" há um tempinho.

Nesse dia, conversamos sobre várias coisas. Filhos, preocupações com filhos, problemas com filhos, doenças que aparecem por causa dos problemas com filhos. Seus filhos (dois homens) eram motivo de preocupação. Um mais que o outro, pois usava drogas e era, por vezes, agressivo. Nunca lhe bateu com meios físicos, para deixar claro. Se bem que há agressões afetivas tão reais que chegam a ser palpáveis. E duras.

Roberto, o filho mais velho, era taxista. Não "dava trabalho", mas também não era próximo da mãe. Vivia em outro bairro mais distante na mesma cidade e a visitava apenas a cada dois ou três meses. Francisco, o filho mais novo, não tinha formação ou emprego e morava com Dita. Com o dinheiro que pedia à mãe regularmente, comprava substâncias como maconha ou crack e usava na rua ou em casa. Ambos os filhos concordavam em um ponto: que o diagnóstico de Alzheimer era "uma besteira", uma "invenção" da mãe para chamar a atenção e obrigá-los a estar mais presentes. Também por esse motivo, rejeitavam conversas da mãe ou convites da equipe de Saúde da Família para abordar os cuidados de Dita.

Falamos também, e muito, sobre sua doença e como convivia com ela. Seus desejos, suas expectativas para o futuro. Falamos sobre medos. E sobre sua postura resignada e resiliente.

– Eu nunca tinha contado tanta coisa a um médico. Achava que vocês se ocupavam mais dos remédios e exames mesmo.

Dita me ensinou coisas novas, quase mágicas. Uma das mais legais foi sobre como transformar infortúnio em bonança. Leia-se: como se reinventar aos 40 e tantos anos e deixar de ser administradora/mãe de dois filhos/dona de casa para ser uma orgulhosa cuidadora de idosos numa cidade grande e realizar nesse ofício.

Ouvi atento, tomando notas mentais. Lembrar de pedir a Deus para ter um terço da força dessa mulher. Acho que nos encantamos com a magia do que dividimos, até que silenciamos, um frente ao outro.

E os olhos, desmaiados no rosto, derramavam lágrimas que, teimosas, escorriam pelas bochechas sem pedir licença. Lá e cá.

2. O BINÔMIO PACIENTE-FAMÍLIA

Analisar as relações familiares, seus ciclos de vida incluindo a finitude, implica refletir sobre a visão acerca da instituição familiar. Ao longo da história a família evoluiu com várias mudanças, sobretudo no que concerne ao papel interno dos indivíduos inseridos nesta instituição em relação às suas funções sociais dentro da sociedade de cada época. O historiador Phillipe Ariès[1] reconhece que as famílias sempre existiram, porém analisa a mudança na percepção das famílias a partir da

---

1. ARIÈS, Philipe. *História social da criança e da família*. Rio de Janeiro: LTC, 2006.

representação dos papéis da mulher e da criança. O sentimento de família nuclear nas sociedades contemporâneas surgiu paulatinamente à medida que se criou a necessidade de compartilhar a vida íntima com parentes próximos, antes partilhada com amigos e membros de uma coletividade. Além disso, o autor ainda destaca a correspondência entre esse sentimento de família – afeição, com as mudanças ocorridas nos cerimoniais fúnebres, demonstrando que até o século XVIII a pessoa que morria registrava em testamento seus desejos, testemunhos de fé e perdões.

Foi nesse momento histórico que o sentimento de afeição à família, que os testamentos passaram a considerar que os desejos de quem morria seriam cumpridos, sem a necessidade de aparatos jurídicos. A partir do século XIX, diferentemente de épocas anteriores, passa-se a temer a morte do outro, e não a própria morte.[2]

A família é o primeiro espaço de formação, desenvolvimento e socialização dos sujeitos, sendo responsável pela transmissão de valores culturais, éticos, morais e espirituais. É, portanto, uma instituição de alto valor e significado pessoal e social, constituindo fonte de sentimentos como amor, satisfação, bem-estar e apoio e, por outro lado, geradora de insatisfação, estresse e adoecimento. Dessa forma, entende-se que o adequado suporte desse núcleo gera sentimentos de pertencimento, cuidado, estima, além de proporcionar recursos emocionais para lidar com situações estressantes.[3]

Em vista da importância do adequado suporte familiar em situações de estresse como as de adoecimento e de fim da vida, a comunicação empática, assertiva e acolhedora é uma competência a ser utilizada pelos profissionais de saúde, inclusive na mediação de conflitos e, sobretudo, aos que lidam com pessoas que necessitam de cuidados paliativos.

No caso narrado no início do capítulo, Dita apresenta um núcleo familiar algo restrito, composto apenas por seus dois filhos, sendo que um não reside com ela e outro tem relações conflituosas com a mãe. Tal estrutura, que carece de rede de apoio ampliada, expõe todo o núcleo a riscos diferenciados, como novos conflitos e esgarçamento das relações.

3. CONFLITOS À VISTA

Considerando a complexidade dos cuidados paliativos, que englobam necessidades do paciente portador de doença grave e ameaçadora, é mister atentar

---

2. ARIÈS, Philippe. *História da morte no ocidente*: da idade média aos nossos dias. Rio de Janeiro: Nova Fronteira; 2012.
3. ESPÍNDOLA, Amanda Valéria; QUINTANA, Alberto Manuel FARIAS, Camila Peixoto; MÜNCHEN, Mikaela Aline Bade. Relações familiares no contexto dos cuidados paliativos. *Revista Bioética CFM Impresso*, 2018, 26(3): 371-377.

também para as demandas de outros atores, que estão ao lado do paciente e compartilham, em alguma medida, de seu sofrimento: os familiares. Entendendo a família como um lócus de constituição primeira do indivíduo, de seu desenvolvimento e abertura para construção de relações na sociedade, é possível enxergá-la como base para a aquisição e reprodução de valores – culturais, morais e religiosos/espirituais. Assim, é reconhecida como entidade de elevado valor pessoal e social, sendo geradora tanto de sentimentos positivos e produtivos para a vida em comunidade (autonomia, reconhecimento, respeito), quanto negativos (abuso, sobrecarga, violências).

Para compreender a miríade de conflitos em que as famílias podem se envolver, é importante reconhecê-las como sistemas, isto é, conjunto de pessoas que interagem em função de seus vínculos – sejam eles políticos, afetivos ou consanguíneos – e que se comportam dentro dessa rede, influenciando e sendo influenciados uns pelos outros.[4] O sistema familiar tem o objetivo de prover apoio e acolhimento psicossocial aos seus membros e desenvolvê-los para que possam integrar a sociedade de forma autônoma e independente. Contudo, a família também apresenta subsistemas com interesses e objetivos distintos, que podem ou não concorrer entre si.

4. FERRAMENTAS DE ABORDAGEM FAMILIAR

As ferramentas de trabalho com famílias são tecnologias relacionais, oriundas da sociologia e da psicologia, que visam estreitar as relações entre profissionais e famílias, promovendo a compreensão em profundidade do funcionamento do indivíduo e de suas relações com a família e a comunidade.[5]

Dentre as ferramentas de abordagem familiar em atenção primária à saúde, as mais utilizadas são: genograma, ciclo de vida familiar, FIRO (*Fundamental Interpersonal Relations Orientations*), PRACTICE (*Present Problem; Roles and Structure; Affect; Communication; Time in the family life cycle; Illness in family past and present; Coping with stress; Ecology*) e a conferência familiar.[6]

O genograma representa graficamente a estrutura e o padrão de repetição das relações familiares. Suas características básicas são: identificar a estrutura

---

4. INOUYE, Keika; BARHAM, Elizabeth Joan; PEDRAZZANI, Elisete Silva, PAVARINI, Sofia Cristina Iost. Percepções de suporte familiar e qualidade de vida entre idosos segundo a vulnerabilidade social. *Psicol Reflex Crít*, 2010, 23(3): 582-592.
5. SILVEIRA FILHO, Antonio Dercy. et al. *Programa saúde da família em Curitiba*: estratégia de implementação da vigilância à saúde. Curitiba: a saúde de braços abertos. Rio de Janeiro: CEBES, 2001. p. 239-51.
6. SANTOS, Jaciara Aparecida Dias; CUNHA Natália Diniz; BRITO, Sammantha Maryanne Soares; BRASIL Carlos Henrique Guimarães. Ferramenta de abordagem familiar na atenção básica: um relato de caso. *J Health Sci Inst*. 2016;34(4):249-52.

CONFLITOS DA COMUNICAÇÃO ENTRE EQUIPE DE SAÚDE E A FAMÍLIA | **163**

familiar e seu padrão de relação, mostrando as doenças que costumam ocorrer, a repetição dos padrões de relacionamento e os conflitos que permeiam o processo de adoecer.[7-8]

O ciclo de vida familiar divide a história da família em estágios de desenvolvimento, onde se caracterizam papéis e tarefas específicas a cada um desses estágios. A família não é uma estrutura estática, está sujeita a mudanças contínuas no seu desenvolvimento. O ciclo de vida familiar, segundo Duvall,[9] compõe-se de oito fases, apesar de não ser necessário que cada família passe pelo ciclo completo e em sequência. Os estágios podem ser agrupados da seguinte forma: estágio I – iniciando a vida a dois; estágio II – famílias com filhos pequenos; estágio III – famílias com crianças pré-escolares; estágio IV – famílias com crianças em idade escolar; estágio V – famílias com adolescentes; estágio VI – famílias como centro de partida; estágio VII – casais de meia idade; estágio VIII – famílias envelhecendo.

O modelo FIRO é baseado em orientações fundamentais nas relações interpessoais. Especificamente com relação à família, destina-se a compreender melhor o seu funcionamento. As relações de família podem ser categorizadas nas dimensões: inclusão – diz respeito à interação dentro da família para sua vinculação e organização; controle – refere-se às interações do exercício de poder dentro da família e intimidade – trata-se de interações familiares relacionadas às trocas interpessoais. As três dimensões constituem uma sequência lógica de prioridades para o tratamento e desenvolvimento de mudanças na família.[10-11-12]

O esquema PRACTICE opera por momentos de entrevista familiar, facilita o desenvolvimento da "avaliação familiar", fornecendo as informações sobre que intervenções podem ser utilizadas para manejar aquele caso específico. Este modelo pode ser usado para itens da ordem médica, comportamental e de relacionamentos. Representa o acróstico das seguintes palavras do original em inglês: *problem; roles and structure; affect; communication; time in life; illness in family past and present; coping with stress; environment/ecology*; traduzidos para o português: problema apresentado ou razão da entrevista; papéis e estrutura;

---

7. RAKEL, Robert Edwin. *Tratado de medicina de família*. Rio de Janeiro: Ed Guanabara Koogan, 1997, p. 32-34.
8. SILVEIRA FILHO, Antonio Dercy; DUCCI, Luciano; SIMÃO, Mariângela Galvão; GEVAERD, Sylvio Palermo. *Os dizeres da boca em Curitiba*: boca maldita, boqueirão, bocas saudáveis. Rio de Janeiro: CEBES, 2002. p. 155-60.
9. DUVALL, Evelyn Millis. *Marriage and family development*. Filadélfia: Lippincott, 1977.
10. Op. cit. 10.
11. WILSON; Lara. et al. *Trabalhando com famílias*: livro de trabalho para residentes. Curitiba: SMS, 1996.
12. BRASIL. Ministério da Saúde. Secretaria de Atenção à Saúde. Departamento de Atenção Básica. *Saúde Mental*. Cadernos de Atenção Básica, Brasília: Ministério da Saúde, n. 34. 176 p. 2013.

afeto; tempo no ciclo de vida; doenças na família passadas e presentes; lidando com o estresse; meio ambiente ou Ecologia.[13]

A conferência familiar representa uma ferramenta de intervenção na família, particularmente útil quando se diagnostica enfermidade com risco de morte ou incapacitante, em tratamentos complexos ou quando um dos membros está acometido por uma doença terminal. Os principais objetivos são: promoção da readaptação individual e coletiva à nova realidade; capacitação para cuidados com o doente e para o autocuidado; preparação para perdas e enfrentamento de novas situações conflitantes.[14]

Dialogando com a necessidade de abordagem familiar e compreensão do indivíduo inserido em um contexto em camadas – contexto próximo e distante –, uma outra ferramenta pode ser bastante útil: o Diagrama de Abordagem Multidimensional (DAM).[15] Desenvolvido pela equipe do Ambulatório de Cuidados Paliativos do Hospital das Clínicas da Faculdade de Medicina da Universidade de São Paulo, o DAM tem o objetivo de apresentar uma síntese visual estruturada das dimensões do paciente, suas necessidades ou problemas e as possibilidades de intervenções ou soluções propostas pela equipe. Na dimensão social, a família geralmente aparece como preponderante, seja como fator desencadeante, agravante ou de alívio para conflitos. Essa visão reforça, ao profissional, a importância da consideração do contexto familiar na avaliação do contexto global da pessoa, sem esquecer das novas configurações de família, como famílias unipessoais, estendidas ou compostas.[16]

Ao longo de seu desenvolvimento, as famílias passam por diversos estágios recheados de estressores verticais (como padrões de pensamento ou comportamento, segredos familiares etc.) e horizontais (as próprias transições de etapas, mortes, doenças crônicas). Essas mudanças acontecem na família e tensionam as relações ao mesmo tempo em que os componentes familiares, individualmente, estão atravessando seus processos de conformação, como a chegada à vida adulta, o envelhecimento e a proximidade da finitude. Dita, particularmente, enfrenta o contexto em que se vê envelhecida, com dois filhos mais jovens e que não constituíram novas famílias.

---

13. SILVEIRA FILHO, Antonio Dercy; DUCCI, Luciano; SIMÃO, Mariângela Galvão; GEVAERD, Sylvio Palermo. *Os dizeres da boca em Curitiba*: boca maldita, boqueirão, bocas saudáveis. Rio de Janeiro: CEBES, 2002. p. 155-60.

14. Op. cit.

15. SANTOS, André Filipe Junqueira dos; FERREIRA, Esther Angélica Luiz; GUIRRO, Úrsula Bueno do Prado (Org.). *Atlas de Cuidados Paliativos Brasil 2019*. Academia Nacional de Cuidados Paliativos.

16. INSTITUTO BRASILEIRO DE GEOGRAFIA E ESTATÍSTICA. *Censo Brasileiro de 2010*. Rio de Janeiro: IBGE, 2012.

5. DE ONDE VÊM OS CONFLITOS?

São várias as fontes de conflitos bioéticos na comunicação com pacientes e familiares em cuidados paliativos, especialmente em fim de vida.[17] Uma revisão integrativa brasileira identificou três grandes categorias que contribuem para a compreensão da origem desses conflitos, quais sejam: 1) condutas profissionais; 2) princípios bioéticos no contexto dos cuidados de fim de vida e 3) dilemas bioéticos nesse mesmo cenário.

À primeira vista, os princípios bioéticos – autonomia, beneficência, não maleficência e justiça – são complementares e coexistem harmonicamente. Contudo, em contextos desafiadores como os cuidados paliativos, um conflito comum é a disputa de espaço entre o respeito à autonomia da pessoa e a beneficência por parte do profissional, que detém conhecimentos técnicos e está orientado a fazer o melhor pelo paciente. Em geral, essa última percepção se ancora também em uma formação biologicista, mais centrada na tecnologia dura (exames e equipamentos) e menos na tecnologia leve (comunicação e relações pessoais) e na figura do profissional médico. Isto é, os profissionais de saúde reconhecem a situação do doente, identificam as condutas apropriadas e as apresentam em regime de oferta – aceitação ou rejeição –, em vez de compartilhar a construção da decisão e envolver pacientes e familiares no processo.

Sob outra ótica, observa-se a morte como uma experiência vivida de forma personalíssima pelo indivíduo e seus entes queridos, com variações ilimitadas por agregar referências culturais, históricas, familiares, econômicas etc. Nesse sentido, a avaliação do paciente sobre a própria dor e sofrimento deve ser singularizada e considerada soberana. Contudo, conflitos podem emergir a partir das necessidades despertadas pela experiência dolorosa. Um exemplo é o recurso da eutanásia – antecipação ou aceleração da morte – em situação de sofrimento insuportável ou por desejo do paciente. Em nosso país, convivemos duas situações que expõem o mesmo princípio bioético – autonomia – em posições distintas: de um lado, o incremento do número de serviços[18] e formações em cuidados paliativos[19] e maior demanda por esse tipo de assistência por pacientes e famílias e, do outro, o status legal da eutanásia como crime segundo o Código Penal[20] e como

---

17. MEDEIROS, Maria Oliveira Sobral Fraga de; MEIRA, Mariana do Valle; FRAGA, Fernanda Moreira Ribeiro; NASCIMENTO SOBRINHO, Carlito Lopes; ROSA, Darci de Oliveira Santa; SILVA, Rudval Souza da. Conflitos bioéticos nos cuidados de fim de vida. *Revista Bioética CFM*, 2018, 28(1): 128-134.
18. Op. cit.
19. BRASIL. Ministério da Educação/Conselho Nacional de Educação. *Resolução CNE/CES 3*, de 3 de novembro de 2022. Altera os Arts. 6º, 12 e 23 da Resolução CNE/CES 3/2014, que institui as Diretrizes Curriculares Nacionais do Curso de Graduação em Medicina. Diário Oficial da União: seção 1, Brasília, DF, ano 134, n. 1, p. 39, 3 nov. 2022.
20. BRASIL. *Decreto-Lei 2.848, de 07 de dezembro de 1940. Código Penal.* Diário Oficial da União, Rio de Janeiro, 31 dez. 1940.

infração ética de acordo com o Código de Ética Médica.[21] Essa realidade, em vez de limitar o debate, deve provocar profissionais, pacientes e suas organizações representativas a estimular a discussão pública sobre a morte em nossa sociedade, tencionando-os todos, enquanto país, a avançar nas discussões sobre a finitude, autonomia e cuidados paliativos.

Não obstante, a vivência cotidiana da atenção às pessoas em sofrimento intenso, como em cuidados paliativos, e especialmente em fase final de vida, tensiona os profissionais de saúde. Em um extremo de postura, podem adotar comportamento evitativo ou isolamento, transformando-se em fornecedores de informação e executores de decisões dos pacientes, sem participação ou envolvimento. Em outro extremo, o contato diário com os doentes em intenso sofrimento, o desejo de aliviá-lo, experiências de aprendizado paternalistas e "hiper investimento" emocional podem levar os profissionais à exaustão da própria capacidade de envolver no cuidado, chamada de fadiga por compaixão, e/ou à síndrome de burnout.[22]

Dita demonstrou, com seu exemplo de vida, uma competência importantíssima para a boa execução do trabalho em saúde: a resiliência. Descrita originalmente como a capacidade física de um material absorver energia a partir de uma força ou impacto, seu conceito foi transposto para a psicologia e adaptado para capacidade humana de atravessar as adversidades, sofrer seus impactos e elaborá-las, aprendendo e desenvolvendo-se com elas.[23]

6. CONSIDERAÇÕES FINAIS

Assim, percebe-se que os conflitos na comunicação com a família em cuidados paliativos são múltiplos e tão diversos quanto as pessoas e famílias de quem cuidamos na prática, seja na zona urbana ou rural, na atenção primária, secundária ou terciária. Essa diversidade se impõe de tal maneira que pensamentos e práticas reducionistas, paternalistas ou prescritivas de sentimentos e condutas – em desalinho com os próprios princípios dos cuidados paliativos – não se sustentam, pelo menos na oferta e garantia de dignidade e autonomia para uma boa vida e uma boa morte. Desta forma, é e será mister para o paliativista do presente e do futuro mergulhar não só em estudos e reflexões sobre bioética e comunicação, como na também prática qualificada e em treinamentos, a exemplo de residências em saúde e cursos de formação ou especialização, a fim de construir sua competência de identificação e manejo de conflitos.

---

21. CONSELHO FEDERAL DE MEDICINA. *Resolução CFM 2.217, de 27 de setembro de 2018. Aprova o Código de Ética Médica* [Internet]. Diário Oficial da União. Brasília, p. 179, 1º nov. 2018. Seção 1.

22. SILVA, Arthur Fernandes da; LIMA, Jurema Telles de Oliveira. *O custo do cuidado*: estratégias para reforçar o capital psicológico individual e organizacional [livro eletrônico]. Recife: IMIP, 2021.

23. BRANDÃO, Juliana Mendanha; MAHFOUD, Miguel; GIANORDOLI-NASCIMENTO, Ingrid Faria. A construção do conceito de resiliência em psicologia: discutindo as origens. *Paideia*, 2011, 21(49), 263-271.

Dita, do caso de abertura deste capítulo, tem vivido dificuldades na relação com os filhos no contexto de sua doença degenerativa e em outros (como o uso de substâncias de por parte de um deles). Apesar disso, demonstra resiliência diante das adversidades encontradas em sua trajetória, sendo capaz de revisitar sua ocupação e enfrentar a própria morbidade. Nesse contexto, uma vez que a história natural de sua doença parece lhe apresentar algum tempo para encontrar resoluções para as questões familiares há possibilidade de incorporação de cuidados paliativos precoces, é possível visualizar o potencial transformador que a história de Dita pode sofrer. Assim, e com a fundamental contribuição do tempo, reforçamos uma compreensão mais deliberativa e compassiva e menos dilemática nos conflitos da comunicação com a família.

REFERÊNCIAS

ARIÈS, Philipe. *História social da criança e da família*. Rio de Janeiro: LTC, 2006.

ARIÈS, Philippe. *História da morte no ocidente*: da idade média aos nossos dias. Rio de Janeiro: Nova Fronteira; 2012.

BRANDÃO, Juliana Mendanha; MAHFOUD, Miguel; GIANORDOLI-NASCIMENTO, Ingrid Faria. *A construção do conceito de resiliência em psicologia*: discutindo as origens. Paideia (Ribeirão Preto), 21(49), 263-271, 2011.

BRASIL. *Decreto-Lei 2.848, de 07 de dezembro de 1940. Código Penal*. Diário Oficial da União, Rio de Janeiro, 31 dez. 1940.

BRASIL. Ministério da Saúde. Secretaria de Atenção à Saúde. Departamento de Atenção Básica. *Saúde Mental* (Cadernos de Atenção Básica, n. 34). Brasília: Ministério da Saúde, 2013. 176 p. Disponível em: http://189.28.128.100/dab/docs/portaldab/publicacoes/caderno_34.pdf.

BRASIL. Ministério da Educação/Conselho Nacional de Educação. *Resolução CNE/CES 3*, de 3 de novembro de 2022. Altera os Arts. 6º, 12 e 23 da Resolução CNE/CES 3/2014, que institui as Diretrizes Curriculares Nacionais do Curso de Graduação em Medicina. Diário Oficial da União: seção 1, Brasília, DF, ano 134, n. 1, p. 39, 3 nov. 2022. Disponível em: http://portal.mec.gov.br/index.php?option=com_docman&view=download&alias=242251-rces003-22-2&category_slug=novembro-2022-pdf-1&Itemid=30192.

CONSELHO FEDERAL DE MEDICINA. *Resolução CFM 2.217, de 27 de setembro de 2018. Aprova o Código de Ética Médica* [Internet]. Diário Oficial da União. Brasília, p. 179, 1º nov. 2018. Seção 1.

DUVALL, Evelyn Millis. *Marriage and family development*. Filadélfia: Lippincott, 1977.

ESPÍNDOLA, Amanda Valéria; QUINTANA, Alberto Manuel FARIAS, Camila Peixoto; MÜNCHEN, Mikaela Aline Bade. *Relações familiares no contexto dos cuidados paliativos*. Revista Bioética CFM Impresso; 2018, 26(3): 371-377.

INSTITUTO BRASILEIRO DE GEOGRAFIA E ESTATÍSTICA. *Censo Brasileiro de 2010*. Rio de Janeiro: IBGE, 2012.

INOUYE, Keika; BARHAM, Elizabeth Joan; PEDRAZZANI, Elisete Silva, PAVARINI, Sofia Cristina Iost. Percepções de suporte familiar e qualidade de vida entre idosos segundo a vulnerabilidade social. *Psicol Reflex Crít*, v. 23, n. 3, p. 582-592. 2010.

MEDEIROS, Maria Oliveira Sobral Fraga de; MEIRA, Mariana do Valle; FRAGA, Fernanda Moreira Ribeiro; NASCIMENTO SOBRINHO, Carlito Lopes; ROSA, Darci de Oliveira Santa; SILVA, Rudval Souza da. Conflitos bioéticos nos cuidados de fim de vida. *Revista Bioética*, 28(1), p. 128-134, 2018.

RAKEL, Robert Edwin. *Tratado de medicina de família*. Rio de Janeiro: Ed Guanabara Koogan, 1997.

SANTOS, André Filipe Junqueira dos; FERREIRA, Esther Angélica Luiz; GUIRRO, Úrsula Bueno do Prado (Org.). *Atlas de Cuidados Paliativos Brasil 2019*. Academia Nacional de Cuidados Paliativos. Disponível em: https://api-wordpress.paliativo.org.br/wp-content/uploads/2020/05/ATLAS_2019_final_compressed.pdf.

SANTOS, Jaciara Aparecida Dias; CUNHA Natália Diniz; BRITO, Sammantha Maryanne Soares; BRASIL Carlos Henrique Guimarães. Ferramenta de abordagem familiar na atenção básica: um relato de caso. *J Health Sci Inst*. 2016;34(4):249-52.

SAPORETTI, Luis Alberto; ANDRADE, Leticia; SACHS, Maria de Fatima Abrantes; GUIMARÃES, Tânia Vanucci Vaz. Diagnóstico e abordagem do sofrimento humano. In: CARVALHO, Ricardo Tavares.; PARSONS, Henrique Afonseca (Org.) *Manual de Cuidados Paliativos ANCP*. 2. ed. São Paulo: s. n., 2012.

SILVA, Arthur Fernandes da; LIMA, Jurema Telles de Oliveira. *O custo do cuidado*: estratégias para reforçar o capital psicológico individual e organizacional [livro eletrônico]. Recife: IMIP, 2021.

SILVEIRA FILHO, Antonio Dercy. et al. *Programa saúde da família em Curitiba*: estratégia de implementação da vigilância à saúde. Curitiba: a saúde de braços abertos. Rio de Janeiro: CEBES, 2001.

SILVEIRA FILHO, Antonio Dercy; DUCCI, Luciano; SIMÃO, Mariângela Galvão; GEVAERD, Sylvio Palermo. *Os dizeres da boca em Curitiba*: boca maldita, boqueirão, bocas saudáveis. Rio de Janeiro: CEBES, 2002.

WILSON; Lara et al. *Trabalhando com famílias*: livro de trabalho para residentes. Curitiba: SMS, 1996.

A DESATIVAÇÃO DE MARCAPASSO E CARDIOVERSOR-DESFIBRILADOR IMPLANTÁVEL

Carla Carvalho

Doutora e Mestre em Direito pela UFMG. Pesquisadora visitante da Universidade livre de Bruxelas. Professora Adjunta da Faculdade de Direito da UFMG. Membro do Comitê de Ética na Pesquisa da UFMG. Advogada.

Daniel Dei Santi

Especialista em Cardiologia pelo Instituto do coração Incor. Graduado em Medicina pela Universidade Estadual de Campinas Unicamp. Títulos de Especialista em Cardiologia pela SBC e área de atuação em Medicina Paliativa pela AMB. Médico assistente do Núcleo de Cuidados Paliativos do Hospital de Clínicas da Faculdade de Medicina da Universidade de São Paulo.

Sumário: 1. A história de Maria – 2. Revisão dos aspectos cardiológicos do caso e embasamento técnico para tomada de decisão – 3. Considerações éticas e bioéticas a respeito das decisões e cuidados; 3.1 Dignidade e limitação de tratamentos em contextos de fim de vida; 3.2 Autonomia e tomada de decisões em contextos de fim de vida – 4. A tomada de decisão diante dos dilemas bioéticos presentes no caso; 4.1 Momento 1: após primeira admissão em UTI, diante do diagnóstico de fim de vida, manifestação de vontade conflitante pelo filho, e realização de manobras de reanimação; 4.2 Momento 2: decisão pela retirada das medicações inotrópicas/vasopressoras e desligamento da função choque do CDI; 4.3 Momento 3: decisão pelo desligamento do marcapasso – 5. Considerações finais – Referências.

1. A HISTÓRIA DE MARIA

Maria, 71 anos, viúva, mãe de 2 filhos, aposentada (trabalhava como empregada doméstica) e evangélica. Seu marido faleceu há dez anos em um acidente de trabalho na construção civil. Os filhos são casados, o mais velho mora nos Estados Unidos. A mais nova mora na mesma casa que a paciente e auxilia nos afazeres.

Não é hipertensa ou diabética, nunca fumou e tem hábitos de vida saudáveis. Há mais de 20 anos foi diagnosticada com doença de Chagas, com fração de ejeção de ventrículo esquerdo baixa, com 30% ao ecocardiograma (disfunção grave). Apresentou bloqueio átrio-ventricular total, arritmia que impede a condução elétrica normal entre as câmaras cardíacas e causa frequência cardíaca baixa, sendo necessário o implante de um marcapasso bicameral.

Durante anos viveu muito bem, praticamente sem sintomas, controlada com medicações, até que há nove anos apresentou taquicardia ventricular sustentada, uma arritmia grave e potencialmente fatal. Foi submetida a um estudo eletrofisiológico e tentativa de ablação para eliminar o foco arritmogênico, mas sem sucesso. Dessa forma, a equipe de cardiologia indicou a troca do marcapasso por um cardioversor-desfibrilador implantável (CDI). Este é um dispositivo que, além de exercer as funções habituais do marcapasso, também é capaz de detectar rapidamente arritmias malignas e instituir terapias elétricas, como choque, com objetivo de evitar a morte súbita cardíaca.

A Sra. Maria fez seguimento médico regular, aderente aos medicamentos e recomendações. Nesses anos recebeu três choques do CDI. Tanto paciente quanto filhos são muito gratos à equipe por todos os cuidados recebidos e por terem indicado esse aparelho que lhe salvou a vida tantas vezes. As sensações de choque foram dolorosas para a paciente, que as considera a pior sensação da vida, descrevendo como se houvesse "recebido o coice de um cavalo no meio do peito". Relata ficar angustiada toda vez que sente palpitações, com medo de receber um novo choque do dispositivo. Às vezes não dorme bem, pensando que o dispositivo pode disparar novamente. Contudo, sente-se agradecida a Deus pela vida que tem e por ter podido criar seus filhos e vê-los independentes. Saudosa do esposo, seu companheiro de vida, sente como se uma parte de si houvesse morrido junto com ele naquele acidente. Não possui mais planos de vida, apenas gosta de passar tempo com os netos e fazer seus crochês.

No último ano tem apresentado piora progressiva do quadro cardíaco, com intolerância pronunciada aos esforços, o que a impossibilita de realizar atividades diárias e a torna mais dependente dos cuidados da filha, além de inchaço nas pernas e sono inquieto, deturpado pela sensação de falta de ar que frequentemente a desperta no meio da noite. É obrigada a dormir com dois ou três travesseiros. Com a piora da função renal e pressão baixa, algumas medicações tiveram que ser descontinuadas ou reduzida a dosagem diária. Nesse último ano, tem necessitado ir a unidades de pronto atendimento devido ao cansaço e falta de ar. Tais descompensações têm se tornado cada vez mais frequentes e mais difíceis de serem manejadas clinicamente. Já ficou internada, mas é notável a piora clínica e funcional a cada regresso para casa, apesar dos ajustes medicamentosos.

Mais recentemente, a paciente apresentou piora significativa dos sintomas, requerendo internação em unidade de terapia intensiva (UTI) e medicação inotrópica (para aumento da contratilidade cardíaca). A equipe de cardiologia descartou o transplante cardíaco e demais alternativas terapêuticas, convocando, então, a equipe de cuidados paliativos para auxílio na condução dos cuidados.

À avaliação, a paciente preenchia critérios de doença terminal, possivelmente em fase final de vida. Lúcida, ciente da sua situação clínica e risco de morte, referia que há tempos não tinha uma vida com qualidade, e estava em paz com Deus, tranquila de ter criado bem os seus filhos e acompanhado o crescimento dos netos. Não gostaria de ter que permanecer no hospital, muito menos em UTI, preferiria a paz de um quarto, prezando o conforto, sem sentir dor e falta de ar, e aproveitar o resto de vida que pudesse ter, na presença da família.

Com consideração dos valores da paciente, associados à gravidade de doença, prognóstico limitado e ausência de perspectivas terapêuticas modificadoras de doença, foi proposto um plano avançado de cuidados pela equipe de cuidados paliativos, juntamente com a cardiologia. Neste planejamento, o foco seria em adoção de medidas que garantissem conforto e dignidade, ao invés de tentar aumentar a sobrevida.

Assim, foi considerada desproporcional a realização de medidas de suporte avançado de vida, como reanimação cardiopulmonar, intubação orotraqueal e internação em UTI. Para prevenir que ela recebesse terapias dolorosas e desconfortáveis no final de vida, em decorrência do CDI, foi proposto a desativação da função choque. A dobutamina, medicação inotrópica, foi considerada uma medida com potencial de aliviar sintomas e trazer conforto nesse contexto, sendo então mantida dentro do planejamento. No momento, estava com a dose máxima da medicação.

Com entendimento do que foi exposto pela equipe, a paciente e sua filha aceitaram bem as propostas. Contudo, sabendo da gravidade do estado de saúde da mãe, o filho mais velho retornou com urgência ao Brasil e, não concordante, proibiu a equipe de desativar o CDI e demandou a manutenção das medidas de suporte de vida. A equipe da cardiologia ficou receosa com tais manifestações e convocou uma reunião para alinhamento dos planos de cuidados com toda a família.

Na noite prévia à reunião, ouviu-se um grito súbito de dor vindo do quarto da Sra. Maria. Ao adentrar o recito, foi notado que ela se encontrava em parada cadiorrespiratória, sendo realizadas manobras de reanimação por 34 minutos – o CDI foi acionado, mas não pôde evitar a parada cardíaca. Apesar da gravidade, nos dias subsequentes, a paciente foi estabilizada com auxílio dos suportes artificiais de vida de UTI. Já sem sedação há vários dias, não recobrou nível de consciência, sendo constatado pela equipe de neurologia encefalopatia anóxica grave pós parada cardiorrespiratória, com prognóstico neurológico muito ruim.

As equipes de cardiologia e cuidados paliativos retomaram as discussões de cuidados de final de vida, com acolhimento aos filhos, baseando a discussão tanto no prognóstico clínico desfavorável, quanto nos valores previamente expressos pela paciente. Com muito sofrimento, foi aceito por ambos os filhos a retirada das medicações inotrópicas/vasopressoras e desligamento da função choque do CDI, para evitar novos desconfortos, seguidos, após alguns dias, pela extubação paliativa. Surpreendendo a todos, a morte não aconteceu imediatamente e ela ficou confortável, apesar da pressão baixa. Dessa forma, foi encaminhada para enfermaria, para passar seus últimos dias com os familiares, mesmo não sendo da forma como gostaria.

O passar dos dias trouxe mais angústia aos familiares que aguardavam pelo desfecho que se postergava. Assim, o filho questionou o quanto o marcapasso ainda contribuía para a manutenção da vida de sua mãe e se poderia ser desligado. Percebeu-se que a paciente era dependente do seu ritmo de comando, de modo que, sem ele, sua frequência cardíaca ficaria muito baixa, próximo a 20 batimentos por minuto, com longas pausas e risco de assistolia (ausência de atividade elétrica). A equipe de cardiologia ficou preocupada com tal demanda, pois caso a paciente falecesse após o desligamento do marcapasso, o ato poderia ser questionado como prática de eutanásia.

Em consulta ao comitê de bioética clínica, compreendendo os valores da paciente e gravidade da doença de base e evolução hospitalar, compreendeu-se que a manutenção do marcapasso poderia ser considerada uma medida prolongadora fútil do final de vida. Em comum acordo, na presença dos familiares, que realizaram suas homenagens e rituais de despedida, foi desligado o marcapasso. A paciente faleceu em paz após alguns minutos.

2. REVISÃO DOS ASPECTOS CARDIOLÓGICOS DO CASO E EMBASAMENTO TÉCNICO PARA TOMADA DE DECISÃO

A doença de Chagas pode levar a um comprometimento miocárdico grave, com disfunção ventricular, mensurada pelo ecocardiograma a partir da fração de ejeção, que é uma ferramenta capaz de avaliar a contratilidade do ventrículo esquerdo. Valores abaixo de 40% indicam uma função reduzida, sendo a gravidade proporcional ao comprometimento.[1]

Os pacientes com doença de Chagas apresentam um risco adicional de desenvolver arritmias. Podem apresentar bloqueios da condução do estímulo elétrico (atrioventriculares ou de ramos ventriculares), que causam lentificação dos batimentos cardíacos ou dissincronia contrátil entre átrios/ventrículos ou interventricular. Também podem apresentar taquiarritmias, sendo que algumas formas são graves e potencialmente letais, pois levam a parada cardíaca, como as

---

1. COMITÊ COORDENADOR DA DIRETRIZ DE INSUFICIÊNCIA CARDÍACA. Diretriz Brasileira de Insuficiência Cardíaca Crônica e Aguda. *Arq Bras Cardiol*. 2018; 111(3):436-539.

taquicardias ventriculares e fibrilação ventricular. Dessa forma, os pacientes com doença de Chagas podem ter como mecanismo de morte tanto a insuficiência cardíaca (falência da bomba) quanto a morte súbita cardíaca, decorrente de um evento arrítmico maligno.[2]

Não é raro que pacientes com miocardiopatia chagásica convivam com a doença por décadas com poucos sintomas, vindo a falecer após a 5ª-6ª década de vida. Na maior parte desse período, os pacientes têm boa qualidade de vida, a doença é facilmente controlada, poucos ou nenhum sintoma e boa condição física funcional, conseguindo trabalhar e exercer as atividades diárias de vida.

Com o passar dos anos, a progressão da doença se manifesta com sinais e sintomas típicos de insuficiência cardíaca como falta de ar, cansaço e inchaço nas pernas. São necessárias mais medicações para controlar a doença, além da consideração de terapias avançadas de suporte de vida, como o transplante cardíaco e dispositivos implantáveis. Esses podem ser mecânicos, para dar suporte à falência de bomba, os popularmente conhecidos "corações artificiais", ou elétricos, como marcapassos ou desfibriladores, para compensar as arritmias.

Os marcapassos são dispositivos elétricos, compostos por um gerador (bateria) e eletrodos, que estimulam o coração na frequência programada e evitam que bradicardias (frequências cardíacas excessivamente baixas) causem instabilidade cardiovascular e sintomas. São indicados em situações em que há um impedimento da condução do estímulo elétrico entre as câmaras cardíacas, retardando seus batimentos, como nos bloqueios atrioventriculares.[3]

Os CDI são dispositivos mais avançados, que além de possuir a função de marcapasso, também detectam arritmias malignas, sendo capazes de aplicar terapias rápidas para sua reversão e abortar a morte súbita. Uma delas é o choque (cardioversão ou desfibrilação). À semelhança do que é feito por meio das pás externas de monitores desfibriladores e DEAs (Desfibriladores Externos Automáticos) em contextos de parada cardíaca, o CDI transmite um choque diretamente ao miocárdio em poucos segundos após a arritmia ser identificada. Ao longo das últimas décadas, diversos estudos têm mostrado a eficácia dos CDIs na prevenção de morte súbita e redução da mortalidade.

Seu custo não é baixo, nem há ampla disponibilidade para implantação, especialmente no sistema público de saúde, havendo indicações precisas para otimizar seu custo-benefício. Também não é isento de riscos, como infecções e desconfortos, posto que o paciente pode estar acordado ao receber as terapias

---

2. RASSI, A. Jr, MARIN-NETO JA. Cardiopatia chagásica crônica. *Rev Soc Cardiol Est São Paulo*. 2000; 4: 7-32.

3. TEIXEIRA RA et al. Diretriz Brasileira de Dispositivos Cardíacos Eletrônicos Implantáveis. *Arq Bras Cardiol*. 2023; 120(1):e20220892.

de choque, o que gera dor no peito. Não é infrequente que isso cause impacto psicológico e social, como síndrome de ansiedade, depressão e pânico, pelo medo de novos choques, o que pode implicar diretamente no cotidiano e qualidade de vida.

É importante ressaltar que o CDI não é um dispositivo infalível. Não é garantido que as terapias do CDI sejam eficazes contra todas as arritmias, o que precisa ficar claro ao paciente, para que não fique com o entendimento de que o CDI o torna imortal. Também não são todas as causas de parada cardíaca que ensejam intervenção do CDI (apenas as de ritmo apropriado para choque), sem indicação de choque em assistolia ou AESP (atividade elétrica sem pulso). Outra falha do CDI é a deflagração de choques sem haver uma arritmia subjacente que indique a cardioversão/desfibrilação. São denominados "choques inapropriados". Podem ocorrer por erro na leitura dos ritmos cardíacos pelo dispositivo, interferência externa ou falhas de programação. Os choques são administrados fora de contexto, de forma aleatória e inesperada, em geral causando susto, dor e apreensão.

Outra questão que deve ser informada ao paciente no momento da indicação do CDI é a possibilidade de desativação, principalmente da função choque, o que se faz a partir da reprogramação, sem a necessidade de sua extração física. A desativação da função choque não leva a qualquer prejuízo imediato ao paciente, como é receio de muitos. As demais funções do dispositivo permanecem funcionantes, como o marcapasso, ressincronização (quando o CDI também é um ressincronizador cardíaco) e outras terapias antitaquicardia. É desejável o suporte conjunto de profissionais especialistas em saúde mental.[4]

O desligamento da função choque tem o propósito de impedir que o paciente sofra com disparos dolorosos do dispositivo. Isso não leva ao óbito, mas permite que ele aconteça de forma natural e não dolorosa no contexto de final de vida, quando é entendido que o objetivo do cuidado não é mais a manutenção da vida, mas sim o conforto. Objetiva-se, dessa forma, que o final de vida não seja prolongado de forma artificial, nem às custas de sofrimento. Entendendo que uma arritmia fatal é um desfecho possível, natural e esperado ao final da vida de um paciente com doença cardíaca avançada, a não intervenção médica pode ser entendida como aceitação do curso de doença e ortotanásia.

O processo de deliberação quanto à desativação do CDI deve ser contemplado dentro de um planejamento avançado de cuidados, que envolve o conhecimento da doença, prognóstico, possibilidades terapêuticas, valores, expectativas e de-

---

4. PADELETTI L. et al. European Heart Rhythm Association; Heart Rhythm Society. EHRA Expert Consensus Statement on the management of cardiovascular implantable electronic devices in patients nearing end of life or requesting withdrawal of therapy. *Europace*. 2010;12(10):1480-9.

sejos da paciente, com comunicação ampla e acessível ao paciente e familiares/ responsáveis legais, com documentação adequada em prontuário.[5]

A desativação da função marcapasso, por sua vez, traz uma complexidade diferente e é menos discutida na literatura que a do CDI. Contudo, é uma questão que não pode ser ignorada. Não razão ética ou legal que impeça a discussão quanto a desativação de marcapassos, principalmente quando há aspectos relativos à autonomia e dignidade que favoreçam tal decisão. Ela difere do CDI dado que a manutenção do marcapasso oferece menos risco de causar danos (ilesa) do que sua desativação, que pode gerar sintomas decorrentes da bradicardia, perda da funcionalidade ou redução do tempo de vida. Alguns pacientes se tornam altamente dependentes do ritmo gerado pelo marcapasso, podendo até não ter capacidade de gerar frequência cardíaca própria (assistolia), o que é incompatível com a vida biológica.

As discussões sobre o uso de marcapasso no contexto de doença terminal também envolvem a indicação primária no momento do implante. Em fases avançadas de doença, pacientes debilitados e com baixa funcionalidade, a bradicardia não tem necessariamente um impacto negativo em sintomas e qualidade de vida. Nesses pacientes, principalmente naqueles com comprometimento neurológico é difícil mensurar o quanto a bradicardia é responsável por causar algum sintoma.

Em um estudo de coorte de pacientes nonagenários com indicação técnica de implante de marcapasso, para metade desses não houve ganhos, havendo a manutenção da condição clínica após o implante do dispositivo.[6] Pelo seu efeito nulo, é de se esperar que o desligamento do dispositivo não cause prejuízos clínicos nem sintomáticos.

As discussões sobre implante de marcapasso devem considerar mais os potenciais benefícios clínicos decorrentes do aumento da frequência cardíaca, do que simplesmente objetivar a correção de um sinal vital. Tais questionamentos também devem vir à tona nas situações em que há necessidade de troca do dispositivo (ex: infecção, esgotamento do gerador), com intuito de deliberar se o risco-benefício-custo é proporcional ao paciente, perante a fase de doença e prognóstico esperado.

Como o marcapasso é uma forma artificial de manter a frequência cardíaca, em contexto de doença terminal e final de vida deve ser avaliada a pertinência da sua manutenção ou suspensão, como qualquer outra medida. Eis alguns questionamentos norteadores para discussão:

---

5. ALLEN, Larry A, et al. Decision Making in Advanced Heart Failure: A Scientific Statement From the American Heart Association, *Circulation*. 2012;125:1928-1952.
6. SHIHEIDO E; SHIMADA, Y. Pacemaker implantation for elderly individuals over 90 years old. *J Rural Med*. 2013;8(2):233-5.

– O marcapasso colabora para o controle de algum sintoma?

– Está causando algum risco ou desconforto ao paciente?

– Sua suspensão pode causar algum sintoma?

– É uma forma de prolongar artificialmente o final de vida sem agregar qualidade ou dignidade?

3. CONSIDERAÇÕES ÉTICAS E BIOÉTICAS A RESPEITO DAS DECISÕES E CUIDADOS

A discussão estabelecida em torno do caso diz respeito à proporcionalidade e conveniência dos tratamentos empreendidos, diante da evolução natural do quadro base de saúde da paciente, portadora de doença ameaçadora da vida, com a constatação de contexto de fim de vida. As decisões acerca de cuidados mostram-se adequadas, do ponto de vista ético, quando respeitam a dignidade da pessoa que os recebe, a partir de (i) considerações técnicas a respeito da (f)utilidade da realização ou suspensão de intervenções; (ii) considerações éticas acerca dos valores e desejos manifestados pelo paciente, e em respeito de sua história de vida.

Neste sentido, torna-se útil a elucidação de conceitos relacionados à caracterização das condutas e tratamentos em momentos de fim de vida e ao processo de tomada de decisões em saúde, com foco especial em tais contextos.

3.1 Dignidade e limitação de tratamentos em contextos de fim de vida

Situações de planejamento de cuidados, diante da constatação de doenças ameaçadoras da vida, e especialmente no aproximar do processo de morte da pessoa, evidenciam a necessidade de se justificar a escolha pela realização ou suspensão de tratamentos, a partir da ótica da proporcionalidade terapêutica.

O respeito e promoção da dignidade da pessoa erige-se em princípio bioético e jurídico de caráter fundamental. Deste modo, a realização de tratamentos que não proporcionem benefícios ao paciente e possam lhe causar riscos e sofrimento, físico ou existencial, deve ser evitada por atentatória à dignidade do sujeito.

Por vezes, contudo, a definição acerca da proporcionalidade e conveniência da realização e manutenção de cuidados e suportes confronta os envolvidos com decisões complexas em zonas cinzentas, que só podem ser definidas a partir do diálogo no caso concreto. É na avaliação deste que se pode definir as fronteiras entre a prática de eutanásia, ortotanásia e distanásia, com o estabelecimento do padrão ético de conduta, que potencialize o respeito pela dignidade do sujeito.

Com efeito, pode-se compreender a tríade eutanásia, ortotanásia e distanásia a partir da definição dos cuidados e determinação da morte numa linha temporal, em que: (i) a prática da eutanásia implica uma antecipação da morte, que vem antes do tempo certo; (ii) a prática da distanásia implica uma postergação do momento da morte, com a adoção de medidas obstinadas de prolongamento da vida, a todo custo; e (iii) a prática da ortotanásia mostra-se como o caminho do meio, pela aceitação da morte como processo natural e inexorável, que tem seu tempo de ocorrer na vida de cada um.[7]

A eutanásia é "a morte provocada, antecipada, por compaixão, diante do sofrimento daquele que se encontra irremediavelmente enfermo e fadado a um fim lento e doloroso".[8] Admitida em muitos países, ela não corresponde a um simples agir médico orientado à morte do paciente, em qualquer contexto, se não que imbuído da intencionalidade de poupá-lo de sofrimento, diante de doenças ameaçadoras da vida, e na ausência de perspectiva de controle de sintomas, especialmente da dor. Há, pois, uma motivação nobre e relevante por trás da conduta profissional, o que a diferencia da prática de homicídio simples, nos sistemas jurídicos e ético-profissionais em que é admitida.

No contexto ético-jurídico brasileiro, contudo, a partir do qual o caso deve ser solucionado, a prática de eutanásia é proscrita tanto na legislação penal, com a configuração da figura típica do homicídio (art. 121, CP),[9] quanto na normativa ético-profissional, vedando-se condutas destinadas a abreviar a vida do paciente (art. 41, CEM).[10]

Tampouco a distanásia deve ser considerada como caminho que proporcione o respeito da dignidade do paciente, ainda que num primeiro olhar possa parecer que ela corresponda ao seu desejo. Também conhecida por obstinação terapêutica, a distanásia consiste na "morte lenta e sofrida, prolongada, distanciada pelos recursos médicos, à revelia do conforto e da vontade do indivíduo que morre".[11] Novamente, Direito e Ética se orientam num mesmo sentido diante de condutas para interferir desproporcionalmente no curso normal da vida, considerando-se a distanásia proibida por ofensa à dignidade da pessoa (art. 1º, III, CRFB),[12] e

---

7. VILLAS-BÔAS, Maria Elisa. Eutanásia. In: GODINHO, Adriano Marteleto; LEITE, George Salomão; DADALTO, Luciana. *Tratado Brasileiro sobre o Direito Fundamental à Morte Digna*. São Paulo: Almedina, 2017, p. 105.

8. VILLAS-BÔAS, Maria Elisa. Eutanásia. In: GODINHO, Adriano Marteleto; LEITE, George Salomão; DADALTO, Luciana. *Tratado Brasileiro sobre o Direito Fundamental à Morte Digna*. São Paulo: Almedina, 2017, p. 102.

9. BRASIL. Decreto-Lei 2.848, de 07 de dezembro de 1940. *Código Penal*. Disponível em: https://www.planalto.gov.br/ccivil_03/decreto-lei/del2848compilado.htm. Acesso em: 1º jun. 2023.

10. CONSELHO FEDERAL DE MEDICINA. Resolução CFM 2.217, de 27 de setembro de 2018. *Código de Ética Médica*. Disponível em: https://portal.cfm.org.br/images/PDF/cem2019.pdf. Acesso em: 1º jun. 2023.

11. VILLAS-BÔAS, Maria Elisa. *Da eutanásia ao prolongamento* artificial: aspectos polêmicos na disciplina jurídico-penal do final de vida. Rio de Janeiro: Forense, 2005, p. 37.

12. BRASIL. *Constituição da República Federativa do Brasil*: promulgada em 5 de outubro de 1988. Disponível em: https://www.planalto.gov.br/ccivil_03/constituicao/constituicao.htm. Acesso em: 1º jun. 2023.

proibindo-se ao médico "empreender ações diagnósticas ou terapêuticas inúteis ou obstinadas" em contextos de fim de vida (art. 41, parágrafo único, CEM).[13]

A eticidade e a licitude se observam, pois, quando da dispensação de cuidados adequados e proporcionais, humanizando-se o processo de morte por meio da prática de ortotanásia, a qual, "ao evitar o prolongamento abusivo da vida pela aplicação de meios desproporcionais, significa o morrer no tempo ideal, segundo um juízo de prognose médica que revele estar o paciente incurso em um processo que conduzirá irremediavelmente à morte".[14]

A prática respeita o direito à vida, pois não há conduta orientada à busca da morte do sujeito; é consistente com sua dignidade, pois as intervenções e cuidados são definidos tendo por foco os interesses e valores da pessoa, a preservação da qualidade da vida e o reconhecimento da inexorabilidade da morte; encontra respaldo nas normas do Código de Ética Médica (princípio XXII e art. 41, parágrafo único, CEM)[15] e da Resolução CFM 1.805/2006.[16]

3.2   Autonomia e tomada de decisões em contextos de fim de vida

O respeito pela dignidade de uma pessoa, em contextos de fim de vida, exige que o processo de tomada de decisões honre os seus valores, se lhe reconhecendo como protagonista de sua própria existência. A afirmação é compatível com a defesa de uma ética deontológica, a partir da qual a pessoa é considerada fim em si mesma, sujeito essencialmente digno.

É a partir de tal visão kantiana do respeito pela dignidade que as escolhas acerca dos cuidados a serem ou não empreendidos devem contemplar os valores do sujeito, de modo que suas vivências sirvam para a satisfação de seus próprios desígnios. É que

> está implícito no âmbito de incidência do princípio da dignidade humana o respeito integral pela pessoa, pela sua identidade e pela forma como esta se projeta no mundo. [...] Não é possível a construção de conceito apriorístico e universal de dignidade, pois, num mundo plural, todos têm o direito de construir a própria ideia de dignidade e viver de acordo com

---

13. CONSELHO FEDERAL DE MEDICINA. Resolução CFM 2.217, de 27 de setembro de 2018. *Código de Ética Médica*. Disponível em: https://portal.cfm.org.br/images/PDF/cem2019.pdf. Acesso em: 1º jun. 2023.

14. GODINHO, Adriano Marteleto. Ortotanásia e cuidados paliativos: o correto exercício da prática médica no fim da vida. In: GODINHO, Adriano Marteleto; LEITE, George Salomão; DADALTO, Luciana. *Tratado Brasileiro sobre o Direito Fundamental à Morte Digna*. São Paulo: Almedina, 2017, p. 134.

15. CONSELHO FEDERAL DE MEDICINA. Resolução CFM 2.217, de 27 de setembro de 2018. *Código de Ética Médica*. Disponível em: https://portal.cfm.org.br/images/PDF/cem2019.pdf. Acesso em: 1º jun. 2023.

16. CONSELHO FEDERAL DE MEDICINA. *Resolução CFM 1.805*, de 28 de novembro de 2006. Disponível em: https://sistemas.cfm.org.br/normas/visualizar/resolucoes/BR/2006/1805. Acesso em: 1º jun. 2023.

ela. Diante disso, pode-se afirmar que, não obstante a dignidade seja conformada por vários valores, seu principal pilar é a liberdade.[17]

A autonomia revela-se, assim, face concreta da dignidade, na medida em que se reconhece que submeter uma pessoa a tratamentos e procedimentos que não sejam consistentes com seus desejos é transformá-la em meio para a satisfação de valores alheios, contrariando-se a máxima de protegê-la como fim de suas ações e experiências.

No planejamento dos cuidados a serem dispensados, especialmente em contexto de fim de vida, é essencial que se perquira sobre os valores e a vontade do próprio sujeito, para que se respeite sua dignidade. Na prática, contudo, é frequente que um paternalismo travestido de beneficência induza a constatações falaciosas sobre a impossibilidade de se conhecer a vontade do paciente. Diz-se falaciosas, uma vez que a vontade pode ser extraída por meios indiretos, para além da manifestação direta e atual.

Com efeito, a vontade do paciente pode ser declarada de forma atual, antecipada ou reconstituída:

A manifestação atual de vontade se dá quando o paciente expressa suas preferências no próprio momento em que a decisão se faz necessária. Deve ser privilegiada, sempre que possível, estando o paciente lúcido e competente, e prevalece sobre vontades anteriormente manifestadas e de terceiros.

Há, contudo, situações em que o paciente se encontra impossibilitado de manifestar a vontade no momento da deliberação sobre seus cuidados. Tais situações são frequentes em contextos de fim de vida, apesar de que a terminalidade por si só não afeta a aptidão decisória do paciente que se mantem lúcido e competente. Sua verificação não implica a tomada de decisões à revelia do sujeito, podendo-se extrair sua vontade por outros meios, seja por declaração antecipada, seja pela reconstituição da vontade com recurso a terceiros que mantem proximidade com o paciente.

A manifestação antecipada se dá quando o paciente, prevendo a ocorrência de situações em que esteja impossibilitado de expressar sua vontade de forma atual, declara de antemão seus desejos, ou pelo menos valores e critérios a serem considerados nas decisões, diante de terceiros. Tal manifestação deve ser feita preferencialmente por escrito, pela elaboração de diretivas antecipadas de vontade, "entendidas como documentos de manifestação de vontade prévia que terão efeito quando o paciente não conseguir manifestar livre e autonomamente sua vontade".[18]

---

17. TEIXEIRA, Ana Carolina Brochado. Autonomia existencial. *Revista Brasileira de Direito Civil*. 2018; 16: 75-104.
18. DADALTO, Luciana. *Testamento Vital*. Indaiatuba: Foco, 2019, p. 44-45.

Em não havendo condições para a manifestação atual, nem tendo o sujeito feito registro antecipado de sua vontade – o que é absolutamente comum numa sociedade que nega a morte, como a brasileira –, ainda assim é possível conhecer a vontade do próprio sujeito, de forma reconstituída ou recomposta, com base nos relatos de pessoas que participam de suas redes de convivência e apoio. Estas servirão, neste caso, como vetores da vontade e interesses do paciente, indicando o conteúdo que este manifestaria caso estivesse lúcido e capaz na ocasião, a partir do seu percurso de vida, ou, em outras palavras, de sua vida biográfica.

Não há, seja na lei, seja em postulados bioéticos, norma que estabeleça que os familiares devam ser consultados acerca dos cuidados a serem dispensados a determinado sujeito, especialmente se este mantém discernimento e competência para a tomada de decisão. Pode-se, quando muito, falar em um costume na atenção de saúde, de consultar os familiares, diante de escolhas difíceis. Contudo, a partir de um olhar ético próprio dos cuidados paliativos, a intervenção dos familiares, em que pese não rechaçada, deve ser ressignificada, para que não resulte em ofensa à autonomia do paciente, e, portanto, à sua dignidade. Assim é que os familiares devem ser acolhidos e podem participar do processo de deliberação, em coerência com o grau das relações estabelecidas com o paciente, e tendo em vista que a privacidade e individualidade deste estão acima do interesse de terceiros.

Inexiste, em primeiro lugar, um direito dos familiares de acesso aos dados pessoais do paciente, o qual deve ser consultado para que a divulgação de informações sobre seu quadro de saúde não configure violação do dever de sigilo e direito à privacidade. Há, pois, que se guardar especial cuidado diante da intervenção de parentes que não sustentem relações próximas com o paciente e pretendam questionar o curso de ação estabelecido junto a este.

Não se defende a ruptura de relações, todavia, nem que se ignore a dor dos familiares diante do cenário de proximidade de morte, fomentando conflitos. Em diversas situações concretas, é mesmo necessária uma participação mais substancial destes na deliberação e planejamento de cuidados, quando o paciente não consegue ou não deseja manifestar seus valores e desejos, e não o fez antecipadamente. Nestes casos, porém, a equipe multidisciplinar deve empreender esforços para que os familiares compreendam seu papel, que é o de esclarecer e iluminar os valores do próprio paciente, sendo chamados para reforçar a vontade do sujeito autônomo dos cuidados e não manifestar a sua própria vontade e valores. A Resolução CFM 1.995/2012 confirma tal constatação, ao estabelecer que as diretivas emanadas pelo próprio sujeito prevalecem sobre desejos dos familiares (art. 2º, § 3º).[19]

---

19. CONSELHO FEDERAL DE MEDICINA. *Resolução CFM 1.995*, de 31 de agosto de 2012. Disponível em: https://sistemas.cfm.org.br/normas/visualizar/resolucoes/BR/2012/1995. Acesso em: 1º jun. 2023.

Apesar de contemplar a vontade do paciente, a decisão acerca dos cuidados não é, todavia, tomada de forma isolada e solitária por este. Na prática, a decisão deve nascer de um processo dialógico, a envolver diversos sujeitos, entre membros da equipe, paciente e sua rede de apoio, tendo por objetivo a definição das opções que melhor atendam aos valores e preferências de quem recebe os cuidados.

Trata-se do que se convenciona por tomada de decisão compartilhada, consistente com um modelo de relação médico-paciente baseado na mútua cooperação[20] e deliberação conjunta, na medida em que a equipe de cuidados, com base em sua experiência e conhecimentos técnicos, auxilia o paciente a identificar seus valores e preferências, bem como as opções terapêuticas consistentes com tais valores e preferências.

4. A TOMADA DE DECISÃO DIANTE DOS DILEMAS BIOÉTICOS PRESENTES NO CASO

A narrativa do caso, somada aos esclarecimentos técnicos produzidos no item 2 e às considerações éticas e bioéticas desenvolvidas no item 3, permitem que se identifiquem os principais dilemas bioéticos estabelecidos no caso, e se avaliem as condutas eleitas, sob o olhar do respeito da dignidade do paciente, objetivo primordial da assistência de saúde. Vê-se que a tomada de decisões apresenta, no caso, três momentos de especial complexidade, em torno dos quais optou-se pela estruturação da análise.

4.1 Momento 1: após primeira admissão em UTI, diante do diagnóstico de fim de vida, manifestação de vontade conflitante pelo filho, e realização de manobras de reanimação

A Sra. Maria possui uma doença grave, incurável e de caráter progressivo. Recebeu tratamento adequado ao longo dos anos de doença, com intuito de aumentar sua sobrevida, de modo a retardar a evolução natural da doença e contornar as complicações apresentadas ao longo do caminho. No momento da internação hospitalar, marcadores de doença avançada sinalizavam uma baixa expectativa de vida, como queda da funcionalidade, sintomas marcantes, intolerância a medicações, impossibilidade de transplante cardíaco ou adoção de outras estratégias modificadoras de doença, necessidade recorrente de suporte hospitalar, em especial a dependência de medicação inotrópica, além de disfunção orgânica secundária.

---

20. SZASZ, Thomas; HOLLENDER, Marc. A contribution to the philosophy of medicine – the basic models of the doctor-patient relationship. *JAMA Intern Med*, 97(5):585-592.

A paciente parece mostrar ciência da sua condição clínica e prognóstico e esclarece à equipe seus valores e preferências de cuidado, manifestando sua vontade. Há coincidência de expectativas e alinhamento da paciente e sua filha com o plano terapêutico proposto pela equipe médica, de priorização de conforto e foco em sintomas, qualidade de vida e dignidade, no contexto de terminalidade e refratariedade terapêutica. Dessa forma, a não realização de medidas artificiais de suporte de vida e a desativação do choque do CDI objetivam a garantia de qualidade no tempo de vida restante, agregando valores a ela, sem causar malefícios decorrentes da terapêutica, nem prolongar de forma obstinada o final de vida. Há entendimento de que a morte é um evento possível, com respeito ao seu tempo normal por ambas as partes, sem antecipar ou postergar.

Contudo, o filho mais distante dos cuidados e provavelmente alheio às condições clínicas e gravidade, não teve conhecimento das motivações que levaram à elaboração do plano terapêutico, o que gerou revolta frente a proposta de limitações de intervenções suporte avançado de vida, e insegurança da equipe acerca do curso de ação a traçar. Sem tempo hábil para a realização de reunião de alinhamento com a família, e diante da constatação de parada cardiorrespiratória, a equipe opta pela realização de medidas de ressuscitação e transferência da paciente a UTI, em contraste com o planejamento de cuidados anteriormente realizado. Tais medidas revelam-se desproporcionais diante da avaliação clínica da paciente e dos valores e desejos por ela manifestados, após processo de tomada de decisão compartilhada com a equipe e familiar presente.

A situação permite questionar quais vontades devem ser consideradas no processo de tomada de decisões sobre a saúde da paciente, bem como delimitar o papel e as prerrogativas dos familiares em tal processo. Traz, ainda, o questionamento sobre o caráter ético dos procedimentos de reanimação empreendidos, na medida em que não se visualizam benefícios à paciente, mas a prolongação de sobrevida sem qualidade e em sofrimento, em configuração de distanásia.

É compreensível a decisão da equipe pela realização das manobras de reanimação, em face da insegurança gerada pelos questionamentos provocados pelo filho, e da inviabilidade do estabelecimento de um acolhimento e discussão adequados sobre o custo-benefício da intervenção e as preferências previamente manifestadas pela paciente, diante do caráter emergencial da tomada de decisões. Contudo, o planejamento de cuidados, estabelecido após diálogo entre a paciente – com o apoio da filha próxima – e a equipe, resultou em manifestação antecipada de vontade, que deveria prevalecer sobre pareceres e opiniões de familiares. Havia, pois, respaldo ético-jurídico para que a equipe mantivesse o curso de ação programado, de modo que os procedimentos realizados acabaram por prolongar o processo de morte da paciente, agregando sofrimento, em contrariedade de seus valores e interesses.

4.2 Momento 2: decisão pela retirada das medicações inotrópicas/ vasopressoras e desligamento da função choque do CDI

No momento em que a paciente evoluiu com disfunção neurológica em decorrência da parada cardíaca, houve o entendimento médico de que eram baixas as possibilidades de recuperação clínica ou neurológica, agravando-se ainda mais o estado de doença, que, previamente ao ocorrido, já apresentava critérios de fase terminal. Diante da perspectiva de que o investimento em sobrevida seria incompatível com os valores previamente expostos pela paciente, a equipe entendeu que o acréscimo ou perpetuação de medidas de suporte de vida apenas manteria uma condição clínica, sem perspectivas de melhora, e prolongaria o final de vida de forma artificial, sem benefícios e com verificação de desconfortos e sofrimentos, o que configura distanásia, por definição.

A limitação ou suspensão do suporte terapêutico no contexto de doenças terminais e irreversíveis se propõe a impedir e permitir a evolução da doença sem interferência externa. O óbito ocorrido nesse contexto é entendido como decorrente da doença de base, próprio de sua evolução, e não devido às ações de limitação ou retirada do suporte terapêutico, caracterizando ortotanásia. O objetivo primário da conduta é interromper o sofrimento e permitir a naturalidade do final de vida. O óbito é possível e esperado na maioria das vezes, mas é uma consequência prevista, não o objetivo final da ação. Nos casos de eutanásia, de forma diversa, o óbito ocorre em decorrência direta e exclusiva de intervenção médica, antes do esperado, quando o final de vida não está clinicamente caracterizado e a intenção primária do ato é que ocorra o óbito.

A decisão pela retirada de medicações e desativação da função CDI, com base na avaliação da evolução do quadro da paciente, após a ocorrência da parada cardiorrespiratória e realização de manobras de reanimação, desafia discussões de ordem ética, na medida em que a retirada dos suportes traz como desfecho previsível o óbito da paciente, ainda que não se trate de consequência imediata e necessária. Tendo em vista que (i) a decisão não é tomada com a intenção de tirar a vida da paciente, mas sim permitir que o processo de morte prossiga em seu curso natural, sem interrupções desproporcionais e indevidas, além de (ii) respeitar as preferências manifestadas pela paciente, a suspensão de tais medidas corresponde ao curso de ação adequado, do ponto de vista ético-jurídico, para o respeito da dignidade da paciente, com a prática de ortotanásia.

4.3 Momento 3: decisão pelo desligamento do marcapasso

Em uma nova oportunidade, paciente e equipe se veem diante de decisão acerca da limitação de tratamentos e planejamento de cuidados, com o objetivo de resguardar a qualidade de vida da paciente, em processo de fim de vida, desta feita em relação ao dispositivo de marcapasso.

O marcapasso é uma forma artificial de manter os batimentos cardíacos. Apesar de não interferir em arritmias potencialmente letais, como o CDI, ele mantém uma frequência cardíaca mínima, conforme programação do dispositivo. Caso seja entendida que sua manutenção é uma forma de prolongamento fútil da vida, pode ser suspenso como qualquer outra intervenção médica. O mecanismo de morte será, neste caso, decorrente da doença de base (bradicardia), não do ato em si de desativação do marcapasso. A preocupação que deve ser considerada é o desenvolvimento de sintomas em decorrência da frequência cardíaca baixa.[21]

A angústia moral é comum nos casos de retirada de medidas de suporte, devido ao pensamento de que a intervenção de retirada é a causa do óbito e não a doença sobrejacente. Por isso se observa que a decisão de não iniciar um tratamento (*withhold*) é em geral mais bem aceita do que a de suspender um tratamento já iniciado (*withdraw*), especialmente diante do olhar do leigo. Contudo, sob um ponto de vista ético, ambas as condutas encontram justificativa quando se verifica que a intervenção não beneficia a paciente, apenas servindo para adiar a morte e prolongar a vida sem qualidade.[22]

A retirada do marcapasso é, pois, uma alternativa considerável no final de vida, mesmo que resulte em frequências cardíacas muito baixas ou até mesmo assistolia, sem configurar eutanásia. Isso se dá com o entendimento de que é considerado desproporcional ou inaceitável para a paciente a manutenção da vida, devendo-se permitir a evolução natural da doença.

Compreendendo-se que em decorrência da doença de base não há batimentos cardíacos naturais, ou seja, assistolia/morte, e o marcapasso é uma forma artificial de estímulo elétrico, ele pode ser considerado como um meio artificial de perpetuação da vida e impedimento do morrer. Se for entendido que o marcapasso apenas serve para proporcionar mais tempo de vida sem significado, sua manutenção pode ser entendida como distanásia. Por consequência, a sua suspensão permite a morte natural (ortotanásia).

Um paralelo pode ser feito com outras formas de retirada de suporte artificial de vida em que as condições clínicas próprias do paciente não permitam a continuidade da vida com qualidade e sentido. Como exemplo: a suspensão de uma medicação vasopressora em paciente com colapso hemodinâmico, quando os níveis pressóricos do próprio paciente não são capazes de sustentar o aparelho cardiovascular; a suspensão da hemodiálise, quando os rins não

---

21. BALLENTINE JM. Pacemaker and defibrillator deactivation in competent hospice patients: an ethical consideration. *Am J Hosp Palliat Care*. 2005;22(1):14-9.
22. RHYMES JA et al. Withdrawing very low-burden interventions in chronically ill patients. *JAMA*. 2000;283(8):1061-3.

podem mais exercer suas funções fisiológicas de filtração; a extubação paliativa, em cenários que o paciente não consiga manter a oxigenação do organismo pelos próprios meios.

Em todas essas situações, o óbito é a principal expectativa de evolução clínica, que se dá independente da opção de suspensão, ou não, das terapias. O que difere é o tempo para sua concretização e às custas de quanto sofrimento. Com o conhecimento biográfico e valores do paciente e a partir do processo deliberativo compartilhado, pode-se diferenciar o resultado das ações em distanásia ou ortotanásia.

A retirada do marcapasso pode ser moralmente mais sofrida para o profissional realizar, pois o óbito pode ser imediato, como o "desligamento da vida com o apertar de um botão". Contudo, deve-se considerar se a sua manutenção não se configura uma maneira artificial de manter uma vida que naturalmente já teria sido finalizada.

5. CONSIDERAÇÕES FINAIS

O caso da Sra. Maria suscita discussões técnicas e ético-jurídicas sobre a decisão de desativação de CDI e marcapasso, em paciente portadora de doença grave e ameaçadora da vida, que evolui para contexto de fim de vida.

Há nele nuances técnicas a serem avaliadas, relacionadas ao cálculo risco-custo-benefício da manutenção de tais dispositivos em funcionamento e realização de novas intervenções terapêuticas, que não trarão sobrevida de qualidade à paciente. Ainda, aspectos éticos da tomada de decisões demandam consideração, no que concerne à manifestação da vontade e preferências pela paciente, após o processo de compartilhamento decisório com a equipe, e o poder de intervenção dos familiares no curso de ação delineado, especialmente daqueles que não integram a rede de apoio próxima, não tendo participado da construção do planejamento dos cuidados.

Evidencia-se, em síntese, que a desativação dos dispositivos – CDI e marcapasso – encontra pleno respaldo ético e jurídico, configurando ortotanásia, quando (i) sua manutenção não contribui para o bem-estar e manutenção de qualidade de vida do paciente, em fim de vida, e acaba por prolongar artificialmente uma vida sem sentido; (ii) a decisão de suspensão dos cuidados é tomada de forma compartilhada entre paciente – com apoio de sua família – e equipe, como fruto de um processo de reflexão e elucidação dos valores do paciente. A família deve ser acolhida neste processo, e pode mesmo exercer papel essencial na aclaração dos valores e preferências do paciente, mas não tem a prerrogativa de contrariar os desejos por este manifestados.

REFERÊNCIAS

ALLEN, Larry A, et al. Decision Making in Advanced Heart Failure: A Scientific Statement From the American Heart Association, *Circulation*. 2012;125:1928-1952.

BALLENTINE JM. Pacemaker and defibrillator deactivation in competent hospice patients: an ethical consideration. *Am J Hosp Palliat Care*. 2005 Jan.-Feb.; 22(1):14-9. doi: 10.1177/104990910502200106. PMID: 15736602.

BHARADWAJ P, WARD KT. Ethical considerations of patients with pacemakers. *Am Fam Physician*. 2008 Aug 1;78(3):398-9. PMID: 18711956.

BRASIL. *Constituição da República Federativa do Brasil*: promulgada em 5 de outubro de 1988. Disponível em: https://www.planalto.gov.br/ccivil_03/constituicao/constituicao.htm. Acesso em: 1º jun. 2023.

BRASIL. Decreto-Lei 2.848, de 07 de dezembro de 1940. *Código Penal*. Disponível em: https://www.planalto.gov.br/ccivil_03/decreto-lei/del2848compilado.htm. Acesso em: 1º jun. 2023.

COMITÊ COORDENADOR DA DIRETRIZ DE INSUFICIÊNCIA CARDÍACA. Diretriz Brasileira de Insuficiência Cardíaca Crônica e Aguda. *Arq Bras Cardiol*. 2018; 111(3):436-539.

CONSELHO FEDERAL DE MEDICINA. *Resolução CFM 1.805*, de 28 de novembro de 2006. Disponível em: https://sistemas.cfm.org.br/normas/visualizar/resolucoes/BR/2006/1805. Acesso em: 1º jun. 2023.

CONSELHO FEDERAL DE MEDICINA. *Resolução CFM 1.995*, de 31 de agosto de 2012. Disponível em: https://sistemas.cfm.org.br/normas/visualizar/resolucoes/BR/2012/1995. Acesso em: 1º jun. 2023.

CONSELHO FEDERAL DE MEDICINA. Resolução CFM 2.217, de 27 de setembro de 2018. *Código de Ética Médica*. Disponível em: https://portal.cfm.org.br/images/PDF/cem2019.pdf. Acesso em: 1º jun. 2023.

DADALTO, Luciana. *Testamento Vital*. Indaiatuba: Foco, 2019.

GODINHO, Adriano Marteleto. Ortotanásia e cuidados paliativos: o correto exercício da prática médica no fim da vida. In: GODINHO, Adriano Marteleto; LEITE, George Salomão; DADALTO, Luciana. *Tratado Brasileiro sobre o Direito Fundamental à Morte Digna*. São Paulo: Almedina, 2017.

MARCONDES-BRAGA FG, et al. Atualização de Tópicos Emergentes da Diretriz de Insuficiência Cardíaca. *Arq Bras Cardiol*. 2021.

PADELETTI L. et al. European Heart Rhythm Association; Heart Rhythm Society. EHRA Expert Consensus Statement on the management of cardiovascular implantable electronic devices in patients nearing end of life or requesting withdrawal of therapy. *Europace*. 2010 Oct.; 12(10):1480-9. doi: 10.1093/europace/euq275. Epub 2010 Jul 30. Erratum in: Europace. 2011 Apr. 13(4):599. Kassam, Sarah [corrected to Hassam, Sarah K]. PMID: 20675674.

RASSI, A. Jr, MARIN-NETO JA. Cardiopatia chagásica crônica. *Rev Soc Cardiol Est São Paulo*, v. 4: p. 7-32, 2000.

RHYMES JA, et al. Withdrawing very low-burden interventions in chronically ill patients. *JAMA*. 2000 Feb 23;283(8):1061-3. doi: 10.1001/jama.283.8.1061. PMID: 10697070.

SHIHEIDO E; SHIMADA, Y. Pace maker implantation for elderly individuals over 90 years old. *J Rural Med*. 2013;8(2):233-5. doi: 10.2185/jrm.2871. Epub 2013 Nov 30. PMID: 25649073; PMCID: PMC4309336.

SZASZ, Thomas; HOLLENDER, Marc. A contribution to the philosophy of medicine – the basic models of the doctor-patient relationship. *JAMA Intern Med.*: v. 97, n. 5, p. 585-592, 1956. Disponível em: https://jamanetwork.com/journals/jamainternalmedicine/article-abstract/560914?resultClick=1. Acesso em: 13 abr. 2020.

VILLAS-BÔAS, Maria Elisa. *Da eutanásia ao prolongamento artificial*: aspectos polêmicos na disciplina jurídico-penal do final de vida. Rio de Janeiro: Forense, 2005.

VILLAS-BÔAS, Maria Elisa. Eutanásia. In: GODINHO, Adriano Marteleto; LEITE, George Salomão; DADALTO, Luciana. *Tratado Brasileiro sobre o Direito Fundamental à Morte Digna*. São Paulo: Almedina, 2017.

TEIXEIRA, Ana Carolina Brochado. Autonomia existencial. *Revista Brasileira de Direito Civil*. Belo Horizonte, v. 16, p. 75-104, abr./jun. 2018.

TEIXEIRA RA, et al. Diretriz Brasileira de Dispositivos Cardíacos Eletrônicos Implantáveis – 2023. *Arq Bras Cardiol*. 2023; 120(1):e20220892.

OBSTINAÇÃO TERAPÊUTICA

Cláudia Inhaia

Mestre pela UNICAMP e com MBA em Gestão em Saúde pelo INSPER. Pós-graduada em Cuidados Paliativos pelo Pallium Latino América e em Terapia da Dor pelo Insituto Israelista de Ensino e Pesquisa Albert Einstein. Médica com título de especialista em clínica médica.

Paula Barrioso

Doctor of Nursing Practice student – University of Utah. Mestre pela Escola de Enfermagem da USP. Especialista em Oncologia pelo Insituto Israelista de Ensino e Pesquisa Albert Einstein. Enfermeira licenciada Brasil-EUA.

Sumário: 1. A história da Sra. Pedrina – 2. Introdução – 3. Conceito; 3.1 Tratamentos fúteis, inapropriados ou potencialmente inapropriados – 4. Um problema com várias origens – 5. As consequências da obstinação – 6. O que predispõe a ocorrência da obstinação terapêutica?; 6.1 A incerteza do prognóstico e a proporcionalidade terapêutica; 6.2 Limitação de esforços terapêuticos; 6.3 Falta ou falhas na comunicação; 6.4 Educação – a necessidade do ensino de cuidados paliativos; 6.5 O medo da judicialização – 7. Análise do caso clínico e as propostas para um novo caminho – Referências.

1. A HISTÓRIA DA SRA. PEDRINA

Sra. Pedrina tem 65 anos, casada e com duas filhas, teve diagnóstico de câncer de pulmão metastático há 2 anos, e apesar do tratamento sua condição clínica se deteriorou muito ao longo do ano seguinte ao diagnóstico, ficando parcialmente dependente e necessitando de oxigênio (O2) 24h ao dia. Evoluiu com grave insuficiência respiratória relacionada a pneumonia, sento necessária intubação orotraqueal (IOT) e suporte ventilatório invasivo para manter sua vida. Na ocasião, a Sra. Pedrina tinha recentemente iniciado novo tratamento que levou a controle de doença e após poucos dias de Unidade de Terapia Intensiva (UTI), teve alta em reabilitação paliativa, com recuperação importante de sua funcionalidade, ficando independente de O2.

Após um ano, sua doença voltou a progredir, levando a inicio de novo tratamento, que apesar de controlar a doença não lhe devolveu qualidade de vida, seguindo em completa dependência e com sintomas de dispneia, fadiga e astenia e novamente dependente de O2 nas 24h do dia. Novamente Sra. Pedrina evolui com quadro de dificuldade respiratória e é levada ao hospital e, como na primeira internação, a Sra. P foi intubada e transferida para UTI.

Desta vez, entretanto, mesmo com todos os cuidados, a condição clínica da Sra. Pedrina se deteriorou, com infeções de difícil controle e falência orgânica múltipla. A equipe da UTI, em especial a enfermeira e o fisioterapeuta horizontais responsáveis pelo caso, passou a ficar angustiada com a aparente falta de compreensão dos familiares sobre o momento que a paciente se encontrava e o grande risco de morrer que ela tinha.

A equipe da UTI sentia que estava torturando um corpo muito fragilizado, que não dava sinais de resposta, e cujo planejamento de cuidados aparentemente não tinha limite de intervenção, nem por parte da família, nem por parte da equipe titular.

2. INTRODUÇÃO

O século 20 assistiu a uma grande revolução nos recursos e técnicas para tratamento de doenças e reabilitação, levando pessoas que antes morriam em poucos meses, a viver anos adicionais com boa qualidade de vida. Tamanha evolução trouxe junto um uso cada vez maior de tecnologias na área da saúde, assim como, de estruturas hospitalares, onde vidas passaram a ser mantidas pelo empenho de profissionais altamente especializados e as custas de um aparato tecnológico sofisticado e de alto custo.[1]

Os limites da vida, antes tão claros, pela absoluta falta de recursos eficientes para contornar situações que levavam a deterioração da saúde das pessoas, passou a ser mais fluido. Os avanços citados, trouxeram grande fôlego e esperança para os doentes, e muito mais possibilidades para as equipes de saúde. Neste contexto a morte antes vista como inevitável, começou a ser desafiada e contornada em muitas situações, levando aos poucos a percepção de derrota para aqueles que não conseguiam "vencê-la".[2]

Entender os limites que recursos como hemodiálise, ventilação mecânica, antibióticos, entre outros, poderiam oferecer tomou tempo. No entanto, tornou-se evidente, que mesmo com todos os recursos disponíveis, a partir de um determinado ponto, a vida não poderia ser mantida, ou poderia, em condições que não significavam vida de fato para algumas pessoas.[3-4]

---

1. MORAIS, Inês Motta De et al. Percepção da "morte digna" por estudantes e médicos. *Revista Bioética*, v. 24, n. 1, p. 108-117, abr. 2016.
2. LIMA, Cristina. Medicina High Tech, obstinação terapêutica e distanásia. *Revista da Sociedade Portuguesa de Medicina Interna*, v. 13, n. 2, p. 79-82, 2006.
3. MARTÍNEZ, María de la Luz Casas. Limitación del esfuerzo terapéutico y cuidados paliativos. *Bioethics Update*, v. 3, n. 2, p. 137-151, jul. 2017.
4. MAZUTTI, Sandra Regina Gonzaga; NASCIMENTO, Andréia De Fátima; FUMIS, Renata Rego Lins. Limitation to advanced life support in patients admitted to intensive care unit with integrated palliative care. *Revista Brasileira de Terapia Intensiva*, v. 28, n. 3, p. 294-300, 1º jul. 2016.

A pessoa que antes suportava bravamente os desígnios de seu adoecimento, agora tinha "armas" para "lutar" e a metáfora da guerra, passou a ser de uso fácil no contexto de tratamentos desafiadores, em especial do câncer. O sobrevivente ganha a guerra contra a doença, enquanto, aquele que morre perde. A partir destas premissas se coloca um dilema pois se a morte é derrota, e o valor de quem luta é a coragem, ter coragem é lutar até o final, mesmo que o resultado seja a morte.[5-6-7]

Questões importantes emergem deste discurso:

Da parte de quem adoece: Como parar de "lutar" e sair de forma digna? Como parar de "lutar" e não ser rotulado como covarde ou como aquele que desistiu?

De parte de quem trata: Como parar de "lutar" por esta vida e não parecer que desisti dela? Como explicar os limites dos recursos terapêuticos? Como cuidar de quem está morrendo sem ser tentando salvar-lhe a vida?

A dificuldade em dar respostas a estas perguntas certamente está no âmago do assunto deste capítulo, a obstinação terapêutica. Pois, é fato que, como profissionais de saúde, muito aprendemos sobre o que fazer, mas muito pouco, sobre o que deixar ou não iniciar a fazer.[8]

3. CONCEITO

Por obstinação terapêutica entende-se o prolongamento do processo de morrer de pessoa vivenciando um adoecimento grave cujo desfecho esperado é a morte,[9] através do uso de terapias fúteis, inapropriadas ou potencialmente inapropriadas,[10] e/ou, que não estejam de acordo com o planejamento de cuidados, valores e preferências desta pessoa.[11] Dentro do contexto da obstinação terapêutica tais terapias, se implementadas, não trazem expectativa de ganho de vida digna

---

5. HAUSER, David; SCHWARZ, Norbert. The War on Prevention II: Battle Metaphors Undermine Cancer Treatment and Prevention and Do Not Increase Vigilance. Health Communication, 2019.
6. CARDOSO, Eduardo Blanco; CAMPOS, Elisa Maria Parahyba. O emprego das metáforas bélicas no câncer. *Jornal da USP*, p. 1-3. São Paulo, 2023.
7. MARRON, Jonathan M. et al. Waging War on War Metaphors in Cancer and COVID-19. *JCO Oncology Practice*, v. 16, n. 10, p. 624-627, out. 2020.
8. MARTÍNEZ, María de la Luz Casas. Limitación del esfuerzo terapéutico y cuidados paliativos. *Bioethics Update*, v. 3, n. 2, p. 137-151, jul. 2017.
9. PESSINI, Leo. *Distanásia*: até quando prolongar a vida? São Paulo: Loyola, 2001.
10. BOSSLET, Gabriel T. et al. An official ATS/AACN/ACCP/ESICM/SCCM policy statement: Responding to requests for potentially inappropriate treatments in intensive care units. American Journal of Respiratory and Critical Care Medicine, v. 191, n. 11, p. 1318-1330, 1 jun. 2015.
11. TOMISHIMA, Heloisa de Oliveira; TOMISHIMA, Guilherme de Oliveira. Ortotanásia, eutanásia e a distanásia: uma análise sob o aspecto da dignidade da pessoa humana e a autonomia da vontade. *ETIC*, v. 15, n. 15, 2019.

dentro dos preceitos daquela pessoa, situação em que a maleficência sobrepassa a beneficência e desrespeita a autonomia.[12]

Trata-se complementarmente, de tratamento cuja aplicação está desaconselhada em um caso concreto, por não ser clinicamente eficaz, não melhorar o prognóstico, sintomas ou enfermidades associadas, produzindo previsivelmente efeitos prejudiciais, desproporcionais ao benefício esperado para o paciente ou para suas condições familiares econômicas e sociais.[13]

A consequência da obstinação terapêutica é a distanásia, enquanto seu contraponto, que é a morte e o processo de morrer vistos como parte do ciclo da vida, e cuidados de forma a permitir que a primeira ocorra no seu tempo, sem postergação ou abreviação, e preservando a dignidade de quem vivencia este processo, é a ortotanásia.[14]

3.1 Tratamentos fúteis, inapropriados ou potencialmente inapropriados

Apesar de conceitualmente, a obstinação terapêutica poder ocorrer em qualquer cenário de assistência, as UTIs, são sem dúvida onde ela ocorre com maior frequência, e onde esta discussão se torna mais sensível. Em função disto, um consenso de sociedades de terapia intensiva foi publicado em 2015, buscando sugerir estratégias para prevenir e de como conduzir tal prática, assim como, de consensar uma nomenclatura mais adequada para tratar deste tema.[15]

O conceito de futilidade no tratamento médico foi introduzido na década de 1980, no contexto de alocação de recursos.[16] O termo "fútil" refere-se a tratamento que tem baixa probabilidade de alcançar seus objetivos fisiológicos e seu propósito pretendido, seja ele a cura ou a melhoria de qualidade de vida.[17-18] No entanto, o uso da palavra fútil para todas as terapêuticas com baixa probabilidade de resul-

---

12. DA SILVA, Lucimeire Aparecida; PACHECO, Eduarda Isabel Hubbe; DADALTO, Luciana. Therapeutic obstinacy: When medical intervention hurts human dignity. *Revista Bioetica*, v. 29, n. 4, p. 798-805, 2021.
13. BEAUCHAMP, Tom L; CHILDRESS, James F. *Princípios de ética biomédica*. Trad. Luciana Pudenzi. São Paulo: Loyola, 2002. v. ISBN 85-15-02565-5.
14. FELIX, Zirleide Carlos et al. Eutanásia, distanásia e ortotanásia. *Ciência & Saúde Coletiva*, p. 2733-2746, 2013.
15. BOSSLET, Gabriel T. et al. An official ATS/AACN/ACCP/ESICM/SCCM policy statement: Responding to requests for potentially inappropriate treatments in intensive care units. *American Journal of Respiratory and Critical Care Medicine*, v. 191, n. 11, p. 1318-1330, 1 jun. 2015.
16. YOUNGNER, Stuart J. Who Defines Futility? *JAMA: The Journal of the American Medical Association*, v. 260, n. 14, p. 2094, 14 out. 1988.
17. JONES, James W.; MCCULLOUGH, Laurence B. Extending life or prolonging death: When is enough actually too much? *Journal of Vascular Surgery*, v. 60, n. 2, p. 521-522, 2014.
18. WILKINSON, Dominic; SAVULESCU, Julian. *Ethics, conflict and medical treatment for children From disagreement to dissensus*. London (UK): Elsevier, 2018.

tado, não contemplava a incerteza prognóstica de algumas situações clínicas e a frequente falta de consenso entre pares sobre a probabilidade de resposta as medidas em questão.[19] Dada esta dificuldade e a conotação negativa que a palavra fútil trazia para as discussões entre equipes e pacientes ou responsáveis, este consenso sugere denominações alternativas e mais apropriadas para tratamentos com baixa probabilidade de resposta, restringindo-se o uso do termo "fútil" e ampliando o dos termos "inapropriado" e "potencialmente inapropriado".[20]

Bosslet et al restringem o uso do termo fútil as raras situações, onde as medidas terapêuticas realmente não tenham chance de atingir seus objetivos fisiológicos. Sendo exemplos citados deste tipo de medida a ressuscitação cardiopulmonar frente a uma rotura do miocárdio, ou, o uso de drogas vaso ativas em doses progressivamente maiores em casos onde seu uso já se mostrou ineficiente. Seguindo o consenso, por "inapropriado", designam-se tratamentos médicos que não estão alinhados com os objetivos, valores ou preferências do paciente ou que não são indicados tecnicamente. Finalmente o termo "potencialmente inapropriado" deve ser utilizado no lugar do termo fútil para descrever situações em que uma medida tem baixa probabilidade de atingir seu objetivo, mas esta não é zero. Refere-se a tratamentos que não são atualmente indicados ou apropriados, mas cuja utilização pode ter ou não sentido quando a tomada de decisão se baseia não apenas em questões médicas ou científicas, mas também em valores e preferências.[21]

Importante salientar que a obstinação terapêutica não é uma prerrogativa médica, qualquer profissional que acompanha um paciente, mesmo na equipe de cuidados paliativos, pode em algum momento executar procedimentos inapropriados e promover distanásia.

Na área da enfermagem, um exemplo clássico de intervenção sem objetivo de cuidado, é o controle glicêmico de pacientes em processo ativo de morte, realizados com frequência em ambientes hospitalares. Outros exemplos que podem ser citados são fisioterapeutas que não retiram a ventilação não invasiva durante o processo ativo de morte, fonoaudiólogos que restringem no lugar da adaptar alimentos de sabor precioso para o paciente sob a justificativa de prevenir broncoaspiração e nutricionistas que seguem em busca de metas de nutricionais com indicação de suplementos e vias alternativas de nutrição, em ultimas semanas de vida.

---

19. NEVILLE, Thanh H et al. Differences between Attendings' and Fellows' Perceptions of Futile Treatment in the Intensive Care Unit at One Academic Health Center: Implications for Training. *Acad Med*, v. 90, n. 3, p. 324-330, 2015. Acesso em: 13 maio 2023.

20. BOSSLET, Gabriel T. et al. An official ATS/AACN/ACCP/ESICM/SCCM policy statement: Responding to requests for potentially inappropriate treatments in intensive care units. *American Journal of Respiratory and Critical Care Medicine*, v. 191, n. 11, p. 1318-1330, 1º jun. 2015.

21. Op. cit.

CLÁUDIA INHAIA E PAULA BARRIOSO

Por estas razões é sempre saudável o exercício da discussão em equipe, entre pares e com profissionais de outras áreas, pois aquilo que não é visto por um indivíduo, tem grande chance de ser percebido com escuta e olhar ampliado.

4. UM PROBLEMA COM VÁRIAS ORIGENS

Apesar das principais discussões sobre obstinação terapêutica ocorrerem em casos onde pacientes ou seus representantes demandam por manutenção ou início de tratamentos considerados fúteis ou potencialmente inapropriados, ela também pode ocorrer por iniciativa dos próprios profissionais da saúde, que não reconhecem outros caminhos que não aqueles que levam ao prolongamento da vida biológica em detrimento da biografia e do que faz sentido para o paciente em questão.[22] Na nossa opinião, ainda temos uma terceira situação, que é onde estas duas demandas se encontram, ou seja, representantes de pacientes que desejam que a vida seja mantida a qualquer custo, acompanhados por equipes que desejam da mesma forma mantê-la.

É necessário perceber que no primeiro cenário, as equipes podem advogar em nome de condutas adequadas do ponto de vista técnico, em discussões onde familiares ou representantes trazem sua ótica cultural e os valores e preferências do paciente, como sugere e incentiva o posicionamento oficial de sociedades de terapia intensiva.[23] No segundo cenário, as famílias podem se valer de segundas opiniões, da entrada de especialistas, discussão multiprofissional e até mesmo, do acionamento dos comitês de bioética dos estabelecimentos de saúde ou dos próprios conselhos das classes profissionais para promover uma escuta as suas demandas. O terceiro cenário é o mais preocupante, pois em circunstâncias em que o paciente não esteja apto para tomar suas próprias decisões, este ficará refém de um contínuo de intervenções, sendo neste caso, necessários mecanismos institucionais que reconheçam, monitorem e questionem estas situações.

5. AS CONSEQUÊNCIAS DA OBSTINAÇÃO

A obstinação terapêutica tem impacto amplo sobre o paciente, sua família, a equipe e a sociedade. Sob a perspectiva pessoal, a pessoa doente, em especial aquela sem condições de se manifestar, se torna refém de um sistema, e por vezes de familiares (em geral por desinformação), que priorizam quantidade e não qualidade de vida, estando sujeitos com frequência a tratamentos penosos com

---

22. VIDAL, Edison Iglesias de Oliveira et al. Posicionamento da ANCP e SBGG sobre tomada de decisão compartilhada em cuidados paliativos. *Cadernos de Saúde Pública*, v. 38, n. 9, 2022.
23. BOSSLET, Gabriel T. et al. An official ATS/AACN/ACCP/ESICM/SCCM policy statement: Responding to requests for potentially inappropriate treatments in intensive care units. *American Journal of Respiratory and Critical Care Medicine*, v. 191, n. 11, p. 1318-1330, 1 jun. 2015.

grande impacto físico e emocional. Sob a família pesa o sofrimento de ser responsável por tomadas de decisões de grande peso emocional,[24] decisões muitas vezes entregues na forma de um cardápio, sob uma forma consumista cruel de exercício de autonomia.[25]

Sobre a sociedade recai o dilema da alocação de recursos, que muitas vezes são consumidos para manutenção de uma vida sem qualidade e por pouco tempo, em detrimento de contribuir para dezenas de outras ações com resultados muito mais abrangentes para a população.[26] Em um estudo realizado no Canadá, estimou-se que os gastos com intervenções consideradas fúteis (hoje mais bem denominadas de inapropriadas) para pacientes internados em UTIs, durante 6 meses, chegaram ao valor de 2,6 milhões de dólares.[27]

Finalmente, para além da distanásia e prolongamento do processo de morrer, a obstinação terapêutica, também pode ser responsável pelo adoecimento da equipe na forma de estresse moral que pode recair sobre os profissionais que acompanham o paciente e estão envolvidos no seu tratamento, mas não respondem pelas decisões terapêuticas, tais como médicos residentes, estagiários, equipe de enfermagem e demais equipe multiprofissional.[28-29-30]

Estresse moral é um conjunto de manifestações emocionais e psicológicas manifestadas por indivíduos privados, pelas circunstâncias do seu trabalho, de agir como seus valores éticos e morais o fariam agir. Desta forma, testemunhar e ter que tomar parte de situações de distanásia de forma recorrente, pode trazer importantes impactos sobre a vida profissional e pessoal de qualquer pessoa envolvida no cuidado, sendo um dos principais fatores associados ao burnout.[31]

---

24. SCHEUNEMANN, Leslie P. et al. Clinician-Family Communication About Patients' Values and Preferences in Intensive Care Units. *JAMA Internal Medicine*, v. 179, n. 5, p. 676, 1º maio 2019.

25. VIDAL, Edison Iglesias de Oliveira et al. Posicionamento da ANCP e SBGG sobre tomada de decisão compartilhada em cuidados paliativos. *Cadernos de Saúde Pública*, v. 38, n. 9, 2022.

26. TOMISHIMA, Heloisa de Oliveira; TOMISHIMA, Guilherme de Oliveira. Ortotanásia, eutanásia e a distanásia: uma análise sob o aspecto da dignidade da pessoa humana e a autonomia da vontade. *ETIC*, v. 15, n. 15, 2019.

27. HUYNH, Thanh N. et al. The frequency and cost of treatment perceived to be futile in critical care. *JAMA Internal Medicine*, v. 173, n. 20, p. 1887-1894, 11 nov. 2013.

28. FERRELL, Betty R. Understanding the moral distress of nurses witnessing medically futile care. *Oncology Nursing Forum*, v. 33, n. 5, p. 922-930, set. 2006.

29. HAARDT, Victoire et al. General practitioner residents and patients end-of-life: involvement and consequences. *BMC Medical Ethics*, v. 23, n. 1, 1º dez. 2022.

30. VIEIRA, João V.; DEODATO, Sérgio; MENDES, Felismina. Perceptions of intensive care unit nurses of therapeutic futility: A scoping review. *Clinical Ethics*, v. 16, n. 1, p. 17-24, 1º mar. 2021.

31. BOULTON, Adam Jonathan et al. Moral distress among intensive care unit professions in the UK: a mixed-methods study. *BMJ Open*, v. 13, n. 4, p. 1-11, 25 abr. 2023.

6. O QUE PREDISPÕE A OCORRÊNCIA DA OBSTINAÇÃO TERAPÊUTICA?

6.1 A incerteza do prognóstico e a proporcionalidade terapêutica

Uma parte importante da discussão sobre uma terapia ser ou não obstinada, é o momento na trajetória de doença em que se encontra o paciente, pois terapias absolutamente adequadas e desejáveis desde o ponto de vista fisiológico em um determinado momento, podem ser consideradas inapropriadas em outro, inclusive para o mesmo paciente. Esta diferenciação requer conhecimento sobre o prognóstico daquele determinado paciente, sendo este, ponto central nas discussões sobre opções terapêuticas[32] e na definição de algo ser ou não considerado obstinado.

Escores de gravidade como APACHE e SOFA,[33] e escalas de prognosticação utilizadas no cenário dos cuidados paliativos, como *Palliative Performance Scale* (PPS), *Palliative Performance Index* (PPI) e *Palliative Prognostic Score* (PaP)[34] ajudam as equipes a situar um determinado paciente em uma faixa de probabilidades de desfecho, porém não de certezas.

Enquanto pacientes e seus representantes desejam certezas que os ajudem na tomada de decisão, os profissionais devem lidar com a inexatidão dos desfechos.[35]

Em uma rotina onde o foco está na vida biológica e na doença, em detrimento da vida biográfica e da pessoa, tendemos a ficar focados em resultados de exames enquanto um olhar para o doente nos diria muito mais sobre o que faria sentido, sobre o que seria proporcional. Por mais que as ferramentas de prognosticação possam ser falhas e possam apontar para semanas quando na realidade ocorrem meses de sobrevida, em especial por serem construídas em sua maioria para pacientes oncológicos e ter seu uso extrapolado para outros casos.[36] Se a qualidade de vida que uma pessoa portadora de uma doença que levará a morte tem, já não é valida para ela no momento da discussão, medidas para manter esta vida serão inapropriadas independente do tempo que o escore prognóstico diga que ela tem.

---

32. MARTÍNEZ, María de la Luz Casas. Limitación del esfuerzo terapéutico y cuidados paliativos. *Bioethics Update*, v. 3, n. 2, p. 137-151, jul. 2017.
33. DE BIASIO, Justin C. et al. Frailty in Critical Care Medicine. *Anesthesia & Analgesia*, v. 130, n. 6, p. 1462-1473, jun. 2020.
34. CHU, Christina; WHITE, Nicola; STONE, Patrick. Prognostication in palliative care. *Clinical Medicine*, v. 19, n. 4, p. 306-310, 15 jul. 2019.
35. OUD, Lavi. When Nuance Is Not an Option: Facing Prognostication Inaccuracy at Perceived End-of--Life. *Journal of Clinical Medicine Research*, v. 10, n. 3, p. 277-278, 2018.
36. MARTÍNEZ, María de la Luz Casas. Limitación del esfuerzo terapéutico y cuidados paliativos. *Bioethics Update*, v. 3, n. 2, p. 137-151, jul. 2017.

OBSTINAÇÃO TERAPÊUTICA **197**

Há muitos desfechos considerados piores do que a morte para pacientes com doenças graves e evolutivas,[37] e poder discutir com eles sobre isso é um privilégio e um dever de toda equipe de saúde, pois muitas vezes sobre uma incerteza prognóstica, prevalecerão as escolhas que melhor se aproximam do que tem sentido para aquele determinado indivíduo. No entanto, variáveis muito além das clínicas fazem parte desta discussão e estar de fato aberto e disponível para deliberar sobre todas as possibilidades, pensando na equipe como parceira de jornada é a melhor estratégia para estarmos o mais próximo possível de uma prática que reflita um cuidado digno e compassivo.[38]

Esta discussão é tão valida para o paciente oncológico quanto de pacientes crônico críticos, neuro críticos e com falências orgânicas únicas ou múltiplas.[39-40] Há no entanto, nestes casos uma maior incerteza prognóstica, em especial quando falamos de pacientes previamente funcionais que sucumbem a um evento agudo, o que leva a uma delicadeza ainda maior na condução destas discussões. O caminho frente a este cenário, segue sendo, desenvolver estratégias de comunicação que convidem à uma discussão sobre o que faz sentido para pessoa adoecida, baseado principalmente na sua biografia e valores, porém, tendo em mente, que face a incerteza prognóstica, este processo pode demandar muito mais tempo e esforço de ambas partes.[41]

6.2 Limitação de esforços terapêuticos

A limitação ou retirada de um suporte terapêutico de manutenção da vida, tais como como ventilação mecânica, hemodiálise, entre outros será abordada em outro capítulo deste livro, aqui nos concentraremos em examinar o conceito por traz das ações e como a discussão de tal limitação pode ser parte importante da prevenção da obstinação terapêutica.

É imprescindível a compreensão de que o poder da medicina e suas tecnologias não é absoluto, reconhecendo a força invencível da natureza e seus ciclos, e desta forma, estabelecer limites para o uso dos recursos de manutenção da vida[42] para as situações clínicas onde eles sejam pontes e não fins em si.

---

37. RUBIN, Emily B.; BUEHLER, Anna E.; HALPERN, Scott D. States Worse Than Death Among Hospitalized Patients With Serious Illnesses. *JAMA Internal Medicine*, v. 176, n. 10, p. 1557, 1º out. 2016.
38. VIDAL, Edison Iglesias de Oliveira et al. Posicionamento da ANCP e SBGG sobre tomada de decisão compartilhada em cuidados paliativos. *Cadernos de Saúde Pública*, v. 38, n. 9, 2022.
39. MARTÍNEZ, María de la Luz Casas. Limitación del esfuerzo terapéutico y cuidados paliativos. *Bioethics Update*, v. 3, n. 2, p. 137-151, jul. 2017.
40. BRETOS-AZCONA, Pablo E et al. Multisystem chronic illness prognostication in non-oncologic integrated care. *BMJ Supportive & Palliative Care*, v. 12, n. e1, p. e112, 1º maio 2022.
41. LANTOS, John D. *The Ethics of Shared Decision Making*. Oxford: Oxford University Press, 2021.
42. MARTÍNEZ, María de la Luz Casas. Limitación del esfuerzo terapéutico y cuidados paliativos. *Bioethics Update*, v. 3, n. 2, p. 137-151, jul. 2017.

O que desejamos salientar é que como equipe nunca devemos deixar de realizar esforços terapêuticos, mas sim, que mudaremos o seu foco. Ninguém quer ser abandonado, ninguém quer ser negligenciado, nenhum profissional que ser acusado de abandono ou negligência. Sendo assim, o cuidado com a escolha das palavras utilizadas na transição de uma predominância de terapias modificadoras para uma predominância de terapias focadas em conforto e alívio de sofrimento, é crucial e seguramente, responsável pelo sucesso desta transição, não apenas entre profissionais e pacientes, mas também entre as equipes de cuidado.

A limitação do uso de terapias modificadoras de doença ou de suporte a vida não deveria ocorrer desconectada dos cuidados paliativos sendo no ambiente ideal, consenso entre equipes especializadas, de cuidados paliativos e pacientes ou seus representantes.[43-44]

Renunciar a medidas que possam trazer sofrimento e prolongar uma vida sem sentido ou qualidade, não significa de forma alguma renunciar a cuidados, nem mesmo a procedimentos invasivos, que tenham por finalidade melhorar qualidade de vida.[45] Portanto não consideramos adequado o uso da palavra limitação em qualquer cenário, vista sua conotação de restrição ao acesso. No lugar deste termo parece-nos mais adequado insistir em planejamento de cuidados e na utilização de termos como priorizar medidas de conforto. Desta forma evitamos a percepção de abandono.

Há que encontrar a justa medida, o que não é fácil e demanda capacidade de comunicação, humildade e prudência.[46]

6.3   Falta ou falhas na comunicação

A prevenção da obstinação terapêutica passa necessariamente por uma comunicação primorosa e transparente entre membros da equipe de saúde e desta com pacientes, familiares ou responsáveis. São destas interações, que um planejamento de cuidados adequado aos desejos e preferências de uma determinada pessoa é construído, e isso não acontece sem um profundo interesse e investigação por parte da equipe, sobre a biografia deste indivíduo, tanto quanto, sobre seu histórico clínico, com atenção compassiva para o que de fato é causa

---

43. MARTÍNEZ, María de la Luz Casas. Limitación del esfuerzo terapéutico y cuidados paliativos. *Bioethics Update*, v. 3, n. 2, p. 137-151, jul. 2017.

44. ARAÚJO, Cynthia; MAGALHÃES, Sandra. Obstinação terapêutica um não direito. In: DADALTO, LUCIANA (Org.). *Cuidados Paliativos* – Aspectos Jurídicos. Indaiatuba: Foco, 2021. p. 295-307.

45. PEDRINI CRUZ, Ricardo. Death with dignity: Are we providing adequate palliative care to cancer patients? *European Journal of Cancer Care*. [S.l.]: John Wiley and Sons Inc, 1º nov. 2022.

46. MARTÍNEZ, María de la Luz Casas. Limitación del esfuerzo terapéutico y cuidados paliativos. *Bioethics Update*, v. 3, n. 2, p. 137-151, jul. 2017.

de sofrimento para estas pessoas.[47] O que constitui uma vida significativa, uma boa morte ou sofrimento intolerável é pessoal,[48] e chegar a objetivos de cuidado que levem isso em consideração, assim como, desenhar estratégias para atingir este objetivo, não é algo que se faça de forma unilateral. Não pode ser feito considerando-se exclusivamente a perspectiva da equipe de saúde, nem tão pouco, basear-se apenas na solicitação de paciente e familiares, devendo ser fruto de um diálogo que une conhecimento técnico, valores e preferências do paciente, e como aplicar estes últimos a situação clínica do momento, processo conhecido por decisão compartilhada.[49-50-51]

À medida que a medicina foi avançando em possibilidades, a sociedade também se mobilizou em estratégias que pudessem garantir a autonomia de pacientes e famílias, levando a mudanças nas relações entre profissionais da saúde, especialmente entre médicos e pacientes.[52] Este movimento nasce da busca por respeito a dignidade da pessoa humana após os abusos ocorridos na segunda guerra mundial, reforçando a importância da participação dos indivíduos ou seus representantes na compreensão, concordância e escolhas das terapias a que possam se submeter.[53-54]

No entanto, o que deveria representar uma evolução nas relações entre os atores desta interação tão delicada, em direção a uma forma compassiva e humana de compartilhamento de tomada de decisão, na realidade, especialmente no cuidado de pessoas em final de vida, tem oscilado entre a perpetuação do antigo modelo paternalista e o modelo consumista.

Paternalista, quando a equipe explícita ou veladamente, determina as condutas a serem tomadas, entendendo que o conhecimento técnico é suficiente para determinar o que é melhor para cada pessoa, ou ainda, que as famílias e representantes não seriam capazes de compreender as opções, e eventualmente, limita-

---

47. SILVA, Maria Júlia Paes Da. *Comunicação tem remédio*: a comunicação nas relações interpessoais em saúde. São Paulo: Loyola, 2012.
48. SCHEUNEMANN, Leslie P. et al. Clinician-Family Communication About Patients' Values and Preferences in Intensive Care Units. *JAMA Internal Medicine*, v. 179, n. 5, p. 676, 1º maio 2019.
49. VIDAL, Edison Iglesias de Oliveira et al. Posicionamento da ANCP e SBGG sobre tomada de decisão compartilhada em cuidados paliativos. *Cadernos de Saúde Pública*, v. 38, n. 9, 2022.
50. SCHEUNEMANN, Leslie P. et al. Clinician-Family Communication About Patients' Values and Preferences in Intensive Care Units. *JAMA Internal Medicine*, v. 179, n. 5, p. 676, 1º maio 2019.
51. WUBBEN, Nina et al. Shared decision-making in the ICU from the perspective of physicians, nurses and patients: a qualitative interview study. *BMJ Open*, v. 11, n. 8, p. 1-10, 11 ago. 2021.
52. MISAK, Cheryl J.; WHITE, Douglas B.; TRUOG, Robert D. Medically Inappropriate or Futile Treatment: Deliberation and Justification. *Journal of Medicine and Philosophy*, v. 41, p. 90–114, 17 dez. 2015.
53. TOMISHIMA, Heloisa de Oliveira; TOMISHIMA, Guilherme de Oliveira. Ortotanásia, eutanásia e a distanásia: uma análise sob o aspecto da dignidade da pessoa humana e a autonomia da vontade. *ETIC*, v. 15, n. 15, 2019.
54. LANTOS, John D. *The Ethics of Shared Decision Making*. Oxford: Oxford University Press, 2021.

ções terapêuticas que se apresentam. Consumista, quando após esclarecimento, delega decisões aos pacientes e familiares.[55] Este último, camuflado de "respeito a autonomia", parte do pressuposto que uma vez esclarecidos sobre os prós e os contras de determinada escolha, pacientes ou seus representantes, sob as fortes demandas emocionais e insegurança que este tipo de decisão é acompanhada,[56] tenham condições de fazer escolhas de forma tão assertiva, quanto as que fazem profissionais que demoram anos para ter maturidade para tal.

Ao falarmos de obstinação terapêutica e do quanto esta ainda é presente, em especial nas UTIs, percebemos que a prática da comunicação de qualquer natureza ainda é bastante variável mundialmente, em ocorrência, com os menores números na América Latina e Europa Oriental,[57] e em conteúdo, desconsiderando muitas vezes os valores e preferências do paciente.[58]

A comunicação de qualidade além de ser fator preponderante na prevenção da obstinação terapêutica, é capaz de reduzir tempos de internação em UTIs e hospitais, reduzindo custos (sem afetar a mortalidade e experiência de cuidado manifestada pelas famílias)[59] e de melhorar a experiência vivenciada por quem passa pela desafiadora tarefa de ter que discutir sobre o fim a vida de um ente querido.[60]

Desta forma, há necessidade de capacitação adequada das equipes de saúde para uma comunicação rotineira e de qualidade, visando o respeito aos desejos dos pacientes (mesmo que incapazes de manifestar-se, como na maioria dos casos).[61-62] A prevenção da distanásia, assim como, a resolução de conflitos já instalados, deve ser prioridade dentro de instituições que cuidam de pacientes em fase final de vida, em especial as UTIs.

---

55. VIDAL, Edison Iglesias de Oliveira et al. Posicionamento da ANCP e SBGG sobre tomada de decisão compartilhada em cuidados paliativos. *Cadernos de Saúde Pública*, v. 38, n. 9, 2022.
56. WUBBEN, Nina et al. Shared decision-making in the ICU from the perspective of physicians, nurses and patients: a qualitative interview study. *BMJ Open*, v. 11, n. 8, p. 1-10, 11 ago. 2021.
57. FELDMAN, Charles et al. Global Comparison of Communication of End-of-Life Decisions in the ICU. *Chest*, v. 162, n. 5, p. 1074-1085, nov. 2022.
58. SCHEUNEMANN, Leslie P. et al. Clinician-Family Communication About Patients' Values and Preferences in Intensive Care Units. *JAMA Internal Medicine*, v. 179, n. 5, p. 676, 1 maio 2019.
59. CURTIS, J. Randall et al. Randomized Trial of Communication Facilitators to Reduce Family Distress and Intensity of End-of-Life Care. *American Journal of Respiratory and Critical Care Medicine*, v. 193, n. 2, p. 154-162, 15 jan. 2016.
60. WRIGHT, Alexi A. Associations Between End-of-Life Discussions, Patient Mental Health, Medical Care Near Death, and Caregiver Bereavement Adjustment. *JAMA*, v. 300, n. 14, p. 1665, 8 out. 2008.
61. SCHEUNEMANN, Leslie P. et al. Clinician-Family Communication About Patients' Values and Preferences in Intensive Care Units. *JAMA Internal Medicine*, v. 179, n. 5, p. 676, 1º maio 2019.
62. COHEN, Simon et al. Communication of end-of-life decisions in European intensive care units. *Intensive Care Medicine*, v. 31, n. 9, p. 1215-1221, 22 set. 2005.

Dentre as principais recomendações para o sucesso da comunicação em UTIs temos:[63-64-65-66]

– Espaços e tempos dedicados as conferências familiares;

– Participação de toda a equipe multidisciplinar no processo de comunicação;

– Participação do núcleo familiar, em especial do principal tomador de decisões;

– Integração precoce e rotineira da equipe de cuidados paliativos nos cuidados;

– Integração rotineira dos comitês de bioética nos casos mais desafiadores

– Capacitação das equipes dentro de um protocolo de comunicação de notícias difíceis e mediação de conflitos

– Capacitação das equipes na condução do processo de decisão compartilhada e cuidado centrado no paciente

Finalmente, uma comunicação de qualidade com pacientes e seus representantes, passa primeiro pela adequada comunicação dentro da equipe. Equipes alinhadas passam maior sensação de cuidado e segurança para as famílias, aumentando a chance de uma comunicação eficiente.[67]

6.4   Educação – a necessidade do ensino de Cuidados Paliativos

É claro o despreparo dos profissionais de saúde para lidar com a morte, este evento tão presente na vida de quem trabalha em emergências, enfermarias, UTIs, instituições de longa permanência entre outros. Existe uma lacuna imensa entre a teoria e a prática, estando a formação acadêmica ainda pautada fortemente no estudo das doenças, seus diagnósticos e tratamentos,[68-69] enquanto o exercício destas profissões se depara com a complexidade das pessoas, de doenças incuráveis

---

63. BOSSLET, Gabriel T. et al. An official ATS/AACN/ACCP/ESICM/SCCM policy statement: Responding to requests for potentially inappropriate treatments in intensive care units. *American Journal of Respiratory and Critical Care Medicine*, v. 191, n. 11, p. 1318-1330, 1 jun. 2015.

64. VIDAL, Edison Iglesias de Oliveira et al. Posicionamento da ANCP e SBGG sobre tomada de decisão compartilhada em cuidados paliativos. *Cadernos de Saúde Pública*, v. 38, n. 9, 2022.

65. SCHEUNEMANN, Leslie P. et al. Clinician-Family Communication About Patients' Values and Preferences in Intensive Care Units. *JAMA Internal Medicine*, v. 179, n. 5, p. 676, 1º maio 2019.

66. ARNOLD, Robert M. et al. The Critical Care Communication project: Improving fellows' communication skills. *Journal of Critical Care*, v. 30, n. 2, p. 250-254, abr. 2015.

67. MURALI, Komal Patel; HUA, May. What End-of-Life Communication in ICUs Around the World Teaches Us About Shared Decision-Making. *Chest*, v. 162, n. 5, p. 949-950, nov. 2022.

68. CASTRO, Andrea Augusta et al. Cuidados Paliativos na formação médica: percepção dos estudantes. *Revista Brasileira de Educação Médica*, v. 46, n. 1, 2022.

69. PEREIRA, Lariane Marques; ANDRADE, Sonia Maria Oliveira De; THEOBALD, Melina Raquel. Palliative care: challenges for health education. *Revista Bioética*, v. 30, n. 1, p. 149-161, mar. 2022.

e de vidas que encontram seu inevitável fim, com, sem ou apesar de diagnósticos e tratamentos.

O resultado são profissionais que se sentem despreparados para lidar com a finitude da vida e que se veem frente a frente com o desafio de fazê-lo, levando muitas vezes para sempre memórias de grande estresse e desconforto nesta atuação.[70-71] Assim como, um instinto de evitar cuidar de pacientes em fase final de vida, perpetuando ainda mais estas dificuldades.[72] Os desafios dos profissionais não passam apenas por suas questões emocionais, mas também, por outras de ordem prática, como o desconhecimento de medicamentos e estratégias para alívio de sintomas desconfortáveis e demais dimensões do sofrimento dos pacientes,[73] que são parte do corpo do currículo da abordagem dos cuidados paliativos.

Desta forma, o ensino da tanatologia, dos cuidados paliativos, assim como, da bioética, nas graduações e residências da área da saúde sinaliza ser o caminho pelo qual esta realidade terá chances de mudar em maior escala, não sendo, no entanto, suficiente por si só, como tem mostrado experiencias internacionais.[74] No Brasil, infelizmente, estas disciplinas ocupam, na maioria das universidades, lugares secundários e opcionais, sendo poucas as que já as incluíram em seu currículo regular, sendo ainda mais precários os cenários de ensino sobre fim de vida na prática dos diversos níveis de assistência. No entanto, o resultado deste ensino, onde já implementado, é bastante promissor, corroborando que políticas que ampliem o acesso a estes conhecimentos, nas mais diversas graduações da área da saúde urge e trará grandes benefícios para a nossa população.[75] Muito temos que caminhar, mas alguns passos já estão sendo dados e a alteração das Diretrizes Curriculares Nacionais do Curso de Graduação em Medicina no ano de 2022, incluindo os cuidados paliativos em sua grade oficial certamente foi um destes.[76]

---

70. HAARDT, Victoire et al. General practitioner residents and patients end-of life: involvement and consequences. BMC Medical Ethics, v. 23, n. 1, 1º dez. 2022.
71. BHARMAL, Aamena et al. Palliative and end-of-life care and junior doctors: a systematic review and narrative synthesis. *BMJ Supportive & Palliative Care*, v. 12, n. e6, p. 862-868, dez. 2022.
72. HAARDT, Victoire et al. General practitioner residents and patients end-of-life: involvement and consequences. *BMC Medical Ethics*, v. 23, n. 1, 1 dez. 2022.
73. HAARDT, Victoire et al. General practitioner residents and patients end-of-life: involvement and consequences. *BMC Medical Ethics*, v. 23, n. 1, 1 dez. 2022.
74. HEATH, Lis et al. Palliative and end of life care in undergraduate medical education: a survey of New Zealand medical schools. *BMC Medical Education*, v. 22, n. 1, 1º dez. 2022.
75. CASTRO, Andrea Augusta et al. Cuidados Paliativos na formação médica: percepção dos estudantes. *Revista Brasileira de Educação Médica*, v. 46, n. 1, 2022.
76. CONSELHO NACIONAL DE EDUCAÇÃO. Parecer 265-2022 – Alteração da Resolução CNE/CES 3, de 20 de junho de 2014, que institui as Diretrizes Curriculares Nacionais do Curso de Graduação em Medicina e dá outras providências. Brasil: Ministério da Educação – Conselho Nacional de Educação, 17 mar. 2022. Disponível em: https://abmes.org.br/arquivos/legislacoes/Parecer-cne-ces-265-2022-03-17. pdf. Acesso em: 3 jun. 2023.

6.5   O medo da judicialização

O receio de demandas judiciais por parte de familiares ou mesmo de pares, é fator que adicionalmente predispõe as equipes de saúde à prática da obstinação terapêutica.[77] De fato, a legislação brasileira não regulamenta a prática da ortotanásia, no entanto, considerando que a manutenção da dignidade é o grande fim, para o qual a ortotanásia é o meio, e a preservação desta está contida em nossa constituição,[78] podemos entender que sua prática é coerente com o arcabouço legal que rege os cuidados em saúde no nosso país.

Além disso, o código de ética médica,[79] e as resoluções 1805 de 2006[80] e 2.156/2016[81] versam sobre o direito do paciente vivenciando estágios finais de doenças incuráveis, de abrir mão de terapias prolongadoras de vida, sobre critérios de admissão em UTIs onde estas terapias seriam implementadas e sobre a necessidade da garantia de cuidados paliativos adequados para todos os indivíduos nestas condições.

Desta forma, consideramos, que é ética e legal a prática da ortotanásia, devendo, a obstinação terapêutica ser o que de fato deveria preocupar as equipes, visto que expor pessoas a tratamento que pode ser considerado desumano e degradante, pode ser considerado objeto de demandas judiciais.

7.   ANÁLISE DO CASO CLÍNICO E AS PROPOSTAS PARA UM NOVO CAMINHO

A revisão bibliográfica feita para a construção deste capítulo permite a recomendação de algumas estratégias para reduzir a ocorrência da obstinação terapêutica nos mais variados cenários da assistência, mas sem dúvida, em especial nas UTIs, são elas:

– Implementar políticas de prevenção de conflitos referentes ao manejo de pacientes em fase final de vida, através de realização de comunicação proativa e eficiente.

– Envolver precocemente especialistas de cuidados paliativos nos cuidados de pacientes em fase final de vida ou gravemente doentes.

---

77. GARRIDO, Rodrigo Grazinoli; BOECHAT, Vívian; CARVALHO, Cabral. A distanásia e a judicialização da saúde em prejuízo da sociedade. *ALTUS CIÊNCIA*, v. VI, n. 07. jan./dez. 2018.

78. BRASIL. *Constituição da República Federativa do Brasil de 1998*. Disponível em: https://www.planalto. gov.br/ccivil_03/constituicao/constituicao.htm. Acesso em: 08 maio 2023.

79. BRASIL. Conselho Federal de Medicina. *Resolução 1931 de 24 de setembro de 2009*. Disponível em: https://portal.cfm.org.br/etica-medica/codigo-2010/. Acesso em: 08 maio 2023.

80. BRASIL. Conselho Federal de Medicina. *Resolução 1805 de 28 de novembro de 2006*. Disponível em: https://sistemas.cfm.org.br/normas/visualizar/resolucoes/BR/2006/1805. Acesso em: 17 jun. 2023.

81. BRASIL. Conselho Federal De Medicina. *Resolução 2156 de 17 de novembro de 2016*. Disponível em: https://sistemas.cfm.org.br/normas/visualizar/resolucoes/BR/2016/2156. Acesso em: 08 maio 2023.

– Buscar consenso entre os profissionais responsáveis pelo cuidado

– Instituir um processo justo para resolução de conflitos que permaneçam sem resolução após adequado processo de decisão compartilhada.

– Buscar articulação social e de classes para o desenvolvimento de políticas e legislação que regulem o uso de terapias prolongadoras da vida

– Incentivar o registro de desejos e preferências referentes aos cuidados de fim de vida o mais precoce possível e levando em conta que esses desejos podem mudar ao longo da trajetória de doença.

– Adotar protocolos institucionais sobre manejo de pacientes em fase final de vida levando em conta que esses protocolos podem ser adaptados as necessidades e características únicas da pessoa a ser cuidada.

O caso apresentado mostra a trajetória percorrida por muitos pacientes com doenças graves, incuráveis e progressivas em nosso país, e evidencia como exemplo, o longo caminho que temos que percorrer até atingir as recomendações citadas. São casos de pessoas que guiadas por equipes de excelência técnica, são tratados com o que de mais eficiente possa haver para a sua doença, mas privados de discussões fundamentais sobre seus desejos, preferências e objetivos do cuidado ao longo da trajetória de sua doença. Na prática, vemos isso como fruto da omissão das equipes em fazer este convite, seja por inabilidade ou desconhecimento, como resultado de cercos de silencio promovidos pelos familiares, e ainda, como uma forma de blindagem, vinda dos próprios pacientes, para que seus entes queridos não sofram ao falar sobre possíveis falhas terapêuticas e sobre a morte. O resultado, como no caso apresentado, é a sua biografia reduzida à biologia, e esta, a tamanho de tumores ou funcionamento de um determinado órgão.

No caso concreto, dada a trajetória já percorrida, resta, tardiamente a introdução de elementos nesta jornada, que permitam uma interrupção do processo de distanásia. Em primeiro lugar é preciso perceber a obstinação terapêutica, o que por vezes é mais claro para os agentes do cuidado direto, no caso a enfermeira e o fisioterapeuta, que a veem e tocam diariamente. Dar espaço de fala a toda a equipe não médica, através de discussões multidisciplinares regulares são estratégias importantes de identificação de dimensões de sofrimento que podem passar desapercebidas da equipe médica, e também de identificação precoce de sofrimento moral e prevenção de burnout. Incentivar a equipe a continuar vendo a pessoa por traz dos exames e equipamentos é um desafio que cada equipe de UTI deve se fazer constantemente.

Apenas a partir da identificação da obstinação e alinhamentos dentre as equipes que cuidam do paciente é possível construir um discurso coerente que ao mesmo tempo esclareça e acolha a família, e neste ponto, o envolvimento de equipes de cuidados paliativos é essencial, pois as habilidades de comunicação necessárias para a construção destas pontes é competência destas equipes e sua ajuda fundamental. Trazer a Sra. P através da sua biografia para a discussão com a família, construir objetivos de cuidado que tenham sentido, apoiar a equipe da oncologia na transição para cuidados de conforto, estabelecer estratégias que respeitem os tempos e o sofrimento da família, cuidar dados diversos sofrimentos de todos os envolvidos são algumas das coisas que uma equipe multidisciplinar de cuidados paliativos pode dar conta, mudando o desfecho se tantos casos semelhantes.

Em um país onde atendimento básico a saúde ainda não é acessível para grande parte da população, é desafiador pensar que a prática da distanásia, que oferece muito, por muito tempo, a um alto custo, a muito poucos, esteja presente de forma tão universal, enquanto, o acesso a cuidados paliativos restrinja-se a um número ainda bastante tímido de hospitais em nosso território.

Combater e obstinação terapêutica, portanto não é apenas uma questão que se refere ao microambiente de um indivíduo e tudo que envolve o seu tratamento, mas uma questão social que conversa com respeito aos direitos humanos, com adequada alocação de recursos escassos, dentro de um determinado país e globalmente, com o uso que queremos fazer das tecnologias e sobre como encaramos a inevitabilidade do envelhecer e morrer.

Trata-se de uma discussão que não deve se esgotar nos círculos acadêmicos, sendo uma questão bioética que deve transbordar para a sociedade, de maneira que um dia, por força desta, derive leis e regulamentações que reflitam mudanças palpáveis na maneira como lidamos com este assunto.

REFERÊNCIAS

ARAÚJO, Cynthia; MAGALHÃES, Sandra. Obstinação terapêutica um não direito. In: DADALTO, LUCIANA (Org.). *Cuidados Paliativos* – Aspectos Jurídicos. Indaiatuba: Foco, 2021.

ARNOLD, Robert M. et al. The Critical Care Communication project: Improving fellows' communication skills. *Journal of Critical Care*, v. 30, n. 2, p. 250-254, abr. 2015.

BEAUCHAMP, Tom L; CHILDRESS, James F. Princípios de ética biomédica. Trad. Luciana Pudenzi. São Paulo: Loyola, 2002. v. ISBN 85-15-02565-5.

BHARMAL, Aamena et al. Palliative and end-of-life care and junior doctors: a systematic review and narrative synthesis. BMJ Supportive & Palliative Care, v. 12, n. e6, p. 862-868, dez. 2022.

BOSSLET, Gabriel T. et al. An official ATS/AACN/ACCP/ESICM/SCCM policy statement: Responding to requests for potentially inappropriate treatments in intensive care units. *American Journal of Respiratory and Critical Care Medicine*, v. 191, n. 11, p. 1318-1330, 1 jun. 2015.

BOULTON, Adam Jonathan et al. Moral distress among intensive care unit professions in the UK: a mixed-methods study. *BMJ Open*, v. 13, n. 4, p. 1-11, 25 abr. 2023.

BRASIL. Conselho Federal de Medicina. *Resolução 1805 de 28 de novembro de 2006*. Disponível em: https://sistemas.cfm.org.br/normas/visualizar/resolucoes/BR/2006/1805. Acesso em: 17 jun. 2023.

BRASIL. Conselho Federal de Medicina. *Resolução 1931 de 24 de setembro de 2009*. Disponível em: https://portal.cfm.org.br/etica-medica/codigo-2010/. Acesso em: 08 maio 2023.

BRASIL. Conselho Federal De Medicina. *Resolução 2156 de 17 de novembro de 2016*. Disponível em: https://sistemas.cfm.org.br/normas/visualizar/resolucoes/BR/2016/2156. Acesso em: 08 maio 2023.

BRASIL. *Constituição da República Federativa do Brasil de 1998*. Disponível em: https://www.planalto.gov.br/ccivil_03/constituicao/constituicao.htm. Acesso em: 08 maio 2023.

BRETOS-AZCONA, Pablo E et al. Multisystem chronic illness prognostication in non-oncologic integrated care. *BMJ Supportive & Palliative Care*, v. 12, n. e1, p. e112, 1 maio 2022.

CARDOSO, Eduardo Blanco; CAMPOS, Elisa Maria Parahyba. O emprego das metáforas bélicas no câncer. *Jornal da USP*, São Paulo, p. 1-3, 2023.

CASTRO, Andrea Augusta et al. Cuidados Paliativos na formação médica: percepção dos estudantes. *Revista Brasileira de Educação Médica*, v. 46, n. 1, 2022.

CHU, Christina; WHITE, Nicola; STONE, Patrick. Prognostication in palliative care. *Clinical Medicine*, v. 19, n. 4, p. 306-310, 15 jul. 2019.

COHEN, Simon et al. Communication of end-of-life decisions in European intensive care units. *Intensive Care Medicine*, v. 31, n. 9, p. 1215-1221, 22 set. 2005.

CONSELHO NACIONAL DE EDUCAÇÃO. Parecer 265-2022 – Alteração da Resolução CNE/CES 3, de 20 de junho de 2014, que institui as Diretrizes Curriculares Nacionais do Curso de Graduação em Medicina e dá outras providências. Brasil: Ministério da Educação - Conselho Nacional de Educação, 17 mar. 2022.

CURTIS, J. Randall et al. Randomized Trial of Communication Facilitators to Reduce Family Distress and Intensity of End-of-Life Care. American Journal of Respiratory and Critical Care Medicine, v. 193, n. 2, p. 154-162, 15 jan. 2016.

DA SILVA, Lucimeire Aparecida; PACHECO, Eduarda Isabel Hubbe; DADALTO, Luciana. Therapeutic obstinacy: When medical intervention hurts human dignity. *Revista Bioetica*, v. 29, n. 4, p. 798-805, 2021.

DE BIASIO, Justin C. et al. Frailty in Critical Care Medicine. *Anesthesia & Analgesia*, v. 130, n. 6, p. 1462-1473, jun. 2020.

FELDMAN, Charles et al. Global Comparison of Communication of End-of-Life Decisions in the ICU. *Chest*, v. 162, n. 5, p. 1074-1085, nov. 2022.

FELIX, Zirleide Carlos et al. Eutanásia distanásia e ortotanásia. *Ciência & Saúde Coletiva*, p. 2733-2746, 2013.

FERRELL, Betty R. Understanding the moral distress of nurses witnessing medically futile care. *Oncology Nursing Forum*, v. 33, n. 5, p. 922-930, set. 2006.

GARRIDO, Rodrigo Grazinoli; BOECHAT, Vívian; CARVALHO, Cabral. A distanásia e a judicialização da saúde em prejuízo da sociedade. *ALTUS CIÊNCIA*, v. VI, n. 07, jan./dez. 2018.

HAARDT, Victoire et al. General practitioner residents and patients end-of-life: involvement and consequences. *BMC Medical Ethics*, v. 23, n. 1, 1º dez. 2022.

HAUSER, David; SCHWARZ, Norbert. The War on Prevention II: Battle Metaphors Undermine Cancer Treatment and Prevention and Do Not Increase Vigilance. *Health Communication*, 2019.

HEATH, Lis et al. Palliative and end of life care in undergraduate medical education: a survey of New Zealand medical schools. *BMC Medical Education*, v. 22, n. 1, 1º dez. 2022.

HUYNH, Thanh N. et al. The frequency and cost of treatment perceived to be futile in critical care. *JAMA Internal Medicine*, v. 173, n. 20, p. 1887-1894, 11 nov. 2013.

JONES, James W.; MCCULLOUGH, Laurence B. Extending life or prolonging death: When is enough actually too much? *Journal of Vascular Surgery*, v. 60, n. 2, p. 521-522, 2014.

LANTOS, John D. *The Ethics of Shared Decision Making*. Oxford: Oxford University Press, 2021.

LIMA, Cristina. Medicina High Tech, obstinação terapêutica e distanásia. *Revista da Sociedade Portuguesa de Medicina Interna*, v. 13, n. 2, p. 79-82, 2006.

MARRON, Jonathan M. et al. Waging War on War Metaphors in Cancer and COVID-19. *JCO Oncology Practice*, v. 16, n. 10, p. 624-627, out. 2020.

MARTÍNEZ, María de la Luz Casas. Limitación del esfuerzo terapéutico y cuidados paliativos. *Bioethics Update*, v. 3, n. 2, p. 137-151, jul. 2017.

MAZUTTI, Sandra Regina Gonzaga; NASCIMENTO, Andréia De Fátima; FUMIS, Renata Rego Lins. Limitation to advanced life support in patients admitted to intensive care unit with integrated palliative care. *Revista Brasileira de Terapia Intensiva*, v. 28, n. 3, p. 294-300, 1 jul. 2016.

MISAK, Cheryl J.; WHITE, Douglas B.; TRUOG, Robert D. Medically Inappropriate or Futile Treatment: Deliberation and Justification. *Journal of Medicine and Philosophy*, v. 41, p. 90-114, 17 dez. 2015.

MORAIS, Inês Motta De et al. Percepção da "morte digna" por estudantes e médicos. *Revista Bioética*, v. 24, n. 1, p. 108-117, abr. 2016.

MURALI, Komal Patel; HUA, May. What End-of-Life Communication in ICUs Around the World Teaches Us About Shared Decision-Making. Chest, v. 162, n. 5, p. 949-950, nov. 2022.

NEVILLE, Thanh H et al. Differences between Attendings' and Fellows' Perceptions of Futile Treatment in the Intensive Care Unit at One Academic Health Center: Implications for *Training*. *Acad Med*, v. 90, n. 3, p. 324-330, 2015. Acesso em: 13 maio 2023.

OUD, Lavi. When Nuance Is Not an Option: Facing Prognostication Inaccuracy at Perceived End-of-Life. *Journal of Clinical Medicine Research*, v. 10, n. 3, p. 277-278, 2018.

PEDRINI CRUZ, Ricardo. Death with dignity: Are we providing adequate palliative care to cancer patients? *European Journal of Cancer Care*. [S.l.]: John Wiley and Sons Inc, 1º nov. 2022.

PEREIRA, Lariane Marques; ANDRADE, Sonia Maria Oliveira De; THEOBALD, Melina Raquel. Palliative care: challenges for health education. *Revista Bioética*, v. 30, n. 1, p. 149-161, mar. 2022.

PESSINI, Leo. *Distanásia*: até quando prolongar a vida? São Paulo: Loyola, 2001.

RUBIN, Emily B.; BUEHLER, Anna E.; HALPERN, Scott D. States Worse Than Death Among Hospitalized Patients With Serious Illnesses. *JAMA Internal Medicine*, v. 176, n. 10, p. 1557, 1º out. 2016.

SCHEUNEMANN, Leslie P. et al. Clinician-Family Communication About Patients' Values and Preferences in Intensive Care Units. *JAMA Internal Medicine*, v. 179, n. 5, p. 676, 1º maio 2019.

SILVA, Maria Júlia Paes Da. *Comunicação tem remédio*: a comunicação nas relações interpessoais em saúde. São Paulo: Loyola, 2012.

TOMISHIMA, Heloisa de Oliveira; TOMISHIMA, Guilherme de Oliveira. Ortotanásia, eutanásia e a distanásia: uma análise sob o aspecto da dignidade da pessoa humana e a autonomia da vontade. *ETIC*, v. 15, n. 15, 2019.

VIDAL, Edison Iglesias de Oliveira et al. Posicionamento da ANCP e SBGG sobre tomada de decisão compartilhada em cuidados paliativos. *Cadernos de Saúde Pública*, v. 38, n. 9, 2022.

VIEIRA, João V.; DEODATO, Sérgio; MENDES, Felismina. Perceptions of intensive care unit nurses of therapeutic futility: A scoping review. *Clinical Ethics*, v. 16, n. 1, p. 17-24, 1º mar. 2021.

WILKINSON, Dominic; SAVULESCU, Julian. *Ethics, conflict and medical treatment for children From disagreement to dissensus*. London (UK): Elsevier, 2018.

WRIGHT, Alexi A. Associations Between End-of-Life Discussions, Patient Mental Health, Medical Care Near Death, and Caregiver Bereavement Adjustment. *JAMA*, v. 300, n. 14, p. 1665, 8 out. 2008.

WUBBEN, Nina et al. Shared decision-making in the ICU from the perspective of physicians, nurses and patients: a qualitative interview study. *BMJ Open*, v. 11, n. 8, p. 1–10, 11 ago. 2021.

YOUNGNER, Stuart J. Who Defines Futility? *JAMA: The Journal of the American Medical Association*, v. 260, n. 14, p. 2094, 14 out. 1988.

SUSPENSÃO DE SUPORTE VENTILATÓRIO EM VENTILAÇÃO MECÂNICA

Carolina Sarmento Duarte

Especialista em Gestão em Saúde pela FGV. Médica especialista em Medicina Intensiva e com área de atuação em Medicina Paliativa.

Juliene Cristina Ferreira

Bacharel em Direito. Fisioterapeuta.

Sumário: 1. A história de Clarisse – 2. A história de Nelson – 3. A história de Rogério – 4. A extubação paliativa – 5. O *background*, o *mise-en-scène* e o desenrolar da extubação paliativa: a ética na prática – 6. Quem decide a suspensão de suporte ventilatório quando o paciente e os familiares não são capazes de decidir? – 7. Suspender suporte ventilatório é eutanásia? – 8. Considerações finais – Referências.

1. A HISTÓRIA DE CLARISSE

Clarisse, uma mulher de 83 anos, solteira, sem filhos, bibliotecária aposentada, católica. Mora com a irmã, também solteira, de 85 anos, que é sua principal cuidadora. Clarisse é portadora de síndrome demencial avançada, em uso de dieta oral de conforto, acamada e totalmente dependente para atividades básicas de vida diária (ABVD). É atendida por assistência domiciliar da operadora de saúde e atualmente está em antibioticoterapia para o terceiro quadro de pneumonia aspirativa nos últimos quatro meses.

Ela evoluiu em piora de padrão respiratório, sendo acionado o atendimento médico pré-hospitalar para avaliação em domicílio. A equipe encontrou a paciente sonolenta, com débil resposta motora ao estímulo doloroso, sem resposta verbal, em postura fletida e espástica, com grande quantidade de secreção esverdeada à aspiração nasotraqueal e necessitando de aporte de oxigênio por máscara. Antes do transporte, o médico da remoção optou por intubação com adaptação da paciente em suporte ventilatório; na sequência, foi solicitada vaga de UTI.

O transporte se deu sem intercorrências e a paciente foi admitida na UTI; após avaliação e discussão do caso em visita multidisciplinar no primeiro dia da admissão, foi realizada reunião familiar com a irmã da paciente e desenvolvido planejamento de cuidados com objetivos compartilhados por equipe e família, inclusive com ponderação de ambos sobre a possibilidade de extubação paliativa para Clarisse. A irmã da paciente relatou que nunca tinha sido abordada pela equipe assistente regular em domicílio sobre o desenvolvimento de planejamento de cuidados e, caso isso houvesse sido feito antes, certamente Clarisse não teria sido intubada; a própria paciente, enquanto lúcida, expressava claramente seu desejo de não ficar ligada a máquinas e não ser hospitalizada, preferindo ser tratada em casa, sem o uso de medidas invasivas durante a fase final da sua vida – ponderação essa que guiou a manutenção da via oral de alimentação e concordância da não utilização de passagem de sonda nasoenteral, como proposta anteriormente pela equipe de assistência domiciliar.

Assim, foi realizada extubação paliativa no segundo dia de internação na UTI; depois de seis dias da internação hospitalar, Clarisse retornou para casa em situação clínica estável, já completado ciclo de antibiótico e sem uso de oxigênio suplementar. A equipe de assistência domiciliar foi informada formalmente do planejamento de cuidados desenvolvido na internação, onde constavam como objetivos principais o foco em conforto e controle de sintomas e a não indicação de medidas invasivas e de suporte avançado de vida – especialmente em caso de piora clínica e possíveis intercorrências futuras. O quadro clínico de Clarisse, ao retornar para casa, era muito semelhante ao seu quadro clínico pré-internação: paciente acamada, com interatividade esporádica com familiar, em uso de dieta de conforto adaptada em consistência, dependente para ABVD.

2. A HISTÓRIA DE NELSON

Nelson, 69 anos, casado, sem filhos, principal cuidador de esposa vítima de acidente vascular encefálico extenso há três anos, comatosa e totalmente dependente de cuidados, sem rede de suporte familiar, recebendo ajuda esporádica de vizinhos. Há dois anos ele recebeu o diagnóstico de adenocarcinoma de reto, foi submetido inicialmente à retossigmoidectomia e tratamento sistêmico com quimioterapia, recentemente diagnosticado com doença em progressão na pelve, fístula retovesical e infecção urinária de repetição. O quadro clínico inviabilizou a continuidade da quimioterapia, com a decorrente perda de performance nos últimos meses.

Há duas semanas, procurou o pronto socorro do seu centro oncológico em vigência de nova infecção urinária; foi internado, evoluiu com quadro de sepse por patógeno multirresistente, choque séptico e internação em UTI. Na unidade de terapia intensiva, apresentou disfunção de múltiplos órgãos, refratária às medidas instituídas e as equipes assistentes (UTI, cirurgia, oncologia clínica) se reuniram com a rede de suporte de Nelson (representada por um casal de vizinhos). Foi compartilhado o planejamento de cuidados voltado para limitação de medidas de suporte avançado de vida; em seguida, houve a suspensão de droga vasoativa e do suporte dialítico, sendo inicialmente mantido o suporte ventilatório em uso.

Há dois dias, Nelson vem se mantendo comatoso, estável e sem melhora clínica. Em uso de morfina intermitente, com suporte ventilatório em modalidade espontânea (PSV: PS 8, PEEP 5, FiO2 21%) e confortável. A equipe da UTI ponderou sobre extubação paliativa, uma vez que, nesse contexto, a manutenção do suporte ventilatório foi entendida como medida artificial fútil e prolongadora de vida sem representar ponte para sua recuperação. Depois de uma nova comunicação com o casal de vizinhos de Nelson, foi realizada a extubação paliativa, mantido manejo e atenção de toda equipe voltados para controle de sintomas físicos, principalmente da dispneia. Passado um curto período de observação, em que foi mantido confortável e com sintomas controlados, Nelson teve alta da UTI para leito de enfermaria no mesmo dia, onde se seguiram os objetivos de cuidados acima definidos. Decorridas 15 horas após a extubação paliativa, o paciente faleceu, com assistência de equipe treinada em cuidados de conforto em fase final de vida.

3. A HISTÓRIA DE ROGÉRIO

Rogério, 60 anos, evangélico, casado com Paula, de 57 anos, católica, pais de dois filhos adultos que moram próximo; há um ano, ele iniciou quadro clínico de fraqueza muscular, fasciculações e fala arrastada, com investigação e confirmação do diagnóstico de esclerose lateral amiotrófica (ELA). Seis meses após o diagnóstico, Rogério apresentava marcha assistida, dependência parcial para cuidados, sintomas mais claros de disfagia e impacto em perda ponderal e trofismo muscular, o que motivou gastrostomia endoscópica, com manutenção por via oral de alimentação para conforto. Passados dois meses, já em uso de suporte ventilatório por ventilação não invasiva, Rogério desenvolveu e compartilhou com sua família seu testamento vital, onde constavam diretivas específicas sobre seu desejo de não ser submetido à intubação e ventilação mecânica invasiva e a priorização de conforto e controle de sintomas, no cenário de piora ventilatória, em sua fase final de vida. Para ele, ficar acamado, mexendo somente os olhos e respirando com auxílio de máquinas não era vida.

Como esperado, a doença piorou, especialmente no tocante ao manejo ventilatório e de secreções respiratórias, e, uma madrugada, após um dia crítico de dispneia e sofrimento, a família decidiu levar Rogério para a emergência de um hospital próximo de sua casa. Foi admitido e, prontamente, Paula mostrou o testamento vital do marido para o médico de plantão. Na passagem de turno, o médico egresso avaliou o paciente e indicou intubação orotraqueal e ida para a UTI. A família foi informada quando a conduta já havia sido executada e ficou perplexa e angustiada diante da situação que se descortinava: tudo o que Rogério não queria estava acontecendo, o seu final de vida não seria como desejava e alguém decidiu a conduta técnica sem levar em conta a sua vontade e seus valores. No mesmo dia, a família ouviu médicos dizerem coisas do tipo: "a intubação foi mandatória e, se não fosse feita, seria eutanásia", "como vocês o trouxeram, nos vimos no dever de intubar, caso contrário, era melhor ter ficado em casa pra morrer", "é um absurdo vocês não desejarem a intubação... vocês sabiam que ele poderia viver muitos anos traqueostomizado?", "esse testamento vital não tem nenhum valor, a senhora sabia?"

E, como se toda a experiência não fosse suficientemente estressante, uma vez na UTI, Paula precisou enfrentar a resistência dos médicos e exigir o acompanhamento de uma equipe de Cuidados Paliativos, para garantir que Rogério recebesse cuidados alinhados com os valores e as escolhas documentadas previamente. Assim, três dias depois da intubação e com muito esforço por parte da família, chegou ao fim a insistência, por parte dos médicos, em procedimentos que não trariam benefícios aos cuidados de Rogério; a distanásia proposta pela instituição de saúde deu lugar à ortotanásia, que entende a morte como evento decorrente do curso da doença do paciente. Rogério faleceu quatro horas após a extubação paliativa, cercado pelo carinho da família. Foi uma batalha garantir que a vontade do paciente prevalecesse e que seu documento fosse validado e praticado para que ele pudesse ter um cuidado de final de vida compassivo, digno e centrado em si e em seus valores.

4. A EXTUBAÇÃO PALIATIVA

A extubação paliativa é um processo que envolve a retirada do suporte ventilatório mecânico em pacientes com condições graves de saúde, visando aliviar o sofrimento e melhorar a qualidade no final da vida. As decisões sobre a extubação paliativa são tipicamente tomadas quando a ventilação mecânica não é mais benéfica ou quando o paciente expressa o desejo de não continuar com o suporte ventilatório. Quando o tubo endotraqueal é retirado, ocorre a ventilação natural e a evolução clínica habitual da história natural da doença do paciente em questão. Uma vez que os seres humanos não vêm ao mundo dotados de uma prótese ventilatória locada em vias aéreas, por que necessariamente se despedem da vida com um dispositivo ventilatório inserido garganta abaixo?

Fato é que o processo de suspender o ventilador e extubar o paciente precisa ser bem conduzido e executado em equipe de saúde multidisciplinar, visando cuidar e confortar o binômio paciente-família, sob o risco de infligir sofrimento, mau controle de sintomas após a extubação, como dor e dispneia, transtornos psicológicos decorrentes, luto complicado para os familiares e desgastes interprofissionais no ambiente de trabalho.

A literatura não traz dados muito precisos quanto aos desfechos pós-extubação paliativa, porém, são dados preciosos e úteis, especialmente, no que tange à comunicação com familiares, análise de desfechos e alinhamento de expectativas:

• Uma revisão sistemática recente mostrou que a sobrevida mediana após a extubação paliativa foi de aproximadamente 1,8 horas, variando de 0,13 a 240 horas;[1]

• Dentre os pacientes que morreram, o tempo médio até a morte foi de 8,9 horas (intervalo de 4 minutos a 7 dias); a proporção de mortalidade em nas primeiras 24 horas foi de 56%, e aumentou com o tempo. Inicialmente, compartilhar a informação com familiares – de que mais da metade dos pacientes falece dentro das primeiras 24 horas após a extubação paliativa – pode ser um dos dados mais importantes para equilibrar as expectativas, apontar as principais providências necessárias para o conforto dos envolvidos e delinear o que se deve esperar objetivamente após a retirada do suporte ventilatório; obviamente, a variabilidade do tempo de sobrevida pode ser explicada por variáveis demográficas, clínicas e gravidade da doença subjacente;[2]

• Sem estratificar por grupos de doenças, após a extubação a maioria dos pacientes morre na UTI ou no hospital (aproximadamente 72% dos pacientes faleceram ainda na UTI), porém aproximadamente 23% dos pacientes receberam alta hospitalar (dado importante especialmente quando consideramos o grupo de idosos frágeis);[3]

• Fatores associados à sobrevida mais curta pós-extubação paliativa são: pressão arterial sistólica < 90 mmHg, pontuação ≥ 6 no Índice de Comorbidade de Charlson, nenhum teste de respiração espontânea (TRE) nas últimas 24 horas, ventilação minuto (VM) ≥ 12 L/min e pontuação no APACHE II ≥ 25.[4]

5. O *BACKGROUND*, O *MISE-EN-SCÈNE* E O DESENROLAR DA EXTUBAÇÃO PALIATIVA: A ÉTICA NA PRÁTICA

O principal desafio para a retirada do suporte ventilatório e realização da extubação paliativa consiste em prevenir desconforto ao paciente e, portanto, angústia aos familiares. É intrínseco na nossa cultura que respiração é vida e, muito por conta disso, a retirada de suporte ventilatório tem um significado psicológico considerável. Para ter êxito na extubação paliativa, os bastidores, os elementos e os participantes devem ser cuidados e preparados de acordo com os princípios e boas práticas vigentes, trazidos ao longo do capítulo.

---

1. OUCHI, Kei; JAMBAULIKAR, Guruprasad; HOHMANN, Samuel et al. Prognosis after emergency department intubation to inform shared decision-making. *Journal of the American Geriatric Society*, 66(7):1377-1381. 2018.
2. ZHENG, Yun-Cong; HUANG, Yen-Min; CHEN, Pin-Yuan et al. Prediction of survival time after terminal extubation: the balance between critical care unit utilization and hospice medicine in the COVID-19 pandemic era. *European Journal of Medical Research*, 28:21. 2023.
3. PAN, Cynthia X; PLATIS, Dimitris; MAW, Min Min et al. How Long Does (S)He Have? Retrospective Analysis of Outcomes After Palliative Extubation in Elderly, Chronically Critically Ill Patients. *Critical Care Medicine*, 44:1138-1144. 2016.
4. COOKE, Colin R.; HOTCHKIN, David L.; ENGELBERG, Ruth A. et al. Predictors of Time to Death After Terminal Withdrawal of Mechanical Ventilation in the ICU. *CHEST* 138(2):289-297. 2010.

A atuação dos profissionais, que assistem pacientes em fase final de vida, deve priorizar a dignidade, e requer tempo, dedicação e reflexão.[5] Durante muito tempo, após a morte do paciente, os familiares se lembrarão do que vivenciaram e da experiência de cuidado – para si e para seu ente querido. São necessárias habilidades técnicas e humanísticas por parte de todos os profissionais envolvidos em promover controle de sintomas, serenidade e conforto durante as últimas horas e últimos dias de vida dos pacientes e, acima de tudo, a capacidade de dar suporte aos familiares enlutados.

Abaixo, seguem listadas sugestões de procedimentos preparatórios práticos, baseados nas evidências atuais, para garantir a dignidade dos pacientes antes, durante e após a suspensão do suporte ventilatório e extubação paliativa:[6]

• Preparar a família:

• Compartilhar planejamento de cuidados elaborado em concomitância entre profissionais, familiares e pacientes (quando possível). O compartilhamento de decisões significa que profissionais de saúde, pacientes e seus representantes trocam informações uns com os outros e participam conjuntamente da tomada de decisão. Em hipótese alguma, colocar o peso de decisões técnicas sob a responsabilidade de familiares e do paciente;

• Informar o paciente/família sobre o processo de retirada, o papel dos membros da equipe, o que esperar, possibilidades de desfechos e possíveis sinais de sofrimento, assim como o tratamento disponível para eles. A comunicação abrangente no final da vida requer o preparo adequado da família e do paciente (quando for possível), sobre o que esperar, uma vez que o suporte de vida seja retirado. A maior parte do tempo dispendido na comunicação com as famílias envolve discussões que levam à decisão de retirada de suporte, e muito pouco tempo é gasto sobre informações do que ocorre depois e sobre quais serão os passos sequenciais. A falta de informação, após a retirada de suporte e sobre os últimos momentos, pode piorar a ansiedade das famílias e causar frustração durante processo de morte de um ente querido;

• A tomada de decisões frequentemente é fonte de tensão entre os familiares de pacientes que estão morrendo na UTI; nesse cenário, ansiedade e depressão também são muito prevalentes. Os médicos podem atenuar o estresse de membros da família discutindo cenários prováveis durante o processo de morrer (por exemplo, sons incomuns, mudanças na cor da pele e *gasping*). A presença do médico é fundamental para reavaliar o conforto do paciente e para conversar com a família quantas vezes forem necessárias;

• Convidar os membros da família para estar perto do paciente durante a retirada do suporte ventilatório e para participar do atendimento ao paciente.

• Preparar os membros da equipe:

• Revisar os procedimentos planejados com o time, colocar todos a par dos planos e possíveis desfechos;

---

5. COOK, Deborah; ROCKER, Graeme. Dying with Dignity in the Intensive Care Unit. *New England Journal of Medicine*, 370:2506-14. 2014.
6. DOWNAR, James; DELANEY, Jesse W.; HAWRYLUCK, Laura et al. Guidelines for the withdrawal of life-sustaining measures. *Intensive Care Medicine*, 42:1003-1017. 2016.

SUSPENSÃO DE SUPORTE VENTILATÓRIO EM VENTILAÇÃO MECÂNICA 215

- Lembrar os membros da equipe que todas as suas ações devem garantir a dignidade do paciente e que o paciente e a família são a unidade de cuidado;

- Certificar-se de que os serviços de cuidado espiritual sejam oferecidos ao paciente e aos familiares, e incluir os líderes espirituais / religiosos no cuidado;

- Certificar-se de que o profissional de enfermagem que presta assistência ao paciente tenha experiência em cuidados de fase final de vida e esteja disponível para atender as demandas (por exemplo, que não tenha sido designado para cuidar de outro paciente com doença aguda, se possível); caso contrário, alterar a tarefa ou providenciar que a supervisão seja prestada por um enfermeiro com experiência em cuidados em fase final de vida;

- Certificar-se de que os médicos estejam prontamente disponíveis e não abandonem o paciente ou a família, especialmente após a extubação;

- Apresentar os membros relevantes da equipe ao paciente e à família;

- Certificar-se de que os membros da equipe minimizem o ruído desnecessário no ambiente;

- Retornar regularmente ao leito para oferecer apoio emocional para o paciente e familiares e controlar os sintomas;

- Treinar a equipe a utilizar sistema de pontuação padronizado para avaliar dor, agitação / delirium e dispneia. Os membros da família podem ser envolvidos nas avaliações dos sintomas;

- Desenvolver protocolos institucionais voltados para cuidados em fase final de vida (por exemplo, protocolo de extubação paliativa, protocolo de cuidados de últimos dias / últimas horas, protocolo de sedação paliativa).

- Preparar o ambiente do paciente:

- Considerar o conforto do ambiente para paciente e família (por exemplo, iluminação, temperatura, itens pessoais);

- Flexibilizar as restrições de visita (por exemplo, horário, duração, número de visitantes); cuidar da fase final de vida do paciente como um período especial da história dele, que demanda ações extraordinárias por parte da instituição;

- Remover equipamentos desnecessários;

- Trazer cadeiras adicionais para a sala, quando necessário;

- Garantir um ambiente tranquilo para a família.

- Preparar o paciente:

- Posicionar o paciente da maneira mais confortável possível;

- Respeitar os pedidos de rituais culturais, espirituais e religiosos;

- Descontinuar monitorização e dispositivos desnecessários; fazer "higiene na prescrição médica", descontinuar todos os medicamentos que não sejam para conforto, suspender exames, transfusões de sangue, hemodiálise, vasopressores, inotrópicos, nutrição parenteral, alimentação por sonda enteral, antibióticos, fluidos intravenosos;

- Certificar-se de que o paciente esteja o mais calmo e livre de angústia possível antes de proceder à extubação paliativa.

Não existe apenas uma maneira correta de suspender o suporte avançado de vida, e isso também vale para a retirada da ventilação mecânica e extubação paliativa. Atualmente, para retirada de suporte ventilatório e extubação paliativa, duas maneiras são descritas: extubação imediata (em algumas publicações também chamada de "extubação terminal", onde há remoção do tubo endotraqueal sem decremento de parâmetros ventilatórios) e desmame terminal (em que se dá a redução gradual de parâmetros da ventilação antes da extubação propriamente dita).[7] Publicações recentes afirmam que, em comparação ao desmame terminal, a extubação imediata não foi associada a diferenças e impacto no bem-estar psicológico de familiares, foi associada a menor tensão de trabalho na equipe de UTI e trouxe mais obstrução de vias aéreas, maior frequência de dispneia e pontuações mais elevadas na escala de BPS (*Behavioral Pain Scale*), o que indica a necessidade de maior atenção e boas práticas para manejo de dispneia, ansiedade e dor nesse cenário.[8] Se o paciente tiver uma traqueostomia, a remoção do suporte ventilatório se dá retirando o ventilador mecânico e mantendo a prótese traqueal vigente.

Antibióticos e outros tratamentos para prolongar a vida, particularmente fluidos intravenosos que podem causar congestão respiratória e "sororoca" (ruído da morte), devem ser suspensos antes da retirada do suporte ventilatório.[9] Medicamentos como diuréticos, corticoides e anticolinérgicos podem ser úteis, especialmente se o paciente apresentar estridor, secreções brônquicas ou "sororoca"; essa última pode representar fator de angústia para familiares, mesmo que não signifique necessariamente desconforto para o paciente em questão. Por vezes, pode ser apropriado tratar e medicar o paciente, com vistas a diminuir a "sororoca" para trazer menos sofrimento para os familiares à beira do leito de morte. Nos minutos que antecedem o fim de vida, os pacientes podem apresentar um padrão respiratório tipo *gasping*, que é um ritmo lento, irregular e ruidoso, imitando grunhidos, soluços ou respiração ofegante. Os familiares lidam com isso de maneira melhor quando são informados com antecedência sobre esse padrão respiratório, e passam a entender que tais manifestações fazem parte do processo de morrer, ao invés de significar um sinal de desconforto.

Muito embora termos como "suspensão de medidas", "limitação de suporte avançado", "retirada de suporte de vida" sejam usados, há que se atentar para o fato de que esses termos não sejam entendidos erroneamente como "retirada de cuidados" – uma vez que os cuidados nunca são suspensos ou interrompidos, tanto para o paciente quanto para seus familiares. A atenção e a cautela com a

---

7. CAMPBELL, Margaret L; YARANDI, Hossein N.; MENDEZ, Michael. A Two-Group Trial of a Terminal Ventilator Withdrawal Algorithm: Pilot Testing. *Journal of Palliative Medicine*, 18(9):781-785. 2015.
8. ROBERT, Rene; GOUGE, Amelie Le; KENTISH-BARNES, Nancy et al. Terminal weaning or immediate extubation for withdrawing mechanical ventilation in critically ill patients (the ARREVE observational study). *Intensive Care Medicine*, 43:1793-1807. 2017.
9. COOK, Deborah; ROCKER, Graeme; MARSHALL, John et al. Withdrawal of Mechanical Ventilation in Anticipation of Death in the Intensive Care Unit. *New England Journal of Medicine*, 349:1123-32. 2003.

linguagem que o profissional utiliza também são de extrema importância no cenário de cuidados em fase final de vida.

6. QUEM DECIDE A SUSPENSÃO DE SUPORTE VENTILATÓRIO QUANDO O PACIENTE E OS FAMILIARES NÃO SÃO CAPAZES DE DECIDIR?

Como já abordado anteriormente, a tomada de decisões sobre a fase final de vida perpassa as mais diversas expressões do ser humano, sejam elas física, emocional, psicológica, espiritual ou jurídica. Sim, jurídica, uma vez que cada indivíduo possui direitos e deveres que estão previstos em documentos como leis, resoluções e jurisprudências.

A Lei Magna do ordenamento jurídico brasileiro, a Constituição da República (CR) de 1988,[10] estabelece em seu artigo 5º, *caput* a proteção do Direito Inviolável à Vida, seguida pelo Código Civil (Lei 10.406/2002)[11] cujo capítulo I, acrescido das modificações trazidas pelo Estatuto da Pessoa com Deficiência (Lei 13.146, de 6 de julho de 2015),[12] se dedica aos direitos da personalidade e define os limites para o exercício da capacidade civil, ou seja, estabelece quem são os sujeitos de direito, a partir de que momento e de que forma esses direitos poderão ser exercidos.

No que tange à tomada de decisões sobre saúde, destaca-se o princípio constitucional à autonomia privada[13] contido na CR e interpretado em contexto existencial e inserido no estado democrático de direito, o qual, juntamente com o princípio da dignidade da pessoa humana, resguardam o direito individual ao conceito e ao efetivo exercício da "vida boa", respeitados os limites legais.

Para garantir o exercício da autonomia, cabe ao profissional de saúde estabelecer um canal de comunicação efetivo com a pessoa que está sob seus cuidados, no sentido de fornecer informações claras sobre o tratamento que está sendo proposto, existência de opções terapêuticas alternativas, possíveis riscos ou desfechos negativos eventualmente advindos dos procedimentos, esclarecendo dúvidas a fim de se atingir o consentimento livre e exposto de forma plena.

---

10. BRASIL. *Constituição da República Federativa do Brasil de 1998*. Disponível em: https://www.planalto. gov.br/ccivil_03/constituicao/constituicao.htm. Acesso em: 08 maio 2023.
11. BRASIL. Código Civil Brasileiro. *Lei 10.406/2002 de 2002*. Disponível em: https://www.planalto.gov. br/ccivil_03/leis/2002/l10406compilada.htm. Acesso em: 08 maio 2023.
12. BRASIL, *Lei 13.146, de 06 de julho de 2015*. Institui a Lei Brasileira de Inclusão da Pessoa com Deficiência. Disponível em: https://www.planalto.gov.br/ccivil_03/_ato2015-2018/2015/lei/l13146.htm. Acesso em: 08 maio 2023.
13. DADALTO, Luciana. *Testamento Vital*. 6. ed. Indaiatuba Foco, 2022.

Os Conselhos Federais, como o de Medicina,[14] Fisioterapia,[15] Fonoaudiologia,[16] Odontologia,[17] dispõem sobre esse assunto através de legislações próprias, mas é inegável a maior responsabilidade na tomada de decisões e ônus, no que se refere a judicialização contra os profissionais médicos, o que torna suas resoluções um caminho a ser seguido por outros Conselhos Federais da área da saúde.

Uma forma de garantir a aplicação do princípio da autonomia como um direito subjetivo é a elaboração de documento de diretivas antecipada, notadamente, de um testamento vital ou de uma procuração para cuidados de saúde. O testamento vital é um documento *redigido por uma pessoa em pleno gozo de suas faculdades mentais com o objetivo de dispor acerca dos cuidados, tratamentos e procedimentos a que deseja ou não ser submetida quando estiver com doença ameaçadora da vida, fora de possibilidades terapêuticas e impossibilitado de manifestar livremente sua vontade;*[18] assim, pode a pessoa explicitar seu desejo acerca da suspensão de suporte ventilatório. A procuração para cuidados de saúde, por sua vez, é um documento no qual a pessoa nomeia um ou mais representantes que tomarão decisões acerca de seus cuidados de saúde em situações de incapacidade decisória do outorgante.

Importante ressaltar que há limites quanto ao que pode ser designado como desejo por parte de quem faz o testamento vital, pois este não pode conter dispositivos contrários ao ordenamento jurídico, nem terapias que não sejam indicadas para o tratamento da doença em questão. Além disso, o médico tem o direito de alegar objeção de consciência[19] e não aplicar o conteúdo do documento, encaminhando o paciente a outro profissional, porém, esta ação pode atrasar ou provocar condutas médicas contrárias à vontade do paciente. Vale salientar que a ética do profissional de saúde também se relaciona com a sociedade, as discussões e os dispositivos jurídicos dos tempos modernos. As leis, os costumes, as jurisprudências e o ordenamento evoluem; portanto, acompanhar as discussões e manter-se atualizado sobre as mudanças de sua área de atuação e especialidade faz parte da boa prática desejável a todo profissional de saúde. Como se observou

---

14. BRASIL. Conselho Federal de Medicina. *Resoluções 1805/2006, 1995/2015 e 2156/2016*
15. BRASIL. Conselho Federal de Fisioterapia e Terapia Ocupacional. *Resolução 424 de 08 de julho de 2013*. Estabelece o Código de Ética e Deontologia da Fisioterapia. Artigo 14. Disponível em: https://www.coffito.gov.br/nsite/?p=3187. Acesso em: 08 maio 2023.
16. BRASIL. *Decreto 87.218, de 31 de maio de 1982*. Regulamenta a *Lei 6.965, de 09 de dezembro de 1981*, que dispõe sobre a regulamentação da profissão de fonoaudiólogo, e determina outras providências. Artigo 10. Disponível em: https://shre.ink/Decreto87218. Acesso em: 08 maio 2023.
17. BRASIL. Conselho Federal de Odontologia. Código de Ética Odontológica. Aprovado *pela Resolução CFO-42 de 20 de maio de 2003*. Disponível em: http://www.forp.usp.br/restauradora/etica/c_etica/ceo_05_03.pdf. Acesso em: 08 maio 2023.
18. DADALTO, Luciana. *Testamento Vital*. 6. ed. Indaiatuba: Foco, 2022.
19. BRASIL. Conselho Federal de Medicina. *Resolução 2.232/2019, Arts. 7º a 10 de 16 de setembro de 2019*. Disponível em: https://sistemas.cfm.org.br/normas/visualizar/resolucoes/br/2019/2232. Acesso em: 08 maio 2023.

no caso 3, atualmente é inadmissível que profissionais de saúde, especialmente médicos que cuidam de pacientes em situações críticas e com doenças ameaçadoras à continuidade da vida, apresentem desconhecimento ou não reconheçam a validade jurídica de dispositivos como o testamento vital.

É imprescindível que toda equipe assistente esteja ciente do embasamento ético e jurídico que fundamentam as discussões em cenários de limitação de suporte avançado de vida, incluso a suspensão do suporte ventilatório e a extubação paliativa. Caso contrário, todos os que estão sob cuidado dessa equipe, seja o paciente ou sua família, correm o risco de sofrer as consequências da distanásia.

Outra situação igualmente desafiadora para os profissionais de saúde é a tomada de decisões na falta destes documentos ou de um representante legal, como no caso clínico 2. Em casos como esse, o médico deve seguir os preceitos de seu código de ética, aplicando medidas proporcionais ao cuidado do paciente,[20] mas deve levar em consideração as diretivas antecipadas, quando presentes, respeitando os valores já manifestados. No caso em questão, foi possível a realização de reunião com a rede de apoio do paciente, constituída por seus vizinhos, uma vez que não havia familiares ou representante legal nomeado; nessa reunião, foram feitos o compartilhamento e o desenvolvimento de um plano de cuidados voltado para limitação de medidas de suporte avançado de vida, como explicitado no caso clínico.

Mas o que fazer quando essa situação não é possível? Quando não há rede de suporte, nem representante legal ou designado? Quem decide, quando não há onde buscar esses valores prévios ou quando não se chega a um consenso entre os representantes legais e o procedimento indica a suspensão do suporte ventilatório?[21]

Nesses casos, há três abordagens possíveis: a decisão médica, a decisão pelo conselho de ética hospitalar e a decisão judicial. Todas apresentam vantagens e desvantagens. A literatura aponta a melhor abordagem como sendo multidisciplinar e colaborativa entre essas três esferas no que tange à tomada de decisões médicas sobre incapazes[22] e não representados.

---

20. BRASIL. Conselho Federal de Medicina. *Resolução 2.217, de 27 de setembro de 2018*, modificada pelas Resoluções 2.222/2018 e 2.226/2019, Capítulo I, XXII, Capítulo V, Art. 4. Disponível em: https://portal. cfm.org.br/images/PDF/cem2019.pdf. Aceso em: 08 maio 2023.

21. BRASIL. Conselho Federal de Medicina. *Resolução 1.805/2006, Art. 1º e 2º de 28 de novembro de 2006*. Disponível em: https://sistemas.cfm.org.br/normas/visualizar/resolucoes/br/2006/1805. Acesso em: 08 maio 2023.

22. A expressão "incapazes" se refere às pessoas que perderam a capacidade decisória pela doença a qual foram acometidas e não necessariamente aos sujeitos descritos Lei Brasileira de Inclusão da Pessoa com Deficiência (Estatuto da Pessoa com Deficiência), cujas decisões devem ser respeitadas mediante as regras deste diploma legal. Pope designa os incapazes a que o texto se refere da seguinte forma: "Clinicians and researchers have referred to these individuals as "adult orphans" or as "unbefriended," "isolated,"

Tal funcionamento se dá em camadas e é feito de acordo com a complexidade de cada decisão. Os tratamentos e procedimentos avaliados como de baixo risco ou de rotina podem ser decididos pelo médico unilateralmente, baseado nas melhores práticas. Tratamentos médicos considerados importantes e, portanto, mais complexos, os quais normalmente exigiriam consentimento informado por escrito, demandam que o médico assistente consulte outro médico ou o comitê de ética da instituição. Já tratamentos de manutenção da vida, como retirar ou suspender o suporte avançado, podem exigir que o médico obtenha aprovação e consenso de um comitê de ética ou até necessite da tutela jurisdicional.

No Brasil, tal abordagem se interpreta através dos dispositivos legais do Conselho Federal de Medicina, nos quais fica estabelecido que o médico deve buscar auxílio no conselho de ética da instituição em questão ou nos Conselhos Estaduais ou Federal de Medicina.[23] Em última instância, deve buscar o Ministério Público ou outro órgão competente.[24]

7.   SUSPENDER SUPORTE VENTILATÓRIO É EUTANÁSIA?

Para analisar e diferenciar extubação paliativa e eutanásia *per se*, deve-se levar em consideração três fatores: qual a causa do óbito nos cenários clínicos, qual a intenção da intervenção proposta e qual é o status legal das práticas no Brasil.

Ao analisar a eutanásia, claramente entende-se que a causa do óbito do indivíduo passa a ser a medicação administrada ou a ação praticada pelo médico, mesmo que o profissional seja imbuído do propósito de aliviar o sofrimento do indivíduo. Na eutanásia, a intenção da intervenção claramente é o término da vida do paciente. Tal prática é ilegal no Brasil.

Por sua vez, a extubação paliativa intenciona promover a fase final de vida e a morte da maneira mais natural possível para o paciente, respeitando o curso da doença e reafirmando vida e morte como processos naturais, sem acrescentar dispositivos ou modalidades de tratamento que prolonguem o processo de morrer e possam incorrer em medidas inapropriadas, fúteis ou ditas distanásicas. A causa do óbito será a doença subjacente do paciente. Essa é a ortotanásia, e tal prática encontra respaldo ético e legal no cenário brasileiro.

---

or "unrepresented" patients. 1. Clinicians and researchers have also described them as "unimaginably helpless," 2. "highly vulnerable," and as the "most vulnerable". POPE, T.M., Unbefriended and unrepresented: better medical decision making for incapacitated patients without healthcare surrogates. *Georgia State University Law Review*, 33(4):3. 2017.

23.   BRASIL. Conselho Federal de Medicina. *Resolução 1.995/2012 ART. 5º de 31 de agosto de 2012*. Disponível em: https://sistemas.cfm.org.br/normas/visualizar/resolucoes/BR/2012/1995. Acesso em: 08 maio 2023.

24.   BRASIL. Conselho Federal de Medicina. *Resolução 2.232/2019, Art. 4º, de 16 de setembro de 2019*. Disponível em: https://sistemas.cfm.org.br/normas/visualizar/resolucoes/BR/2019/2232. Acesso em: 08 maio 2023.

Ao se ponderar sobre as práticas de retenção (*witholding*) e retirada (*withdrawing*) de suporte ventilatório, pesquisas mostram que os médicos podem ficar psicologicamente mais confortáveis em reter do que em retirar o suporte. As razões parecem complexas, mas estão relacionadas ao fato que reter suporte demanda uma ação passiva, enquanto retirar suporte demanda ação prática e requer responsabilidade técnica e moral.[25] Apesar disso, quando analisadas filosófica e legalmente as práticas, entende-se não haver distinção entre decisões de retenção e retirada, pois toda vez que uma terapia é iniciada ou continuada, deve-se ponderar indicação técnica, benefícios, ônus e valores do paciente. Uma terapia sem indicação de iniciar tampouco teria indicação de continuar. Juridicamente, já houve amadurecimento suficiente para entender que a retirada de tratamentos de suporte de vida e as ações dos médicos a esse respeito são descritas como que "permitindo que o paciente morra" da doença subjacente, e não uma ação causadora de morte *per se*.[26]

Nos casos clínicos citados, houve base ética robusta para a extubação paliativa pautada em princípios como autonomia, beneficência, não maleficência e proporcionalidade. A autonomia significa salvaguardar e proteger a liberdade individual de escolha. Ao analisarmos o caso clínico 3, certamente observaremos que ali há uma aula prática sobre a importância de garantir a autonomia das pessoas que estejam sob cuidados de saúde. Os outros três princípios (beneficência, não maleficência e proporcionalidade) são bem compreendidos à luz do princípio do duplo efeito, que fornece aos profissionais de saúde uma estrutura ética para pensar sobre a aceitabilidade de intervenções que, outrora, poderiam incorrer em dúvida.

O princípio do duplo efeito traz as seguintes considerações: a) a ação proposta deve ser moralmente boa ou neutra; b) o mau efeito não deve ser o meio pelo qual o bom efeito é alcançado; c) a única intenção deve ser a obtenção do bom efeito, e o mau efeito deve ser apenas um não intencional efeito colateral; d) o bom efeito deve ser pelo menos equivalente em importância ao mau efeito.

De maneira mais detalhada: o princípio do duplo efeito mostra que, desde que a única intenção de uma ação seja alcançar um resultado moralmente bom (por exemplo, prover um final de vida digno, humano e alinhado com os valores do paciente) por meio de uma solução moralmente boa ou ação neutra (nos casos, a extubação paliativa, ou retirada de outras medidas de suporte avançado de vida), então, mesmo se houver efeitos ruins não intencionais (por exemplo, provável óbito do paciente, sonolência devido uso de medicamentos para controle de sintomas

---

25. COOK, Deborah; ROCKER, Graeme. Dying with Dignity in the Intensive Care Unit. *New England Journal of Medicine*, 370:2506-14. 2014.

26. DOWNAR, James; DELANEY, Jesse W.; HAWRYLUCK, Laura et al. Guidelines for the withdrawal of life-sustaining measures. *Intensive Care Medicine*, 42:1003-1017. 2016.

ou mesmo que o paciente possa ter seu tempo potencial de vida encurtado por um pequeno período dado uso de sedação), a intervenção pode prosseguir. Os maus efeitos podem ser previstos, mas não pretendidos.

Para exemplificar, de maneira prática, analise-se o caso clínico 1, no início do capítulo: a) a extubação paliativa (ação proposta) é moralmente boa (parte do princípio da beneficência, é direcionado para finalidade de prover um final de vida digno, humano e alinhado com os valores da paciente); b) o mau efeito (provável óbito que pode decorrer) não deve ser o meio pelo qual o bom efeito (final de vida digno, humano e alinhado com os valores da paciente) é alcançado; c) a única intenção deve ser a obtenção do bom efeito (no caso, final de vida digno, humano e alinhado com os valores da paciente), e o mau efeito (provável óbito) deve ser apenas um não intencional efeito colateral; d) o bom efeito (final de vida digno, humano e alinhado com os valores da paciente) deve ser pelo menos equivalente em importância ao mau efeito (provável óbito).

Alguns autores argumentam que não é necessário refletir sobre o princípio do duplo efeito quando consideramos o uso de sedativos e analgésicos nos cuidados de fase final de vida, uma vez que há robusta literatura que corrobora que o uso desses medicamentos com parcimônia e visando controle de sintomas não apressa a morte.[27] O princípio, ainda assim, pode ser útil para justificar casos individuais que demandem titulações mais elevadas de doses de medicamentos e esclarecer questionamentos da equipe ou familiares sobre o assunto, uma vez que, por mais que os medicamentos possam parecer acelerar a morte, são de extrema necessidade para controle de sintomas e conforto nesses cenários.

As intenções por trás das ações dos médicos são extremamente importantes para determinar a legalidade das doses mais elevadas de medicamentos que, às vezes, são administrados nos cuidados de fim de vida desses pacientes. Os médicos devem registrar formalmente e expressar claramente a intenção de aliviar a dor e o sofrimento do paciente e os sinais clínicos que justifiquem a administração dos medicamentos. Além disso, essa intenção é evidenciada por práticas que se baseiam em avaliação contínua do conforto do paciente, juntamente com a titulação criteriosa de sedação e analgesia de acordo com diretrizes clínicas.[28]

A ética baseada em princípios é uma parte importante do raciocínio clínico, mas, no final, princípios não tomam decisões; são os profissionais de saúde que as tomam, todos os dias. Junte-se a isso o conhecimento, a técnica, a comunicação e a compaixão, e um maior número de profissionais agirão eticamente e farão

---

27. LUCE, John M. End-of-Life Decision Making in the Intensive Care Unit. *American Journal of Respiratory Critical Care Medicine*, 182:6-11. 2010.
28. COOK, Deborah; ROCKER, Graeme. Dying with Dignity in the Intensive Care Unit. *New England Journal of Medicine*, 370:2506-14. 2014.

escolhas que levem em consideração o contexto humano, os valores das pessoas assistidas e as melhores práticas nos cenários clínicos.

8. CONSIDERAÇÕES FINAIS

– Suspender o suporte ventilatório não significa suspender cuidados ao paciente. E jamais significará!

– A ética se dá nas relações entre profissionais de saúde e pacientes, profissionais de saúde e outros profissionais de saúde, e profissionais de saúde e a sociedade. É preciso cuidar do paciente e dos familiares, cuidar de quem cuida e cuidar da sociedade na qual vivemos. E, antes de qualquer coisa, cuidar-se para poder cuidar do outro: essa é a ética maior do profissional de saúde!

– É preciso estudar muito, adquirir todo tipo de conhecimento e aprofundar-se quando a intenção é cuidar de gente, especialmente daqueles em fase final de vida, mais ainda se forem candidatos à suspensão de medidas de suporte avançado. Dica especial: é imprescindível lutar para se ter uma cultura paliativa e disseminar o conhecimento na instituição antes de propor extubação paliativa no dia a dia. Muita coisa tem que ser estimulada, ensinada e praticada antes de propor suspender suporte ventilatório, dentre as quais: controlar sintomas com extrema qualidade, trabalhar em equipe, aliviar sofrimento e comunicar com excelência.

– Todo profissional de saúde deve ser um disseminador do Testamento Vital, um estimulador de seu uso pela população e um informante aos pacientes sobre a possibilidade de exercer sua autonomia ao desenvolver o seu próprio TV. E, acima de tudo, o profissional deve fazer o seu próprio TV: afinal, nunca se sabe o dia de amanhã!

REFERÊNCIAS

CAMPBELL, Margaret L; YARANDI, Hossein N.; MENDEZ, Michael. A Two-Group Trial of a Terminal Ventilator Withdrawal Algorithm: Pilot Testing. *Journal of Palliative Medicine*, v. 18, n. 9:781-785. 2015.

COOK, Deborah; ROCKER, Graeme. Dying with Dignity in the Intensive Care Unit. *New England Journal of Medicine*, 370:2506-14. 2014.

COOK, Deborah; ROCKER, Graeme; MARSHALL, John et al. Withdrawal of Mechanical Ventilation in Anticipation of Death in the Intensive Care Unit. *New England Journal of Medicine*, 349:1123-32. 2003.

COOKE, Colin R.; HOTCHKIN, David L.; ENGELBERG, Ruth A. et al. Predictors of Time to Death After Terminal Withdrawal of Mechanical Ventilation in the ICU. *CHEST* 138(2):289-297. 2010.

DADALTO, Luciana. *Testamento Vital*. 6. ed. Indaiatuba: Foco, 2022.

DOWNAR, James; DELANEY, Jesse W.; HAWRYLUCK, Laura et al. Guidelines for the withdrawal of life-sustaining measures. *Intensive Care Medicine,* 42:1003-1017. 2016.

KENTISH-BARNES, Nancy; CHEVRET, Sylvie; VALADE, Sandrine et al. A three-step support strategy for relatives of patients dying in the intensive care unit: a cluster randomised trial. *Lancet*, 399(10325):656-664. 2022.

LANKEN, Paul N; TERRY, Peter B.; DELISSER, Horace M. et al. An Official American Thoracic Society Clinical Policy Statement: Palliative Care for Patients with Respiratory Diseases and Critical Illnesses. *American Journal of Respiratory Critical Care Medicine*, 177: 912-927. 2008.

LUCE, John M. End-of-Life Decision Making in the Intensive Care Unit. *American Journal of Respiratory Critical Care Medicine*, 182:6-11. 2010.

ORTEGA-CHEN, Christina; BUREN, Nicole Van; KWACK, Joseph et al. Palliative Extubation: A Discussion of Practices and Considerations. *Journal of Pain and Symptom Management*, 23:443-8. 2023.

OUCHI, Kei; JAMBAULIKAR, Guruprasad D.; HOHMANN, Samuel et al. Prognosis after emergency department intubation to inform shared decision-making. *Journal of the American Geriatric Society*, 66(7):1377-1381. 2018.

PAN, Cynthia X; PLATIS, Dimitris; MAW, Min Min et al. How Long Does (S)He Have? Retrospective Analysis of Outcomes After Palliative Extubation in Elderly, Chronically Critically Ill Patients. *Critical Care Medicine*, 44:1138-1144. 2016.

ROBERT, Rene; GOUGE, Amelie Le; KENTISH-BARNES, Nancy et al. Terminal weaning or immediate extubation for withdrawing mechanical ventilation in critically ill patients (the ARREVE observational study). *Intensive Care Medicine*, 43:1793-1807. 2017.

SCHWEIKART, Scott J. Who Makes Decisions for Incapacitated Patients Who Have No Surrogate or Advance Directive? *AMA Journal of Ethics*, 21(7):E587-593. 2019.

SPRUNG, Charles L; COHEN, Simon L.; SJOKVIST, Peter et al. Changes in End-of-Life Practices in European Intensive Care Units From 1999 to 2016. *JAMA*, 322(17):1692-1704. 2019.

SPRUNG, Charles L. End-of-Life Practices in European Intensive Care Units: The Ethycus Study. *JAMA*, 290:790-797. 2003.

TRUOG, Robert D.; CAMPBELL, Margaret L.; CURTIS, Randall J. et al. Recommendations for end-of-life care in the intensive care unit: A consensus statement by the American College of Critical Care Medicine. *Critical Care Medicine*, 36:953-963. 2008.

ZHENG, Yun-Cong; HUANG, Yen-Min; CHEN, Pin-Yuan et al. Prediction of survival time after terminal extubation: the balance between critical care unit utilization and hospice medicine in the COVID-19 pandemic era. *European Journal of Medical Research*, 28:21. 2023.

PEDIDO DE MORTE MEDICAMENTE ASSISTIDA

Luciana Dadalto

Doutora em Ciências da Saúde pela Faculdade de Medicina da UFMG. Mestre em Direito Privado pela PUCMinas. Professor Universitária. Advogada. Administradora do portal www.testamentovital.com.br.

Maria Julia Kovács

Professora Livre Docente Sênior Instituto de Psicologia da USP.

Sumário: 1. A história de Joana – 2. Dignidade e indignidade no morrer – 3. Mortes indignas: mortes escancaradas e banalizadas, mistanásia e distanásia; 3.1 Mistanásia; 3.2 Distanásia – 4. Mortes dignas: ortotanásia, morte medicamente assistida; 4.1 Ortotanásia; 4.2 Morte medicamente assistida – 5. Legitimação do desejo de morrer. Diferenciar pedir para morrer e pedir para matar – 6. Análise do caso – Referências.

1. A HISTÓRIA DE JOANA

Joana, uma mulher de 42 anos, casada, com dois filhos de 5 e 9 anos, foi diagnosticada com um tumor do tipo glioblastoma multiforme grau 4 há três meses atrás. Sabedora que sua sobrevida é curta e que sua condição clínica piorou muito nas últimas semanas, afirma à equipe de saúde que sabe que sua morte está próxima e que prefere abreviar a vida a esperar que a morte chegue de forma "natural".

Diante dessa afirmação, a equipe de saúde explicou que o pedido dela era ilícito no Brasil e que, por esta razão, o tema sequer poderia ser conversado. Todavia, deixou claro que a interrupção de tratamentos era possível, caso assim o desejasse.

Assim, Joana decidiu parar a quimioterapia e a radioterapia paliativa e, mesmo assim, manteve seu pedido de abreviação da vida, e a equipe novamente negou-se a conversar sobre o tema.

Joana se sentiu desamparada e, por conta própria, começou a procurar na internet informações sobre morte medicamente assistida. Descobriu que na Suíça há organizações que auxiliam estrangeiros a realizarem suicídio assistido e iniciou as tratativas com uma organização.

Ao receber a lista de documentos que precisava apresentar, Joana procurou seu médico oncologista e solicitou seu prontuário bem como um relatório detalhado de sua condição clínica. O médico ficou abismado e não sabia como se portar diante da situação.

2. DIGNIDADE E INDIGNIDADE NO MORRER

Não é possível conceituar o que sejam uma morte com dignidade, pois esta envolve o respeito aos valores e princípios da pessoa e está ligada ao menor sofrimento possível, diante do que é tolerável para a pessoa. Todavia, há pontos mais frequentes na expressão de pacientes com doença avançada: alívio e controle de sintomas, boa qualidade de vida até o seu final, conforto respiratório, sem dor; na presença de familiares; com as vontades respeitadas; com suporte emocional e espiritual; sem sofrimento hospitalar, evitando os processos distanásicos. Mas é preciso deixar claro que pode haver outros relativos à história de cada pessoa.[1]

A morte com dignidade é tarefa importante da abordagem paliativa, que com suas equipes multidisciplinares, trabalham em conjunto, com atividades complementares, favorecendo o cuidado integral do sofrimento. A dignidade no final de vida busca garantir a autonomia das pessoas, levando em conta a diversidade nas possibilidades de cuidados, exigindo flexibilidade e cuidados multidimensionais. Pacientes pedem conforto, acolhimento, atendimento de suas necessidades básicas e comida caseira. Buscam companhia, afeto e, sobretudo, alívio e controle da dor. Não é o morrer que causa sofrimento, e sim resistir a ele.[2] No final de vida, mais importante é o alívio e controle de sintomas e a qualidade vida e não os tratamentos invasivos que prolongam a vida a todo custo.

Mas é preciso entender que a boa morte não é – e não pode ser – o foco dos cuidados paliativos.[3] A boa morte é uma construção pessoal, envolvendo os princípios e valores da pessoa. Floriani[4] alerta que a "obrigação" de se buscar uma boa morte, pode envolver também um "bom paciente", que não expresse sua dor e sofrimento, para poupar os familiares e os profissionais, e que dessa forma acaba não tendo seus sintomas aliviados. Numa perspectiva antropológica, Menezes[5] afirma que não existe uma boa morte ideal e padronizada, mas que há algumas condições basilares: reduzir o conflito interno com a morte; estar em sintonia com o ego; reparar e manter relações significativas e respeitar os desejos da pessoa.

---

1. KOVÁCS, Maria Júlia. Morte com dignidade. In: FUKUMITSU, Karina Okajuma(Org.) *Vida, morte e luto*. Atualidades Brasileiras. São Paulo: Summus, 2018. p. 29-48.
2. BYOCK, Ira. *Dying well*: The prospect for growth at the end of life. New York: Riverhead, 1997.
3. O'MAHONY, Seamus. *The way we die now*. London: Head of Zeus, 2016.
4. FLORIANI, Ciro. O fim da vida, o idoso e a construção da boa morte. In: FREITAS, Elizabeth Viana de; PY, Ligia. (Org.). *Tratado de Geriatria e Gerontologia*. Rio de Janeiro: Guanabara Koogan, 2016. p. 1342-1351.
5. MENEZES, Rachel Aisengart. *Em busca da boa morte*. Rio de Janeiro: Garamond, 2004.

Ocorre que a busca deste ideal pode tornar o processo genérico, sem respeitar às singularidades de cada paciente. Ou seja, só há morte digna e boa morte se houver espaço para que o paciente se autodetermine e acolhimento para quando os desejos não puderem ser atendidos.

Esta é a base da morte humanizada, colocada em perspectiva por Elizabeth Kübler-Ross e Cicely Saunders, que propõe cuidados aos pacientes e familiares no final de vida, acolhendo seus sofrimentos. O paciente volta a ser o centro da ação, resgatando-se o seu processo de morrer.[6-7] É uma resposta à despersonalização e medicalização da morte, que se iniciou no século XX e perdura no século XXI.

A tanatologia, como área de estudos, aborda a morte como parte significativa da existência que precisa ser tratada com respeito, profundidade e sem banalização. Nesta, a morte não é vista como adversária, ela passa a ser considerada uma conselheira. Segundo Kübler-Ross[8] é preciso aperfeiçoar a comunicação com pacientes no final da vida, ouvindo o que tinham a dizer.

A verdade, negada por muitas práticas de saúde, é que a vida e a morte pertencem à pessoa. E que, por consequência, o processo de morrer também pertence à pessoa. Atualmente, alguns médicos consideram como sua atribuição, além de atestar a morte, determinar o que fazer para postergá-la a todo custo, o que conhecemos como medicalização da morte ver referência. Consideram porque aprenderam assim. Consideram porque foram forjados neste tecido cultural que medicaliza o morrer.

Neste contexto, é inadmissível aceitar que um paciente possa legitimamente desejar morrer e é aceitável pressupor que ele está com algum transtorno mental, mais particularmente com depressão.

Todavia, se a morte faz parte da vida, a busca de integração da finitude da vida é um processo particular e que precisa ser compreendido pelos profissionais que cuidam do paciente. para que seja possível detectar se esse pedido para morrer está vinculado a um sofrimento negligenciado ou se está relacionado com o encerramento da vida com dignidade. Como cuidadores, os profissionais devem proceder a uma escuta atenciosa dessa afirmação, sem julgamentos à priori, inclusive, considerando a possibilidade de que, com este pedido, o paciente possa querer dizer que se interrompam tratamentos que estão prolongando a vida sem benefícios. Nesse caso trata-se de um pedido de interrupção da distanásia, ou seja, um pedido para interromper processos que tornam a vida indigna.

---

6. ARIÈS, Philippe. *História da morte no Ocidente*. Rio de Janeiro: Zahar, 1977.
7. KOVÁCS, Maria Júlia. Contribuições de Elizabeth Kübler-Ross nos estudos sobre a morte e o morrer. In: INCONTRI, Dora; SANTOS, Franklin Santava (Org.). *A arte de morrer*: Visões plurais. São Paulo: Comenius, 2007. p. 207-16.
8. KÜBLER-ROSS, Elizabeth. *Sobre a morte e o morrer*. São Paulo: Martins Fontes, 1969.

Ademais, é preciso entender que os melhores cuidados devem considerar os benefícios de cada tratamento dentro do limite do razoável. Sabe-se, contudo, que há pacientes e familiares que pedem que se "faça tudo", caso em que o profissional deve buscar esclarecer o que significa as pessoas quiseram dizer com essa expressão, sendo comum que "esse tudo" expresse, na verdade, o medo de que o paciente seja abandonado após a interrupção dos suportes avançados de vida.

O que não se deve perder de vista é a necessidade de compreensão do significado atribuído a cada sintoma e necessidades pessoais.[9] É fato que a sociedade ocidental contemporânea não suporta ver o sofrimento, então há a busca para que seja rapidamente eliminado, ainda que para isso seja necessário anestesiar o paciente e impedir que ele comunique seu sofrimento. Mas a verdade é que esta insuportabilidade existe pela falta de compreensão de que, na maioria dos casos, a dor e o sofrimento se tornam intoleráveis quando há medo, incompreensão ou depressão.

Logo, é fundamental abrir canais de comunicação, com profissionais em contato com o paciente que precisam de escuta empática e compaixão e não indiferença ou paternalismo.[10] A sensibilidade é fundamental porque nem todo o sofrimento pode ser expresso em palavras, é preciso "escutar" a comunicação não verbal.[11] E é a abordagem multidisciplinar que permite o aprofundamento e a possibilidade do cuidado integral.

Enquanto as mortes dignas envolvem acolhimento e respeito as mortes indignas apresentam situações em que o sofrimento intenso está presente, mas o principal é que esse sofrimento não é cuidado e acolhido e pior é, por vezes, ignorado e banalizado.

3. MORTES INDIGNAS: MORTES ESCANCARADAS E BANALIZADAS, MISTANÁSIA E DISTANÁSIA

A indignidade do morrer no século XXI se apresentam nas mortes escancaradas e banalizadas e na mistanásia e distanásia.

As mortes consideradas escancaradas são aquelas que envolvem violência, homicídios, acidentes e suicídio e invadem a vida das pessoas de forma inesperada,

---

9. BREITBART, William. Espiritualidade e sentido nos cuidados paliativos. In: PESSINI, Leo; BERTAN-CHINI, Luciana. (Org.) *Humanização e cuidados paliativos*. São Paulo: Loyola/São Camilo, 2004, p. 209-27.

10. PESSINI, Leo. Humanização da dor e do sofrimento humano na área de saúde. In: PESSINI, Leo, BERTANCHINI, Luciana. (Org.) *Humanização e cuidados paliativos*. São Paulo: Loyola/São Camilo, 2004, p. 11-30.

11. SILVA, Maria Júlia Paes da. *Comunicação tem remédio*: a comunicação nas relações interpessoais em saúde. São Paulo: Loyola, 2012.

dificultando a elaboração do luto. São mortes coletivas, anônimas e com corpos mutilados, dificultando o processo de despedida. Elas provocam a sensação de vulnerabilidade, diminuindo a possibilidade de proteção ou cuidado. A morte banalizada apresentada na TV penetra nas casas com uma torrente de imagens, nos noticiários, novelas e filmes.[12] As imagens buscam o espetáculo, o sensacionalismo em que a imagem fascina e a morte fica banalizada Débord.[13]

Já a mistanásia e a distanásia são consideradas como indignas porque provocam sofrimento, desrespeito às pessoas, seja pela falta ou pelo excesso de tratamento. Pessoas que têm doenças que ameaçam ou limitam a vida tem medo de que a sua morte ocorra com muito sofrimento.

3.1 Mistanásia

A mistanásia é uma forma de morte indigna, porque acontece por falta de atendimentos e cuidados às pessoas que poderiam ser recuperadas se recebessem o atendimento devido.[14] Um exemplo são as mortes que ocorrem nos corredores dos hospitais, nas filas nos locais de atendimentos e nos cancelamentos de consultas. Martin[15] aponta que essa forma de morte, tem relação com a inexistência ou precariedade das políticas públicas de saúde, com restrição de serviços e contratação de profissionais, para um número maior de pacientes, agravados em situação de crise, como observamos, na Pandemia do Covid 19, principalmente nos dois primeiros anos em que não havia vacinas. Vimos e ouvimos familiares desesperados procurando serviços públicos para internação dos pacientes com sofrimento e agonia, tendo que aguardar em casa uma vaga que não chegou a tempo.[16]

3.2 Distanásia

A distanásia é outra forma de morte indigna no século XXI. É definida como o prolongamento do processo de morrer com sofrimento, como primeiro apontou Pessini[17] e é frequente nas Unidades de Terapia Intensiva (UTI) super aparelhadas.

---

12. KOVÁCS, Maria Júlia. *Educação para a morte*: Quebrando paradigmas. Novo Hamburgo: Sinopsys, 2021.
13. DÉBORD, Guy. *A sociedade do espetáculo*. Rio de Janeiro: Contraponto, 1997.
14. FERREIRA, Sidnei; PORTO, Dora. Mistanásia x Qualidade de vida. Editorial. *Revista Bioética CFM Impresso*, 27(2), 191-195. 2019.
15. MARTIN, Leonard M. Eutanásia e Distanásia. In: COSTA, Sérgio Ibiapina Ferreira; GARRAFA, Volnei; OSELKA, Gabriel. (Org.). *Introdução à bioética*. Brasília: Conselho Federal de Medicina, 1998, p. 171-192.
16. KOVÁCS, Maria Júlia. Representações da morte e pandemia: Em busca da dignidade no final da vida. In: PALLOTINO, Érika Rafaella, KOVÁCS, Maria Júlia; MJ, ACETI, Daniela; RIBEIRO, Henrique Gonçalves (Org.). *Luto e saúde mental na pandemia de Covid19*: Cuidados e reflexões. Novo Hamburgo RS: Sinopsys, 2022, p. 73-86.
17. PESSINI, Leo. *Distanásia:* até quando prolongar a vida? São Paulo: Loyola, 2001.

Sabe-se que as UTI são um importante ganho da medicina moderna e permitiram, desde seu surgimento, a recuperação de milhares de pacientes. Este é portanto, o fim a que se destina essas unidades: recuperação de pacientes em estado crítico com possibilidade de recuperação, justificando-se os procedimentos intensivos e invasivos. A estadia na UTI deve durar o tempo necessário para a recuperação e, portanto, não deveria ser longa e nem indicada para pacientes com doenças crônicas e degenerativas sem possibilidade de recuperação, pois os tratamentos invasivos provocam sofrimento adicional.

Todavia, o que não deveria acontecer tornou-se prática cotidiana: a UTI – um espaço de resgate da vida biográfica e não de finalização da vida biológica – se tornou lugar de moradia de pacientes sem possibilidade de recuperação e o suporte avançado de vida tornou-se fim e não mais meio, agora destinado a manter o status quo, às custas de efeitos colaterais, que são, em muitos casos, dolorosos e incômodos.

Monteiro[18] realizou estudos em UTI e verificou que, alguns pacientes internados manifestam grande sofrimento psíquico. Se conscientes, pedem transferência para um quarto e muitos pacientes semiconscientes e agitados podem tentar arrancar tubos e sondas, razão pela qual são amarrados para que não se machuquem.

Esse sofrimento pode ser observado no documentário Extremis,[19] que expõe familiares vivendo conflitos, quando precisam decidir sobre o desligamento dos aparelhos numa unidade em que tratamentos intensivos e de urgência são executados; eles temem que, ao autorizar a interrupção de tratamentos, estejam matando o familiar querido.

A verdade é que a preservação da vida biológica a todo custo provoca um dos maiores temores do ser humano na atualidade: ter a vida mantida com sofrimento na solidão de uma UTI, na companhia de tubos e máquinas; um retrato da distanásia, morte disfuncional com dor e sofrimento.[20] Ademais, muitos processos distanásicos são realizados com pacientes gravemente enfermos para evitar o que erroneamente se define como eutanásia, pois, como se verá na próxima sessão, o desligamento de aparelhos e a interrupção de tratamentos em caso de doenças sem possibilidade de recuperação e com sofrimento se trata de ortotanásia.

Sob o ponto de vista da ética médica, o Conselho Federal de Medicina definiu, na Resolução 2.156/2016, os critérios de admissão de pacientes em Unidades de Terapia Intensiva e deixou claro que os pacientes "com doença em fase de termi-

---

18. MONTEIRO, Mayla Cosmo. *A morte e o morrer em UTI*: Família e equipe médica em cena. Curitiba, PR: Editora Appris, 2017.
19. EXTREMIS. Produção: Dan Krauss. Direção: Dan Krauss. Netflix. Data de Lançamento: 17 abr. 2016.
20. PESSINI, Leo. Humanização da dor e do sofrimento humanos no contexto hospitalar. *Revista Bioética CFM*, 10(2): 31-46. 2002.

nalidade, ou moribundos, sem possibilidade de recuperação, não são apropriados para admissão em UTI, cabendo ao médico intensivista analisar o caso concreto e justificar em caráter excepcional".[21] Ou seja, a indicação de UTI deve ser guiada pela condição clínica do paciente, logo, é imperioso que a equipe de saúde saiba reconhecer os limites e não promova sofrimento com tratamentos intensivos que não trazem benefícios.

Muito se discute sobre o enquadramento jurídico da distanásia, especialmente sob o argumento da autonomia privada. Ou seja, mesmo sendo um cuidado indigno, poderia o paciente deseja-lo e criar uma obrigatoriedade de cumprimento deste desejo em profissionais de saúde?

A literatura científica especializada é unânime ao afirmar que a obstinação terapêutica – prática mais conhecida no Brasil como distanásia – é contra os melhores interesses do paciente e retiram dignidade dos cuidados.

Como a dignidade humana é fundamento da Constituição Federal brasileira, que proíbe em seu art. 5º, III, a tortura e o tratamento desumano ou degradante,[22] a distanásia deve ser compreendida como um "não direito", termo usado por Cynthia Pereira de Araújo e Sandra Magalhães.[23] As autoras afirmam ainda que:

> O que confere dignidade é olhar para o ser humano que existe apesar do doente, independente do doente; o ser humano que é quem vive e é quem morre. E olhar para essa pessoa é ajudá-la a identificar o momento de 'parar de lutar pela preservação da vida e aceitar a proximidade da morte'. O momento em que, mais do que nunca, é preciso lutar sim, mas pela melhor vida que se puder ter – até o seu fim. Pelo presente, e não pela ilusão de um futuro.[24]

Todavia, não obstante esse amparo ético, científico e jurídico, o Brasil é o país que mais realiza o prolongamento artificial da vida em detrimento do alívio da dor. É uma realidade que precisamos mudar o quanto antes.

Neste contexto, é curioso notar que há intensos debates sobre eutanásia no mundo inteiro, mas falta uma discussão aprofundada sobre procedimentos distanásicos, que ocorrem em vários hospitais, com a única intenção de preservar a vida a todo custo, causando uma morte disfuncional, com sofrimento e indignidade[25] (Chochinov, 2006).

---

21. BRASIL. Conselho Federal De Medicina. *Resolução 2156 de 17 de novembro de 2016*. Disponível em: https://sistemas.cfm.org.br/normas/visualizar/resolucoes/BR/2016/2156. Acesso em: 08 maio 2023.
22. BRASIL. *Constituição da República Federativa do Brasil de 1998*. Disponível em: https://www.planalto.gov.br/ccivil_03/constituicao/constituicao.htm. Acesso em: 08 maio 2023.
23. ARAÚJO, Cynthia Pereira de; MAGALHÃES, Sandra. Obstinação terapêutica: um não direito. In: DADALTO, Luciana (Coord.). *Cuidados Paliativos*: aspectos jurídicos. Indaiatuba: Editora Foco, 2021, p. 295-307.
24. Ibidem, p. 306.
25. CHOCINOV , Harvey Max. Dying, dignity and new horizons in palliative end of life care. CA Cancer, *Journal Clin.*; 56: 84-103. 2006.

4. MORTES DIGNAS: ORTOTANÁSIA, MORTE MEDICAMENTE ASSISTIDA

4.1 Ortotanásia

O termo "ortotanásia" é um termo usado nas línguas latinas para designar a morte no tempo certo; aquela em que não há abreviação da vida (como na eutanásia e no suicídio assistido) e não há prolongamento da vida (como na distanásia).

No Brasil, a ortotanásia ganhou as manchetes de jornal e passou a fazer parte das discussões bioéticas e jurídicas com a edição da Resolução 1.805 de 28 de novembro de 2006 pelo Conselho Federal de Medicina.[26]

A Resolução contém apenas três artigos, sendo que apenas os dois primeiros tratam do mérito da norma, enquanto o terceiro possui caráter meramente formal.

> Art. 1º É permitido ao médico limitar ou suspender procedimentos e tratamentos que prolonguem a vida do doente em fase terminal, de enfermidade grave e incurável, respeitada a vontade da pessoa ou de seu representante legal.
>
> § 1º O médico tem a obrigação de esclarecer ao doente ou a seu representante legal as modalidades terapêuticas adequadas para cada situação.
>
> § 2º A decisão referida no caput deve ser fundamentada e registrada no prontuário.
>
> § 3º É assegurado ao doente ou a seu representante legal o direito de solicitar uma segunda opinião médica.
>
> Art. 2º O doente continuará a receber todos os cuidados necessários para aliviar os sintomas que levam ao sofrimento, assegurada a assistência integral, o conforto físico, psíquico, social e espiritual, inclusive assegurando-lhe o direito da alta hospitalar.
>
> Art. 3º Esta resolução entra em vigor na data de sua publicação, revogando-se as disposições em contrário.[27]

Em maio de 2008, O Ministério Público Federal do Distrito Federal ajuizou ação civil pública 2007.34.00.014809-3,[28] questionando a Resolução 1.805/2006 a partir do argumento de que o CFM não tem poder regulamentador para estabelecer como conduta ética uma conduta tipificada como crime.

Em sede de liminar,[29] o Juiz Federal Roberto Luis Luchi Demo, suspendeu a eficácia da resolução alegando haver uma aparência do conflito entre a Resolução 1.805/2006 do CFM e o Código Penal para suspender a Resolução.

---

26. BRASIL. Conselho Federal de Medicina. *Resolução 1.805 de 28 de novembro de 2006*. Disponível em: https://sistemas.cfm.org.br/normas/visualizar/resolucoes/BR/2006/1805. Acesso em: 08 maio 2023.
27. Op. cit.
28. BRASIL. Ministério Público Federal. *Processo 2007.34.00.014809-3*. Disponível em: http://www.df.trf1.gov.br/inteiro_teor/doc_inteiro_teor/14vara/ 2007.34.00.014809-3_decisao_23-10-2007.doc. Acesso em: 08 maio 2023.
29. Op. cit.

PEDIDO DE MORTE MEDICAMENTE ASSISTIDA | **233**

No dia 24 de setembro de 2009, o CFM aprovou um novo Código de Ética Médica e estabeleceu entre seus princípios fundamentais, que diante de "situações clínicas irreversíveis e terminais o médico evitará a realização de procedimentos diagnósticos e terapêuticos desnecessários e propiciará aos pacientes sobre sua atenção todos os Cuidados Paliativos apropriados".[30]

Após a aprovação deste Código, o MPF/DF apresentou alegações finais favoráveis à tese defendida pelo CFM e o juiz, em sentença,[31] julgou improcedente o pedido, pautando sua decisão em cinco premissas:

1) o CFM tem competência para editar a Resolução 1.805/2006, que não versa sobre direito penal e, sim, sobre ética médica e consequências disciplinares;

2) a ortotanásia não constitui crime de homicídio, interpretado o Código Penal à luz da Constituição Federal;

3) a edição da Resolução 1.805/2006 não determinou modificação significativa no dia a dia dos médicos que lidam com pacientes terminais, não gerando, portanto, os efeitos danosos propugnados pela inicial;

4) a Resolução 1.805/2006 deve, ao contrário, incentivar os médicos a descrever exatamente os procedimentos que adotam e os que deixam de adotar, em relação a pacientes terminais, permitindo maior transparência e possibilitando maior controle da atividade médica;

5) os pedidos formulados pelo Ministério Público Federal não devem ser acolhidos, porque não se revelarão úteis as providências pretendidas, em face da argumentação desenvolvida.

Na sentença afirma que a medicina deixa "uma era paternalista super protetora, que canalizava sua atenção apenas para a doença e não para o doente, numa verdadeira obsessão pela cura a qualquer custo, e passa a uma fase de preocupação maior com o bem-estar do ser humano".[32]

É preciso, portanto, entender que a ortotanásia deve ser encarada como prática terapêutica, garantidora da dignidade do paciente em estado de terminalidade, de sua autonomia e de seus familiares, e não como conduta criminosa. Prática esta que não apressa a morte nem mesmo quando propõe a suspensão do suporte avançado de vida, porque esta proposta – no âmbito da ortotanásia, aparece quando o suporte deixa de ser um meio útil para a reversão do processo de adoecimento e passa a ser um fim inútil para evitar a morte.

---

30. BRASIL. Conselho Federal de Medicina. *Resolução 1931 de 24 de setembro de 2009*. Disponível em: https://portal.cfm.org.br/etica-medica/codigo-2010/. Acesso em: 08 maio 2023.

31. BRASIL. Ministério Público Federal. *Processo 2007.34.00.014809-3*. Disponível em: http://www.df.trf1. gov.br/inteiro_teor/doc_inteiro_teor/14vara/ 2007.34.00.014809-3_decisao_23-10-2007.doc. Acesso em 08 maio 2023.

32. Op. cit.

A ortotanásia é, enfim, a arte de morrer bem, com dignidade, sem ser vitimado pela mistanásia, a morte pela falta de cuidados, pela distanásia pelo excesso de tratamentos invasivos e sem abreviar a vida pela eutanásia. A base ética da ortotanásia está fundamentada nos princípios bioéticos da beneficência, não maleficência, autonomia, respeito e dignidade, que devem fundar as práticas e os cuidados aos pacientes durante toda a doença e na aproximação da morte. Seu grande desafio é o resgate da dignidade do ser humano com o compromisso de promover o bem-estar da pessoa no final da vida.

A ortotanásia é um apelo contra a distanásia, a medicalização da morte em que o paternalismo da equipe médica, situação em que esta equipe decide sobre os tratamentos a serem ministrados, sem informar ou esclarecer os pacientes, que se sentem desrespeitados, sem ter suas vontades respeitadas. Tolstoi inaugura essa discussão em *A morte de Ivan Illitch*, obra que apresenta as mentiras e segredos que acompanham o adoecimento de Illitch, antecipando, no final do século XIX, o que alguns doentes vivem atualmente.[33]

4.2   Morte medicamente assistida

Morte medicamente assistida é um termo guarda-chuva usado para designar a eutanásia e o suicídio assistido, situações de abreviação da vida biológica do paciente com o auxílio de um profissional de saúde, normalmente médico. Todavia, o paliativista Balfour Mount[34] critica este termo pois, segundo ele, os Cuidados Paliativos também prestam ajuda médica ao processo morte; a esta crítica, Akiyama e Dadalto[35] afirmam que Mount desconsidera que "o termo morte medicamente assistida não se refere ao cuidado com paciente em fim de vida, mas sim ao auxílio para que este paciente consiga abreviar sua vida". Para essas autoras, "dizer que os cuidados paliativos são também uma assistência médica ao morrer parece, na verdade, uma manobra moral para perpetuar a polarização entre essas duas práticas".[36]

Ao redor do mundo, é possível encontrar diferentes tratamentos jurídicos para a morte medicamente assistida, o mais comum é a proibição total, situação na qual o Brasil se encontra.

---

33. TOLSTOI, Liev. *A morte de Ivan Ilitch*. São Paulo: Antofágica, 2020.
34. PALLIATIVE CARE MCGILL. *Interview with Balfour Mount*: The father of palliative care in Canada, physician Balfour Mount on the legacy of Cicely Saunders, the start of palliative care, and the true meaning of medical aid in dying. Disponível em: https://www.mcgill.ca/palliativecare/portraits-0/balfour-mount. Acesso em: 08 maio 2023.
35. AKIYAMA, Ana Beatriz Mayumi; DADALTO, Luciana. Impactos dos cuidados paliativos sobre a autonomia dos pacientes que optam pela morte medicamente assistida: uma análise a partir da experiência canadense. *Revista de Direito Médico e da Saúde*. (22):13-27. 2020.
36. Op. cit.

Países como Holanda, Bélgica, Luxemburgo, Canadá, Colômbia Espanha, permitem – por lei ou por decisão judicial – a prática da eutanásia e do suicídio assistido. Já países como a Suíça e onze estados dos Estados Unidos, permitem apenas o suicídio assistido. Mas, mesmo nesses países, o tema não é pacificado, especialmente no que tange aos critérios de elegibilidade do paciente.

Na maioria das situações, a eutanásia e o suicídio assistido são permitidos para pacientes com doença terminal, com a proximidade da morte e sofrimento intenso comprovado. É preciso que o paciente faça esse pedido de forma reiterada, que esteja lúcido e tenha condições para fundamentar seu pedido.

Ocorre que estes critérios dificultam o pedido quando o paciente tem doença neurodegenerativa ou transtorno mental porque a definição de terminalidade nestes casos não é consenso. No primeiro caso, discute-se o momento do consentimento válido e o momento que define a terminalidade. No segundo, discute-se a competência decisória dos pacientes, porque a compreensão dominante na psiquiatria é a de que estes não podem se autodeterminarem. Em ambos os casos, a defesa da morte assistida baseia-se no pressuposto de que a abreviação da vida biológica deve ser uma alternativa possível sempre que o paciente padecer de um sofrimento intolerável, independente do tempo que resta de vida. Há ainda quem defenda que a morte assistida deveria estar disponível para qualquer pessoa que padeça deste sofrimento, independentemente de haver uma patologia (física e/ou psíquica) associada. Em todos os casos, o sofrimento deve ser relatado pelo paciente e atestado pelo médico que deles cuidam.

5. LEGITIMAÇÃO DO DESEJO DE MORRER. DIFERENCIAR PEDIR PARA MORRER E PEDIR PARA MATAR

Pessoas com doenças graves – terminais ou não – podem expressar desejo de morrer e os profissionais de saúde precisam diferenciar claramente se estão diante de pedido de eutanásia ou de evitar a distanásia.

Pedidos para morrer podem ter vários motivos, entre os quais, a consideração de que se chegou ao final da vida, há algo comum a estes: ao pedir para morrer, o paciente indica que quer ser escutado em seus motivos e que busca o empenho do profissional para cuidar do que é necessário. Não significa o pedido para matar. É muito importante compreender essa diferença.[37]

É fundamental saber o que o paciente quer quando pede que se abrevie sua vida. Na maioria dos casos este pedido foi a forma como o paciente conseguiu comunicar que está sofrendo e que este sofrimento precisa ser cuidado. Mas, o medo de ter sua conduta criminalizada é tanto entre os profissionais de saúde que muitos

---

37. HENNEZEL, Marie de. *Morte íntima*. São Paulo: Letras e Ideias, 2004.

sequer tentam compreender o que o paciente está dizendo e, imediatamente, já dizem ao paciente que não podem acatar o pedido, pois é crime no Brasil. Ademais, é comum que o paciente com doença terminal que realmente deseja abreviar sua vida seja julgado incapaz de tomar decisões; nestas situações, ocorre a patologização da autonomia do paciente, ou seja, o paciente é diagnosticado com algum transtorno mental pelo simples fato de pedir a abreviação de sua vida. Vemos nesses casos, uma falta de empatia, de se colocar no lugar do paciente e tem como atitude, em vez da escuta, a ação de silenciar o paciente e o acalmar porque com certeza está deprimido.

Outra atitude observada por Hennezel[38] são os processos de sedação implementadas, sem consentimento, que autora denominou de "morte roubada" ao paciente e à família. O "roubo da morte" é assim chamado porque interrompe o contato do paciente com seus familiares, impede as despedidas e a expressão dos sentimentos. Essa decisão de apressar a morte pode ocorrer também porque os profissionais não conseguem ver o sofrimento de quem cuidam e querem acabar com ele, interrompendo assim a vida do paciente.

A "morte roubada" ocorre nos hospitais, nas alas em que estão os pacientes com doença avançada. A sedação a que se refere Hennezel é aquela usada para levar à morte, assim, se aproxima de um assassinato, uma vez que não há o pedido do paciente. Não se confunde, portanto, com a sedação paliativa, que faz parte dos procedimentos dos cuidados paliativos não tem como objetivo a morte, e sim o cuidado do sofrimento refratário e só pode ser realizada mediante o consentimento do paciente e dos familiares, sendo importante proporcionar ritos de despedida antes de seu início já que pode ocorrer a morte como efeito secundário.

Todas essas questões são importantes quando se pensa na formação da equipe de trabalho em programas de cuidados paliativos, que envolvem escuta, empatia e acolhimento, mesmo que não se possa realizar todos os desejos dos pacientes, como o pedido para que se abrevie sua vida.

6. ANÁLISE DO CASO

Em que pese os Cuidados Paliativos serem uma abordagem de cuidados reconhecida pela OMS, considerada um Direito Humano por organizações internacionais e inserido dentro do direito constitucional à saúde no Brasil, o desenvolvimento dos Cuidados Paliativos no Brasil tem sido uma preocupação nos últimos anos pela Academia Nacional de Cuidados Paliativos ANCP.[39] O

---

38. Op. cit.
39. SANTOS, André Filipe Junqueira dos; FERREIRA, Esther Angélica Luiz; GUIRRO, Úrsula Bueno do Prado. *Atlas de Cuidados Paliativos Brasil 2019*. Academia Nacional de Cuidados Paliativos. Disponível em: https://api-wordpress.paliativo.org.br/wp-content/uploads/2020/05/ATLAS_2019_final_compressed.pdf. Acesso em: 08 maio 2023.

objetivo principal da Diretoria é tornar essa abordagem cada vez mais conhecida tomando algumas providências importantes.

Uma delas foi proposta em 2023 ao tornar obrigatório o ensino de Cuidados Paliativos na graduação em Medicina, uma vez que a ANCP verificou que a graduação em medicina não ensina ao médico como lidar com o paciente em fase terminal, como reconhecer os sintomas e como administrar esta situação de maneira humanizada e ativa e esse tema poderá ser contemplado na disciplina sobre cuidados paliativos.

O não conhecimento dos Cuidados Paliativos pela população e por parte dos profissionais de saúde ainda mantém o equívoco de que Cuidados Paliativos sejam compreendidos como uma forma de implementação da eutanásia, uma vez que se suspende tratamentos que não resultem em benefícios como apontamos no item sobre Ortotanásia. Também não se trata de implementar os CP quando não há mais nada a fazer e no final de vida. Também com a discussão sobre a dispensação de opioides para tratamento de dor intolerável. Atualmente os cursos de especialização em cuidados paliativos no Brasil trazem os princípios dessa abordagem como ponto de avaliação da qualidade desses cuidados em nosso país, formando equipes multidisciplinares capacitadas no alívio e controle de sintomas e qualidade de vida.

A conscientização da população brasileira sobre os Cuidados Paliativos é essencial para que o sistema de saúde brasileiro mude sua abordagem aos pacientes portadores de doenças que ameaçam a continuidade de suas vidas. Cuidados Paliativos são uma necessidade de saúde pública e de caráter humanitário.

Ademais, há um enorme desafio acerca do acesso: ainda são poucos os serviços de Cuidados Paliativos no Brasil e alguns precisam de critérios científicos e requerem a implantação de modelos padronizados de atendimento, que garantam a eficácia e a qualidade segundo os dados do site da Academia Nacional de Cuidados Paliativos.[40]

O Brasil conta no momento com 191 serviços como consta do Atlas dos Cuidados Paliativos de 2019[41] e, apesar de haver um crescente esforço de especialistas para estimular a formação de profissionais em várias regiões do Brasil, a maior parte dos serviços se concentra na região sudeste.

Dada a demanda de cuidados a pessoas com doenças crônicas, que ameaçam e limitam a vida, com múltiplos sintomas, situação agravada nos últimos anos pelas sequelas da Covid longa, espera-se que esta realidade mude. Desde 2018, Cuidados Paliativos devem ser oferecidos na Atenção Primária e pelo SUS. Há um

---

40. Op. cit.
41. Op. cit.

empenho da Diretoria da ANCP para que hospitais tenham equipes de CP com função de interconsulta e de oferecer cuidados paliativos em unidades específicas para essa função.

A nível global, o sistema de saúde brasileiro está no nível 3B[42] em relação aos Cuidados Paliativos, o que implica que há fontes de financiamento, maior disponibilidade de morfina, centros de treinamento e mais serviços à disposição da população, mas ainda não há a integração encontrada nas categorias mais altas, 4a e 4b, em que os programas estão integrados aos sistemas de saúde, profissionais da saúde têm consciência sobre a área, a sociedade é engajada na temática e há menor dificuldade no acesso à morfina e a outras medicações para alívio da dor. Essa é a expectativa para os próximos anos no desenvolvimento dos Cuidados Paliativos no Brasil.

Neste contexto, a discussão da morte medicamente assistida se torna especialmente desafiadora, afinal, como discutir tal direito para pacientes com doenças crônico degenerativas em estágio avançado e com sofrimento intolerável se muitos não se beneficiam da abordagem de Cuidados Paliativos que mesmo que em número ainda pequenos existem no Brasil?

É preciso, assim, reconhecer que em razão de os Cuidados Paliativos ainda não estarem estabelecidos de forma mais ampla em nosso país, pessoas em grande sofrimento, sem ter seus sintomas paliados e que pedem a morte medicamente assistida deveriam em primeiro lugar ser orientados e encaminhados a um serviço de Cuidados Paliativos mais próximo de sua moradia.

Contudo, deve-se observar que o sofrimento pode ter várias dimensões e nem todos podem ser contemplados pelos cuidados recebidos. Neste contexto, o fato de haver pedidos de morte medicamente assistida nos países em que os Cuidados Paliativos estão nos níveis 4, A e B,[43] demonstra que é possível que mesmo com acesso aos melhores cuidados existentes, o desejo de morrer continue a existir. Ou seja, os melhores cuidados a serem oferecidos nem sempre contemplam a questão principal em que o desejo de morrer ultrapassa os cuidados que podem ser oferecidos.

Segundo Sándor Kőmüves,[44] há diferentes possibilidades de relacionar cuidados paliativos e morte medicamente assistida: encorajadora, neutra, coexistente, não mutuamente exclusiva, integrada, sinérgica, cooperativa, colaborativa, oposta, ambivalente e conflituosa.

---

42. WORLDWIDE HOSPICE PALLIATIVE CARE ALLIANCE. *Global Atlas of Palliative Care*. 2. ed. 2020. Disponível em: http://www.thewhpca.org/resources/global-atlas-on-end-of-life-care. Acesso em: 08 maio 2023.

43. Op. cit.

44. KŐMÜVES, Sándor. Palliative Care and Physician Assisted Death. *Ethics in Progress*, v. 13. n. 2, p. 76-89. 2022.

Atualmente, há duas correntes interpretativas acerca do conceito de Cuidados Paliativos elaborado pela Organização Mundial de Saúde (OMS). A majoritária, que afirma que os cuidados paliativos não são apenas "uma abordagem que melhora a qualidade de vida dos doentes e suas famílias que enfrentam os problemas associados a doenças que ameaçam a vida", mas essencialmente uma abordagem que "não pretende acelerar nem adiar a morte". E a minoritária que afirma que o conceito da OMS apresenta a essência dos cuidados paliativos, mas que esta abordagem de cuidados tem outras características complementares, especialmente quando ao alívio do sofrimento, compreendendo assim a morte medicamente assistida dentro do conceito de "cuidados paliativos integrais".

Todavia, independentemente destas correntes, não se pode olvidar que a abordagem paliativa do sofrimento pode ser uma das formas de proporcionar morte com dignidade na medida que evita processos distanásicos e oferece uma possibilidade de uma morte com menos sofrimento ao cuidar de sintomas incapacitantes e não prolongar o sofrimento. Se o paciente desejar abreviar a sua vida como forma de lidar com o sofrimento, essa medida não cabe nos programas de Cuidados Paliativos da maneira como ainda são enunciados. No Brasil, diante de um pedido explícito de abreviação da vida, os profissionais de saúde precisam informar ao paciente acerca da ilicitude deste pedido e, consequentemente, da impossibilidade de atendê-lo.

Neste contexto, ao mesmo tempo em que se promove o desenvolvimento dos Cuidados Paliativos na imensidão de nosso país, com o aumento da consciência pública sobre a importância dessa abordagem para uma população com doenças que ameaçam e limitam a vida e da abrangência territorial dos cuidados integrativos e multidimensionais, é fundamental abrir a discussão sobre formas de apressamento da morte com dignidade e qualidade. Só assim o Brasil se tornará ator na discussão mundial sobre a autonomia na vida e na morte.

O que se está propondo aqui não é a legalização da morte médica ou voluntariamente assistida em qualquer das suas espécies, mas sim a abertura de um debate sobre social sobre o tema.

Isto posto, pensando no caso apresentado, diante do pedido de Joana, os profissionais de saúde devem em primeiro lugar investigar se ela está recebendo os melhores cuidados para a sua doença e para o seu sofrimento, ou seja, se ela está sendo acompanhada por uma equipe multiprofissional de cuidados paliativos. Caso não esteja, é primordial que o acompanhamento seja feito com urgência.

Caso ela esteja, a sedação paliativa – procedimento é indicado quando há sintomas refratários nas várias dimensões física, psicossocial e espiritual – pode ser sugerida. Sabe-se que a sedação paliativa é um último recurso, usado quando os procedimentos para alívio da dor e outros sintomas não foram eficazes e também quando o paciente está em grande sofrimento e pede para que se abrevie o sofrimento. A sedação paliativa implica em rebaixar o nível de consciência para diminuir o sofrimento percebido sendo esse seu objetivo principal e não provocar a morte, que pode ser um efeito secundário a esse procedimento. Difere nesse ponto da morte assistida em que esta é o objetivo principal. Por essa razão ao se pensar na realização da sedação paliativa, o paciente, se lúcido e consciente, e os familiares devem ser consentir. Informações e esclarecimentos devem ser oferecidos, notadamente quanto à possibilidade de graduar a sedação, possibilitando a reversão após um período de tempo, com o objetivo de permitir ao paciente avaliar se o sofrimento continua e, se continuar, optar por uma sedação profunda. A sedação paliativa é uma ação paliativa legítima e realizada por equipes de cuidados paliativos em todo o mundo, inclusive no Brasil.[45]

Ao mesmo tempo, é necessário ouvir com a atenção o seu pedido para morrer, compreendendo melhor o que está sendo pedido. Caso Joana insista em ter a sua morte abreviada, é preciso deixar claro para ela que, embora tal pedido seja legítimo dentro da perspectiva personalíssima do sofrimento dela, neste momento no Brasil só seria possível por meio de autorização judicial, o que, dado a realidade jurisprudencial do país, é pouco provável de acontecer de forma rápida e sem exposição pública da vida de Joana.

Acerca da possibilidade de Joana viajar para a Suíça com o objetivo de realizar suicídio assistido, tal opção deve ser colocada pelos profissionais de saúde, todavia, caso ela encontre esta opção, os profissionais não podem se negar a fazer os relatórios de saúde que ela precisará apresentar em qualquer organização suíça que escolher.

REFERÊNCIAS

AKIYAMA, Ana Beatriz Mayumi; DADALTO, Luciana. Impactos dos cuidados paliativos sobre a autonomia dos pacientes que optam pela morte medicamente assistida: uma análise a partir da experiência canadense. *Revista de Direito Médico e da Saúde*. 2020;?(22):13-27.

ARAÚJO, Cynthia Pereira de; MAGALHÃES, Sandra. Obstinação terapêutica: um não direito. In: DADALTO, Luciana (Coord.). *Cuidados Paliativos*: aspectos jurídicos. Indaiatuba: Editora Foco, 2021.

ARIÈS, Philippe. *História da morte no Ocidente*. Rio de Janeiro: Zahar, 1977.

BRASIL. *Constituição da República Federativa do Brasil de 1998*. Disponível em: https://www.planalto.gov.br/ccivil_03/constituicao/constituicao.htm. Acesso em: 08 maio 2023.

---

45. SANTOS, Marina Sevilha Balthazar. Sedação Paliativa. In: CASTILHO, Rodrigo Kappel; PINTO, Cristhiane da Silva; SILVA, Vitor Carlos Santos da. *Manual de Cuidados Paliativos da Academia Nacional de Cuidados Paliativos*. 3. ed. São Paulo: Atheneu, 2021, p. 506-511.

BRASIL. Conselho Federal de Medicina. *Resolução 1.805 de 28 de novembro de 2006.* Disponível em: https://sistemas.cfm.org.br/normas/visualizar/resolucoes/BR/2006/1805. Acesso em: 08 maio 2023.

BRASIL. Conselho Federal de Medicina. *Resolução 1931 de 24 de setembro de 2009.* Disponível em: https://portal.cfm.org.br/etica-medica/codigo-2010/. Acesso em: 08 maio 2023.

BRASIL. Conselho Federal De Medicina. *Resolução 2156 de 17 de novembro de 2016.* Disponível em: https://sistemas.cfm.org.br/normas/visualizar/resolucoes/BR/2016/2156. Acesso em: 08 maio 2023.

BRASIL. Ministério Público Federal. *Processo 2007.34.00.014809-3.* Disponível em: http://www.df.trf1.gov.br/inteiro_teor/doc_inteiro_teor/14vara/ 2007.34.00.014809-3_decisao_23-10-2007.doc. Acesso em: 08 maio 2023.

BREITBART, William. Espiritualidade e sentido nos cuidados paliativos. In: PESSINI, Leo; BERTANCHINI, Luciana. (Org.) *Humanização e cuidados paliativos.* São Paulo: Loyola/São Camilo, 2004.

BYOCK, Ira. *Dying well:* The prospect for growth at the end of life. New York: Riverhead, 1997.

CHOCINOV, Harvey Max. Dying, dignity and new horizons in palliative end of life care. CA Cancer, *Journal Clin.*; 2006, 56: 84-103.

DÉBORD, Guy. *A sociedade do espetáculo.* Rio de Janeiro: Contraponto, 1997.

EXTREMIS. Produção: Dan Krauss. Direção: Dan Krauss. Netflix. Data de Lançamento: 17 abr. 2016.

FERREIRA, Sidnei; PORTO, Dora. Mistanásia x Qualidade de vida. Editorial. *Revista Bioética CFM* Impresso, 2019, 27(2), 191-195.

FLORIANI, Ciro. O fim da vida, o idoso e a construção da boa morte. In: FREITAS, Elizabeth Viana de; PY, Ligia. (Org.). *Tratado de Geriatria e Gerontologia.* Rio de Janeiro: Guanabara Koogan, 2016.

HENNEZEL, Marie de. *Morte íntima.* São Paulo: Letras e Ideias, 2004.

KŐMÜVES, Sándor. Palliative Care and Physician Assisted Death. *Ethics in Progress*, v. 13. n. 2, p. 76-89. 2022.

KOVÁCS, Maria Júlia. Representações da morte e pandemia: Em busca da dignidade no final da vida. In: PALLOTINO, Érika Rafaella, KOVÁCS, Maria Júlia; MJ, ACETI, Daniela; RIBEIRO, Henrique Gonçalves (Org.). *Luto e saúde mental na pandemia de Covid19*: Cuidados e reflexões. Novo Hamburgo RS: Sinopsys, 2022.

KOVÁCS, Maria Júlia. *Educação para a morte*: Quebrando paradigmas. Novo Hamburgo: Sinopsys, 2021.

KOVÁCS, Maria Júlia. Morte com dignidade. In: FUKUMITSU, Karina Okajuma (Org.) *Vida, morte e luto*. Atualidades Brasileiras. São Paulo: Summus, 2018.

KOVÁCS, Maria Júlia. Contribuições de Elizabeth Kübler-Ross nos estudos sobre a morte e o morrer. In: INCONTRI, Dora; SANTOS, Franklin Santava (Org.) *A arte de morrer:* Visões plurais. São Paulo: Comenius, 2007.

KÜBLER-ROSS, Elizabeth. *Sobre a morte e o morrer.* São Paulo: Martins Fontes, 1969.

MARTIN, Leonard M. Eutanásia e Distanásia. In: COSTA, Sérgio Ibiapina Ferreira; GARRAFA, Volnei; OSELKA, Gabriel. (Org.). *Introdução à bioética.* Brasília: Conselho Federal de Medicina, 1998.

MENEZES, Rachel Aisengart. *Em busca da boa morte.* Rio de Janeiro: Garamond, 2004.

MONTEIRO, Mayla Cosmo. *A morte e o morrer em UTI*: Família e equipe médica em cena. Curitiba, PR: Editora Appris, 2017.

O'MAHONY, Seamus. *The way we die now*. London: Head of Zeus, 2016.

PALLIATIVE CARE MCGILL. *Interview with Balfour Mount*: The father of palliative care in Canada, physician Balfour Mount on the legacy of Cicely Saunders, the start of palliative care, and the true meaning of medical aid in dying. Disponível em: https://www.mcgill.ca/palliativecare/portraits-0/balfour-mount. Acesso em: 08 maio 2023.

PESSINI, Leo. Humanização da dor e do sofrimento humano na área de saúde. In: PESSINI, Leo, BERTANCHINI, Luciana (Org.) *Humanização e cuidados paliativos*. São Paulo: Loyola/São Camilo, 2004.

PESSINI, Leo. *Distanásia*: até quando prolongar a vida? São Paulo: Loyola, 2001.

SANTOS, André Filipe Junqueira dos; FERREIRA, Esther Angélica Luiz; GUIRRO, Úrsula Bueno do Prado. *Atlas de Cuidados Paliativos Brasil 2019*. Academia Nacional de Cuidados Paliativos. Disponível em: https://api-wordpress.paliativo.org.br/wp-content/uploads/2020/05/ATLAS_2019_final_compressed.pdf. Acesso em: 08 maio 2023.

SANTOS, Marina Sevilha Balthazar. Sedação Paliativa. In: CASTILHO, Rodrigo Kappel; PINTO, Cristhiane da Silva; SILVA, Vitor Carlos Santos da. *Manual de Cuidados Paliativos da Academia Nacional de Cuidados Paliativos*. 3. ed. São Paulo: Atheneu, 2021.

SILVA, Maria Júlia Paes da. *Comunicação tem remédio*: a comunicação nas relações interpessoais em saúde. São Paulo: Loyola, 2012.

TOLSTOI, Liev. *A morte de Ivan Ilitch*. São Paulo: Antofágica, 2020.

WORLDWIDE HOSPICE PALLIATIVE CARE ALLIANCE. *Global Atlas of Palliative Care*. 2 ed. 2020. Disponível em: http://www.thewhpca.org/resources/global-atlas-on-end-of-life-care6. Acesso em: 08 maio 2023.

REFLEXÕES BIOÉTICAS ACERCA DA PARADA VOLUNTÁRIA DE COMER E BEBER (*VOLUNTARY STOPPING EATING AND DRINKING*)

Luciana Dadalto

Doutora em Ciências da Saúde pela Faculdade de Medicina da UFMG. Mestre em Direito Privado pela PUCMinas. Professora Universitária. Advogada. Administradora do portal www.testamentovital.com.br.

Úrsula Bueno do Prado Guirro

Pós-doutora em Bioética (PUC-PR). Mestre e Doutora em Medicina (UFPR). Médica Anestesiologista, com área de atuação em Medicina Paliativa e em Dor SBA/AMB. Professora universitária. Conselheira CRM-PR. Membro da câmara técnica de Medicina Paliativa do Conselho Federal de Medicina. Head of Education no Palicurso www.palicurso.com.br.

Sumário: 1. A história de Joaquim – 2. O que é *voluntary stopping eating and drinking* (VSED) – 3. A fisiologia da VSED – 4. Questões assistenciais – 5. Questões jurídicas – 6. A pessoa adoecida e a família – 7. Análise do caso – Referências.

1. A HISTÓRIA DE JOAQUIM

Joaquim é um homem de 74 anos, engenheiro aposentado, viúvo há oito anos. Desde o falecimento de Márcia, sua esposa, vive sozinho. Tem dois filhos adultos, Maria e João, com quem mantém contato com alguma regularidade. Afirma ser católico não praticante. Passa boa parte do dia sentado e sozinho. Gosta de ler notícias e outras informações na internet. Conta com a ajuda de um funcionário para trabalhos domésticos. Sua renda mensal vem da aposentadoria e das aplicações financeiras que são suficientes para a condição de vida.

Sofreu infarto do miocárdio logo após o enterro de Márcia e foi cuidado no mesmo hospital em que sua esposa faleceu. Para ele, voltar à instituição que passou semanas assistindo a morte da esposa foi muito penoso, pois reviveu o luto várias vezes. Ao longo dos anos foi submetido a três angioplastias com colocação de múltiplos *stents*. Atualmente, restou uma insuficiência cardíaca congestiva avançada (classe funcional III). Também desenvolveu um câncer de próstata há cinco anos. De novo, precisou voltar ao hospital em que Márcia faleceu, operar e fazer sessões de radioterapia. No presente ano, o tumor voltou a crescer e seus médicos afirmam que o quadro avançado, com metástases. Joaquim se recusa a fazer novo tratamento oncológico.

Há alguns meses, ele relatou que estava cansado de tudo aquilo, que preferia morrer e que a vida não fazia mais sentido. A filha Maria escutou, mas achou que o pai estava com depressão. Preocupada, passou a visitá-lo com maior frequência. Ela telefonou para o irmão João e pediu para que estivesse mais presente. No entanto, João havia sido promovido na empresa e justificou a ausência devido às viagens frequentes.

Maria sentiu-se sobrecarregada, mas era assim desde a morte da mãe. O irmão ocupado demais e cuidar do pai e sobrava para ela...

Levou o pai em consulta com a Dra. Juliana, uma médica cardiologista e paliativista muito dedicada e atenciosa, que imediatamente recebeu a confiança do paciente e da filha. Falaram sobre o cansaço, que foi entendido pela médica como falta de ar relacionada com a insuficiência cardíaca e, talvez, depressão. A médica otimizou as medicações cardiológicas, prescreveu analgésicos, vitaminas e disse que Joaquim iria ficam bom logo.

Semanas depois, Joaquim estava melhorado dos sintomas da descompensação da insuficiência cardíaca e da dor. O que não estava compensada era a sua angústia. Perguntado pela médica, falou que o corpo não tinha a vitalidade de antes. Mas o maior cansaço era o de continuar vivendo essa vida que não fazia mais sentido. Disse que não tinha medo de morrer, mas de continuar vivendo sozinho. Com saudade da Márcia, sem as alegrias do passado, ele não vislumbrava o futuro com qualidade de vida. A médica fez diagnóstico de depressão. Prescreveu algo e disse, de novo, que Joaquim iria ficar bom logo.

Joaquim retornou na próxima consulta médica sozinho. Disse para a Dra. Juliana que encontrou uma solução para a angústia: queria morrer e controlar o processo de morte. Leu na internet sobre pessoas que paravam de comer e beber água, voluntariamente, com a intenção de morrer. Contou que o nome disso era *Voluntary Stopping Eating and Drinking* (VSED). Trouxe cartilhas impressas da internet, com as orientações e pediu para que a médica o aconselhasse. Também encontrou alguns vídeos e livros.

A médica ficou muito assustada!

Dra. Juliana pediu que Joaquim parasse de falar em morte. Que a vida era boa demais para isso! Que os princípios da ética médica não permitiam que ela o ajudasse a se suicidar. Recomendou consulta com o psiquiatra urgente. A verdade é que a Dra. Juliana nunca havia escutado sobre VSED e não sabia nem por onde começar essa conversa.

Naquele momento Joaquim não tinha certeza se queria de fato parar de se alimentar e morrer, mas queria entender mais do assunto e avaliar se essa escolha era a dele. Esperava que a médica de confiança fosse capaz de apoiá-lo na tomada de decisão e ofertar alguma informação científica. No entanto, o que encontrou foi uma profissional que não queria mais conversar sobre o assunto. Sentiu-se abandonado.

Meses depois, a Dra. Juliana soube que Joaquim morreu na própria casa. Procurou os filhos de Joaquim e nenhum deles quis conversar sobre o assunto.

2. O QUE É *VOLUNTARY STOPPING EATING AND DRINKING* (VSED)

O termo *Voluntary Stopping Eating and Drinking* (VSED) é traduzido para a língua portuguesa como "Parada Voluntária de Comer e Beber" e foi definido como a ação da pessoa capaz, que escolhe de maneira voluntária e deliberada, parar de comer e beber líquidos por via oral com a intenção primária de antecipar a morte devido a persistência de sofrimento(s) intolerável(is) ou para evitá-los.[1-2-3]

É importante apontar que a VSED não é a suspensão da alimentação por sondas ou da hidratação parenteral. Trata-se somente uma prática relacionada aos pacientes que não apresentam comprometimento cognitivo e que são fisicamente capazes de ingerir alimentos e líquidos por via oral, mas que de forma consciente e planejada decidem não o fazer.[4]

A VSED também não pode ser comparada com a morte medicamente assistida, pois a parada da ingestão de alimentos e líquidos é decidida pelo indivíduo e, ainda, não foi precedida pela prescrição ou ingestão de fármacos letais. É um método de abreviação da vida, mas difere dos habituais, uma vez que a atitude levará dias a semanas para alcançar a morte.[5]

No primeiro contato com a temática da VSED, a prática pode soar estranha e penosa, notadamente porque está associada às sensações de fome e sede. No entanto, cabe ressaltar que a decisão é tomada a partir da percepção do próprio indivíduo adoecido, daquilo que é ou não tolerável para si e não se deseja mais vivenciar. Assim,

---

1. IVANOVIĆ, Nataša; BÜCHE, Daniel; FRINGER, André. Voluntary stopping of eating and drinking at the end of life – a 'systematic search and review' giving insight into an option of hastening death in capacitated adults at the end of life. *BMC palliative care*. (13):1. 2014.
2. WECHKIN, Hope; MACAULEY, Robert; MENZEL, Paul; REAGAN, Peter; SIMMERS, Nancy; QUILL Thimothy. Clinical Guidelines for Voluntarily Stopping Eating and Drinking (VSED). *J Pain Symptom Manage*, 21:S0885-3924(23)00565-1. 2023.
3. DYKES, Linda; HODES, Simon; MALIK, Sarah. Voluntarily stopping eating and drinking – lack of guidance is failing patients and clinicians. *BMJ*, 379:o2621. 2022.
4. CHABOT, Boudewijn E; GOEDHART, Arnold. A survey of self-directed dying attended by proxies in the Dutch population. *Social Science e Medicine* [internet]. 68(10):1745-51. 2009.
5. Op. cit.

a VSED tem sido cada vez mais discutida fora do Brasil entre pessoas portadoras de doenças graves e incuráveis, que carregam a percepção de sofrimento como câncer, demências, entre outros. Ela costuma estar incluída no que se chama de morte digna, pois é uma manifestação dos valores e princípios da pessoa.

Em verdade, quando a intenção de antecipação da morte vem associada com a recusa de se alimentar e de se ingerir líquidos, que são habitualmente compreendidos como insumos básicos para a sobrevivência, é perturbador para a maior parte da sociedade. Por outro lado, escolher VSED traz para muitas pessoas a sensação de controle do próprio processo de morrer no momento que desejar.

A VSED faz emergir inúmeros conflitos éticos para profissionais de saúde como os limites da autonomia dos pacientes, a capacidade da tomada de decisão, a qualidade do cuidado ofertado (incluindo os cuidados paliativos), o manejo dos sintomas desconfortáveis, os limites do alívio do sofrimento biopsicossocial, a morte medicamente assistida, o suicídio, o sofrimento existencial, o papel e a responsabilidade profissional de saúde durante as etapas da VSED, entre tantos outros que podem ser elencados.

Nos Estados Unidos a VSED é legalizada e pode ser realizada por pessoas que têm doença terminal com prognóstico de meses a anos. Todas as pessoas, incluindo aquelas com demência que têm perspectiva de vida de anos, também podem realizar VSED, no entanto precisam de avaliação da capacidade cognitiva para a tomada de decisão. Os médicos precisam se certificar que a pessoa compreende totalmente o diagnóstico, riscos, benefícios e alternativas à VSED.[6]

A relação entre o paciente e a equipe assistencial na terminalidade precisa ser de confiança e cercada de compassividade. No entanto, apenas isso não basta quando há decisões importantes como a VSED: é necessário identificar o prognóstico, conhecer a legislação e os pilares éticos profissionais.[7] Ainda, as escolhas relacionadas ao fim de vida não deveriam ocorrer por falhas assistenciais ou manejo de sintomas aquém do ideal. É necessário prover acesso à saúde baseado na equidade.

Pessoas que escolheram realizar a VSED relataram como motivação estar pronto para a própria morte, percepção da vida sem sentido, baixa qualidade de vida, desejo de morrer em casa e de controlar as circunstâncias da morte. É difícil estimar a estatística de mortes por VSED, pois não são notificadas e ocorrem fora dos serviços de saúde. O único registro encontrado na literatura ocorreu na Holanda e descreveu um número elevado de pessoas que teriam realizado VSED: 2800 mortes/ano.[8]

---

6. Op. cit. 4.
7. Op. cit. 5.
8. Op. cit.

3. A FISIOLOGIA DA VSED

A VSED pode ser dividida em três fases: precoce, intermediária e tardia.[9]-[10]

A fase precoce começa assim que a VSED é iniciada. As pessoas manifestam sede, fome e sensação de boca, garganta e nariz secos. Em geral permanecem alertas e pode ocorrer ansiedade e agitação. A confusão ocorre mais frequentemente em pessoas com demências. A sensação de secura pode ser aliviada com umidificação do ar ambiente e hidratante labial. Os sintomas cognitivos são parcialmente aliviados com ansiolíticos e antipsicóticos.

A fase intermediária tem duração muito variável e depende do estado de saúde prévio, quanto mais frágil a pessoa estiver, mais precocemente a fase se instalará. O fato marcante dessa fase é a fraqueza, que se torna crescente a ponto de a pessoa necessitar de apoio para deambular ou sair da cama, até o momento que não consegue. Quando a pessoa tem boa reserva funcional, mais longa será esta fase. A sede persiste, assim como os sintomas cognitivos.

A fase tardia é marcada pela inconsciência e sinais de desidratação. Praticamente não há necessidade de intervenção médica farmacológica, exceto quando há *delirium*, que pode ser tratado com antipsicóticos.

A sede pode fazer com que algumas pessoas queiram beber água nas primeiras fases ou desistir da VSED. Se a água for ingerida ou se houver hidratação parenteral, haverá alongamento do processo da VSED como um todo.

Apesar do tempo de morte após início a VSED ser muito variável e depender da condição física prévia, o óbito é descrito no intervalo entre uma e três semanas após o início do jejum.[11]

4. QUESTÕES ASSISTENCIAIS

A literatura internacional demonstra que os profissionais de saúde geralmente não acolhem ou não sabem como acolher as pessoas que pretendem se submeter a VSED; em geral, eles rotulam como adoecidas emocionalmente, banalizando o processo complexo da tomada de decisão dali decorrente.[12]

---

9. CHRISTIE, Kate. *The VSED handbook*: a practical guide to voluntarily stopping eating and drinking. Seattle: Second Growth Books, 2022.

10. Op. cit. 4.

11. SCHWARZ, Judith K. Death by voluntary dehydration: Suicide or the right to refuse a life-prolonging measure? *Widener Law Rev.* 17:351-61. 2011.

12. STÄNGLE, Sabrina; SCHNEPP, Wilfried; FRINGER, André. The need to distinguish between different forms of oral nutrition refusal and different forms of voluntary stopping of eating and drinking. *Palliat Care Soc Pract*, 13: 1178224219875738. 2019.

Médicos mostraram mais julgamentos morais com relação a VSED que outros profissionais de saúde.[13] Todavia, há muitas possibilidades para alguém desejar parar de se alimentar, hidratar e morrer, que variam desde o sofrimento que não pode ser aliviado, a perda de sentido na vida até o desejo de findar a própria vida; assim, não cabe – ou, ao menos, não deveria caber, ao profissional julgar a motivação.

No Brasil, nenhum conselho de classe das profissões de saúde trata especificamente acerca da VSED. O Código de Ética Médica vigente[14] dispõe no artigo 26 que é vedado ao médico "deixar de respeitar a vontade de qualquer pessoa considerada capaz física e mentalmente, em greve de fome, ou alimentá-la compulsoriamente, devendo cientificá-la das prováveis complicações do jejum prolongado e, na hipótese de risco iminente de morte, tratá-la." Percebe-se que este artigo não trata especificamente do VSED posto que não discute a parada de alimentação e hidratação voluntária no âmbito da terminalidade da vida.

Em contrapartida, este mesmo diploma normativo dispõe no princípio XXII que "nas situações clínicas irreversíveis e terminais, o médico evitará a realização de procedimentos diagnósticos e terapêuticos desnecessários e propiciará aos pacientes sob sua atenção todos os cuidados paliativos apropriados". Assim, entende ser obrigação dos médicos o aliviar dos sintomas desconfortáveis de toda ordem, incluindo os sofrimentos biológicos, emocionais, sociais e existenciais.

Ou seja, se por um lado o Conselho Federal de Medicina dispõe que o médico deve respeitar a "greve de fome" e não pode "alimentá-la compulsoriamente", de outro possibilita o tratamento compulsório se houver risco iminente de morte, o que é incongruente com a VSED e também com a abordagem paliativa.

As pessoas que enfrentam doenças graves frequentemente têm o desejo de libertar-se dos sofrimentos ou de morrer, mas raramente encontram espaço para verbalizar. A conversa é uma das etapas necessárias para a tomada de decisão. No entanto, viabilizar a própria morte por meio da VSED é um longo processo individual, que exige postura ativa em direção a própria morte e ocorre, normalmente, longe dos hospitais.

Os profissionais de saúde podem ser abordados por pacientes e familiares que desejam conhecer mais sobre o conceito da VSED, como é a morte decorrente deste processo e quais são os sintomas do ato recusar alimentação e ingestão de

---

13. STÄNGLE, Sabrina; BÜCHE, Daniel; FRINGE, André. Experiences, Personal Attitudes, and Professional Stances of Swiss Health Care Professionals Toward Voluntary Stopping of Eating and Drinking to Hasten Death: A Cross-Sectional Study. *J Pain Symptom Manage*, 61(2):270-278.e11. 2021.

14. BRASIL. Conselho Federal De Medicina. *Resolução 2217 de 01 de novembro de 2018*. Disponível em: https://sistemas.cfm.org.br/normas/visualizar/resolucoes/BR/2018/2217. Acesso em: 02 jun. 2023.

líquidos. Portanto, conhecer a prática é necessária, o que é diferente de expor opiniões pessoais ou colaborar com a prática.

Os profissionais de saúde podem, também, ser convocados apenas para aliviar sintomas decorrentes da VSED. Podem, ainda, podem ser solicitados a acompanhar o processo desde o começo; neste caso, é necessário que o profissional tenha certeza de que o paciente tomou a decisão de forma autônoma e que não está sendo coagido por ninguém. Ademais, pesquisadores estrangeiros defendem ser importante a obtenção de uma segunda opinião médica, preferencialmente de um profissional paliativista;[15] profissional este que também é apontado como importante no acompanhamento da prática, para auxiliar no controle de sintomas, sendo controversa a sedação paliativa neste contexto.[16]

5. QUESTÕES JURÍDICAS

As possibilidades de consecução da morte digna no direito brasileiro são limitadas à ortotanásia, ou seja, à morte no tempo certo, aquela em que não se abrevia e nem se prolonga a vida.[17]

Sabe-se, contudo, que a morte digna está intrinsecamente relacionada à autodeterminação individual, assim, para que a dignidade no morrer fosse efetivamente tratada como um direito fundamental da pessoa no Brasil, as possibilidades de abreviação da vida por meio da eutanásia, do suicídio assistido e da VSED poderiam existir. Mas, tanto a eutanásia quanto o suicídio assistido são considerados pela doutrina jurídica majoritária como ilícitos penais.

No suicídio assistido ocorre conduta médica de prescrever uma dose letal de um fármaco que será autoadministrado pelo paciente e pode ser considerada uma conduta tipificada no artigo 122 do Código Penal Brasileiro[18] (Art. 122. Induzir ou instigar alguém a suicidar-se ou a praticar automutilação ou prestar-lhe auxílio material para que o faça).

Já a VSED não depende de auxílio de terceiros, seja ele profissional de saúde ou não. Logo, a discussão sai da esfera da análise do ato daquele que ajuda o pa-

---

15. CHABOT, Boudewijn E; GOEDHART, Arnold. A survey of self- -directed dying attended by proxies in the Dutch population. *Social Science e Medicine* [internet].;68(10):1745-51. doi: 10.1016/j.socscimed.2009.03.005. 2009 [acesso em: 19 jun. 2023].

16. RADY, Mohamed Y; VERHEIJDE, Joseph L. Distress from voluntary refusal of food and fluids to hasten death: what is the role of continuous deep sedation? J Med Ethics [internet].;38(8):510-2. doi: https://doi.org/10.1136/medethics-2011-100278. 2012 [acesso em: 19 jun. 2023].

17. DADALTO, Luciana. Morte digna para quem? O direito fundamental de escolha do próprio fim. *Revista de Ciências Jurídicas* [internet]; 24(3):1-11. doi: 10.5020/2317-2150.2019.9555. 2019 [acesso em: 19 jun. 2023].

18. BRASIL. Decreto-Lei 2.848, de 07 de dezembro de 1940. Código Penal. Diário Oficial da União, Rio de Janeiro, 31 dez.

ciente a realizar a conduta para a análise do ato daquele que impede o paciente a se autodeterminar.

Neste contexto da VSED, a discussão parece sair da esfera dos crimes contra a vida e entrar na esfera das lesões corporais (âmbito penal), dos direitos de personalidade (âmbito civil) e do direito fundamental à liberdade (âmbito constitucional).

No âmbito penal, pode-se entender que a conduta médica de alimentar e hidratar forçadamente um paciente enquadra-se no conceito de intervenção médica arbitrária, podendo a conduta médica ser punida como lesão corporal ou constrangimento ilegal a depender do posicionamento doutrinário adotado.[19]

No âmbito constitucional e civil, alimentar a hidratar forçadamente um paciente viola o direito fundamental (constitucional) à autodeterminação e também ao direito personalíssimo (civil) ao próprio corpo, podendo a conduta médica ser considerada um dano existencial.[20]

6. A PESSOA ADOECIDA E A FAMÍLIA

Como a morte por VSED não ocorre de forma rápida, o êxito da prática está diretamente relacionado ao apoio da família e dos cuidadores. Se, por um lado, apenas a pessoa adoecida pode dimensionar qual é o tamanho do seu sofrimento diante do adoecer e do morrer; por outro, é essencial o envolvimento dos familiares e amigos durante a trajetória.

Desta maneira, para que uma pessoa escolha a VSED há necessidade de conhecer a temática, compreendê-la como uma possibilidade para si, explicar aos familiares e, por vezes, convencer ou ser convencido do contrário. Aqueles que prosseguem, precisam se preparar, escolher o momento de iniciar a parada alimentação e hidratação, ter apoio de outras pessoas e obter alívio dos sofrimentos até o momento da morte. Ou seja, são muitas etapas de preparação e planejamento.

Escolher VSED não é uma saída fácil ou descomplicada e ser um familiar que apoiará o processo parece ser igualmente desafiador. Os relatos pessoais observados em estudos, blogs e livros dos familiares são densos, cercados de receios e questionamentos.

Por outro lado, familiares também relataram que compreenderam o processo da VSED como o último desejo do adoecida, o que os levou a proteger a autodeterminação da pessoa quando terceiros tentaram interromper o processo.

---

19. SIQUEIRA, Flávia. *Autonomia, consentimento e Direito Penal da Medicina*. São Paulo: Marcial Pons, 2019.
20. PIOVESAN, Flávia; DIAS, Roberto. Proteção Jurídica da Pessoa Humana e o Direito à Morte Digna. In: DADALTO, Luciana; GODINHO, Adriano Marteleto; LEITE, George Salomão (Coord.). *Tratado Brasileiro sobre o Direito Fundamental à Morte Digna*. São Paulo: Almedina, 2017, p. 55-78.

Ainda, como habitualmente não há apoio de profissionais de saúde, tais familiares assumem este papel e ofertaram os cuidados em saúde.[21]

Os familiares que apoiaram a VSED a compreendem como "a melhor morte" e desta maneira se tornam defensores da pessoa adoecida quando outros familiares, profissionais de saúde, a sociedade ou autoridades tentaram dissuadi-los. Buscaram apoio em instituições onde houve acolhimento da parada de alimentação e hidratação no cenário internacional, sendo estimuladores e relembrando os valores que o levaram a escolha quando o paciente que estava fortemente decidido hesitou em prosseguir no meio do processo.[22]

7. ANÁLISE DO CASO

Na história de Joaquim é importante observar que ele mostrava sinais de sofrimento físico, emocional, social e existencial. Quando manifestou a perda de sentido da vida e que não vislumbrava um futuro com qualidade, foi rotulado como adoecido mentalmente, mas não lhe foi dado espaço para escuta e elaboração do que pode tê-lo levado à depressão. A estrutura familiar reduzida e a médica em quem ele confiava não foram capazes do acolhimento necessário.

Para se proteger do desconhecimento e da estranheza da VSED, a profissional alegou a impossibilidade ética, seus valores pessoais e a objeção de consciência.

Verifica-se, assim, que é necessário que profissionais de saúde escutem o pedido para morrer e ajudem a pessoa elaborar a ideia, o que não significa apoiar a morte. A escuta ativa envolve refinado treinamento em comunicação, autoconhecimento e redução dos julgamentos morais, bem como compreender os limites da assistência em saúde.

Sabe-se que é frustrante para profissionais de saúde a percepção de que as suas técnicas são insuficientes e que o sofrimento da pessoa é maior do que é possível de ser ofertado. No entanto, compete ao profissional caminhar na sua própria trajetória de amadurecimento emocional, percepção da impotência da técnica e não do cuidado cercado de acolhimento e compaixão. Isso é igualmente válido nos cuidados paliativos: nem todos os sofrimentos são possíveis de serem aliviados completamente e algumas pessoas podem preferir a morte.

Não é possível afirmar com convicção integral que se Joaquim recebesse cuidados em saúde mais estruturados, com presença de equipe multiprofissional e

---

21. EPPEL-MEICHLINGER, Jasmin; STÄNGLE, Sabrina; MAYER, Hanna; FRINGER, André. Family caregivers' advocacy in voluntary stopping of eating and drinking: A holistic multiple case study. *Nurs Open*, 9(1):624-636. 2022.

22. LOWERS, Jane; HUGHES, Sean; PRESTON, Nancy. Experience of Caregivers Supporting a Patient through Voluntarily Stopping Eating and Drinking. *J Palliat Med*, 24(3):376-381. 2021.

houvesse rede de apoio, ele deixaria de expressar o desejo de morrer. O que se tem de concreto é que o cuidado ofertado foi insuficiente para o alívio do sofrimento desta pessoa. Ele possivelmente buscou a morte sozinho ou, talvez, recebeu ajuda para praticar a VSED com ajuda da filha. E como de costume, familiares que não se sentiram acolhidos no processo e receiam problemas ético-legais, preferem não comentar sobre o ocorrido e vivenciam seu luto de maneira muito privada.

Ainda que a discussão do ponto de vista jurídico leve à percepção de que Joaquim tem direito à VSED, a análise bioética do caso demonstra que o caso se trata de um verdadeiro dilema, em que não há uma única resposta correta, mas muitos caminhos possíveis que devem, sempre, ser alicerçados na comunicação, no acolhimento, alívio de sintomas e no respeito.

Por fim, a recusa dos envolvidos em estabelecer uma conversa verdadeira com Joaquim parece ser produto da relação estabelecida durante toda a vida, bem como da percepção da morte real e o luto. Todas estas interações estarão permeadas pela qualidade da assistência em saúde ofertada, alívio de sofrimentos e da percepção de que o cuidado ofertado foi o suficiente.

Ainda há um longo caminho de compreensão dos profissionais de saúde e da sociedade sobre a VSED e das questões complexas a ela relacionadas.

REFERÊNCIAS

BRASIL. Conselho Federal De Medicina. Resolução 2217 de 01 de novembro de 2018. Disponível em: https://sistemas.cfm.org.br/normas/visualizar/resolucoes/BR/2018/2217. Acesso em: 02 jun. 2023.

BRASIL. Decreto-Lei 2.848, de 07 de dezembro de 1940. Código Penal. Diário Oficial da União, Rio de Janeiro, 31 dez.

CHRISTIE, Kate. *The VSED handbook*: a practical guide to vonluntarily stopping eating and drinking. Seattle: Second Growth Books, 2022.

DYKES, Linda; HODES, Simon; MALIK, Sarah. Voluntarily stopping eating and drinking – lack of guidance is failing patients and clinicians. *BMJ*, 379:o2621. 2022.

EPPEL-MEICHLINGER, Jasmin; STÄNGLE, Sabrina; MAYER, Hanna; FRINGER, André. Family caregivers' advocacy in voluntary stopping of eating and drinking: A holistic multiple case study. *Nurs Open*, 9(1):624-636. 2022.

IVANOVIĆ, Nataša; BÜCHE, Daniel; FRINGER, André. Voluntary stopping of eating and drinking at the end of life – u a 'systematic search and review' giving insight into an option of hastening death in capacitated adults at the end of life. *BMC palliative care*. (13):1. 2014.

LOWERS, Jane; HUGHES, Sean; PRESTON, Nancy. Experience of Caregivers Supporting a Patient through Voluntarily Stopping Eating and Drinking. *J Palliat Med*, 24(3):376-381. 2021.

STÄNGLE, Sabrina; SCHNEPP, Wilfried; FRINGER, André. The need to distinguish between different forms of oral nutrition refusal and different forms of voluntary stopping of eating and drinking. *Palliat Care Soc Pract*, 13: 1178224219875738. 2019.

STÄNGLE, Sabrina; BÜCHE, Daniel; FRINGE, André. Experiences, Personal Attitudes, and Professional Stances of Swiss Health Care Professionals Toward Voluntary Stopping of Eating and Drinking to Hasten Death: A Cross-Sectional Study. J Pain Symptom Manage, 61(2):270-278.e11. 2021.

WECHKIN, Hope; MACAULEY, Robert; MENZEL, Paul; REAGAN, Peter; SIMMERS, Nancy; QUILL Thimothy. Clinical Guidelines for Voluntarily Stopping Eating and Drinking (VSED). *J Pain Symptom Manage*, 21:S0885-3924(23)00565-1. 2023.

SAÚDE, FÉ E ESPERANÇA

Silvana Aquino

Mestre em Sexologia pela Universidade Gama Filho. Especialista em psicologia oncológica pelo INCA. Psicóloga com atuação em oncologia e cuidados paliativos.

Bruno Oliveira

Doutorando em filosofia pela UERJ. Mestre em ciência da religião pela UFJF. Bacharel em Teologia pelo Bennett. Capelão hospitalar do INCA. Professor universitário.

Sumário: 1. A história de Dona Conceição – 2. O sagrado nosso de cada dia vivemos no hoje – 3. A fé que remove as montanhas da desesperança – 4. Conclusão – Referências.

1. A HISTÓRIA DE DONA CONCEIÇÃO

É impossível falar do contexto da saúde nos últimos anos e não refletir sobre a pandemia da COVID-19. As consequências trazidas não se limitam à dimensão física, mas também sociais, emocionais e espirituais. Dona Conceição foi uma paciente que vivenciou mais de uma destas nuances. A internação por COVID-19 durou nove meses, três destes na UTI.

Luta compartilhada, pois além de lutar pela vida, a equipe de saúde lutava para oferecer o melhor tratamento possível e sua família e amigos para se adaptar à saudade, apreensão e à nova rotina de idas e vindas ao hospital. Algumas semanas após receber alta da UTI, dona Conceição foi transferida para um hospital de transição visando focar na reabilitação motora e respiratória. Durante todo período de internação em que estava lúcida dona Conceição, católica praticante, tinha como atividade preferida assistir as missas pela televisão. Em determinado momento, no 7º mês de internação, este interesse desaparece. Sua filha sintonizava no canal onde as missas eram transmitidas e ela sempre pede para mudar. A filha conversa com a equipe de saúde preocupada, pois acreditava que a fé e esperança da paciente haviam se acabado.

A psicóloga, juntamente com o assistente espiritual do hospital, faz um atendimento conjunto à paciente para ouvi-la e buscar entendê-la. Em determinado momento, quando conversavam sobre sua rotina dentro e fora do hospital, indagaram do que ela sentia mais falta, quais eram àqueles momentos que ela considerava sagrados em sua vivência diária. Sua resposta foi:

> Eu, meus filhos e filhas, moramos todos em um mesmo quintal. Cada um tem sua casinha, mas dividimos um mesmo terreno. Quando chega a hora da novela minhas filhas e noras sempre vão assistir e meus netos vem para minha casa usar minha televisão para jogar videogame. Nessas ocasiões, eu vou para a cozinha fazer pipoca e brigadeiro para eles que sempre falam a mesma coisa: Vovó, o brigadeiro da senhora é o melhor do mundo! Este momento para mim é sagrado.

Após tantos meses internada, poderíamos dizer que dona Conceição deslocou a dimensão do sagrado em sua vida. Por muito tempo esteve em uma pertença religiosa, mas agora estava na pipoca e brigadeiro, que, na realidade, nem eram eles mesmos, mas sim a transubstancialização do que lhe era Sagrado: a presença dos netos. Depois de meses internada, esse era o sagrado que gostaria de viver.

2. O SAGRADO NOSSO DE CADA DIA VIVEMOS NO HOJE

O sagrado não é posse de nenhuma religião, seja ela qual for. Em muitas ocasiões vivências religiosas são elementos sagrados para os indivíduos e a legitimidade dessas experiências não é o que se questiona aqui. O grande problema é a absolutização dessas vivências, resultando na ideia que, para se falar de sagrado é necessário se remeter à categorias religiosas. Identificar elementos descortinadores de sentido em nossa existência é perceber que a transcendência não é um conceito necessariamente religioso, para além disso, está entorpecida por situações existenciais particulares.

A história de dona Conceição e tantas outras são marcadas por fenômenos e acontecimentos que continuamente expõem a vulnerabilidade e a brevidade da vida. Doenças, eventos climáticos, guerras, pandemias são demonstrações do que pode afetar o ser humano e a continuidade de sua existência, também ameaçada por comportamentos autodestrutivos para os quais contribui direta ou indiretamente. A vida é, em toda sua complexidade, plena de sentido. Kübler-Ross[1] tem a esperança nas situações estressantes como a fé última no sentido da vida. Essa esperança surge quando a vontade de sentido desemboca na realidade de que a vida tem sentidos a serem descortinados. É precisamente focando na dimensão espiritual do sujeito e em sua capacidade de transcendência na vivência dos valores de atitude, que ele pode encontrar sentido e viver uma vida com significado, a despeito de uma situação catastrófica.

O adoecimento é um capítulo que provavelmente irá descrever parte do livro da vida. A partir da compreensão que se tem da doença e do impacto que ela causa, muitas são as respostas de enfrentamento que podem ser apresentadas e que expressam o modo como lidamos e interpretamos essa experiência.

---

1. KUBLER-ROSS, Elisabeth. *Sobre a morte e o morrer*: o que os doentes terminais têm para ensinar a médicos, enfermeiros, religiosos e aos próprios pacientes. São Paulo: Martins Fontes, 2017.

Frente a uma doença ameaçadora da vida, somos instados a buscar caminhos para o seu manejo, na medida em que tendemos a adotar comportamentos de autoproteção e autopreservação. Parece fazer parte do nosso repertório humano de respostas a escolha por estratégias que visam assegurar a sobrevivência, não apenas no seu sentido literal, da manutenção do corpo vivo e em movimento, mas também da alma, dos sentidos, da razão, de forma a preservar a nossa conexão com este lugar que ocupamos no mundo.

O diagnóstico de uma doença grave aponta para a perspectiva de finitude. E o que se torna a vida diante desse tênue limiar, que põe em xeque todas as nossas convicções, posicionamentos e que contrariam a nossa ilusão de imortalidade? Para suportarmos essa condição construímos, ao longo dos tempos, uma relação com essa não experiência, que é o morrer. No entanto, como propõe Viktor Frankl[2] é de fundamental importância que o indivíduo esteja consciente de sua finitude, porque além de ser essencial para a vida é esta consciência que confere sentido a ela. Se o sujeito viver de modo a colocar à margem a questão da sua finitude, negando a sua própria morte, ele tenderá a adiar seus projetos existenciais para o infinito, caindo assim, num vazio existencial, o que seria a morte em plena vida.

A finitude humana representa algo que concede sentido à existência, e não algo que tire, como possa parecer à priori, pois a morte não pode corroer o sentido que caracteriza a vida. A finitude, assim, não é meramente um adicional da vida humana, mas constitutiva do seu sentido, e desta forma, uma vida longa não torna necessariamente uma vida plena de sentido, na mesma medida que a brevidade não a destitui de sentido. Frankl afirma:

> A finitude, a temporalidade não é apenas, por conseguinte, uma nota essencial à vida humana, é, também, constitutiva de seu sentido. O sentido da existência humana funda-se no seu caráter irreversível. Daí que só se possa entender a responsabilidade que o homem tem pela vida quando compreendemos como responsabilidade por uma vida que só se vive uma vez.[3]

A limitação e temporalidade, a incerteza de quando a vida terminará, precisa ser assumida com um estímulo à não desperdiçar a realização das possibilidades humanas, visto que são únicas e singulares. Pensar na transitoriedade da vida, em usufruir do que ela oferece, não necessariamente diz respeito à experiências extravagantes ou luxuosas, mas degustar os *brigadeiros* e *pipocas,* que aqui são apenas representações dos elementos simples, porém sagrados, capazes de infundir vida em existências inférteis e insípidas.

---

2. FRANKL, Viktor Emil. *Psicoterapia e sentido da vida*: fundamentos da logoterapia e análise existencial. São Paulo: Quadrante, 1989.
3. FRANKL, Viktor Emil. *Dar sentido a vida*: a logoterapia de Viktor Frankl. Rio de Janeiro: Vozes, 1992, p. 109.

Não se avalia uma pessoa pela quantidade de páginas da sua história, mas pelo conteúdo que apresenta. Nesse sentido a separação entre vida e morte não é lícita de ser feita, pois a morte faz parte da primeira. A morte pertence à vida assim como o sofrimento, visto que nenhum dos dois destitui o sentido da vida, mas a plenifica.

Os toques de finitude e as visitações da impermanência, advindas das experiências de sofrimento e dor, podem ser ocasiões que acionem potências criativas nos sujeitos. A esperança surge, paradoxalmente, quando não há muitas razões para se esperar. Um dos teólogos que mais trabalhou esta virtude foi Jürgen Moltmann.[4] Para ele a esperança não se baseia na ausência da dor ou da morte, ao contrário, muito mais do que uma luz no fim do túnel, é um remo no oceano da adversidade. Sorato *et al.*, a respeito da associação entre resiliência e fé no lidar com pacientes oncológicos, afirmam:

> A resiliência e a fé são formas que o paciente encontra como uma fonte de apoio para o enfrentamento do câncer, bem como para conseguir suportar os desafios provocados pelo tratamento, ou até mesmo confortarem-se diante da possibilidade de morte. Assim, a fé e a resiliência passam a ser um instrumento extremamente importante para o paciente e sua família no enfrentamento perante o diagnóstico, pela sua capacidade de proporcionar conforto e esperança na superação dos obstáculos impostos pela doença.[5]

Diante da inevitabilidade de perdas que se acumulam durante os ciclos de transição psicossocial, aprendemos a desenvolver recursos internos que viabilizam, na grande maioria das vezes, o manejo do sofrimento associado aos lutos que atravessamos ao longo da vida.

3.   A FÉ QUE REMOVE AS MONTANHAS DA DESESPERANÇA

A fé é, reconhecidamente, um dos recursos empregados como resposta de enfrentamento para lidarmos com o que nos parece insuportável. E ela se alia à esperança quando nos remete à possibilidade de visualizar saídas e atribuir significados que apontam para a expectativa de melhores dias, tanto enquanto busca por solução de um problema insolúvel, quanto enquanto compreensão e aceitação de uma realidade imutável. Acessar este recurso dialoga diretamente com os mecanismos utilizados pela saúde mental de que dispomos quando vivenciamos situações de estresse, como o adoecimento e a perspectiva da morte.

---

4. MOLTMANN, Jürgen. *Dios em la creación*. Salamanca: Sígueme, 1987.
5. SORATTO, Maria Tereza.; SILVA, Dipaula Minotto; ZUGNO, Paula Ioppi; DANIEL, Raquel. *Espiritualidade e resiliência em pacientes oncológicos*. Revista Saúde e Pesquisa, 9(1): 53-63. 2016. Disponível em: http://dx.doi.org/10.177651/1983-1870.2016v9n1p53-63.

Barros-Oliveira[6] afirma que o sentido é irmão da esperança. O ser humano é um *ser esperança*, ou, se preferir, um *ser para a esperança*. A esperança pode nos fazer capazes de suportar as incertezas e ultrapassar o desespero, nos fazer evitar a ilusão, e consequentemente a desilusão, trazendo equilíbrio e maturidade. Ong et al.[7] apresentam pesquisa com indivíduos com idade avançada e afirmam que a esperança atua como fator de proteção, visto que, pelas constatações, se associa com menores índices de emoções negativas e se correlaciona com melhores respostas de recuperação e adaptação às situações estressantes. Os indivíduos com níveis mais elevados de esperança, segundo os autores, demonstraram menor reatividade ao estresse e maior capacidade de recuperação emocional.

Para Leonardo Boff[8] a esperança não é uma virtude, mas sim uma força que penetra todas as virtudes e as estimula a se manterem abertas constantemente. Poderíamos pensar esta virtude das virtudes como a metáfora do combustível, que torna possível a locomoção de todos os veículos. Desde os mais gastos e antigos, até os recém-saídos de uma concessionária carecem de ser alimentados por esse elemento propulsor ou ficarão estáticos, imóveis. A esperança é este combustível. Se ela for pensada apenas como um objetivo futuro ou uma ilusão presente, estará privada de sua dinâmica de empoderamento.

Pensar a esperança a partir da metáfora do combustível é entender que apesar de precisar dela em toda jornada, seu nível vai oscilar, e nem sempre da forma como se deseja. Como nos lembra Almeida "A dor é aquele estremecimento que comprova a vida e nosso poder de recuperação. Não se morre de dor. Enquanto há dor, também temos forças para combatê-la e continuar a viver. A dor nos amoriza, a dor nos socializa".[9] Se morrer e sofrer fazem parte do destino de tudo o que vive, cabe elaborar novo conceito de viver saudável. Esse consiste na possibilidade que tem o ser humano de manifestar a força para realizar sua existência, quer na dor e na morte, quer na alegria e na tristeza, quer nos sorrisos e nas lágrimas, quer na saúde e na doença.

Segundo a Organização Mundial de Saúde (OMS) a saúde mental é definida como "o estado de bem-estar no qual o indivíduo realiza as suas capacidades, pode fazer face ao stress normal da vida, trabalhar de forma produtiva e frutífera e contribuir para a comunidade em que se insere."[10] Esta definição baseia-se na

---

6. BARROS-OLIVEIRA, João Henrique. *Busca e cura de sentido para a vida*. Porto: Faculdade de Psicologia e de C. E., Universidade do Porto – Psychologica, 2009; 51: 93-100.
7. ONG, Anthony; EDWARDS, Lisa; BERGEMAN, Cindy. *Hope as a source of resilience in later adulthood*. Personality and individual diferences. 2006.
8. BOFF, Leonardo. *Vida para além da morte*. Petrópolis: Vozes, 1984.
9. ALMEIDA, Edson Fernando. *Do Viver apático ao viver simpático*: sofrimento e morte. São Paulo: Edições Loyola, 2006, p. 167.
10. World Health Organization W. *Mental health action plan* 2013-2020. Geneva, 2013.

funcionalidade do indivíduo como ser social apesar das contrariedades do meio. Entretanto, ela não abrange o bem-estar espiritual.

A espiritualidade é compreendida como uma característica intrinsecamente humana e, por isso, é de fundamental importância pensar na dimensão espiritual enquanto parte da avaliação psicológica e da dinâmica do cuidado no curso do adoecimento, tendo em vista que muitos estudos têm apontado para a associação entre a espiritualidade e os seus efeitos na saúde mental.

> A espiritualidade é um aspecto da humanidade que se refere ao modo como os indivíduos buscam e expressam significado e propósito, a maneira em que experimentam sua conexão consigo mesmo, com os demais e com o sagrado e suas representações.[11]

No nível intrapessoal, a espiritualidade refere-se à coerência com os próprios valores e a harmonia entre o que se deseja, se pensa, se sente, se diz e se faz, o que atribui sentido à própria existência. No nível interpessoal, possibilita conexão, apontando para a necessidade de amar e ser amado, necessidade de perdão e reconciliação, de estabelecer uma relação harmoniosa com pessoas significativas. No nível transpessoal, associa-se a uma realidade superior, da qual fazemos parte, que nos sustenta e nos transcende, seja qual for o nome que atribuímos. Transcender seria a capacidade de se expandir para além das experiências cotidianas, de abrir-se a novas perspectivas, uma capacidade profunda de abertura para o sublime e para o sagrado, não necessariamente com um conteúdo especificamente religioso.[12]

Como no caso relatado da paciente Conceição, por muito tempo seu sagrado estava na vivência religiosa, e em algum momento, inclusive, pode voltar a ser. Mas na ocasião do diálogo descrito, se ancorava em relações interpessoais que lhe eram tão sagradas quanto o relacionamento com Deus. Não há hierarquia de *sagrados*, não há abandono da fé, há sim, e sempre haverá, a dinâmica da existência que nos leva a buscar sentidos em diversos lugares existenciais e nos faz oscilar nessa busca, sempre descortinando, a partir da nossa vivência, e não através de um cardápio oferecido por outro, elementos transcendentes que nos tragam sentido.

Pensar em fé nem sempre é se remeter a uma confissão religiosa ou à uma fé institucionalizada. Da mesma forma não se pode falar de um sentido universali-

---

11. PUCHALSKI, Christina; FERRELL, Betty.; VIRANI, Rose; OTIS-GREEN, Shirley; BAIRD, Pamela; BULL, Janet; CHOCHINOV, Harvey Max; HANDZO, Geroge; NELSON-BECKER, Holly; PRINCE-PAUL, Maryjo; PUGLIESE, Karen; SULMASY, Daniel. Improving the quality of spiritual care as a dimension of palliative care: The report of the consensus conference. *Journal of Palliative Medicine*, 2009;12:885-904.

12. REED, Pamela. An emerging paradigm for the investigation of spirituality in nursing. *Res Nurs Health*. 349-357. 1992.

SAÚDE, FÉ E ESPERANÇA **261**

zante, e, sendo assim, muitos podem encontrá-lo em uma participação religiosa formal. Fowler[13] acredita que a fé está vinculada com a força espiritual e à busca por um sentido maior. Segundo ele, a fé tem relação com a vivência existencial. Ele apresenta os seguintes estágios de desenvolvimento da fé:

1. Fé primitiva – Que envolve as primeiras relações de confiança da criança com o meio.

2. Fé intuitiva – Relacionada à imaginação, às histórias contadas, ao simbólico.

3. Fé mística literal – Envolve o pensamento lógico com as categorias de causalidade, tempo espaço e a possibilidade de colocar-se no lugar do outro.

4. Fé sintética (Convencional) – Presente na adolescência, na busca da identidade e por uma solidariedade dentro do grupo de pertença.

5. Fé individuativa e reflexiva – Na fase adulta, faz parte de um sistema social, apresentando um senso de responsabilidade e um estilo de vida.

6. Fé conjuntiva – O tempo de existência permite múltiplas interpretações da realidade, incluindo o paradoxo, o símbolo, a história, o mito e a metáfora.

7. Fé universalista – Traz o sentido de ser um só com o poder da sua existência, e seria o principal estágio da fé.

A descoberta da espiritualidade se dá em um movimento do próprio sujeito e não em uma imposição de outros. Diz respeito a uma dimensão mais abrangente da existência humana que não é alcançada pela ciência, mas pela fé que nasce da liberdade, e não por uma imposição cultural. A fé autêntica nasce da liberdade interior e não da obrigação social ou imposição de terceiros.

Viktor Frankl desenvolve o fenômeno da fé não como "um pensar diminuído da realidade da coisa pensada, mas um pensar acrescido da existência daquele que pensa".[14] O autor defende que a fé deve ser firme, mas não rígida. Quem tem a fé rígida se agarra com ambas as mãos a um dogma inalterável, entretanto, quem está seguro na sua fé dispõe de mãos livres e as estende aos seus semelhantes, com os quais está sempre relacionado. Frankl não entende a fé como crença em Deus, mas sim, como uma crença ampliada no sentido. Como afirma Ludwig Wittgenstein, citado pelo próprio Frankl, "crer em Deus significa ver que a vida tem um sentido".[15] Frankl defende que a relação inconsciente com Deus não se restringe às questões religiosas. As religiões se constituem em formas de linguagem, de significados e símbolos que procuram expressar e dar apoio ao desamparo do ser humano.

---

13. FOWLER, James. *Estágios da fé: A psicologia do desenvolvimento humano e a busca de sentido.* São Leopoldo: Editora Sinodal, 1992.
14. FRANKL, Viktor Emil. *Fundamentos antropológicos da psicoterapia.* Rio de Janeiro: Zahar, 1978, p. 275.
15. FRANKL, Viktor Emil. *A questão do sentido em psicoterapia.* Campinas: Papirus, 1990, p. 58.

Segundo Marques[16] *apud* Kissane[17] existe uma interrelação possível que permite o emprego de mecanismos psicológicos que se baseiam na elaboração positiva da espiritualidade, entre eles: estilos cognitivos de coping, *locus* de controle, apoio social e redes sociais, mecanismos fisiológicos e arquitetura e arte (igrejas, templos). Eles agiriam da seguinte forma: as emoções positivas provocadas pelo sentimento religioso levam ao desenvolvimento de mecanismos de *coping* frente às adversidades da vida, muitas das vezes, influenciadas por uma percepção de controle da situação externa pela ação de uma entidade superior protetora que aumenta o senso de segurança. Já as manifestações religiosas são frequentemente realizadas em grupo, o que fortalece os laços sociais e consequentemente a rede de suporte. O sentimento de pertença, os cânticos e rezas promovem relaxamento e uma diminuição da pressão arterial, muito semelhante às alterações fisiológicas descritas nas técnicas de meditação.[18]

Muitos estudos têm se dedicado a estabelecer a relação entre a espiritualidade e os índices positivos de saúde mental. Foi observado que entre frequentadores habituais da igreja ocorrem menores taxas de depressão, ansiedade, transtorno de estresse pós-traumático (TEPT) e dor crônica. Ao mesmo tempo, quando se relaciona a espiritualidade à religiosidade, observa-se em alguns casos, que a religião também pode ter o efeito oposto quando orientada para fins negativos, enfatizando a vingança, a retaliação e um idealismo religioso extremo e sem lugar para o diálogo. Neste sentido, a religião pode ser causadora de doença mental e desajuste social.[19] No entanto, de um modo geral, os estudos apontam que os benefícios de práticas religiosas estariam relacionados à atribuição de sentido à fé e ao senso de pertencimento de uma comunidade, apontando para o fato de que a espiritualidade pode ser considerada um indicador de saúde.

Apesar de fazer parte da natureza humana e ser fator protetor da saúde mental, a esfera espiritual é pouco explorada nas consultas com profissionais de saúde. Alguns estudos afirmam que os pacientes gostariam que os seus médicos assistentes os questionassem sobre as suas crenças espirituais e que elas fossem consideradas na tomada de decisões sobre a sua saúde.[20]

---

16. MARQUES, Andrea Marin. *Sentido da vida, espiritualidade e saúde mental*: que relação? Dissertação de Mestrado em Psiquiatria e Saúde Mental. Faculdade de Medicina da Universidade do Porto, 2016.
17. KISSANE David. Psychospiritual and existential distress. The challenge for palliative care. *Aust Fam Physician* 29(11):1022-5. 2000.
18. UNTERRAINER, Human Friedrich; LEWIS, Andrew; FINK, Andreas. Religious/Spiritual well-being, personality and mental health: a review of results and conceptual issues. *Journal of Religion and Healthi*. 53:382-392. 2014.
19. KOENIG, Harold; NELSON, Bruce. Effects of religious versus standard cognitivebehavioral therapy on optimism in persons with major depression and chronic medical illness. *Depress Anxiety*, 835-842. 2015.
20. RAFFAY, Julian; WOOD, Emily; TODD, Andrew. Service user views of spiritual and pastoral care (chaplaincy) in NHS mental health services: a co-produced constructivist grounded theory investigation. *BMC Psychiatry*; 1-11. 2016.

A espiritualidade dimensiona a relação com o que é sagrado e estabelece vínculo entre a fé e a crença, ao passo que a esperança nos move na direção de um futuro com melhores dias. Essa equação pode viabilizar um modo de se conectar com aquilo que é da ordem do inexplicável, tornar acessível o não visível e tornar suportável o que é implacável.

4. CONCLUSÃO

Voltando ao cenário de Dona Conceição, faz-se necessário compreender, a partir da perspectiva interpessoal da espiritualidade, que o lugar por ela ocupado dentro do sistema familiar que a envolve aponta para a potência do sagrado presente no estabelecimento dos vínculos e na sustentação dos papeis desempenhados por cada pessoa de sua rede de apoio. Dona Conceição foi a esposa que amou, a mãe que educou, a avó que adoçou com brigadeiros os momentos de convivência junto a seus netos. A doença subtraiu esse lugar, fragmentou sua identidade, descontinuou o exercício de seus papeis, trouxe preocupações com a sua família. A dimensão psíquica em interação com a dimensão espiritual reconhece o sofrimento causado pelo adoecimento e decodifica os sentimentos e emoções que descortinam os caminhos possíveis de serem trilhados frente à irreversibilidade do percurso.

O desafio de preservar o repertório de sua identidade envolve cuidar para que ela se sinta capaz de exercer o seu potencial residual para se reconhecer nesse espaço físico e afetivo de contato, que lhe restitui o senso de autonomia, de pertencimento, de algum gerenciamento de suas necessidades, da satisfação possível de seus desejos, compreendendo seus limites e ampliando de forma gradativa a aceitação de seu processo. A busca por conforto espiritual se dá pela relação com o que é sagrado para ela. A oferta de apoio psicossocial e espiritual e o resgate do convívio com sua família pode potencializar o sentimento de esperança, a qualidade de vida, melhorar o humor e a sensação de bem-estar.[21]

Preservar um lugar para a esperança enquanto elemento motor que constitui parte da preservação da saúde, mesmo na doença, sustenta o olhar diante do imponderável da vida, possibilita desfechos mais positivos e maior abertura para a descoberta de um sentido, que diminua a angústia diante da realidade da finitude. "A porta da esperança deve ser fechada devagar e com gentileza" (Cicely Saunders).

REFERÊNCIAS

BARROS-OLIVEIRA, João Henrique. Busca e cura de sentido para a vida. Porto: Faculdade de Psicologia e de C. E., Universidade do Porto – *Psychologica*, n. 51, p. 93-100, 2009.

---

21. BREITBART, William; CHOCHINOV, Harvey Max; ALICI, Yesne. *End-of-life care in Clinical Psycho--oncology*: An International Perspective. 1st ed by Luigi Grassi and Michelle Riba, 2012, p. 249-69.

BOFF, Leonardo. *Vida para além da morte*. Petrópolis: Vozes, 1984.

BREITBART, William; CHOCHINOV, Harvey Max; ALICI, Yesne. *End-of-life care in Clinical Psycho-oncology*: An International Perspective. 1st Ed by Luigi Grassi and Michelle Riba, 2012.

CHOCHINOV, Harvey Max. Dignity-Conserving Care: A New Model for Palliative Care Helping the Patient Feel Valued. *JAMA*. 2002; 2253-2260.

FOWLER, James. *Estágios da fé*: A psicologia do desenvolvimento humano e a busca de sentido. São Leopoldo: Editora Sinodal, 1992.

FRANKL, Viktor Emil. *Psicoterapia e Sentido da vida*: fundamentos da Logoterapia e análise existencial. São Paulo: Quadrante, 1989.

FRANKL, Viktor Emil. *Dar sentido a vida*: a logoterapia de Viktor Frankl. Rio de Janeiro: Vozes, 1992.

KISSANE, David. Psychospiritual and existential distress. The challenge for palliative care. *Aust Fam Physician* 2000.

KOENIG, Harold; NELSON, Bruce. Effects of religious versus standard cognitivebehavioral therapy on optimism in persons with major depression and chronic medical illness. *Depress Anxiety*, 835-842. 2015.

MARQUES, Andrea Marin. *Sentido da vida, espiritualidade e saúde mental*: que relação? Dissertação de Mestrado em Psiquiatria e Saúde Mental. Faculdade de Medicina da Universidade do Porto, 2016.

ONG, Anthony; EDWARDS, Lisa; BERGEMAN, Cindy. *Hope as a source of resilience in later adulthood*. Personality and individual diferences. 2006.

PUCHALSKI, Christina; FERRELL, Betty.; VIRANI, Rose; OTIS-GREEN, Shirley; BAIRD, Pamela; BULL, Janet; CHOCHINOV, Harvey Max; HANDZO, Geroge; NELSON-BECKER, Holly; PRINCE-PAUL, Maryjo; PUGLIESE, Karen; SULMASY, Daniel. Improving the quality of spiritual care as a dimension of palliative care: The report of the consensus conference. *Journal of Palliative Medicine*, 12:885-904. 2009.

RAFFAY, Julian; WOOD, Emily; TODD, Andrew. Service user views of spiritual and pastoral care (chaplaincy) in NHS mental health services: a co-produced constructivist grounded theory investigation. *BMC Psychiatry* 1-11. 2016.

REED, Pamela. An emerging paradigm for the investigation of spirituality in nursing. *Res Nurs Health*; 349-357. 1992.

SORATTO, Maria Tereza.; SILVA, Dipaula Minotto; ZUGNO, Paula Ioppi; DANIEL, Raquel. Espiritualidade e resiliência em pacientes oncológicos. *Revista Saúde e Pesquisa*, 2016; 9(1): 53-63. Disponível em: http://dx.doi.org/10.177651/1983-1870.2016v9n1p53-63.

UNTERRAINER, Human Friedrich; LEWIS, Andrew; FINK, Andreas. Religious/Spiritual well-being, personality and mental health: a review of results and conceptual issues. *Journal of Religion and Health*; 53: 382-392. 2014.

WORLD HEALTH ORGANIZATION. *Mental health action plan 2013-2020*. Geneva, 2013.

LUTO(S) E FINAL DE VIDA: POSSIBILIDADES E IMPOSSIBILIDADES DO CUIDADO

Erika Pallottino

Mestre em Psicologia Clínica. Especialista em Psicologia Médica e Psicologia em Oncologia. Sócia-fundadora do Instituto Entrelaços. Psicóloga.

Cecília Rezende

Mestre em Psicologia Clínica pela PUC-Rio. Sócia-fundadora do Instituto Entrelaços de Psicologia. Psicóloga.

Vivianne Nouh Chaia

Especialista em Psiquiatria pela PUC-RJ, em Luto pelo 4 Estações Instituto de Psicologia e Instituto IPIR – Barcelona. Médica do Instituto Entrelaços de Psicologia e Instituto Brasileiro do Cérebro.

Yung Gonzaga

Professor convidado de Bioestatística do Programa de mestrado em Psiquiatria e Saúde Mental do IPUB/UFRJ. Médico hematologista no Instituto Nacional do Câncer e grupo Oncoclínicas/RJ.

Sumário: 1. A história de Ana – 2. Questões bioéticas – 3. Luto – avaliação e intervenções possíveis e necessárias – 4. Avaliação do risco e critérios para transtorno de luto prolongado; 4.1 Critérios do DSM-5-TR para o transtorno do luto prolongado (TLP) – Referências.

1. A HISTÓRIA DE ANA

Essa história fala sobre a vida de Ana, 27 anos, jovem e promissora enfermeira, recém-formada com louvor na residência de enfermagem. Reservada e muito comprometida nos estudos e na sua formação, Ana saiu de uma cidade pequena no norte do Brasil até uma grande capital para cursar enfermagem. Seu sonho era ser uma grande cuidadora e educadora, por isso, já estava concorrendo a uma vaga para o Mestrado, dando início ao sonho da carreira acadêmica.

Ana tinha questões pessoais importantes, em especial, familiares. Seu único irmão, muito próximo e amigo, havia se suicidado dois anos antes, após receber o diagnóstico de Transtorno Bipolar. Ela se ressentia por não estar junto de sua família naquele momento, já que estudava fora de sua cidade. Ele deixou uma carta para ela onde afirmava que ela sempre havia sido a filha correta e que não havia dado trabalho para a família, e que deixava com ela a *missão* de ajudar a todos a se refazerem da sua perda. Ao final, seu irmão pedia desculpas e lamentava por não aguentar mais o sofrimento de suas crises.

Ana, por sua vez, ficou ainda mais focada nos estudos. Passou a dar muitos plantões e a enviar dinheiro para a sua família semanalmente a fim de ajudá-los. Pensava que a sua ausência podia ser menos sentida se os pais tivessem uma boa condição financeira.

Em seus dias de folga, acabava bebendo mais do que devia com algumas amigas e indo para boates gays. Ela sempre havia questionado a sua sexualidade, mas sentia vergonha de assumir que, talvez, gostasse também de mulheres. Tinha medo do preconceito e de como seria vista pela família. Nunca refletiu sobre essa questão, passou a se relacionar com homens e mulheres, não usava preservativos nas relações e, em seus dias de *excesso*, como dizia, chegava a ter três parceiros em uma mesma noite. Ana dizia que essa era a sua forma de descomprimir emocionalmente, e que reconhecia ser arriscada e disruptiva.

Um dia, pela manhã, Ana acordou com uma dor intensa nas costas, apenas do lado direito. Não se recordava de ter sofrido qualquer trauma na região. Tentou se olhar no espelho e percebeu uma área de hiperemia, com algumas vesículas. Já havia visto lesões como aquela diversas vezes: herpes zoster. Atribui o quadro a baixa imunidade relacionada ao estresse relacionado ao excesso de plantões. Conseguiu uma receita de aciclovir e codeína com um colega médico e resolveu, pelo menos temporariamente, reduzir um pouco a carga de trabalho e o ritmo das noitadas.

As lesões cicatrizaram em alguns dias, deixando pequenas cicatrizes nas costas, mas a saúde de Ana não melhorou no geral. Pelo contrário: mesmo com a vida mais equilibrada, Ana vinha sentindo dores abdominais cada vez mais frequentes. Tinha vomitado algumas vezes e chegou a achar que estava grávida, mas realizou dois testes de farmácia em dias diferentes e ambos foram negativos. Percebeu que suas roupas já não serviam. Havia emagrecido consideravelmente. Nas últimas noites, apresentava episódios de sudorese profusa e precisava trocar não apenas sua roupa, mas também os lençóis. Decidiu que era hora de procurar ajuda.

A Dra. Paula ouviu a história de Ana e a examinou cuidadosamente: percebeu uma massa no andar inferior do abdome e solicitou alguns exames de sangue, além de uma tomografia. A tomografia confirmou a presença de uma volumosa massa retroperitoneal. Os ureteres estão comprimidos bilateralmente e, por conta disso, os rins estão dilatados. Os exames de sangue evidenciaram uma anemia moderada, além de disfunção renal. Ana foi encaminhada para a radiologia intervencionista, onde foi submetida a uma nefrostomia, com o objetivo de descomprimir um dos rins e a uma biópsia da massa.

Ana permaneceu internada, recebendo hidratação venosa e medicações sintomáticas e alguns dias depois recebeu o diagnóstico definitivo: Linfoma de Burkitt associado a infecção pelo vírus HIV. A hematologia foi acionada para assumir o caso e o médico explicou a Ana sobre a gravidade do diagnóstico, o risco de complicações graves e potencialmente fatais, mas também da possibilidade de cura. Ressaltou ainda a necessidade do início imediato do tratamento com doses altas de quimioterapia. Ana não aceitou o diagnóstico, exigiu que os exames fossem repetidos e acabou por ir embora, assinando um termo de alta à revelia.

Nessa noite, mesmo não se sentindo muito bem, foi a um bar com a bolsa de nefrostomia escondida sob a blusa. Após alguns drinks, precisa ir ao banheiro vomitar e perdeu os sentidos. Quando acordou, percebeu que estava novamente no hospital. Havia sido levada pelos amigos que a acompanhavam.

Após nova conversa com a equipe de hematologia, Ana aceitou o diagnóstico e teve início a primeira sessão de quimioterapia. Não apresentou efeitos colaterais importantes nos primeiros dias. Nos dias subsequentes, precisou receber transfusões de plaquetas e, por volta do décimo dia, apresentou um episódio de neutropenia febril com hipotensão arterial devido a uma infecção de corrente sanguínea relacionada ao cateter de quimioterapia e precisou ser transferida para a UTI. Não precisou receber medicações vasopressoras e a complicação infecciosa se resolveu em alguns dias, com a retirada do cateter e a antibioticoterapia.

Entretanto, nem tudo são boas notícias: uma tomografia realizada com o objetivo de avaliar a resposta do linfoma ao tratamento mostrou que praticamente não houve redução da massa. A equipe médica resolveu seguir com o protocolo de tratamento de primeira linha, acreditando que poderia haver uma resposta tardia por parte do linfoma, porém isso não aconteceu: a massa cresceu mesmo em vigência do segundo ciclo de quimioterapia. Os rins ficam mais comprimidos pela massa com consequente disfunção renal grave e Ana precisou iniciar hemodiálise.

A ausência de resposta do linfoma à quimioterapia tornou o prognóstico da doença sombrio. A possibilidade de cura passou a se tornar remota, mas ainda existia uma opção arriscada: uma nova quimioterapia, ainda mais agressiva que a anterior, seguida de um transplante de medula óssea autólogo, caso haja resposta. O grande problema, explicou a equipe de hematologia, é a impossibilidade de separar a doença do paciente. Embora a doença exija um aumento na intensidade do tratamento para ser controlada, a paciente talvez não seja capaz de tolerar esse aumento.

Ana opta por não desistir e o novo protocolo de quimioterapia foi iniciado. No sexto dia de tratamento, apresentou um episódio de crise convulsiva e é levada à tomografia de crânio, que evidenciou um sangramento intraparenquimatoso parietal a esquerda, com indicação cirúrgica. Entretanto, a contagem de plaquetas estava tão baixa, que a equipe de neurocirurgia disse ser inviável a realização do procedimento. Após a crise, o dimídio direito de Ana ficou praticamente paralisado. O linfoma não tomou conhecimento do novo protocolo de quimioterapia e a massa continuou a crescer. O estado geral de Ana, por outro lado, encontrava-se bastante comprometido, ela estava pesando cerca de 20 kg a menos e praticamente não conseguia mais se levantar da cama. A equipe de hematologia explicou que não havia mais nada a ser feito com objetivo curativo em relação à doença hematológica.

Os pais de Ana foram contactados e chegaram para acompanhar a filha. A mãe era muita religiosa e acreditava em um milagre, além de confrontar de forma agressiva os resultados dos exames, em especial, o HIV. Colegas de Ana se revezam para apoiá-la. Todos pareciam incrédulos sobre seu estado de saúde.

A psicologia foi acionada através da equipe de hematologia, pois Ana apresentava importante desorganização emocional, sofrimento existencial significativo e choro intenso. A equipe de cuidados paliativos também foi acionada para oferecer medidas de conforto para Ana e sua família, mediando, em especial, a difícil relação que a mãe de Ana tinha com toda a equipe. Uma das primeiras ações que a equipe ofereceu à Ieda, mãe de Ana, foi conversar com o capelão da instituição para oferecer conforto espiritual e facilitar a regulação emocional. Ieda aceitou prontamente o suporte e conseguiu falar do medo de perder a filha, conseguindo, portanto, estabelecer uma boa aliança terapêutica com a equipe de cuidados paliativos. Com o tempo, Ana foi se sentindo melhor, ainda que os efeitos do tratamento fossem intensos e muito agressivos.

Algumas complicações voltaram a aparecer e agravaram o quadro de Ana. Por conta da imunossupressão e da AIDS, Ana apresentou um quadro importante de neurotoxicidade, com delírios, agressividade e confusão mental. Apresentou agitação psicomotora, conteúdo religioso deliroide e alteração de comportamento de cunho sexual. Precisou ser contida no leito e sedada.

A equipe de hematologia sugeriu avaliação com psiquiatra. Em sua avaliação, a psiquiatra Dra. Carla observou no exame psíquico que Ana estava com aparência exibicionista e atitude não cooperativa e desinibida, pois tentava se despir de forma sensual. Perguntas de rotina foram feitas e Ana respondeu de forma agressiva. Contou que possuía poderes místicos de cura especiais, lembrou-se que era enfermeira, mas apresentou-se desorientada no tempo e no espaço. Não conseguiu se manter atenta a avaliação, de forma abrupta se levantou da cama insistentemente para ir para o meio do quarto, com o olhar para a parede, e sem objetividade foi em direção à porta do quarto. A sua expressão oral e a compreensão auditivo-verbal estavam preservadas, com a imaginação exacerbada. Consciência do eu alterada, Dra. Carla formulou hipóteses diagnósticas: *delirium* (de possíveis etiologias: vascular, infeccioso e tóxico) e agravamento de transtorno de humor anterior não tratado.

Houve necessidade de implementar o protocolo de contenção mecânica, medicação antipsicótica e sedação em doses baixas, como medidas de gerenciamento de risco para proteção da própria paciente e da equipe de cuidados multidisciplinares, e reavaliação continuada.

Após a estabilização clínica e psiquiátrica de mais uma complicação, Ana decidiu chamar a equipe de Cuidados Paliativos e de Hematologia para uma conversa franca em que pretendia saber sobre suas reais chances de ir para casa e voltar a ter uma vida normal. Ao saber que seu prognóstico é difícil, pois precisou interromper a quimioterapia que tratava do Linfoma de Burkitt pelas complicações, Ana solicitou às equipes que fizessem tudo que precisasse ser feito para salvá-la. Contou sobre toda história do suicídio do irmão, do sofrimento dos pais, e de como não queria *desistir* da vida como seu irmão fez. Ana solicitou que toda e qualquer medida médica invasiva fosse realizada, que estava disposta a absolutamente tudo. Ao final da conversa, disse que preferia morrer tentando a ter que desistir. Pediu que a equipe prometesse que seria assim. Ana também solicitou que nada fosse dividido com os seus pais. Ao final, pontuou que se houvesse necessidade de intubá-la ou fazer hemodiálise que assim fosse feito, e que permitia a presença dos pais ao seu lado para que eles pudessem se despedir em seu próprio tempo. Ana apresentou lucidez em seu discurso, reafirmou que por ser da área da saúde sabia que iria morrer e que gostaria que esse cuidado ao luto dos pais fosse feito dessa maneira.

As equipes se reuniram para discutir o caso e as diretivas de Ana. Não conseguiam chegar a um consenso. Respeitavam a decisão de não dividir com os pais o pedido de Ana, mas falaram do desconforto em relação a seu pedido.

Ana agravou no decorrer dos dias e apresentou como nova complicação um quadro de encefalite viral. Precisou retornar a UTI novamente e a equipe realizou todas as medidas terapêuticas para reverter a gravidade do quadro. Muitas são invasivas, como a intubação e uso de altas doses de esteroides, além de medicação vasopressora para manter a pressão arterial.

Ieda e o marido não saiam do hospital. Passavam o dia e a noite rezando, acreditavam na cura da filha e que um milagre pudesse reverter a situação. Falavam sobre a certeza de que Ana ficaria curada. Ieda repetia o tempo todo que não ia aguentar perder mais um filho, que tivera dois filhos e agora ficaria sem nenhum. Os pais aceitaram a intervenção da psicóloga que acompanhava Ana e do suporte com psiquiatra. Um plano de intervenção para luto antecipatório foi estruturado pelas duas profissionais, já que a avaliação de risco para transtorno de luto prolongado era uma possibilidade.

Ana saiu do quadro de gravidade, estabilizou com sequelas graves e aparentemente irreversíveis. Após três meses de internação, sob cuidados intensos e diários, sem reconhecer ninguém a sua volta e completamente afásica, Ana vai a óbito.

2. QUESTÕES BIOÉTICAS

Os sentimentos que a morte desperta são complicados. Morrer é uma experiência de vida única, que só se conhece em primeira mão no momento mesmo da extinção. Na ausência de familiaridade, no espaço do desconhecido, os piores medos podem florescer sem controle. Essa afirmativa, feita por Rachel Clark,[1] médica de cuidados paliativos do Reino Unido, reflete sobre a intensidade do encontro com a finitude. A radicalidade presente no processo de morte, ilustra, como no caso citado, as inúmeras implicações que envolvem as formas possíveis do cuidado, o processo de luto e o sofrimento existencial.

O diagnóstico de uma doença grave, incurável e progressiva é o início de um processo cujo desenrolar pode levar anos, meses ou semanas. Perdas inevitáveis se apresentam ao longo dessa jornada e, ao lado da doença, existe o doente e sua biografia com as perdas também inevitáveis que são parte da vida.

Como atender ao pedido de uma paciente como Ana, que se encontra lúcida, alerta e consciente, e que na reunião com a equipe assistente e de cuidados paliativos pede para que todas as intervenções sejam feitas porque isso representaria cuidado, tempo de despedida, alguma familiaridade da irreversibilidade de sua situação clínica para os seus pais, enlutados, previamente pelo irmão; e no seu julgamento, seria uma forma de mitigar os danos emocionais provocados pela sua morte?

Ana sabia sobre as consequências do tratamento a qual se submetia, tinha ciência de como seria o final da sua trajetória, e pede, ainda assim, pela obstinação terapêutica.

A paciente não estava alienada sobre a sua vida, nem sobre a sua morte, ela tomou uma decisão. Como fazer para que a sua autonomia prevaleça ainda que isso represente ferir os cuidados éticos relacionados aos preceitos dos cuidados paliativos?

Os prolongamentos extraordinários sobre a qualidade de vida e de morte em situações como as descritas no caso clínico, intensificam as discussões relacionadas

---

1. CLARKE, Rachel. *A vida perto da morte*: relatos de uma médica sobre amor e perda. São Paulo: Editora Nacional, 2021, p. 263.

a eutanásia e distanásia. Doucet (1993)[2] questiona o espírito da medicina moderna, destacando que a palavra-chave é: *Lutar até o fim*. Entretanto, os progressos da medicina mudaram questionamentos, como: *Se posso fazer, devo fazê-lo?* para *Eu posso fazer, mas devo fazê-lo?*

Ana não aceitou se excluir da própria morte, mas a forma como o seu pedido de morte foi apresentado à equipe é muito infrequente no cenário dos cuidados paliativos, portanto, nos leva a refletir sobre algumas questões:

- Como considerar o paciente como mestre absoluto das decisões que dizem respeito ao seu próprio corpo? Isso é possível?

- O direito da pessoa capaz é reconhecido como fundamental nas sociedades modernas. Mas a pessoa doente tem ainda a capacidade de decidir por si mesma?

- Julgamos e cuidamos na mesma medida? Haveria uma imparcialidade do profissional de saúde capaz de acatar pedidos como o de Ana?

- Existe um cenário correto, adequado, legítimo para o enquadre clínico apresentado, se validamos que, todo ser humano é uma complexa realidade biopsicossocial e espiritual?

- Quais são os limites entre as esferas que envolvem cuidar, confortar e aliviar?

É sabido que o respeito aos direitos da pessoa não significa que esta tomará necessariamente a melhor decisão ou que algum condicionamento não influencie a opção tomada. No caso de Ana, claramente, avalia-se um luto em curso pela perda do irmão. Um luto não elaborado, culpado e adiado e que, pode, sim, se desdobrar em comportamentos abusivos e destrutivos.

A culpa está, de alguma forma, presente em toda experiência de luto. A culpa adaptativa é o motor da empatia, é uma emoção natural de um indivíduo que se sente responsável por algo que aconteceu e que pode ser importante para ajudar a aprender e crescer na responsabilidade com os outros. No luto, a culpa aparece, segundo Li et al. (2014)[3] como uma reação emocional de arrependimento, uma identificação de não ter estado à altura de seus próprios padrões, valores e expectativas com relação à pessoa falecida ou à morte. Joa & Newberg (2021)[4] referem que a culpa é a emoção de ser perturbado por uma ação que se tenha feito ou deixado de fazer, e surge de uma carga de responsabilidade por consequências indesejáveis resultantes dessa ação. A percepção do dano causado

---

2. DOUCET, Humbert. *Morrer* – abordagens bioéticas. São Paulo: AM Edições, 1993, 141.
3. LI, Jie; STROEBE, Margaret; CHAN, Cecilia L W; CHOW, Amy Y M. Guilt in bereavement: A review and conceptual framework. *Death Studies*, 38(3). 165-171. 2014.
4. JOA, Brandon; NEWBERG, Andrew. Neuropsychological Comparison of Guilt and Grief: A Review of Guilt Aspects in Prolonged Grief Disorder. *Omega – Journal of Death and Dying* 0(0). 1-23. 2021.

pode estar ajustada à realidade ou não, mas sempre está ajustada ao sistema de valores daquela pessoa, portanto, não faz sentido a intervenção ter como objetivo fazer com que a pessoa não se sinta culpada. Payàs (2016) [5] descreve os elementos constitutivos da culpa, o que tem grande relevância para avaliação e intervenção com enlutados que tem a culpa como aspecto central em seu processo de luto. Como Ana expressa sua culpa? O que faz Ana sentir culpa? Perante quem se sente culpada? (uma parte de si mesma, outras pessoas, o irmão falecido?). O principal erro ao abordar a culpa de pacientes enlutados é buscar suprimir essa culpa sem passar pela elaboração de seu conteúdo. Ana vivencia o luto pela perda do irmão buscando seguir em frente, sem elaborar a perda vivida, que parece ter aspectos relacionados à culpa como ponto central. Utiliza mecanismos de evitação para tentar se proteger da dor do luto – excesso de trabalho e estudos, distância da família e comportamentos abusivos e autodestrutivos talvez como uma fuga para sua dor. Segundo Joa e Newberg (2021) [6] a culpa desadaptativa no luto está associada a problemas como distúrbio de humor, fixação excessiva na ação ou omissão que gerou a culpa e comportamentos evitativos, como é o caso de Ana. Identificamos aqui, portanto, importantes fatores de risco para complicações no processo de luto.

Moritz (2012) destaca a Declaração sobre Eutanásia, de maio de 1980, emitida pela Igreja Católica, redigida pelo Papa João Paulo II, ao declinar da proposta de internação na UTI do Hospital Gemelli, em Roma, para os seus cuidados de final de vida.

> É lícito renunciar a certas intervenções médicas inadequadas às situações reais do doente, porque não proporcionadas aos resultados que se poderiam esperar ou ainda porque demasiado gravosas para ele e sua família. Nestas situações, quando a morte se anuncia iminente e inevitável pode-se em consciência renunciar aos tratamentos que dariam somente um prolongamento precário e penoso da vida...[7]

A adoção de medidas desproporcionais, como no caso clínico apresentado, levanta aspectos distanásicos ao cenário de suporte de final de vida, sustentado muito provavelmente pela ideia de autonomia, conceito seminal para os cuidados paliativos.

O cenário da morte de Ana foi a antítese da declaração apresentada pelo Papa, mas algo em comum parece existir entre os dois: o paciente e o seu desejo são o foco da atenção e da relação de cuidado.

---

5. PAYÀS, Alba. *Las tareas del duelo*: psicoterapia del duelo desde un modelo integrativo-relacional. Ciudad de Mexico: Paidos, 2016.
6. Op. cit.
7. MORITZ, Rachel Duarte. *Cuidados paliativos nas unidades de terapia intensiva*. São Paulo: Atheneu, 2012, 119.

O cuidado integral ofertado pelas intervenções dos cuidados paliativos é calcado na relação de confiança e na compaixão do profissional para com o sofrimento multidimensional do paciente. A consolidação do vínculo, o encontro que aproxima quem será cuidado e cuidador fundamenta a relação única e personalizada deste tipo de suporte.

Callegari (2021),[8] discorrendo sobre a essência de mitigação de conflitos nos cuidados paliativos, reflete sobre os desafios de algumas decisões, justamente por enfrentarem dilemas ligados às crenças morais e/ou religiosas em conflito com o desejo do paciente, e ressalta a necessidade que se desenvolva empatia, tolerância e humildade para que relações hierárquicas de superioridade ou inferioridade não existam, mas sim, a validação de pontos de vista diferentes. A autora segue sua explanação apontando para a necessidade de o profissional refletir acerca das problemáticas relacionadas a conflitos que envolvem consciência e tradição.

> Além dos dilemas pessoais, em não raras vezes, o profissional se depara com os anseios do paciente e com as disposições de vontade de fim de vida, por isso, mais uma vez, é necessário pensar e agir com alteridade e parcimônia.[9]

Desta forma, a partir do conceito central de autonomia poderia o pedido de Ana ser considerado parte de sua Diretiva Antecipada de Vontade, consolidando o seu exercício de administrar o final de vida que deseja, ainda que o uso da futilidade terapêutica seja altamente questionável?

A consideração de aspectos que envolvam a subjetividade relacionadas as escolhas de Ana, ainda que polêmicas e delicadas, permitem abrir discussões sobre a horizontalidade do cuidado na relação equipe-paciente frente à tomada de decisão de cada indivíduo.

> O cuidado paliativo não é apenas uma opção de tratamento, mas uma estratégia de cuidado, que envolve toda gama de necessidades do paciente, seja ela física, emocional, espiritual ou social, além de incluir a família nesse cuidado. O objetivo primordial é sempre o alívio do sofrimento, seja qual for a sua natureza.[10]

A bioética tem maior abrangência que a ética, pois exige uma discussão ampla que inclui também valor e moral. Se a bioética tem em seus pilares fundamentais a autonomia, a competência humana dar-se as próprias leis, é fundamental que se debata de forma aberta e não enviesada, suportes clínicos em pacientes que cursam para o final de suas vidas envolvidos em situações complexas como a

---

8. CALLEGARI, Livia Abigail. Cuidados paliativos e a essência na mitigação de conflitos: uma construção ética e técnica para todos nós. In: DADALTO, Luciana (Coord.). *Cuidados paliativos* aspectos jurídicos. Indaiatuba: Foco, 2021, 307.
9. Op. cit.
10. Op. cit.

do caso ilustrado. Elas são parte da realidade dos cuidados multidimensionais, direcionados a sofrimentos extensos e, infelizmente, muitas vezes, solitários.[11]

Conflitos bioéticos são passiveis de acontecer no cotidiano de equipes de cuidados paliativos, e a competência em áreas como comunicação, mediação de crises, interlocução com equipes assistentes parece ser essencial no instrumental interventivo.

O avanço tecnológico vem transformando permanentemente as ações de saúde e os dispositivos de cuidados ofertados. Questionamentos relacionados a beneficência ou não maleficência sobre os tratamentos a pacientes crônicos e críticos precisam fazer parte das discussões diárias das equipes. Situações como a de Ana não podem e nem devem ser resolvidas ou solucionadas de forma reducionista. Devem ser deliberadas, discutidas, refletidas e apoiadas por todos os personagens que integram a especificidade deste cenário de cuidado.

Desta forma, urge novamente a questão: podemos chamar a intervenção solicitada por Ana de cuidado?

No caso ilustrado, um dos pontos centrais é sobre a tomada de decisão. Este é um tópico fundamental da prática clínica dos cuidados paliativos e fruto de muitas discussões entre bioeticistas. Uma das preocupações dos profissionais de saúde nos processos decisórios que abrangem o cuidado, especialmente, no final da vida, é como saber que a decisão tomada é a mais adequada, a mais correta para o paciente. Importante considerar, como destaca Rego, Palácios e Siqueira-Batista (2009),[12] que a adequação da tomada de decisão não significa apenas pertinência técnica, mas a promoção do bem para o paciente. Entretanto, o sentido do que é melhor para o paciente precisa ser considerado na perspectiva do próprio e levando-se em conta as suas concepções, mas não só.

Desta forma, isso não diz respeito apenas a assegurar a autonomia do indivíduo, transferir para ele a responsabilidade pelas decisões tomadas, mas de uma reestruturação da relação médico-paciente (ou qualquer profissional da saúde) em outras bases, promovendo uma atitude de cuidado que promova o bem para outras pessoas envolvidas, ou, pelo menos, evitar-lhes o mal.

São inúmeros os determinantes que oferecem uma ampla variação de situações que envolvem os aspectos do cuidado, em muitos casos, de grande complexidade. Em situações como a de Ana, não existem respostas fáceis, simples e lineares. Na verdade, esta forma reduziria toda complexidade biopsicossocial envolvida no processo saúde-doença. É essencial que o problema seja apreciado, visto que,

---

11. Op. cit.
12. REGO, Sergio, PALÁCIOS, Marisa. e SIQUEIRA-BATISTA, Rodrigo. *Bioética para profissionais de saúde*. Rio de Janeiro: Editora Fiocruz, 2009.

a tomada de decisão representa uma pressão constante para os profissionais de saúde, em especial, para aqueles que têm maiores responsabilidades relativas à decisão tomada. De certo, reflexões prévias sobre a temática e um diálogo constante entre as equipes podem facilitar.

É necessário um grande esforço para não se *contaminar* com os próprios valores, ideológicos, religiosos ou de outra natureza. O paciente não poderá ser compreendido fora de seu contexto social, biográfico, histórico, moral, psíquico. É importante também buscar compreender as relações vinculares estabelecidas.

O respeito à autonomia tem ampliado cada vez a complexidade do cuidado na saúde, desta forma, o diálogo franco, honesto, empático e parcimonioso deve enfatizar os prós e os contras de decisões que envolvem dilemas como o de Ana.

O princípio da sacralidade da vida e o princípio do respeito à autonomia da pessoa são dois pontos fundamentais para serem discutidos a partir do caso exposto, haja visto que a discussão não se centra apenas sobre os aspectos do final de vida da paciente, mas nos extremos e radicalidades envolvidas neste desfecho.

O princípio da dignidade da pessoa e da autonomia privada, garante aos indivíduos que persigam seus interesses individuais.[13]

Como enquadrar, portanto, o pedido de Ana nestas categorias? Seria possível pensarmos na sua morte como digna, a partir do seu desejo claro e transparente, ao ter ciência do seu prognóstico e terminalidade?

3. LUTO – AVALIAÇÃO E INTERVENÇÕES POSSÍVEIS E NECESSÁRIAS

O luto é uma resposta natural a um acontecimento natural que nos afeta em diferentes níveis: físico, emocional, cognitivo, social, comportamental e espiritual.[14] Trata-se de uma resposta adaptativa a uma experiência de perda significativa que desencadeia diversas transformações na vida de uma pessoa.[15] O luto em si não é um fenômeno universal, mas é derivado de diversos componentes que, estes sim, são universais, como é o caso de nossa necessidade vital de vinculação.[16]

Ao considerarmos o caso de Ana, é necessário que sejam levados em conta, os múltiplos lutos envolvidos. Não apenas o luto de Ana pela perda de seu irmão, de sua saúde e de seu confronto com a morte, mas também o luto de sua família

---

13. DADALTO, Luciana. *Testamento vital*. São Paulo: Editora Atlas, 2015, 245.
14. PAYÀS, Alba. *El mensaje de las lágrimas* – Una guía para superar la pérdida de un ser querido. Barcelona: Editorial Planeta, 2014.
15. BARBOSA, Antonio. *Fazer o luto*. Lisboa: Faculdade de Medicina da Universidade de Lisboa, 2016.
16. PARKES, Colin Murray. *The price of love*: The selected works of Colin Murray Parkes. New York: Routledge, 2015.

pela perda do filho por suicídio e pelo processo de adoecimento de Ana, a possibilidade de sua morte e sua concretização.

Em cuidados paliativos, paciente e família são referenciados como unidade básica de cuidados. A definição básica sobre o que são os cuidados paliativos[17] refere que esta abordagem visa a promoção da qualidade de vida de pacientes e seus familiares ao longo de todo o processo, incluindo diagnóstico, tratamento, finitude e luto.

A avaliação e cuidado ao luto em cuidados paliativos é multiprofissional e abrange desde competências de comunicação e suporte emocional até técnicas de intervenção especializadas. Ao psicólogo e psiquiatra, cabem o papel de especialistas para abordagem de casos mais complexos e que demandam intervenção específica. Entretanto, é importante destacar a recomendação de Attig[18] que afirma que o cuidado compassivo e efetivo a enlutados só é possível quando se escuta as histórias que as pessoas têm para contar. Estamos abertos para escutar as histórias que Ana e sua família têm para nos contar? É aqui que começam a avaliação e a intervenção.

Para ouvirmos histórias de luto é necessário, em primeiro lugar, respeito pela individualidade da pessoa e por seus mecanismos adaptativos. A forma como cada um vive suas perdas tem motivação particular e, mesmo que sejam compreendidas como desadaptativas, acontecem dessa forma por algum motivo, seja para evitar entrar em contato com uma dor que se entende como impossível de ser vivida, seja por não confiar na possibilidade de ser cuidado, dentre outros motivos. Há sempre razões legítimas para determinadas ações e nosso papel é explorar, junto com aqueles de quem cuidamos, quais são os custos e benefícios das mesmas.

Ana, contrastando com o desejo de seu irmão de não mais viver, apesar do sofrimento que o processo de adoecimento lhe causa, quer que todos os recursos disponíveis sejam acionados. Ao mesmo tempo, não deseja que suas decisões sejam compartilhadas com seus pais, mais uma vez optando por viver sozinha sua dor e não causar preocupação adicional. A paciente parece enfrentar seus lutos levantando um muro para se proteger de uma dor que é demasiadamente intensa, mas como pondera Payàs,[19] paga o preço do isolamento, vivendo seu sofrimento individualmente, sem a possibilidade de alívio ao compartilhá-lo.

A equipe aqui parece ter um papel fundamental, pois, apesar de alguma defesa e reatividade, ela consegue expressar o que deseja – quer que façam tudo, pois

---

17. World Health Organization. WHO Definition of Palliative Care [Internet]. Genebra: World Health Organization; 2020 [acesso em: 22 maio 2023]. Disponível em: www.who.int/cancer/palliative/definition/en.

18. ATTIG, Thomas. *How we grieve*: Relearning the world. New York: Oxford, 2011.

19. Op. cit.

não quer morrer como o irmão. Parece ser fundamental a abordagem de suporte, escuta e acolhida da equipe de forma geral, mas também, da intervenção especializada dos profissionais de saúde mental. O luto não abordado e não elaborado pela perda do irmão tem impacto significativo na vida de Ana, em seu processo de adoecimento e na sua tomada de decisão. Falar sobre o que faz sofrer pode transformar a maneira de pensar, sentir e experimentar a realidade. Sua resposta frente ao processo de adoecimento e a decisão de não compartilhar com a família tem suas raízes no passado de Ana, que não quer preocupar ou sobrecarregar os pais. Onde Ana aprendeu que a dor deve ser isolada por uma parede de silêncio? De onde vem a ideia de que seu sofrimento incomoda o outro?

O confronto com a morte provoca, sem dúvida alguma, uma grande crise na vida de Ana. Coelho e Brito[20] enumeram as razões para considerarmos esse momento uma crise; 1) trata-se de um problema sem solução uma vez que a morte irá acontecer; 2) recursos psicológicos são extrapolados, uma vez que essa situação não se compara a qualquer outra em sua vida; 3) morte ameaça os objetivos da vida e 4) desperta assuntos pendentes (tais como o luto pela morte do irmão e a relação com os pais).

Ana vive o que Coelho e Brito[21] designam como luto preparatório, considerado resposta natural do paciente às múltiplas perdas (passadas, presentes e futuras) associadas à terminalidade. O luto é, então, vivido nesses três tempos: revive-se com saudade o que foi vivido, ressente-se pelo que viveu ou não terá tempo de viver; experimenta a perda da vida que conhecia e encara o futuro sofrendo pela impossibilidade de não estar presente em momentos significativos que estão por vir, de não poder realizar sonhos e objetivos tão almejados.

O cuidado aos familiares de Ana envolve tanto a escuta do luto pela perda do filho por suicídio quanto a ameaça de perda de Ana por processo de adoecimento grave, além da recomendação e continuidade do acompanhamento após a morte da filha. Os pais de Ana vivem uma sobreposição de lutos, uma vez que a morte do filho tem reflexos significativos no processo de luto pelo adoecimento de Ana. Como dito anteriormente, é necessário que a equipe possa dar espaço para que esses lutos sejam falados, que essa história seja contada. Parece haver uma dificuldade em compartilhar e expor os sofrimentos que estão sendo vividos de maneira isolada dentro da família. A não expressão e elaboração dos lutos têm impacto importante no final de vida de Ana, acarretando possíveis complicações no processo de luto da família.

---

20. COELHO, Alexandra; BRITO, Maja de. Intervenção psicológica na doença crônica e cuidados paliativos em contexto hospitalar e domiciliário. In: GABRIEL, Sofia; PAULINO, Mauro. e BAPTISTA, Telmo Mourinho. (Coord.). *Luto* – Manual de intervenção psicológica. Lisboa: Pactor, 2021, 41-58.
21. Op. cit.

A família vive o luto antecipatório relativo às diversas perdas decorrentes da doença avançada de Ana. A literatura distingue a experiência de luto de familiares com a designação luto antecipatório.[22] Esse é um processo complexo e dinâmico em que por um lado há a necessidade de manutenção do vínculo (e algumas vezes até a intensificação deste) e, por outro, a percepção da proximidade da morte e a necessidade de deixar o paciente partir. Há também, nesse momento, por mais que se compreenda a proximidade da morte, a necessidade de se manter a esperança, que é para muitos a única forma de suportar a realidade. Coelho e Barbosa[23] identificam as características nucleares do luto antecipatório: a antecipação da morte; sofrimento emocional, proteção intrapsíquica e interpessoal, foco exclusivo no cuidado ao paciente, esperança, ambivalência, perdas pessoais, perdas relacionais, tarefas relacionais de fim de vida e transição. É possível identificar algumas dessas características na forma com que a família de Ana vivencia esse processo.

Torna-se aqui, mais uma vez, fundamental validar e compreender os mecanismos de enfrentamento. Há razão para tudo, e o interesse genuíno, a assertividade e o respeito com relação às histórias de cada um tornam possíveis a abordagem e cuidado ao luto desses familiares.

Em cuidados paliativos, a família é alvo da atenção e o suporte disponível deve ser oferecido continuamente. O apoio pode ser oferecido a partir de uma abordagem psicoeducativa com informações a respeito da trajetória da doença, assim como no suporte para facilitar as competências de cuidado junto ao paciente e desenvolvimento de estratégias de autocuidado. Além disso, é importante que também esteja disponível o suporte psicoterapêutico com o objetivo de reconhecer e nomear as experiências de perda, facilitar a expressão de sentimentos e promover a integração de perdas passadas, presentes e futuras, mesmo que para a família seja difícil a abordagem, especialmente, das perdas futuras.[24]

É importante destacar a necessidade da continuidade do suporte à família após a morte de Ana, uma vez que, como destacaremos a seguir, há importantes fatores de risco para transtorno de luto prolongado (TLP).

4. AVALIAÇÃO DO RISCO E CRITÉRIOS PARA TRANSTORNO DE LUTO PROLONGADO

No caso de Ana, o peso de ser a "filha correta" e a missão de "ajudar a todos se refazerem" deixada pela perda abrupta e inesperada do seu irmão Pedro, parecem levá-la a um caminho de descarrilamento do luto e, ao mesmo tempo, surgimento

---

22. Op. cit.
23. COELHO, Alexandra; BARBOSA, Antonio. Family anticipatory grief: an integrative literature review. *American Journal of Hospice & Palliative Care;* 34(8): 774-785. 2017.
24. Op. cit.

de um transtorno mental. A serviço de que a mudança do seu comportamento? Um mergulho profundo nas atividades acadêmica e profissional, e inconsequente do abuso de álcool e da prática de sexo inseguro.

De acordo com Parkes,[25] a perda de um ente querido é a mais profunda fonte de dor, e, como dito anteriormente, desencadeia respostas biológicas, emocionais, cognitivas e comportamentais, as quais definem o luto. As respostas de luto não são baseadas em estágios predefinidos, mas seguem reações heterogêneas à medida que as pessoas se adaptam a uma perda importante. Uma menor quantidade significativa experimentará respostas de luto avassaladoras, resultando em prejuízo funcional além dos padrões culturais, que historicamente tem sido nomeado como traumático, complicado ou patológico; no entanto, o nome de recente consenso é luto prolongado. Os fatores que podem contribuir para reações prolongadas de luto são pensamentos desadaptativos (por exemplo, culpa), comportamentos de evitação, incapacidade de lidar com emoções dolorosas, falta de apoio social, natureza da morte (por exemplo, suicídio), problemas gerais de saúde e transtornos mentais anteriores e presentes durante a perda, aumento do uso de substâncias que interferem na adaptação à perda. Os fatores de risco demográficos incluem sexo feminino, idade avançada e nível socioeconômico mais baixo.[26]

A recente inclusão do TLP no CID-11 e no DSM-5-TR tem sido importante motivo para avanços em pesquisas para compreensão da neuroendocrinobiologia do grave adoecimento do processo de luto. Tendo como sintomatologia básica e primordial, um anseio (*yearning*) persistente e incapacitante que persiste um ano ou mais após a perda. Outros aspectos característicos incluem descrença e falta de aceitação da perda do ente querido, distanciamento emocional dos outros desde a perda, solidão, ruptura da identidade e sensação de falta de sentido,[27] ocasionando risco elevado de ideação e comportamentos suicidas.

4.1 Critérios do DSM-5-TR para o Transtorno do Luto Prolongado (TLP)

A. Morte, há pelo menos 12 meses, de uma pessoa que era próxima do enlutado (para crianças e adolescentes, há pelo menos 6 meses).

B. Desde a morte, o desenvolvimento de uma resposta de luto persistente caracterizada por um ou ambos os sintomas, que tem estado presentes na maioria dos dias em um grau clini-

---

25. PARKES, Colin Murray. *Amor e perda, as raízes do luto e suas complicações*. São Paulo: Summus Editorial, 2009.
26. SZUHANY, Kristin L; MALGAROLI, Mateo; MIRON, Carly; SIMON, N. Prolonged Grief Disorder: Course, Diagnosis, Assessment, and Treatment. *FOCUS (American Psychiatric Publishing)*; 19(2): 161-172. 2021.
27. PRIGERSON, Holly G; KAKARALA, Sophia; GANG, James; MACIEJEWSKI, Paul K. History and Status of Prolonged Grief Disorder as a Psychiatric Diagnosis. *Annual Review of Clinical Psychology*; 17: 109-126. 2021.

camente significativo. Além disso, o(s) sintoma(s) ocorreu(ram) quase todos os dias durante pelo menos no último mês:

1. Intenso anseio/saudade da pessoa falecida

2. Preocupação com pensamentos ou lembranças da pessoa falecida (em crianças e adolescentes, a preocupação pode se concentrar nas circunstâncias da morte)

C. Desde a morte, pelo menos 3 dos seguintes sintomas tem estado presentes na maioria dos dias, em um grau clinicamente significativo. Além disso, os sintomas ocorridos quase todos os dias pelo menos no último mês:

1. Perturbação na identidade (por exemplo, sentir-se como se parte de si mesmo tivesse morrido), desde a morte

2. Senso marcante de descrença sobre a morte

3. Evitação de lembranças de que a pessoa está morta (em crianças e adolescentes, pode ser caracterizada por esforços para evitar lembranças)

4. Dor emocional intensa (por exemplo, raiva, amargura, pesar) relacionada com a morte

5. Dificuldade de se reintegrar nos relacionamentos e atividades após a morte (por exemplo, problemas de relacionamento com amigos, busca de interesses ou planejamento para o futuro)

6. Entorpecimento emocional (ausência ou acentuada redução de experiencia emocional) como resultado da morte

7. Sentir que a vida não tem sentido como resultado da morte

8. Intensa solidão como resultado da morte

D. O transtorno causa sofrimento ou empobrecimento clinicamente significativo nas áreas sociais, ocupacionais ou em outras áreas importantes de funcionamento.

E. A duração e severidade da reação de luto excedem claramente as normas sociais, culturais ou religiosas esperadas para a cultura e o contexto do indivíduo.

F. Os sintomas não são bem explicados por transtorno depressivo maior, transtorno de estresse pós-traumático ou outro transtorno mental, ou atribuíveis aos efeitos fisiológicos de uma substância (por exemplo, medicamento, álcool) ou outra condição médica.

A abordagem inicial e imprescindível é a psicoterapia adaptada especificamente para o TLP, pois tem eficácia comprovada na redução da severidade dos sintomas.[28] Em algumas pessoas, a natureza aguda e debilitante do transtorno destaca a necessidade de um tratamento farmacológico que possa agir mais rapidamente, para poder auxiliar os pacientes para os quais a psicoterapia pode não ser eficaz, e/ou pode auxiliar a psicoterapia a promover o controle dos sintomas do TLP.

Com base na clínica de que o TLP apresenta sintomas semelhantes ao transtorno depressivo maior (TDM) e ao transtorno do estresse pós-traumático (TEPT), os inibidores seletivos de recaptação de serotonina (IRSS) foram explorados em três pesquisas. Embora estes estudos demonstrem uma eficácia moderada na redução dos sintomas do luto, os resultados são confundidos por altas taxas de

---

28. SHEAR, Katherine; FRANK, Ellen; HOUCK, Patricia R; REYNOLDS, Charles F. et al. Treatment of Complicated Grief: a randomized controlled trial. *JAMA*; 293(21): 2601-2608. 2005.

comorbidades (transtornos mentais). Os outros medicamentos testados incluíram antidepressivos tricíclicos (TCAs) e benzodiazepínicos, ambos não se mostraram eficazes para a redução dos sintomas do TLP.

Neurobiologicamente, desde 2003, pesquisas sugerem que existem associações entre os sintomas do TLP e a via de recompensa neural, prioritariamente o núcleo *accumbens*, que é o mesmo caminho responsável principalmente pela dependência química, Gang et al. (2021)[29] apresentam a hipótese de que os tratamentos para a dependência química podem ser bem-sucedidos onde os de TDM e TEPT falharam.

Atualmente, os transtornos relacionados a abuso de substâncias são tratados com uma grande variedade de medicamentos baseados na substância que está sendo abusada. Gang et al.[30] optaram por experimentar a naltrexona para tratar o TLP devido a seu mecanismo de ação, efeitos sobre apego/conexão social, e perfil de efeitos adversos. Dadas estas descobertas, os autores acreditam que a naltrexona proporcionará uma forma farmacológica de reduzir o anseio (*yearning*) ou a fissura (*craving*) pelo falecido, o que reduziria a gravidade do TLP.

A partir do estudo teórico acima descrito, Ana apresentava fatores de riscos relevantes para luto prolongado: perda do seu irmão por suicídio; a justificativa da necessidade de trabalhar (elevada sobrecarga); empobrecimento do suporte sociofamiliar; comportamento evitativo e autodestrutivo com abuso de álcool e demora a realizar os exames para diagnosticar grave doença sexualmente transmissível (DST), devido a prática de sexo inseguro.

Outro aspecto a ser considerado, na abordagem de cuidado à família de Ana é o atendimento preventivo psicológico e psiquiátrico dos pais para prevenção do TLP. De acordo com Coelho e Brito (2021)[31] a experiência de múltiplas perdas e a antecipação da morte de um familiar representam uma crise sem precedentes na vida da pessoa. As autoras identificam a necessidade de atenção especial aos seguintes pontos na avaliação de risco para TLP em famílias que vivem o luto antecipatório: perdas de filhos ou cônjuge; dependência e insegurança do vínculo com o paciente; antecedentes psiquiátricos; estilo de enfrentamento evitativo ou ruminativo; percepção de falta de preparação para a morte; sobrecarga do cuidador associada a comportamentos problemáticos do paciente, intensidade e longa duração do cuidar; percepção de significativa deterioração do paciente; falta de suporte sociofamiliar, conflitos ou disfuncionalidades da família e pre-

---

29. GANG, James; KOCSIS, James; AVERY, Jonathan; MACIEJEWSKI, Paul K; PRIGERSON. Holly G. Naltrexone Treatment for Prolonged Grief Disorder: study protocol for a randomized, triple-blinded, placebo-controlled trial. *Trials*; 22(1): 1-15. 2021.
30. Op. cit.
31. Op. cit.

sença de outros estressores concorrentes." (Coelho & Brito, 2021).[32] Com base nesses critérios de avaliação é possível considerarmos risco importante para TLP na família de Ana. Consideramos fatores de risco a história anterior de suicídio do filho, o emagrecimento e deterioração física de Ana, a percepção de falta de preparação dos pais para a morte de Ana, uma vez que tinham dificuldade em aceitar o diagnóstico da filha e as disfuncionalidades da família, ressaltando aqui a dificuldade de comunicação entre seus membros.

Viver o luto é uma das tarefas mais estressantes na vida de uma pessoa, podendo acarretar importante impacto na saúde e na tomada de decisões, especialmente quando não há espaço para que o cuidado seja realizado. O sofrimento causado por uma perda pode servir como uma bússola que nos orienta para onde dirigir nosso olhar.[33] Quando o sofrimento é silenciado, a ferida emocional segue aberta, não havendo a possibilidade de um caminho de adaptação e integração. É dever ético dos profissionais que cuidam de pessoas estar atentos aos sofrimentos em suas múltiplas dimensões para que dessa forma, possam cuidar e encaminhar aos especialistas quando necessário. A intervenção no luto antecipatório é capaz de ser determinante para a profilaxia de complicações ou de identificação de fatores de risco para encaminhamento ao cuidado especializado.

REFERÊNCIAS

AMERICAN PSYCHIATRIC ASSOCIATION. *Manual Diagnóstico e Estatístico de Transtornos Mentais*. DSM-5-TR™. Porto Alegre: Artmed, 2023.

ATTIG, T. *How we grieve*: Relearning the world. New York: Oxford, 2011.

BARBOSA, A. *Fazer o luto*. Lisboa: Faculdade de Medicina da Universidade de Lisboa, 2016.

CALLEGARI, L.A. Cuidados paliativos e a essência na mitigação de conflitos: uma construção ética e técnica para todos nós. In: DADALTO, L. (Coord.). *Cuidados paliativos* aspectos jurídicos. Indaiatuba: Foco, 2021.

CLARKE, R. *A vida perto da morte:* relatos de uma médica sobre amor e perda. São Paulo: Editora Nacional, 2021.

COELHO, A. & BRITO, M. Intervenção psicológica na doença crônica e cuidados paliativos em contexto hospitalar e domiciliário. In: GABRIEL, S., PAULINO, M. e BAPTISTA, T.M. (Coord.) *Luto* – Manual de intervenção psicológica. Lisboa: Pactor, 2021.

COELHO, A. & BARBOSA, A. Family anticipatory grief: an integrative literature review. *American Journal of Hospice & Palliative Care* 34(8). 774-785. 2017.

DADALTO, L. *Testamento vital*. São Paulo: Editora Atlas, 2015.

DOUCET, H. *Morrer* – abordagens bioéticas. São Paulo: AM Edições, 1993.

---

32. Op. cit.
33. Op. cit.

GANG J. et al. Naltrexone Treatment for Prolonged Grief Disorder: study protocol for a randomized, triple-blinded, placebo-controlled trial. *Trials,* 22(1). 1-15. 2021.

JOA, B. e NEWBERG, A.B. Neuropsychological Comparison of Guilt and Grief: A Review of Guilt Aspects in Prolonged Grief Disorder. *Omega – Journal of Death and Dying* 0(0). 1-23. 2021.

LI, J. et al. Guilt in bereavement: A review and conceptual framework. *Death Studies,* 38(3). 165-171. 2014.

MORITZ, R.D. *Cuidados paliativos nas unidades de terapia intensiva.* São Paulo: Atheneu, 2012.

PARKES, C.M. *Amor e perda, as raízes do luto e suas complicações.* São Paulo: Summus Editorial, 2009.

PARKES, C.M. *The price of love:* The selected works of Colin Murray Parkes. New York: Routledge, 2015.

PAYÀS, A. *Las tareas del duelo:* psicoterapia del duelo desde un modelo integrativo-relacional. Ciudad de Mexico: Paidos, 2016.

PAYÀS, A. *El mensaje de las lágrimas –* Una guía para superar la pérdida de un ser querido. Barcelona: Editorial Planeta, 2014.

PERYAKOIL, V.S & HALLENBECK, J. Identifying and managing preparatory grief and depression at the end of life. *American Family Physician,* 65(5). 883-889. 2002.

PRIGERSON, H. G. et al. History and Status of Prolonged Grief Disorder as a Psychiatric Diagnosis. *Annual Review of Clinical Psychology,* 17. 109-126. 2021.

REGO, S., PALÁCIOS, M. e SIQUEIRA-BATISTA, R. *Bioética para profissionais de sáude.* Rio de Janeiro: Editora Fiocruz, 2009.

SHEAR K. et al. Treatment of Complicated Grief: a randomized controlled trial. *JAMA.* 293(21). 2601-2608. 2005.

SZUHANY L.K. et al. Prolonged Grief Disorder: Course, Diagnosis, Assessment, and Treatment. *FOCUS (American Psychiatric Publishing),* 19(2). 161-172. 2021.

COMO COMUNICAR CUIDADOS PALIATIVOS COM A SOCIEDADE

Simone Lehwess Mozzilli

Mestre em Ciências da Saúde pela USP. Pós-graduada em Tecnologia de Informação e Medicina Integrativa. Especializada em Cuidados Paliativos. Fundadora e presidente do Beaba www.beaba.org. Paciente oncológica em remissão.

Vinícius Fabian Basso

Pós-graduado em Gestão e Tecnologia na Produção de Edifícios. MBA em Economia Setorial e Mercados. Engenheiro civil. Pai da Gigi, paciente oncológica que faleceu em 2022.

2 horas da manhã.

Toca o telefone da doutora Amália, médica paliativista.

– Alô? Doutora?

Estou naquele show que te falei, com vontade de tomar uma cerveja. Posso?

– Claro, Julia. Até duas, mas lembre-se de voltar para casa de carona!

Se você imaginou que essa ligação seria sobre um paciente morrendo, está tudo bem. Ainda temos poucas "Julias" para muitos pacientes e muitos profissionais da saúde para poucas "doutoras Amálias".

Julia completou recentemente 18 anos, está em tratamento oncológico desde os 7, sempre acompanhada pela doutora Amália. Uma das poucas crianças e família que fez questão de seguir com a médica, mesmo depois das falas de outras famílias:

– Aquela médica? Os pacientes dela só morrem. Ainda mais a Julia, que tem um ótimo prognóstico. Se fosse minha filha eu logo trocava, principalmente para não atrair.

Mas doutora Amália enxergava seus pacientes como seres humanos e não como uma entidade biológica, e isso cativou a família.

Em 2012, algum tempo após ser diagnosticada, Julia quis saber de tudo. De tudo o que ainda não sabia, porque se você é paciente oncológico, é como se estivesse fazendo cursos de medicina, enfermagem, serviço social, nutrição, fisioterapia, farmácia, psicologia (são muitas áreas, sinta-se representado se sua profissão não foi listada) em poucos meses.

– Afinal eu já tenho 7 anos. – disse Julia.

E doutora Amália sempre se dirigia a ela.

Não entrava no quarto e perguntava:

– Mãezinha, a Julia fez coco?

A pergunta era sempre para Julia. A não ser quando ela estava dormindo e pedia para os pais repassarem os recados.

Essa construção veio logo na primeira consulta:

– Mas doutora, o que são Cuidados Paliativos?

– São cuidados para melhorar sua qualidade de vida. Vamos tratar a doença, mas também vamos ajudar a cuidar de tudo que ela pode trazer: dor, mal-estar, medo, organização da vida e tudo que faça sentido e ajude você e sua família.

– Tudo isso!? Acho que tenho sorte.

– Algumas pessoas acham que Cuidados Paliativos é azar. Nós sabemos que você tem uma doença que ameaça a vida, ou seja, você pode morrer em algum momento, então nós queremos te proporcionar o melhor.

– Mas todo mundo pode morrer em algum momento, não é!?

No dia seguinte, Julia foi para escola e contou para seus colegas que estava em Cuidados Paliativos. Claro que a notícia se espalhou e ao final da semana, a família estava na sala da diretora para uma reunião extraordinária sobre a necessidade de Julia continuar os estudos, afinal, ela iria morrer.

– Talvez seja melhor para ela se concentrar no tratamento e aproveitar os momentos de vida que restam. Assim também podemos falar para os colegas que ela precisa se cuidar e vamos diminuindo a convivência para eles irem se acostumando.

– Mas Julia não vai morrer! – disse a mãe.

– Hoje talvez não. – respondeu a diretora.

E assim Julia foi passando de ano, conhecendo novos colegas, se adaptando à classe, enquanto a escola se adaptava às suas necessidades. O que a princípio era estranho, foi ficando conhecido e agora até defensores de Cuidados Paliativos sua escola tinha. Mesmo assim, volta e meia, ela não era convidada para festinhas, passeios e viagens.

– Imagina se ela tem um troço na minha casa?! – disse uma mãe para se justificar.

Troço ela tinha toda vez que se sentia representada por uma doença.

Quando entrou na adolescência, Julia estava em remissão, tinha finalizado um dos tratamentos e fazia apenas exames de controle de tempos em tempos. Com a imunidade boa, ela queria sair, paquerar, beijar. Se apaixonou por Pedro que também se apaixonou por ela. Em 3 meses estavam namorando. Em 4 meses, o câncer voltou. E quem foi embora? Pedro.

As primeiras vezes que Julia tentou contar sobre suas experiências oncológicas e Cuidados Paliativos, foi desencorajada por ele, que dizia que aquilo tinha passado e agora ela tinha que focar só em coisas boas. Considerando a doença a "coisa ruim", Pedro foi atrás das coisas boas para a vida dele.

Quanto mais as pessoas se afastavam de Julia ao ouvir sobre Cuidados Paliativos, mais ela se aproximava do tema. Era lá que recebia o cuidado integral, desde a sua saúde física, até seu coração partido. Em alguns lugares, quanto mais ela falava sobre seus cuidados, menos pessoas se aproximavam, criando um círculo vicioso, quando na verdade, tudo que ela queria era poder desmistificar e criar um círculo virtuoso.

Por mais que os profissionais da área da saúde que cuidam da Julia tenham feito a lição de casa direitinho, explicando correta, aberta e honestamente sobre Cuidados Paliativos, por mais que Julia e sua família tenham aprendido, estejam se beneficiando e sejam defensores da abordagem, a sociedade ainda tem um grande poder de atrapalhar tudo.

Por isso é muito importante ajudarmos a desconstruir o "pré-conceito" e reconstruir com um significado amplo, claro e adequado para toda a sociedade. Mas por onde eu começo?

Comece falando sobre Cuidados Paliativos

Sentiu um ambiente bom para evangelizar, vá em frente.

– Bom dia, como está o tempo hoje?

– O tempo está ótimo para falar sobre Cuidados Paliativos.

Falar fora do ambiente comum ao assunto, ajuda a descontextualizar e trazer outras perspectivas e interpretações. Claro que talvez de dez pessoas, só uma queira continuar o assunto, mas você já está impactando alguém. Não desista.

Fale sobre a abrangência de atuação

– Você sabia que Cuidados Paliativos não são limitados ao final de vida?

Eles podem ser usados em qualquer fase do tratamento para fornecer alívio de sintomas, integrar os aspectos psicológicos, sociais e espirituais à parte clínica, oferecer suporte para a família e pessoas próximas ao paciente, e tudo isso pode ser fornecido durante e após o tratamento, tanto com desfecho de continuidade quanto de morte.

Hoje vemos muitas matérias e adoramos compartilhar aqueles posts com pacientes em final de vida sentindo a brisa do mar, casando sua filha dentro do hospital ou em uma sessão exclusiva de cinema. São experiências realmente especiais, na maioria das vezes realizadas por profissionais paliativistas, mas que infelizmente podem ficar marcadas no imaginário da sociedade como única atuação da área.

Amplie a associação

Da mesma maneira que compartilhamos os posts com cenários de final de vida, também precisamos divulgar histórias e experiências de continuidade, porque além de tirar o estigma, abre a oportunidade de identificação para aquela pessoa que está em tratamento e nunca se imaginou beneficiada por Cuidados Paliativos porque não está em fase final de vida.

A maioria das pessoas, só consegue pensar no que está em seu repertório. Se meninos usam azul e meninas usam rosa, talvez eu não arrisque o verde. E nem estamos falando da nossa ex-ministra, mas de todos os chás revelação onde essas cores predominam. Só por curiosidade, lá atrás, no século 18, o uso era invertido: azul era cor das meninas porque se associava a delicadeza e a Virgem Maria, e rosa, que vinha do vermelho, era a cor dos meninos, por ser enérgica e trazer masculinidade. Isso tudo para dizer que somos dinâmicos e cabe a cada um de nós ser a mudança (que queremos ver no mundo - Mahatma Gandhi).

Saia da bolha

Vivemos em bolhas de informação, principalmente nos espaços virtuais, resultado da algoritmização. Se você curte um post de gatinhos, pronto, vai receber mil gatinhos para alegrar seu dia. Se você curte aquele post do paciente em final de vida, já sabe o que vai acontecer.

O grande problema das bolhas informacionais é que elas isolam as pessoas de outras perspectivas, visões e princípios, limitando o livre exercício intelectual, e o resultado disso é o reforço de estigmatizações e preconceitos. Muitas vezes essa perspectiva única é usada para nos dar uma falsa sensação de segurança: "Ele está em Cuidados Paliativos e está morrendo. Eu não estou em Cuidados Paliativos, logo não estou morrendo."

Para colaborar ainda temos um tanto de perfis de pessoas formadoras de opinião, lotados de seguidores que compartilham e sensibilizam os usuários que são retroalimentados apenas com essa visão de Cuidados Paliativos. Aí nosso repertório fica restrito e se não buscarmos e compartilharmos o assunto fora do senso comum, não ampliaremos a abrangência, e novamente não conseguiremos aumentar a adesão.

COMO COMUNICAR CUIDADOS PALIATIVOS COM A SOCIEDADE **289**

Pense na comunicação

A comunicação de nossas instituições tem sido voltada para a positividade, o que é extremamente positivo, desde que não seja a positividade tóxica. Vamos pensar na área da oncologia. Os slogans variam de: curando o câncer, combatendo o câncer, vencendo o câncer. Tudo que o paciente e sua família gostariam, mas quando este não é o desfecho esperado, como explicar para todos que isso é apenas uma chamada publicitária?

Uma chamada publicitária que traz benefícios para alguns e malefícios para outros.

"Por que não deu certo para mim?", "Por que eu não consegui?", "O que fiz de errado?".

Felizmente já temos muitas instituições trocando o curar por cuidar, ou ampliando a cura para um sentido maior que a ausência de doença.

Precisamos equilibrar

Não podemos ter a ideia única de Cuidados Paliativos como final de vida e tratamentos curativos como ausência da morte. Somos humanos e é muito importante reforçarmos a vida sem negar a morte. E essa vida, deve ser aquela com qualidade, independente de doenças, porque existem muitas pessoas com doenças, muito mais saudáveis do que pessoas sem nenhuma enfermidade.

E para esse equilíbrio existir precisamos que os dois lados aconteçam. Se somos profissionais da saúde que trabalhamos com pessoas que tenham doenças que ameaçam a vida, podemos indicá-las aos Cuidados Paliativos logo após o diagnóstico. Se somos pacientes elegíveis aos Cuidados Paliativos, podemos pedir e, também, compartilhar nossa experiência.

Para terminar, um pequeno passo a passo para você se lembrar:

1) Comece com o básico. Defina claramente o que são Cuidados Paliativos. Explique que o objetivo é melhorar a qualidade de vida das pessoas com doenças graves, atendendo às necessidades físicas, sociais, emocionais e espirituais.

2) Aborde os equívocos. Esclareça que Cuidados Paliativos não são cuidados de final de vida ou desistência do tratamento e que ele pode ser incorporado ao tratamento curativo.

3) Fale sobre os benefícios. Destaque o impacto positivo nos pacientes e em suas famílias. Compartilhe histórias ou depoimentos de pessoas que se beneficiaram, tanto pessoas que estão vivas, quanto pacientes que morreram.

4) Indique instituições. Recomende pessoas, associações, entidades, que ofereçam Cuidados Paliativos. Locais que capacitem, eduquem ou compartilhem materiais sobre o tema.

5) E o mais importante: fale sobre Cuidados Paliativos. Quanto mais falamos, mais conscientizamos, mais promovemos mudanças e mais beneficiamos a sociedade.

Julia curtiria esse texto :)

ANOTAÇÕES